第5章5.6.2小节

第5章5.7.4小节

第6章6.1节

第7章7.1节

第7章7.3.1小节

第7章7.3.2小节

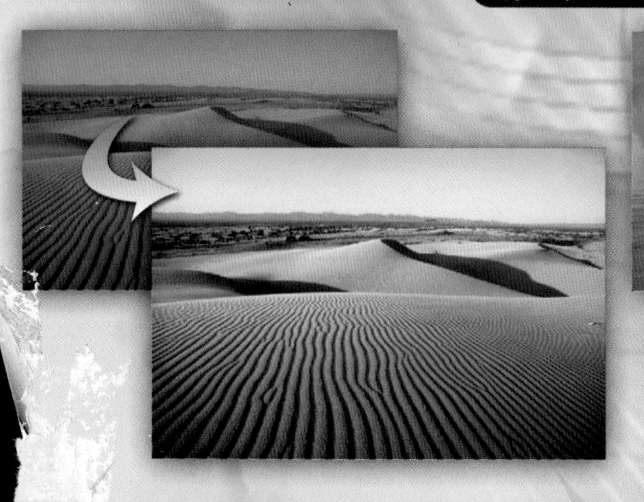

第7章7.3.2小节

第8章8.1.1小节

第8章8.1.2小节

第9章9.1.1小节

第9章9.1.2小节

第10章10.3节

综合实例

第4章4.6节

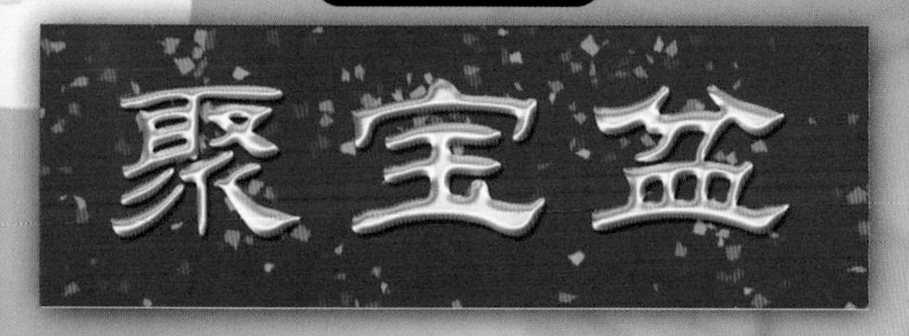

第6章6.4.5小节

第5章5.8节

第6章6.5.6小节

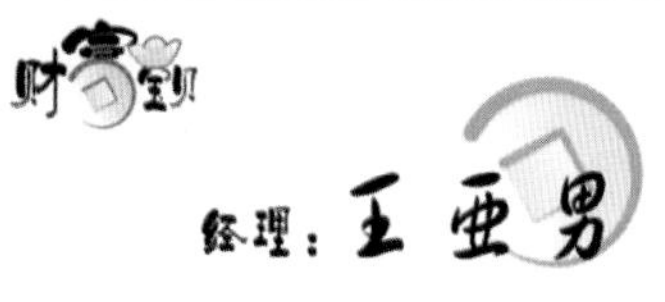

第6章6.6节

第7章7.4节

精彩案例

第8章8.2.2小节

第8章8.2.2小节

第8章8.3.2小节

第8章8.5.2小节

第8章8.4.2小节

第8章8.6.2小节

第8章8.7.2小节

第8章8.8.2小节

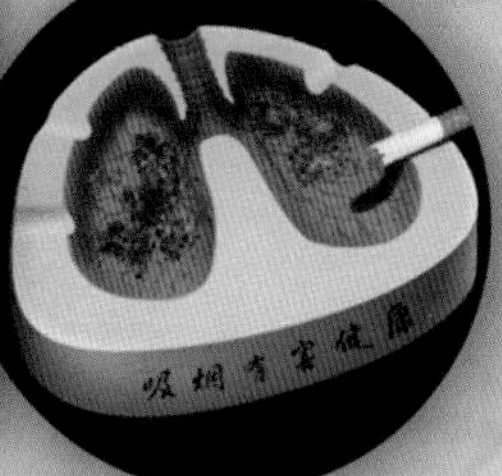

第9章9.2节

第9章9.3节

第9章9.4节

第9章9.5节

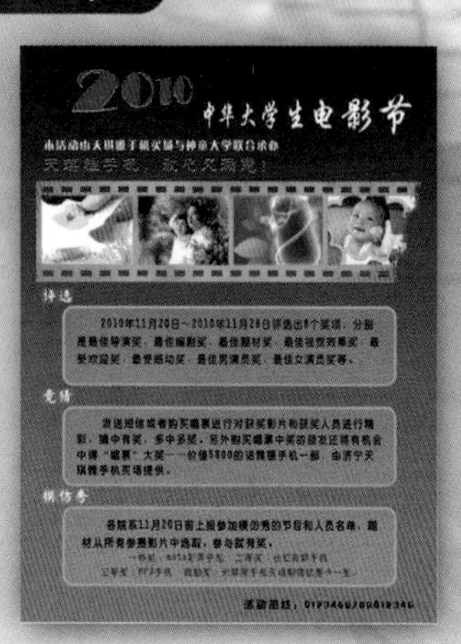

第9章9.6节

第9章9.7节

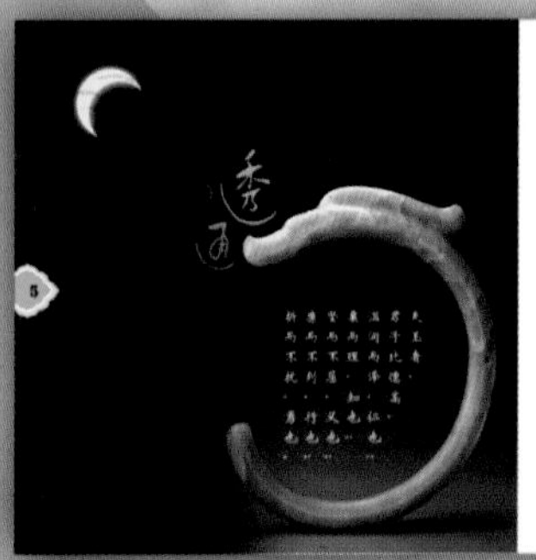

1.系统要求

★硬件要求

CPU：Pentium Ⅱ以上
内存：128MB及以上
光驱：DVD光驱
声卡：16位及以上声卡
鼠标：Microsoft兼容鼠标

★软件要求

操作系统：可在Windows 98/Me/2000/XP/2003中文版环境中运行
颜色：32位颜色及以上
分辨率：1024×768及以上
显示字体大小：96dpi

2.光盘内容目录

本书附赠1张具有专业语音解说的多媒体教学光盘，光盘目录如图1所示。

图1 光盘目录

3.光盘操作方法

★直接观看

如果想要直接观看教学光盘,请将光盘插入DVD光驱中，稍等片刻,系统将会自动运行光盘。

★复制光盘

如果想要拥有更快的光盘运行速度，请将光盘插入DVD光驱中,然后打开光盘文件夹，接着将光盘内容全部复制到电脑硬盘中，如“E:\PS”文件夹中，光盘文件将会占用4GB左右的空间。想要观看光盘时，运行“E:\PS”文件夹中的“教材配套光盘.exe”文件即可。

这样一来，就算光盘丢失或者损坏，读者也还有电脑硬盘上的备份。

★播放光盘

进入光盘播放程序以后，首先进入如图2所示的界面。该界面将提示读者安装TSCC解码器，从而确保光盘中教学视频能够正常播放，请读者放心安装。

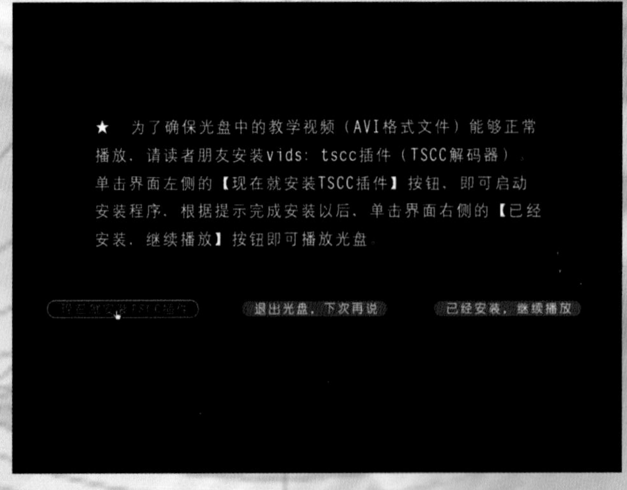

图2 提示安装TSCC插件

按照提示完成TSCC解码器的安装以后，单击【已经安装，继续播放】按钮将进入如图3所示的光盘主界面。

将鼠标左键移至喜欢的栏目上，便会显示出对应的栏目按钮。

①【素材与效果】按钮：单击该按钮将进入包含素材和效果的内容界面。

②【精彩实例讲解】按钮：单击该按钮将进入精彩实例讲解内容界面。

③【职业筹备参考】按钮：单击该按钮将进入职业筹备参考内容界面。

④【优秀作品赏析】按钮：单击该按钮将进入优秀作品赏析内容界面。

⑤【专家行业指导】按钮：单击该按钮将进入专家行业指导内容界面。

⑥【退出】按钮：单击该按钮，结束光盘的运行。

图3　光盘主界面

在图3所示的界面中单击【专家行业指导】按钮，进入如图4所示的界面。

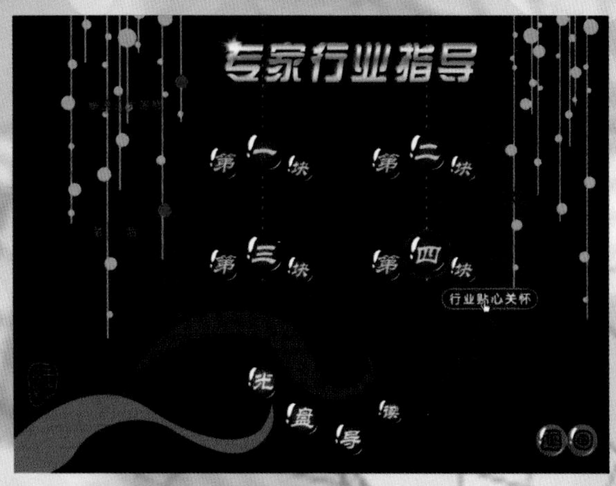

图4　【专家行业指导】界面

在图4所示的界面中将鼠标指针停留在栏目按钮上，按钮就会加亮显示。单击【行业贴心关怀】按钮即可进入如图5所示的界面。读者还可以随时单击【光】、【盘】、【导】、【读】按钮，进入【光盘导读】界面，单击其中的栏目按钮跳转到对应的栏目中。

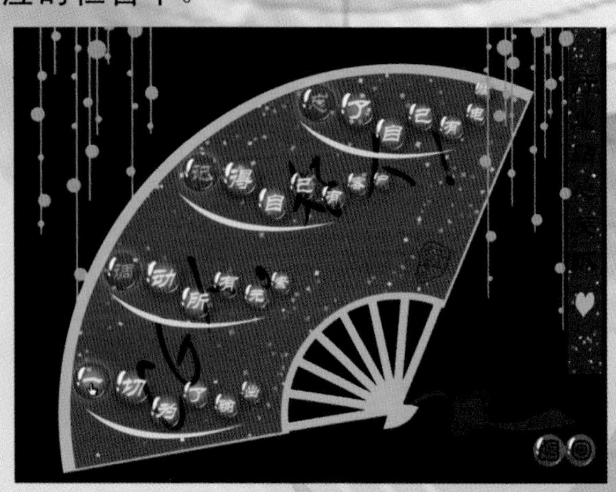

图5　【行业贴心关怀】界面

在图5所示的界面中，找到可以发光的按钮，单击即可进入对应的栏目观看视频讲解。例如，单击【一切为了输出】中的【一】按钮，即可进入如图6所示的视频播放窗口。

图6 【一切为了输出】播放界面

①【进度条】：显示当前视频的播放进度，在进度条上单击即可调整视频的播放进度。

②【播放】按钮：单击该按钮，继续视频的播放。

③【暂停】按钮：单击该按钮，暂停视频的播放。

④【起始】按钮：单击该按钮，跳转到视频的起始位置。

⑤【快退】按钮：单击该按钮，视频将快速后退。

⑥【快进】按钮：单击该按钮，视频将快速前进。

⑦【停止】按钮：单击该按钮，跳转至视频的末尾。

⑧【音量调整】：显示和调整当前视频的音量大小。

⑨【返回】按钮：返回上一级界面。

在光盘中找到“教学课件”文件夹，打开“教学课件.pps”文件即可观看教学课件，如图7所示。

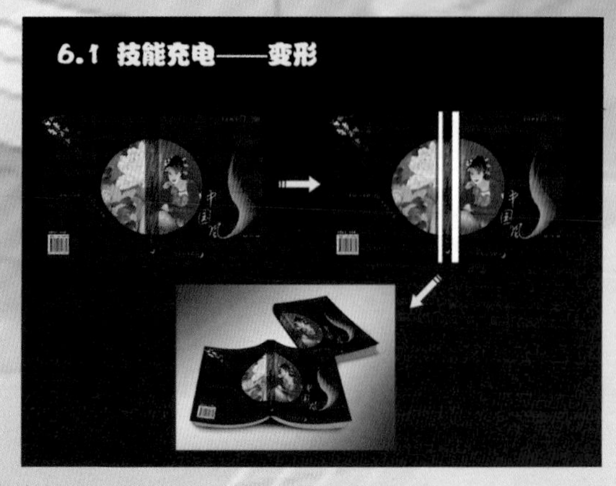

图7 教学课件界面

王亚男　于春锋　等编著

Photoshop CS4 中文版 平面广告设计完全学习教程

本书以专业角度将平面广告设计的理论知识与Photoshop CS4中文版软件的应用紧密地联系在一起，体现了近年来平面广告行业的最新动态。本书共4篇12章，系统介绍了平面广告行业的相关知识及Photoshop CS4中文版的操作方法与技巧，其中还收入了大量效果精美、创意独特的平面广告设计作品。

本书内容丰富，实例精彩，步骤讲解详尽，解读了当前平面广告市场中最热门的若干个设计门类和表现形式，并针对各种不同的输出方式，为平面广告设计人员提供了专业的技术指导。随书中附带一张超大容量的多媒体教学光盘，内含全部实例素材和最终效果分层文件，另外，还有精彩的视频教程和PPT电子教案。

本书适合平面广告设计以及其他设计领域的初学者学习，也可作为培训学校、大中专院校相关专业的教材。

图书在版编目（CIP）数据

Photoshop CS4中文版平面广告设计完全学习教程 / 王亚男等编著．—2版．—北京：机械工业出版社，2010.10

（登峰造极之径系列）

ISBN 978-7-111-31449-3

Ⅰ．①P… Ⅱ．①王… Ⅲ．①广告－计算机辅助设计－图形软件，Photoshop CS4－教材 Ⅳ．①J524.3-39

中国版本图书馆CIP数据核字（2010）第147546号

机械工业出版社（北京市百万庄大街22号 邮政编码100037）

策划编辑：孙 业

责任编辑：孙 业 张淑谦

责任印制：杨 曦

北京双青印刷厂印刷

2010年10月第2版·第1次印刷

184mm×260mm·23印张·6插页·569千字

0001-4000册

标准书号：ISBN 978-7-111-31449-3

ISBN 978-7-89451-720-3（光盘）

定价：49.80元（含1DVD）

凡购本书，如有缺页、倒页、脱页，由本社发行部调换

电话服务

社服务中心：（010）88361066

销售一部：（010）68326294

销售二部：（010）88379649

读者服务部：（010）68993821

网络服务

门户网：http://www.cmpbook.com

教材网：http://www.cmpedu.com

前　言

Adobe Photoshop 系列是美国 Adobe 公司开发的图形图像设计处理软件，它在图形图像领域一直占据着重要的地位，目前已被广泛应用于平面广告设计、网页设计、商业插画设计、印刷包装设计、数码相片处理、3D 和动画设计及建筑与装饰装潢设计等多个领域，甚至被应用于制造、医疗和科研事业。

Adobe Photoshop CS4 以其友好、简洁的界面，更为强大的图像绘制和处理功能，更为丰富的 3D 效果设计功能深受广大用户的青睐。与以前的版本相比，Adobe Photoshop CS4 具有如下新特性。

◆ **具有更加高效和灵活的工作环境**。Photoshop CS4 具有最大化的用于编辑的屏幕空间，更为强大的工作区管理功能，面板和图像窗口的排列更为灵活。

◆ **具有基本的 3D 绘图与合成功能**。利用 Photoshop CS4 中全新的光线描摹渲染引擎，用户可以直接在打开的 3D 模型上绘图、用 2D 图像绕排 3D 形状、将渐变图转换为 3D 对象、为层和文本添加深度、实现打印质量的输出并支持导出为常见的 3D 格式。

◆ **提供更为专业的配色方案**。新增的“Kuler”面板为设计师们提供了多种更为专业的配色方案。

◆ **增加了 Camera Raw5 捆绑软件**。面向专业摄影师的图像调整工具 Camera Raw 早已不再以 Photoshop 插件的形式出现，而是成为和 Photoshop 紧密捆绑的软件，它提供了多种颜色校正、裁剪后晕影、TIFF 和 JPEG 处理，同时支持 190 多种相机型号。

◆ **增加了“调整”面板**。将图像的色彩和色调调整功能都集中在一个控制面板中，用户通过单击面板上部的按钮就可以为图像添加调整图层，在面板的下半部分还增加了一些常用的调整预设，使得图像的颜色调整更加直观和方便，极大地提高了工作效率。

◆ **增加了“蒙版”面板**。用于创建基于像素和矢量的可编辑蒙版、调整蒙版密度和羽化、轻松选择非相邻对象等，更加方便用户创建图层蒙版和矢量蒙版。

◆ **完善了绘图工具**。Photoshop CS4 着重提高了“加深”、“减淡”和“海绵”工具的性能，可以智能保护图像的色调和饱和度信息，使位图图像具有更加强大的表现力和竞争力。

◆ **完善了图像调整和对齐功能**。Photoshop CS4 增加了内容感知型缩放功能，可以在用户调整图像大小时自动重排图像，在将图像调整为新的尺寸时能够智能保留重要的区域，一步到位制作出完美图像。使用自动对齐图层命令和球体对齐功能可以创建出精确的合成内容及令人惊叹的全景图。

为什么要阅读本书

Photoshop 软件是学习平面广告设计、包装设计、网页设计和装饰装潢设计等专业的必修软件，而平面广告设计师是公认的有前途的职业之一。因此，很多读者在学习了 Photoshop 软件以后都希望能够进入广告设计行业，成为一名平面广告设计师。但是想要成为一名合格的平面广告设计师，仅会使用一两种软件是远远不够的，更重要的是要具备较高的综合素质，包括对行业的了解、作品的定位、输出的认识等。

本书在教会读者使用 Photoshop CS4 软件的同时，尽可能拉近软件教授与行业应用之间的距离。使读者合上书本走向社会以后就能够找到一份合适的工作，并且能将学到的关于广告设计的知识和感觉应用到平时的工作中去。

本书特色和章节安排

本书有 4 个主要特色，即行业性、系统化、精实例和重技巧。

本书分成 4 篇，即平面广告设计的基础知识、设计前的准备工作、设计实例精选以及设计作品的输出。

本书内容丰富并且由浅入深，适合各个层次的读者学习。全书将基础知识与实际操作相结合，实例练习与行业应用相联系，每个重要步骤都配有插图，每个重要的知识点都配有相应的解释。

本书力求在有限的篇幅内为读者提供更多需要的知识，多视角、全方位地引导读者进行分析和思考，提高学习能力。书中精心安排了各种小常识和小技巧，丰富了读者的软件知识和行业实用知识，并通过“练一练”和“想一想”与读者进行互动和交流，增强了读者的学习兴趣。

配套光盘

随书赠送一张超大容量 DVD 多媒体教学光盘（需要在计算机的 DVD 光驱中运行），包括“素材与效果”、“基础操作详解”、“精彩实例讲解”、“优秀作品赏析”和“专家行业指导”5 大板块，界面精美并配有背景音乐。在轻松愉快的学习过程中，编者将与读者一起分享作为平面广告人的快乐。

为了使广大教师朋友们的教学工作更加轻松和愉快，编者特别提供了一套完备的 PPT 教学课件，其中贯穿了整本教程的精彩内容和知识要点。读者朋友们可以在“教学课件”文件夹中找到这部分内容。

本书编写人员有：王亚男、于春锋、王浩、徐静、汪延波、梁海英、何桂银、王永耀、刘新。

虽然本书为多位编者的倾心之作，但由于时间仓促，书中难免有疏漏和不妥之处，恳请广大读者批评指正。若对本书有任何建议或意见，请将电子邮件发送至读者服务信箱 jsjfw@mail.machineinfo.gov.cn。

编　者

目　录

第3篇 精彩案例与技法总结

第4篇 设计作品的输出

第1篇

平面广告设计的基础知识

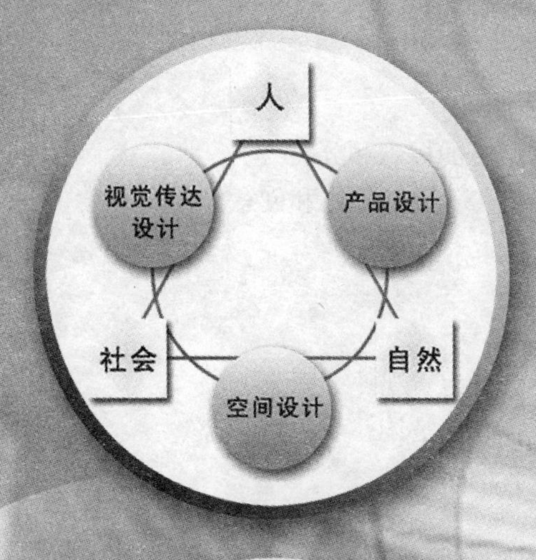

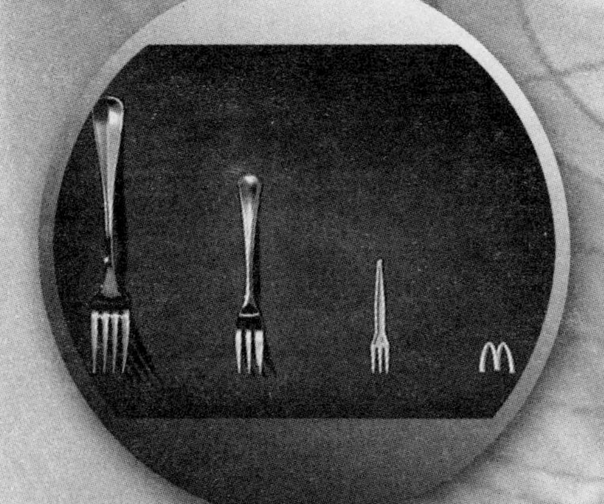

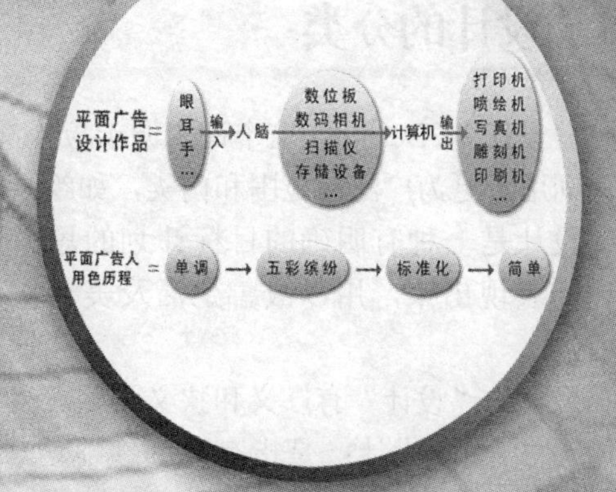

第 1 章　平面设计与广告设计

01

学习要点：

- 设计的概念和分类
- 平面设计的概念
- 平面设计的术语和元素
- 广告的概念和分类
- 广告设计的原则和创意

内容总览：

设计能够使艺术成为有实用价值的东西，而不仅仅为了观赏。了解设计、平面设计、广告、广告设计的定义和概念是认识平面广告设计的第一步，有助于读者了解作为一名平面广告设计师的职责范围。

1.1　设计的分类

“设计”（Design）这个词来源于拉丁文的“Designare”，意思为构想、画记号，后来设计一词用于更为广泛的范围和门类，如绘画、装潢、服装、环艺、工艺、建筑等。

设计是一种有明确的目标计划的思考过程和操作过程，是利用辅助物将原始的构想转化和表现出来，用以改善生活及美化生活的创造性活动，兼具实用性和艺术性的双重价值。

现代的“设计”有广义和狭义两种含义。

① 广义的设计：是指有计划性地达成具有实用价值或观赏价值的人为事物。有效的“设计”是采用各种方法获得预期的结果，或者避免不理想结果的出现。

② 狭义的设计：特别针对外观的要求来完成的“设计”，在实用、经济的原则下做各种变化，用吸引人的外观或流行的款式来增加销售量。

根据设计的用途，可以将设计分为以下 3 个领域。

① 视觉传达设计：制作良好的信息，以作为人与所属社会间的精神媒介。

② 产品设计：制造适当的产品，以作为人与自然间的媒介。

③ 空间设计：规划和谐的空间，以作为自然与社会间的物质媒介。

如果以人、自然和社会为构成世界的三要素，那么根据这三种要素之间的关系，可以创建如图 1-1 所示的关系图。

1．视觉传达设计（二维设计）

视觉传达设计是以传达资讯或消息为目标的视觉媒体设计。一般多采用平面形态，所以俗称为“平面设计”。主要包括标志、字体、卡片、传单、海报、封面、宣传册的设计等，但视觉传达也可以采用立体的形式来表现，例如展架、灯箱和橱窗等。

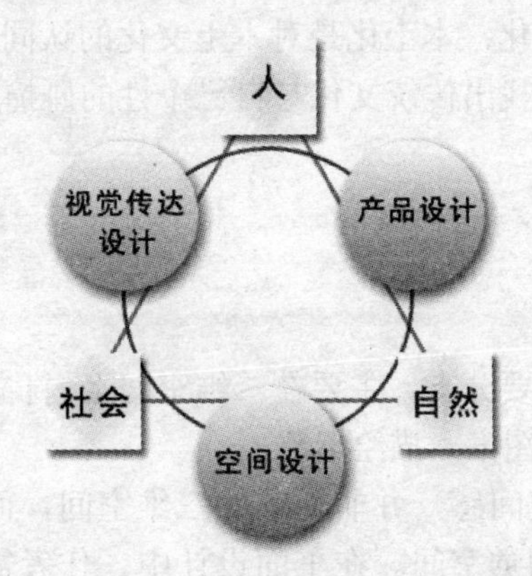

图 1-1 “设计”与人、自然及社会的关系

① 传播设计：传播设计是指以知识与观念的传播为目的，或者以活动资讯的传送为目的的视觉媒体设计。如文艺性海报（音乐、舞蹈、戏剧、美术展览、演讲等艺术和文化活动海报）、保健小册、交通安全教育宣导等，皆属于教育传播设计。

② 商业设计：商业设计是为了促销商品或推广服务所做的视觉媒体设计，例如报纸商业广告、商品销售现场广告、商品包装、产品目录等，皆属于商业推广设计。

2. 产品设计（三维设计）

产品设计是以创造完美的生活器物为目标的设计行为或方法，并能满足人类精神与物质上的需求。凡与生活有关的各种器物，小到杯盘、刀叉，大到家具、汽车、轮船等，均属于这个范围。根据制作条件的不同，产品设计可分为手工艺设计和工业工艺设计两大类型。

① 手工艺设计：是指有计划的以手或简单的工具来制作实用产品的设计行为，所得产品为手工艺品。手工艺设计的特色，主要在于手工与材料造型上所表现的特殊美感，用自然材料设计制作的手工艺品，格外富于美好的感性特质，值得品赏与玩味。

② 工业设计：是指以机械量产方式制造实用产品的工业设计行为，所得结果为工业工艺品或机械产品。工业设计的特色主要在于量产，有统一的品质、规格和最高的效率，产品适于大众消费。

3. 空间设计（三维设计）

空间设计是以营造理想生活空间为主要目的的设计行为或方法，包括建筑设计、室内设计、景观设计等。

① 建筑设计：指依建筑物的机能、结构和形式所做的整体设计。主要包括住宅、学校、机关、工厂、商店以及宗教建筑、纪念建筑等。

② 室内设计：是指建筑物内部机能与形式的整体设计。现代建筑多采用工业设计方式，作可变机能的空间规划，而依个别需求所采取的室内设计显得格外重要，包括的范围和建筑设计相同（即住宅室内、学校教室、机关办公室、工厂厂房内部、商店内部等设计）。

③ 景观设计：是指以绿地、花草、树木、水石等自然要素为主体的户外游憩空间规划，其间常根据需要而设置亭阁、牌坊、雕塑、座椅、游乐设施等。

除了以上所描述的设计领域外，若增加对时间的考虑，还可以形成所谓的“四维设计”。其中包括表演设计（如舞台设计、灯光设计、道具设计、服装设计等）、电影电视的美术设计、多媒体设计等项目。

现代设计越来越认同本土化，本土化是对本土文化的认同，而不仅仅是对符号或图形的认同。探索本土文化的内涵，找出传统文化与自己个性的碰撞点，形成自己的设计风格，这才是设计的精髓所在。

1.2 平面设计

平面设计是设计的一个重要分支，主要在二维空间之内将不同的基本图形和图像元素按照一定的规则在平面上组合成图案，描绘形象。

平面设计所表现的立体空间感，并非真实的三维空间，而仅仅是通过各种图形和图像对人的视觉引导作用形成的幻觉空间。在平面设计中，作者需要调动各种视觉元素来传播自己的设想和计划，用文字和图形把信息传达给受众，让人们通过这些视觉元素了解自己的意图。

1.2.1 平面设计的基本术语

- 和谐：和谐是指平面设计中的元素与元素之间、元素的各个部分之间，能够给人一种整体协调的感觉，不是乏味单调，也不是杂乱无章。
- 对比：对比又称对照，是指将反差很大的两个要素成功地搭配在一起，使人感觉鲜明强烈而又具有统一感，强调了作品的主题。
- 对称：如果在一个图形的中央可以设定一条垂直线将图形分为完全相等的两个部分，那么这个图形就是对称图。对称是中国传统艺术中常用的设计手法。
- 平衡：平衡是指图像中对象的形态、大小、质量、色彩和材质的分布在视觉判断上产生的一种平衡和安稳的感觉。
- 比例：比例是指元素的各个部分之间或者部分与整体之间的数量关系。比例是确定设计与单位大小以及各单位之间编排组合的重要因素。
- 重心：重心是指画面的视觉中心点。画面图像的轮廓的变化，图形的聚散，色彩或者明暗的分布都可能对视觉中心产生影响。
- 节奏：节奏是指平面设计作品中以同一元素连续或者重复时所产生的运动感。
- 韵律：在平面设计中使用单纯的单元组合重复很容易产生单调乏味的感觉，为了避免这种现象出现，有规律地将对象或者色彩群体之间以等差、等比方式排列，使之产生音乐的旋律感，被称为“韵律”。

1.2.2 平面设计的基本元素

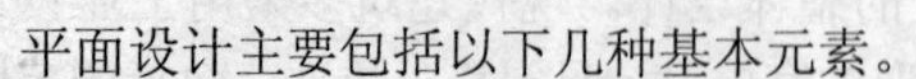

平面设计主要包括以下几种基本元素。

- 概念元素：包括点、线、面等，指那些人们意识上能够感觉得到，但实际上却是不存在的东西。例如人们看到物体边缘的轮廓线，天空和大地之间的地平线等。
- 视觉元素：概念元素的实际体现，它包括图形的大小、形状和色彩等。
- 关系元素：包括图形的方向、位置、空间、重心等，它决定了视觉元素在画面上组织和排列的方式。

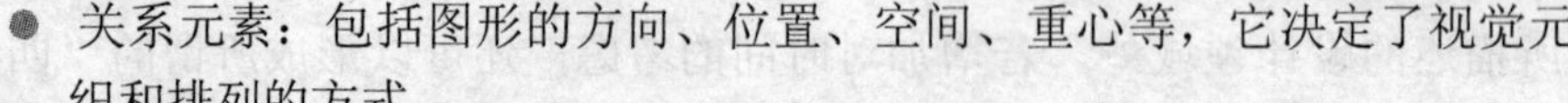

- 实用元素：设计所表达的含义、内容、设计的目的和功能等内容。

1.2.3 哪些工作离不开平面设计

既然是初学者，就有可能不太清楚到底在哪些公司工作需要学习平面设计方面的知识，下面就逐一介绍。

1. 图文设计工作室

在图文设计工作室从事设计工作的人员必须学习平面设计。图文设计公司的名片、卡片、页面、宣传单页、画册、海报等的设计排版工作都需要设计人员有一定的平面设计基础，如图1-2～图1-4所示。

图 1-2 名片设计

图 1-3 卡片设计

图 1-4 宣传单页设计

2. 喷绘写真加工公司

在制作各类喷绘和写真等广告产品的加工公司从事设计工作的人员必须学习平面设计。喷绘和写真是两种较大幅面的平面广告，如图1-5和图1-6所示。

图 1-5 喷绘广告设计

图 1-6 写真广告设计

在喷绘写真加工公司工作的设计人员不仅要能够独立完成喷绘和写真画面的设计工作，还要保证完成速度和质量（喷绘和写真的成本较高，又不能出菲林，所以要保证一次成功），有的时候还需要在客户面前现场完成自己的设计过程，直到他们满意为止。

3. 装饰装潢公司

装饰装潢公司也有专门从事平面设计工作的人员。室内外的装饰装潢工作中集合了平面设计和空间设计的内容。随着大型超市和商场的繁荣，各种材质的字体制作、霓虹灯的设计制作、灯箱、展板展架、门面及店内装饰设计都离不开平面设计工作者与其他工作人员的共同协作，如图1-7～图1-9所示。

图 1-7　PVC 字体设计

图 1-8　门面设计

图 1-9　霓虹灯设计

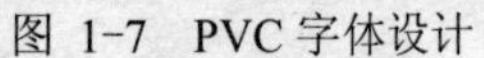

4．广告公司

在广告公司从事设计工作的人员必须学习平面设计。广告公司综合了上述三种公司的平面广告业务，如名片、标志、企业视觉识别系统（Visual Identity System，VIS）、印刷广告、产品包装、展板展架、大型喷绘写真广告等，还从事各种视频广告设计、影视短片的设计制作等，具备良好的平面设计知识只是完成本职工作的必备前提条件之一，如图 1-10 和图 1-11 所示。

图 1-10　VIS 设计

图 1-11　广告牌设计

5．数码婚纱影楼

数码婚纱影楼的后期处理工作也需要由平面设计人员来完成。使用数码相机拍摄的照片只是半成品，最终做成影集和装入画框的“百年好合”都是需要平面设计人员进行细致处理和艺术加工的，如图 1-12 和图 1-13 所示。对于背景、人物、文字的处理和编排，颜色和意境的把握，没有良好的平面设计基础是无法完成的。

图 1-12　婚纱壁纸设计

图 1-13　婚纱影集设计

6．印刷厂

印刷厂需要有自己的平面设计人员，从事完整的作品设计或者对客户的成品进行印前处理的工作。除了掌握平面设计和排版方面的知识以外，工作人员还应该熟悉各种印刷、包装设计常识和印前知识才能保证作品能够顺利的输出，如图 1-14 和图 1-15 所示。

图 1-14 包装设计

图 1-15 台历设计

1.3 广告

广告是人类长期从事各种生产活动和社会活动的必然产物，广告设计使人类的物质和精神生活成为一种艺术性的活动。

1.3.1 广告的概念

“广告”（Advertise）源于拉丁语，含有“注意”和“诱导”的意思。广而告之，传之天下，即向公众通知某一件事或劝告大众遵守某一规定，但这并不是广告的科学定义。

广告是指广告主有计划地通过媒体向选定的对象传递商品、劳务或者某种观念的优点和特色信息，以引起注意、启发理念、指导行为或者说服人们购买使用的大众传播手段。广告传递的主要是商品信息，是沟通企业、经营者和消费者三者之间的桥梁。

现代广告集科学、艺术、文化于一身，具有实用和审美的双重性，既是传播经济信息的工具，又是一种社会宣传形式，涉及思想、意识、信念、道德等内容，提倡什么反对什么，在现代精神文明建设中有不可低估的作用。

从广告的定义中，大家应该注意到广告的几个关键性问题。

- 广告对象：如何选定广告的受众。
- 广告内容：如何让广告的受众了解商品、劳务或者某种观念的优点和特色。
- 广告手段：如何向选定的对象广而告之。
- 广告技巧：如何利用大众传播媒介唤起人们的注意。
- 广告目的：如何说服人们接受某种观点或者购买使用某种商品。

1.3.2 广告的分类

合理准确地对广告进行分类，可以为广告策划提供基础，为广告设计和制作提供依据，使整个广告活动运转正常，从而取得最佳广告效益。广告可以按照不同的区分标准进行分类，例如按广告的目的、对象、广告地区、广告媒介、广告诉求方式、广告产生效益的快慢、商品生命周期不同阶段等来划分广告类别。

1. 按照最终目的划分

按照广告的最终目的，可以将广告划分为以下两种类型。

1）商业广告：指有关促进商品或劳务销售的经济信息。如报纸广告、电视广告、电影海报、企业宣传册、广告牌等，如图 1-16 所示。

2）非商业广告：是为了达到某种宣传目的的非盈利性广告。如政府公告、宗教布告、教育通告与文化、市政、社会经济团体的启事、公告、声明、布告，以及个人的遗失声明、寻人广告、征婚启事等，如图 1-17 所示。

图 1-16 商业广告

图 1-17 非商业广告

所有商业广告的最终目的都是为了推销商品，取得利润，以发展广告主所从事的事业。但其直接目的有时是不同的，也就是说，达到其最终目的的手段具有不同的形式。以这种手段的不同来区分商业广告，又可以将商业广告分为 3 类。

- 商品销售广告：这是以销售商品为目的，从中直接获取经济利益的广告形式，如图 1-18 所示。商品销售广告又可分为报导式广告、劝导式广告和提醒式广告 3 种类型。
- 企业形象广告：这是以建立商业信誉、树立企业形象为目的的广告，如图 1-19 所示。企业形象广告不直接介绍商品和宣传商品的优点，而是宣传企业的宗旨和信誉、企业的历史与成就、经营与管理情况，其目的是为了加强企业自身的形象，沟通企业与消费者的公共关系，从而间接地达到推销商品的目的。

图 1-18 商品销售广告

图 1-19 企业形象广告

- 企业观念广告：这种广告又可分为政治性和务实性两类。政治性广告，是通过广告宣传，把企业对某一社会问题的看法公之于众，力求唤起社会公众的同感，以达到影响政府立法或制定政策的目的，如图 1-20 所示。务实性广告，是建立或改变消费者对企业或某一产品在心目中的形象、从而建立或改变一种消费习惯或消费观念的广告，而这种观念的建立是有利于广告者获取长久利益的，例如图 1-21 中所示的孕妇咨询中心的广告。

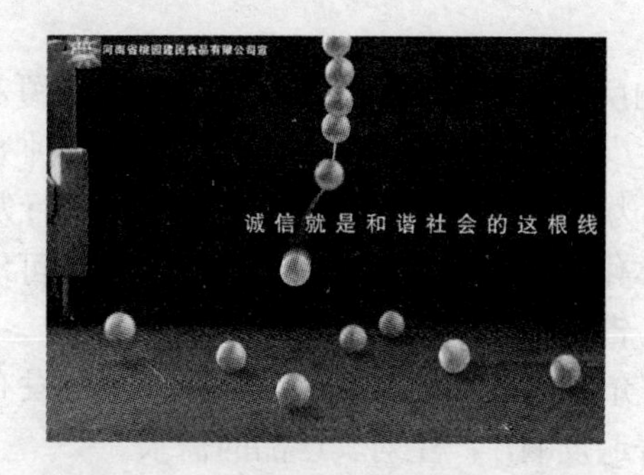

图 1-20 政治性广告

图 1-21 务实性广告

2. 按照诉求方式划分

按照广告诉求方式划分，可以将广告分为以下两种类型。

1）理性诉求广告：广告采取理性的说服手法，有理有据地直接论证产品的优点与长处，让顾客自己判断，进而购买使用，如图 1-22 所示。

2）感性诉求广告：广告采取感性的说服方式，向消费者诉之以情，使他们对广告产品产生好感，进而购买使用，如图 1-23 所示。

图 1-22 理性诉求广告

图 1-23 感性诉求广告

3. 按照诉求对象划分

商品的消费、流通各有其不同的主体对象，不同的主体对象所处的地位不同，其购买目的、购买习惯和消费方式等也有所不同。广告活动必须根据不同的对象实施不同的诉求，因此可以按广告的诉求对象对广告进行分类，将广告划分为以下 4 种类型。

1）消费者广告：此类广告的诉求对象为直接消费者，是由生产者或商品经营者向消费者推销其产品的广告，因而，也可以称之为商业零售广告。

2）工业用户广告：此类广告的诉求对象为产品的工业用户，由工农业生产部门或商业物资批发部门发布，旨在向使用产品的工业用户推销其产品。广告的内容一般为原材料、机器、零配件、供应品等，广告形式多采用报导式，对产品作较为详细的介绍。

3）商业批发广告：其诉求对象为商业批发商和零售商，主要由生产企业向商业批发企业、批发商之间或批发商向零售商推销其所生产或经营的商品。这种广告所涉及的都是比较大宗的产品交易，也多采用报导式广告形式。

4）媒介性广告：其诉求对象是对社会消费习惯具有影响力的职业团体或专业人员，广告发布者——工商企业旨在通过他们来影响最终消费者。此类广告专用于介绍一些专业性产品，如药品和保健品，由医疗单位或医生来介绍。消费者考虑到权威的可靠性易选择购买。

4．按照覆盖地区划分

由于广告所选用的媒体不同，广告影响所涉及范围不同，因此，按照广告覆盖地区的不同，又可以将广告分为全球性广告、全国性广告、区域性广告和地区性广告4种类型。

1）国际性广告：选择具有国际性影响力的广告媒介，如国际性报刊等进行发布。这是随着国际贸易的发展、出现了国际市场一体化倾向之后出现的广告形式。例如可口可乐、百事可乐、爱默生打印机和柯达胶卷等产品广告。

2）全国性广告：选择全国性的传播媒介，如报纸、杂志、电视和广播等发布广告，其目的是通过全国性广告激起国内消费者的普遍反响，产生对其产品的需求。

3）区域性广告：选择区域性的广告媒体，如省报、省电台、省电视台等，其传播面在一定的区域范围内。此类广告多是为配合差异性市场营销策略而进行，广告的产品也多数是一些地方性产品，销售量有限，选择性较强，为中小型工商企业所使用。

4）地方性广告：此类广告比之区域性广告传播范围更窄，市场范围更小，选用的媒介多是地方性传播媒介，如地方电视、报纸、路牌、霓虹灯等。

5．按照选用媒体划分

按照广告所选用的媒介划分，可将广告分为以下几种类型。

1）报纸广告：指刊登于各类报纸上的广告。

2）杂志广告：指刊登于各类杂志上的广告。

3）直邮广告：指通过邮政系统传递的宣传卡、宣传册、宣传单页等广告。

4）电子广告：指通过电视、广播、网站等宣传的广告。

5）招贴广告：指各种海报、宣传画等广告。

6）户外广告：指各种户外灯箱广告、广告牌、广告板等。

6．按照产生效益的快慢划分

按照广告产生效益的快慢划分，可将广告分为以下两种类型。

1）速效性广告：是指广告发布后要求立即引起购买行为的一种广告，又叫直接行动广告。

2）迟效性广告：是指广告发出后并不要求立即引起购买，只是希望消费者对商品和劳务留下良好的深刻印象，日后需要时再购买使用，又叫间接行动广告。

7．按照所处商品生命周期划分

按照广告所处商品生命周期的不同阶段划分，可将广告分为以下3种类型。

1）开拓期广告：是指新产品刚进入市场期间的广告。它主要是介绍新产品功能、特点、使用方法等，以吸引消费者购买使用（此阶段也是创品牌阶段）。

2）竞争期广告：主要指商品在成长期与成熟期阶段所作的广告。它主要是介绍产品其他的优点特色，如价格便宜、技术先进、原料上乘等，以使其在竞争中取胜，扩大市场占有率。

3）维持期广告：主要是指商品在衰退期阶段所作的广告。它主要是宣传本身的品牌、商标来提醒消费者，使消费者继续购买使用其商品。其目的是为延缓其销售量的下降速度。

1.3.3 广告发展的趋势

1. 广告空间正在发生巨大的变化

随着世界步入一个信息时代，高尖端技术的发展促成了广告信息流量的飞速增加，广告媒体正随着信息流量的增加而不断发展和扩大，从而催生了一些新型的广告媒体。在科技发达的国家里，电子广告成为越来越重要的广告传媒和最具有吸引力的现代广告，为广告业开拓了更为广阔的前景。

2. 广告策划已成为广告活动的核心

广告整体性策划是为取得良好效益的有目的有计划的广告活动，广告活动的谋划已成为成功的广告活动的核心，科学而精心地整体策划是取得广告效益的必要手段。

3. 创意在广告活动中占有重要地位

日益激烈的广告竞争，实质上已成为广告创意的竞争，广告创意的卓越与否，已成为能否赢得消费者，打败竞争对手的关键环节，成为广告是否具有竞争力的重要因素。

4. 广告的表现形式向艺术化、人情化发展

一个成功的广告人应具有创见和懂得顾客的需要，应是“半个诗人加上半个商人”，应用亲切和微笑的手法去赢得消费者，使广告的“软性”成分不断增加，更带有艺术性和人情味，变得更为吸引人，更具有视听效果。

1.4 广告设计

广告设计是视觉传达设计的一种，奠基在广告学与设计上面，是以加强销售、传播观念为目的所作的设计。广告设计的价值在于把产品载体的功能特点通过一定的方式转换成视觉因素，使之更直观地面对消费者。

1.4.1 广告设计的任务

现代广告设计有明确的目的性。作为一种信息传递艺术，它的主要任务在于有效地传递商品和服务信息，树立良好的品牌和企业形象，激发消费者的购买欲望，说服目标受众改变态度进行购买，并从精神上给人以美的享受，最后达到促销的目的。

提示：

现代广告设计的目的基本上可以分为报导性的、说服性的和提示性的。

1. 有效传递商品的服务信息

在现代社会里，产品和服务信息的传递已成为现代企业营销的一项重要工作。

2. 树立良好的品牌和企业形象

树立良好的品牌和企业形象是现代广告设计的重要任务之一，它可以影响消费大众对企业的信心，使企业及其产品获得很高的记忆度、很高的熟悉度、良好的印象度和行为支持度，从而大大提高产品和服务在市场上的竞争力。

3. 激发消费者的购买欲望

现代广告设计的一项重要任务，就是要在适当的时机，适当的地点对消费者进行必要的刺激，使之产生对产品或服务的购买欲望。

4．说服目标受众改变态度

广告最终的目的是“推销”产品和服务，而要达到此目的，就必须刺激人们的欲求，并说服人们进行购买。因此，广告作品具有说服力也是现代广告的重要任务之一，是设计出真正有效广告的重要因素。

5．给人以审美感受

广告不仅要传递产品和服务信息，而且要刺激人们的需要，从而达到促销的目的。作为一种艺术形式，广告作品还应该给人以美好的教育和熏陶，使人们得到精神上的享受，引发积极向上的精神，丰富人们的文化生活。

1.4.2 广告设计的原则

现代平面广告设计的原则是：真实性原则、形象性原则、关联性原则、感情性原则和创新性原则。

1．真实性原则

真实性，是广告的生命和本质，是广告的灵魂。作为一种有责任的信息传递，真实性原则始终是广告设计首要的和基本的原则。

广告的真实性首先是广告宣传的内容要真实，应该与推销的产品或提供的服务相一致，必须以客观事实为依据。其次，广告的感性形象必须是真实的，无论在广告中如何艺术处理，广告所宣传的产品或服务形象应该是真实的，与商品的自身特性相一致。不能虚夸，更不能伪造虚构。

2．形象性原则

随着生活的不断提高，科学技术的不断更新，同类商品的品质几乎都是大同小异的，消费者在选择商品时，往往不把商品的功能因素放在首位，而是考虑商品所提供的形象。

因此，如何创造品牌和企业的良好形象，已是现代广告设计的重要课题。

3．关联性原则

广告设计必须与产品关联、与目标关联、与广告联想引起的特别行为关联。广告如果没有关联性，就失去了目的。

关联性的原则在于要解决以下几个基本问题：广告要达到什么样的目的？广告做给什么样的目标观众？有什么样的竞争利益点可以做广告承诺？广告的品牌有什么特别的个性，也就是产品的“卖点”是什么？什么样的媒体适合传播广告信息？取悦受众的突破口在哪里？广告设计必须针对消费的需要，有的放矢，才能引起消费者的注意与兴趣。

4．感情性原则

感情是人们受外界刺激而产生的一种心理反应，人们的购买行动受感情因素的影响很大。我们通常把人们在购买活动中的心理活动规律概括为：引起注意，产生兴趣，激发欲望，促成行动四个过程，整个过程自始至终充满着感情的因素。

在现代广告设计中，要充分注意感情性原则的运用，尤其对于某些具有浓厚感情色彩的广告主题，更是设计中不容忽视的表现因素。要在平面广告中极力渲染感情色彩，烘托商品给人们带来的精神美的享受，诱发消费者的感情，使其沉醉于商品形象所给予的欢快愉悦之中，从而产生购买的愿望。

5．创新性原则

广告设计的创新性原则实质上就是个性化原则，是一个差别化设计策略的体现。通过个性化的内容与独创的表现形式和谐统一，显示出广告作品的个性与设计的独创性，给人带来视觉和心灵上的全新冲击。

广告设计的创新性原则有助于塑造鲜明的品牌个性，能让品牌从众多的竞争者中脱颖而出，能强化其知名度，鼓励消费者选择此品牌。

1.4.3 广告设计的创意

创意，这种富于创造性的脑力劳动，其实也需要遵循一定的方法，才能令想象的翅膀变得富有冲击力。

广告创意的策略要点主要有：创意的目标对象要准确，创意目标要明确单一，创意诉求要单一集中，创意要突出广告的品牌，创意要作出明确的承诺。

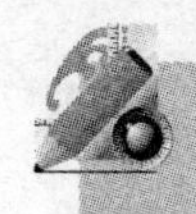

提示：

现代广告创意的前提是产品的定位。

广告的创意主要表现在广告画面和广告文案两个方面。

1．广告画面的创意

1）开门见山：将某产品或主题直接如实地展示在广告版面上，充分运用摄影或绘画等技巧写实地表现，着力渲染产品的质感、形态和功能用途，将产品的全貌引人入胜地呈现出来，给人以逼真的现实感，直接刺激消费者的购买欲望，如图 1-24 所示。

2）重点突破：突出强调产品或主题最与众不同的特征或者特性，将它置于广告画面的主要视觉部位或加以烘托处理，使观众接触画面的瞬间即很快感受到产品的特性，对其产生兴趣达到刺激购买欲望的促销目的，如图 1-25 所示。

图 1-24 汽车广告

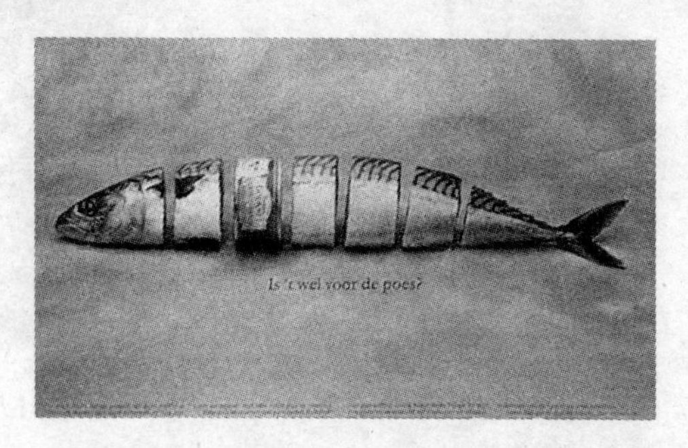

图 1-25 猫食罐头广告

3）艺术夸张：对广告作品中所宣传对象的品质或特性的某个方面，赋予新奇与变化的情趣，进行明显的艺术设计夸大，以加深或充实观者对该特征的认识。使用夸张手法可以更鲜明地强调或揭示事物的实质，加强作品的艺术效果，如图 1-26～图 1-29 所示。

4）比拟借用：选择两个各不相同，某些方面又有些相似性的事物“以此物喻彼物”，利用与主题的某些特征的相似之处借题发挥，进行延伸转化，从而获得“婉转曲达”的艺术效果。虽然有时难以一目了然，但一旦领会其意，便能有意味无尽的感受，如图 1-30 所示。

图 1-26 厨具广告

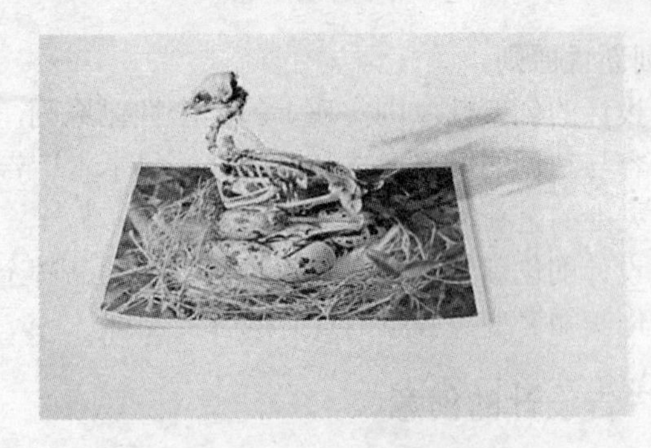

图 1-27 打印机广告

图 1-28 汽车广告

图 1-29 汽车音响广告

5）鲜明对比：把作品中所描绘的事物性质和特点，运用鲜明的对照和直接对比的方法来表现，借彼显此，互比互衬，从对比差别中完成集中、简洁、曲折变化的效果，如图 1-31 所示。

图 1-30 手表广告

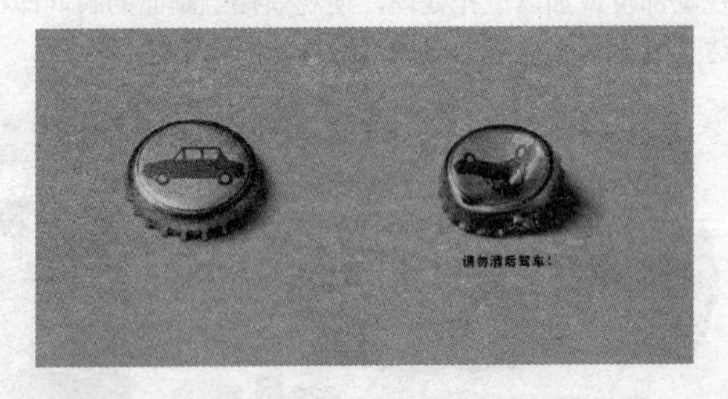

图 1-31 公益广告（图上文字为——请勿酒后驾车）

6）引发情感：感情因素往往是最能打动人心的，审美就是主题与美的对象不断交流感情产生共鸣的过程。以美好的感情来烘托主题，真实而生动地反映某种感情就能获得以情动人的效果，适合表达深层次的意境与情趣的追求，如图 1-32 所示。

7）联想发挥：合乎审美规律的心理现象。在审美的过程中通过丰富的联想，能突破时空的界限，扩大艺术形象的容量，加深画面的意境，如图 1-33 所示。消费者或惊讶、或赞许，最后会意的一笑就是对设计作品的认可了。

8）推理悬念：故弄玄虚，疑云密布的广告设计让人乍看不解题意，造成一种猜疑和紧张的心理状态，引起消费者的好奇心和进一步探明广告题意的强烈愿望，最后点明主题后，难忘的心理经历能达到出奇制胜的效果，如图 1-34 和图 1-35 所示。

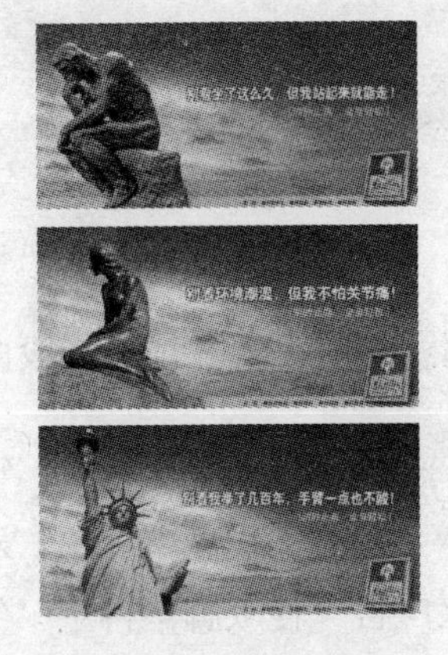

图 1-32　止痛膏广告

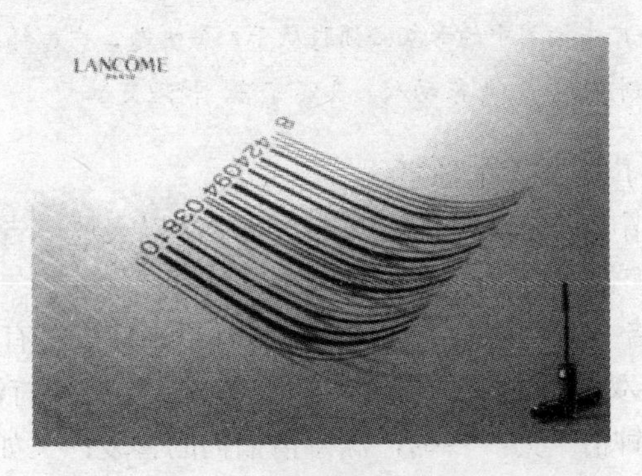

图 1-33　睫毛膏广告

图 1-34　可乐广告

图 1-35　牛奶广告

9）绮丽梦幻：浪漫的神话、奇异的幻想、温馨的童话色彩的设计与现实生活产生某种距离感，从而满足人们的童趣和好奇心，从而带来愉悦的内心感受，触动对产品的美好联想，如图 1-36 所示。

10）引入偶像：现实生活中，人们心里崇拜、仰慕或效仿的对象称为偶像，不论这个偶像是影视明星还是运动健将，只要选择与广告的产品或精神相吻合的，就能达到预期的目的。借助名人偶像的陪衬，提高产品的印象与销售地位，树立名牌的可信度，诱发消费者对广告中名人偶像所赞誉的产品的注意激发起购买欲望，如图 1-37 所示。

图 1-36　果冻广告

图 1-37　唇膏广告

> 提示：
> 广告插图中的形象必须服从于广告主题，广告插图的设计准则可以概括为：简洁明确、主题突出、创意新颖、形象动人、真实可信、情理交融。

2. 广告文案的创意

所谓广告文案，是指广告作品中用以表达广告主题和创意的语言文字，它一般由标题、标语和广告正文等要素组成。

广告文案的创意主要通过广告标语来完成，有以下一些常见的表现类型。

- 双关型：一语双关，既道出产品，又别有深意。如一家钟表店以"一表人才，一见钟情"为广告词，深得情侣们的喜爱；又如脚气药水广告"使双脚不再生'气'"。
- 仿拟型：仿似是将人们熟知的成语典故、诗文名句、格言俗语等加以改动，仿造出一个与产品有关的新词语或新句子来，以符合该广告特定的表达需要。例如厕所常见的文明标语"来也匆匆，去也冲冲！"
- 比喻型：运用比喻是为了通俗、生动地说明某种陌生的事物或者抽象、深奥的道理，用来打比方的事物和被比较的两个不类别事物之间，应有一些相似之处，能引起人们的联想。例如柯达胶卷的广告词："柯达胶卷，串起生活每一刻"。
- 拟人型：将某种产品赋予人的情感或动作。例如，"微笑的可口可乐！"
- 顶真型：前句词语的末尾部分是后句词语的起首，递接而下，形成蝉联形式。这样连缀能使语气贯通，声律流畅。例如，"车到山前必有路，有路必有丰田车"。
- 同一型：通过"同一化"，拉近消费者和企业的关系。如一家服务公司以"您的需求就是我们的追求"为广告词。
- 暗示型：即不直接坦述产品的功能或作用，用间接语暗示。如吉列刀片的广告词："赠给你爽快的早晨"。又如蒙牛早餐奶的广告词："蒙牛早餐奶，天天早上好！"
- 强调型：通过相似的词句来强调产品的名称，给人深刻的印象。如胃药的广告词："不是四大叔，是'斯达舒'"，化妆品的广告词："大宝明天见……'大宝啊'天天见"。
- 矛盾型：用看似矛盾的语句来突出商品的功效或者价值。如脑白金的广告词："今年过节不收礼，收礼还收脑白金"。又如美容香皂的广告词："今年二十，明年十八"
- 经济型：强调产品在时间或金钱方面的经济和实惠。"飞机的速度，卡车的价格"，如果你要乘飞机，当然会选择这家航空公司。"吃一样等于补五样"，这样的营养品当然也会大受欢迎。
- 情感型：以缠绵轻松的词语，向消费者内心倾诉。有一家咖啡厅以"有空来坐坐"为广告词，虽然只是淡淡的一句，却打动了许多人的心。"孔府家酒，叫人想家"曾经勾起了多少人的乡愁。
- 韵律型：有一定的韵律或者节奏，易读好记。如古井贡酒的广告词："高朋满座喜相逢，酒逢知己古井贡"。
- 幽默型：用诙谐、幽默的句子作广告，使人们开心地接受产品。例如电风扇广告："我的名声是吹出来的"。微软鼠标："按捺不住，就快滚。"

> **提示：**
>
> 瑞士学者提出的优秀的广告文案必须具备 4 个要素，而且要使它们融合无间，这 4 个要素是 Fresh（新鲜）、Fun（有趣）、Faith（忠诚）、Free（自由）。

1.5 练习题

1. 填空题

① 根据设计的用途，可以将设计分为________、________和________3 个领域，其中，________是二维设计，________和________是三维设计。

② 平面设计的基本元素包括________、________、________和________等。

③ 根据广告的最终目的，可以将广告分为________和________两种类型。

④ 根据广告的直接目的，可以将商业广告分为________、________和________3 种类型。

⑤ 根据广告的诉求对象，可以将广告分为________、________、________和________4 种类型。

⑥ 根据广告的诉求方式，可以将广告分为________和________两种类型。

⑦ 根据广告的覆盖地区，可以将广告分为________、________、________和________4 种类型。

⑧ 根据广告选用的媒体，可以将广告分为________、________、________、________、________和________6 种类型。

⑨ 广告设计应该遵循________、________、________、________和________5 种基本原则。

⑩ 广告传递的主要是商品信息，是沟通企业、________和消费者三者之间的桥梁。

2. 选择题

① 以下广告设计作品的画面创意属于比拟借用的有________，属于鲜明对比的有________，属于引发情感的有________，属于联想发挥的有________，属于推理悬念的有________。

A. 祛痘化妆品广告	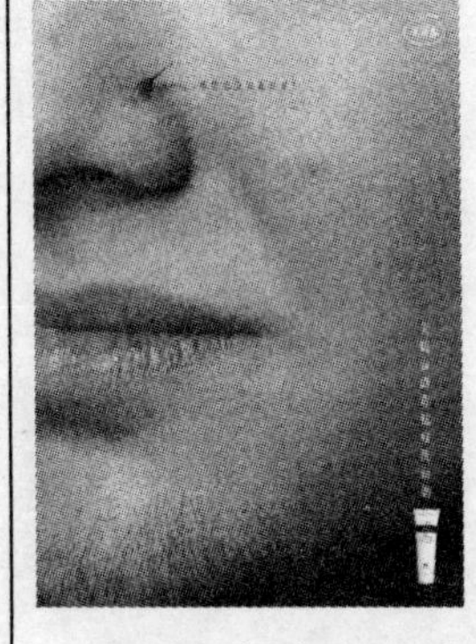 画面文字为——谁能忍受如此结果	B. 女士手机广告	

（续）

C. 鱼罐头头广告	 画面文字为——nothing but fish	D. 皮癣药品广告	画面文字为——before after
E. 木糖醇广告		F. 铅笔广告	

② 以下广告文案的创意属于比喻型的有________，属于强调型的有________，属于韵律型的有________，属于双关型的有________，属于同一型的有________。

A. 不是“四大叔”，是“斯达舒”　　B. 钻石恒久远，一颗永流传

C. 我的光彩来自你的风采　　D. 做女人“挺”好

E. 人类失去联想，世界将会怎样　　F. 好吃看得见

3. 简答题

① 广告设计的主要任务是什么？

② 广告设计的原则有哪些？

第2章　平面广告设计概述

02

学习要点：

- 平面广告设计的定义
- 常见的平面广告类型
- 热门的平面广告题材
- 平面广告设计的流程
- 平面广告设计装备

内容总览：

平面广告设计是平面设计，也是广告设计，需要遵循一定的规范和流程。要想学好平面广告设计，不可以不懂平面艺术，也不可以不懂广告艺术。通过对平面广告类型和平面广告题材的认识和了解，可以更加快速地进入到平面广告人的角色中去。

2.1　平面广告设计的概念

平面广告设计是根据特定的输出要求，在二维空间之内，调动各种图形和图像元素，向选定的对象传递商品、劳务或者某种观念的优点和特色，以引起注意、启发理念、指导行为或者说服人们购买使用，也就是说平面设计用于广而告之的目的。

想一想：

平面设计、广告设计和平面广告设计的区别究竟在哪里？

平面设计可以只是一种思想和技术的展示，可以不包含任何的商业信息，不具备宣传和引导的意义，如图 2-1 所示。

图 2-1　平面设计

广告设计可以在二维、三维甚至四维空间中展示，可以有很多的表现形式，如图 2-2 所示。

图 2-2 广告设计

平面广告设计必须同时考虑到客户和输出的问题，了解企业和市场时令，平衡广告的投入和收益，确定广告的表现形式和表现手法，真正做到以服务广告主为最终目的，如图 2-3 所示。

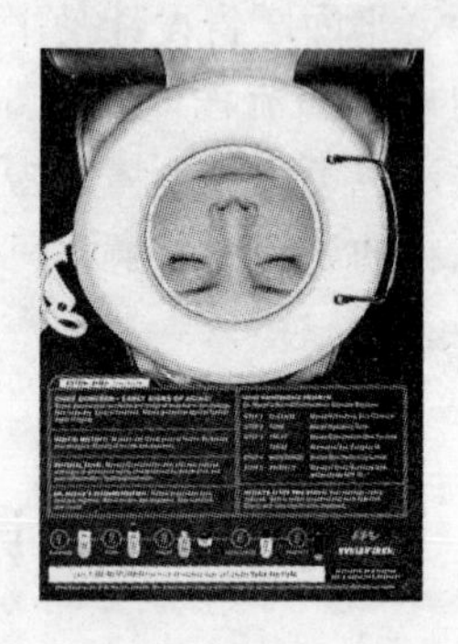

图 2-3 平面广告设计

2.1.1 常见的平面广告类型

常见的平面广告类型主要有以下几种。

1. 报纸广告

报纸是平面广告中影响最普遍的广告媒体。在报纸上刊登广告是一种比较古老的广告宣传方式，而设计新颖的广告必然会引起读者的广泛关注，如图 2-4 所示。

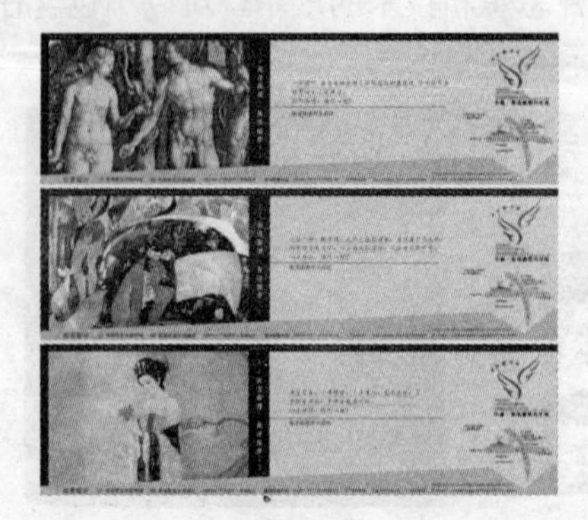
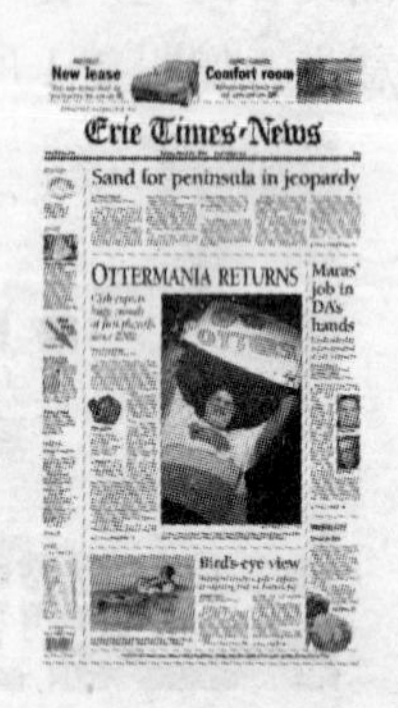
New lease
Comfort room
Erie Times-News
Sand for peninsula in jeopardy
OTTERMANIA RETURNS
Bird's-eye view

图 2-4 报纸广告

报纸广告具有广泛性、快速性、连续性、经济性等优点。

- 广泛性：报纸的种类繁多，发行面广，阅读者多。从生产资料到生活资料，从汽车、住房到美容、医药，从文化艺术到科学技术，从黑白广告到套红、彩印，刊登在报纸上的广告可以囊括多种内容，具有各种各样的形式。
- 快速性：报纸的印刷和销售速度都非常快，适合时间性较强的新产品广告和快件广告。如展销、促销、展览、劳务、庆祝、航运、通知等。
- 连续性：根据报纸发行的连续性，报纸广告可以发挥重复性和渐变性的特点（例如采用重复刊登同一内容，刊登同一版式的不同内容，连载不断完善的内容等形式），加深读者的印象。
- 经济性：报纸的制作成本较低，包含的信息量却很大，它通过本身的新闻报导、学术研究、文化生活、市场信息等内容吸引读者，也带给报纸广告表现的机会。

2．杂志广告

杂志与报纸一样，有普及性的，也有专业性的，如图 2-5 所示。但就整体而言，它比报纸针对性要强，它具有社会科学、自然科学、历史、地理、医疗卫生、农业、机械、文化教育等种类，还有针对不同年龄、不同性别的杂志，可以说是分门别类，非常丰富。

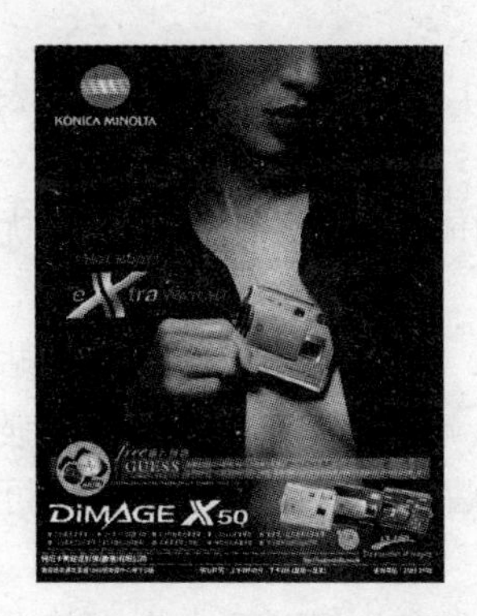

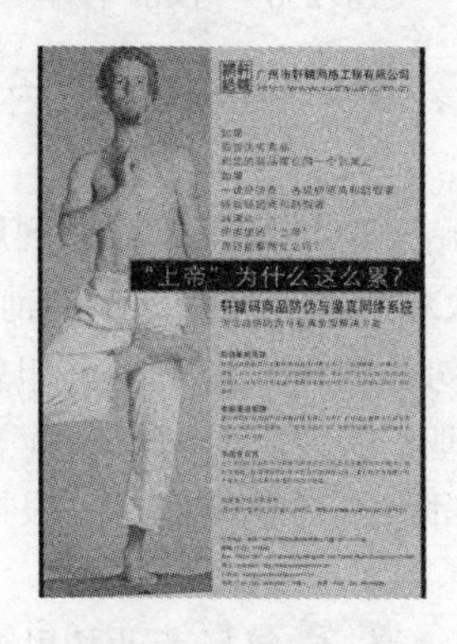

图 2-5　杂志广告

杂志广告具有选择性、优质性和多样性等特点。

- 选择性：各类杂志都有不同的办刊宗旨和内容，有着不同的读者群。通过杂志发布广告。能够有目的针对市场目标和消费阶层，减少无目的浪费。
- 优质性：杂志广告可以刊登在封面、封底、封二、封三、中页版，以及内文插页。以彩色画页为主，印刷和纸张都比较精美，能最大限度地发挥彩色效果，具有很高的欣赏价值。杂志广告面积较大，可以独居一面，甚至可以连登几页，形式上不受其他内容的影响，尽情发挥，能够比较详细地介绍商品信息。
- 多样性：杂志广告设计的制约较少，表现形式多种多样，有直接利用封面形象和标题、广告语、目录为杂志自身作广告的；有独居一页、跨页、或采用半页作广告的；可连续登载，还可附上艺术欣赏性高的插页、明信片、贺年片、年历、甚至小唱片，当读者接受这份情意，在领略艺术魅力的同时，潜移默化地接受了广告信息。并通过杂志的相互传阅，压在台板下、贴在墙上的插页经常被观摩，不断发挥广告的作用。

正因为杂志广告表现力丰富，读者阅读视觉距离短，可以长时间静心地阅读，所以杂志广告，无论其形式和内容上都要仔细推敲。

3．招贴广告

提起平面广告，恐怕首先想到的就是“招贴”。招贴的英文名字叫“Poster”，意指“Placard displayed in a public place”，国外称之为“瞬间”的街头艺术，是最古老的广告形式之一。在国内，招贴又名“海报”或者“宣传画”，属于户外广告范畴，分布在各街道、影剧院、展览会、商场超市、车站、码头、公园等公共场所，如图 2-6 所示。

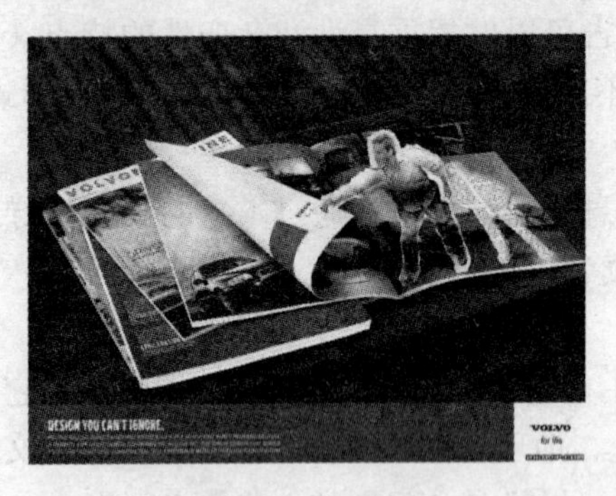

图 2-6 招贴广告

招贴与其他平面广告形式相比，具有画面面积大、内容广泛、主题明确、艺术表现力丰富、远视效果强烈等特点。

- 画面尺寸大：海报招贴张贴于公共场所，会受到周围环境和各种因素的干扰，所以必须以大画面及突出的形象和色彩展现在人们面前。
- 远视效果强：为了给来去匆忙的人们留下视觉印象，除了尺寸大之外，招贴设计还要充分体现定位设计的原理。以突出的商标、标志、标题、图形，或对比强烈的色彩，或大面积的空白，或简练的视觉流程使海报招贴成为视觉焦点。招贴可以说具有广告典型的特征。
- 艺术性高：就招贴的整体而言，它包括商业招贴和非商业招贴两大类。其中商业招贴的表现形式以具体艺术表现力的摄影、造型写实的绘画或漫画形式表现为主，给消费者留下真实感人的画面和富有幽默情趣的感受。而非商业招贴，内容广泛、形式多样，艺术表现力丰富。特别是文化艺术类的招贴画，根据广告主题可以充分发挥想象力，尽情施展艺术手段。

招贴具有特有的艺术效果及美感条件，它的众多优点是其他任何媒介无法替代的。广告史上最具代表性的广告设计师，大多数都是因其在招贴设计上的突出表现而成名。从这种意义上讲，招贴设计的研究是成功广告设计家的必经之路。

4．直邮广告

直邮广告是商业贸易活动中的重要形式，俗称小广告，如图 2-7 所示。它的英文名字是“Direct mail”简称为“DM”，意为快讯商品广告，通常采取邮寄、定点派发、选择性派送到消费者住处等多种方式宣传，是超市最重要的促销方式之一。

国内的直邮广告可分为 3 类：一类是宣传卡片（包括传单、折页、明信片、贺年片、企业介绍卡、推销信等），用于提示商品、活动介绍和企业宣传等；另一类是样本（包括各种册子、产品目录、企业刊物、画册），系统展现产品，有前言、厂长或经理致辞，有各部门、各种商品、成果介绍以及未来展望和介绍服务等，树立企业的整体形象；还有一类是说明书，一般附于商品包装内，让消费者了解商品的性能、结构、成分、质量和使用方法。

图 2-7　直邮广告

直邮广告通过邮寄向消费者传达商业信息，具有针对性、独立性和整体性的特点，为工商界所广泛应用。

- 针对性：直邮广告针对销售旺季或者流行期，针对有关企业和人员，针对展销会、洽谈会，针对购买货物的消费者进行邮寄、分发、赠送，以扩大企业、商品的知名度，从而推售产品和加强购买者对商品的了解，强化广告的效用。
- 独立性：直邮广告的纸张、开本、印刷、邮寄和赠送对象等都具有独立性。宣传卡自成一体，无需借助于其他媒体，不受其他媒体的宣传环境、公众特点、信息安排、版面、印刷、纸张等各种限制，又称之为“非媒介性广告”。
- 整体性：成册的产品目录、说明书、企业宣传页等都是独立完成的设计作品，像书籍装帧一样，既有完整的封面，又有完整的内容。整个册子中的众多张页，可以作统一的大构图。封面、书芯要造成形式、内容的连贯性和整体性，统一风格、气氛，围绕一个主题。

5. 壁纸广告

随着电脑的普及，壁纸广告作为一种崭新的类型登上的平面广告的艺术舞台。壁纸广告是指用在电脑上作为桌面背景的图片，一般使用 Photoshop 软件设计，设计尺寸为 800×600 像素、1024×768 像素、1440×900 像素等，分辨率不用太高，96dpi 即可，如图 2-8 所示。

图 2-8　壁纸广告

壁纸广告具有以下特点。

① 壁纸广告对于输出的顾虑很少，可以使用 RGB 颜色模式，使用各种设计手法来表现。壁纸广告使用各种清新、舒服的颜色，能够起到缓解视疲劳、调整心情的作用。

② 壁纸广告拥有固定的长宽比例（4∶3 或 16∶9），在画面布局，文字排版上更容易做

到风格和韵味的统一，适合制作成套系的企业和品牌广告，例如季节套系、月历套系、色调套系等。

③ 壁纸广告可以每日面对，给人以美的享受，将品牌和产品深深地烙印在心上。

6．大幅面广告

大幅面广告主要是指喷绘和写真广告，它们一般以广告牌或者广告板的形式，展示在超市、商场、室内、门头、楼体、路边、街口等人流较多的地方，具有幅面大、样式多、有效期长、性价比高等特点，如图 2-9 所示。

图 2-9 大幅面广告

- 幅面大：喷绘和写真广告的幅面小则半个或一个平米，大则几十甚至几百平米，展示在公共场合十分扎眼。
- 样式多：喷绘广告可以绷拉在金属支架上，附在木板上，写真广告可以装入相框中、灯箱中，还可以附在纸板、KT 板、有机板上、玻璃上，制作成多种多样的立体广告。
- 有效期长：大型广告的制作材料特殊，不怕水不怕脏，一般暴露在外 2～3 年内不会失去效用，不用更换。
- 性价比高：随着近年来国内广告业的发展，喷绘和写真广告的造价降低，每平米只有几块钱到十几块钱，制作一个大幅面广告的花费并不是很高，但是人们日日瞻仰受其影响，其广告收益却是不菲，具有很高的性价比。

2.1.2 热门的平面广告题材

热门的平面广告题材主要有以下几种。

1．房地产

近年来，随着房地产市场的火爆，房地产广告的份额也不断扩大，房地产广告已经成为平面设计人员接触最多的平面广告之一。

房地产广告，是指房地产开发企业、房地产权利人、房地产中介机构发布的房地产项目预售、预租、出售、租赁、项目转让以及其他房地产项目介绍的广告，如图 2-10 所示。

房地产广告的主要目的是为了介绍楼盘的位置、环境、价格和性能特点，宣传楼盘的风格、概念以及优越性，吸引消费者去洽谈购买。

2．汽车

随着人们生活水平的不断提高，汽车已经成为人们出行的重要交通工具。随着汽车产销两旺的局面出现，汽车广告也随之呈现出新的局面。近几年汽车广告的投放总量在急剧增长。

图 2-10　房地产广告

汽车广告，是指汽车企业向广大消费者宣传其产品用途、产品质量，展示企业形象的广告，如图 2-11 所示。

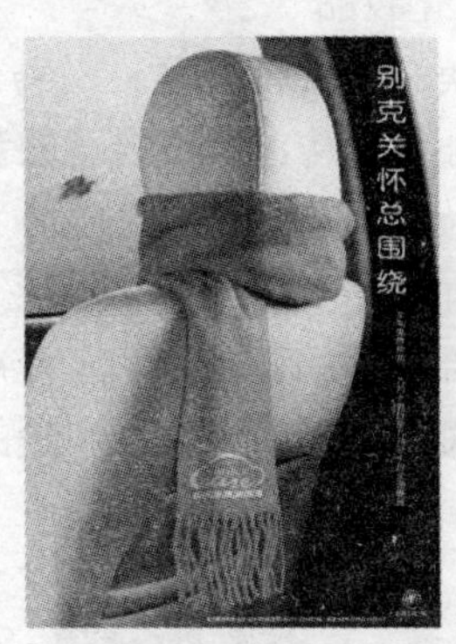

图 2-11　汽车广告

根据有关资料调查显示，消费者在购买汽车时所关心的问题依次是：价格、品牌、性能、安全、舒适度、外观、服务以及附加值等。清楚了购车人的心态以后，对于汽车广告就有了较为明确的概念了。

3．酒类

中国白酒的历史源远流长，各类包装精美、口味独特的白酒长久以来都是馈赠亲友的佳品，白酒市场的竞争更是空前的激烈。加上红酒、啤酒等各种酒类品牌，真可谓层出不穷，各领风骚。

酒类广告，是指含有酒类商品名称、商标、包装、制酒企业名称等内容的广告，如图 2-12 所示。

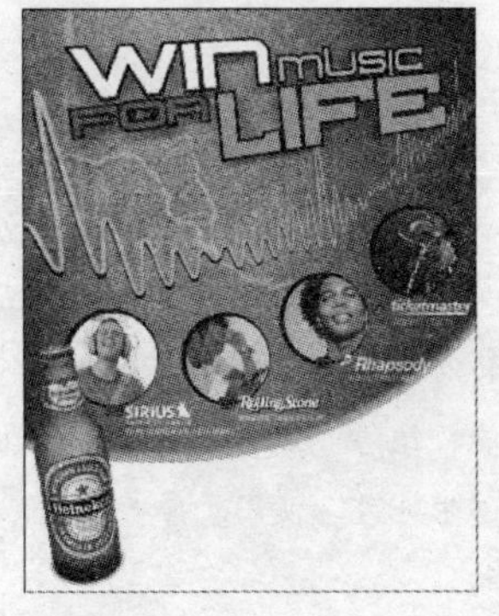

图 2-12　酒类广告

酒类广告不得出现的内容有哪些？

① 鼓动、倡导、引诱人们饮酒或者宣传无节制饮酒；

② 饮酒的动作；

③ 未成年人的形象；

④ 表现驾驶车、船、飞机等具有潜在危险的活动；

⑤ 诸如可以“消除紧张和焦虑”、“增加体力”等不科学的明示或者暗示；

⑥ 把个人、商业、社会、体育、性生活或者其他方面的成功归因于饮酒的明示或者暗示；

⑦ 关于酒类商品的各种评优、评奖、评名牌、推荐等评比结果；

⑧ 不符合社会主义精神文明建设的要求，违背社会良好风尚和不科学、不真实的其他内容。

4. 化妆品

爱美之心人皆有之。当美容护肤成为大家的一种习惯时，各类香水和化妆品的生产厂家也开始加大宣传，增强自己的竞争力。

化妆品广告，是指通过各种媒介或形式发布以涂擦、喷洒或者其他类似的办法，散布于人体表面任何部位（皮肤、毛发、指甲、口唇等），以达到清洁、消除不良气味、护肤、美容和修饰目的的日用化学工业产品的广告和用于养发、染发、烫发、脱毛、美乳、健美、除臭、祛斑、防晒的有特殊用途的化妆品的广告，如图 2-13 所示。

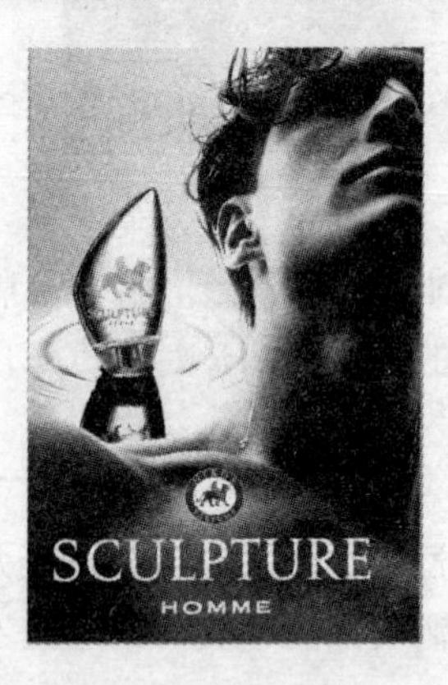

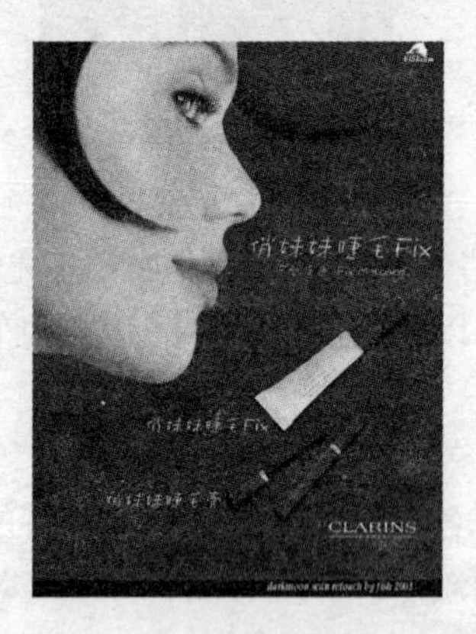

图 2-13　化妆品广告

化妆品广告不得出现的内容有哪些？

① 化妆品名称、制法、成分、效用和性能有虚假夸大的；

② 使用他人名义保证或者以暗示方法使人误解其效用的；

③ 使用医疗作用或使用医疗术语的；

④ 有贬低同类产品内容的；

⑤ 使用“最新创造”、“最新发明”、“纯天然制品”、“无副作用”等绝对化的言辞的；

⑥ 有涉及化妆品性能或者功能、销售等方面的数据的未表明出处的；

⑦ 化妆品广告有违反化妆品卫生许可，使用了医疗用语或者与药品混淆的用语的；

⑧ 违反其他法律、法规规定的。

5．电影

随着数字图像技术的发展，三维设计和平面处理技术的提高，电影的题材、数量和质量也急剧地增加，人们的选择范围也越来越广泛。电影广告应该能够代表整个电影的精神，能够浓缩90分钟或者更长的情节，能够留住人们的眼睛和心灵，如图2-14所示。

图 2-14　电影广告

6．数码产品

随着近年来的普及，各种国内国外品牌一拥而入，刺激了该市场，也刺激着亿万消费者的心，如图2-15所示。

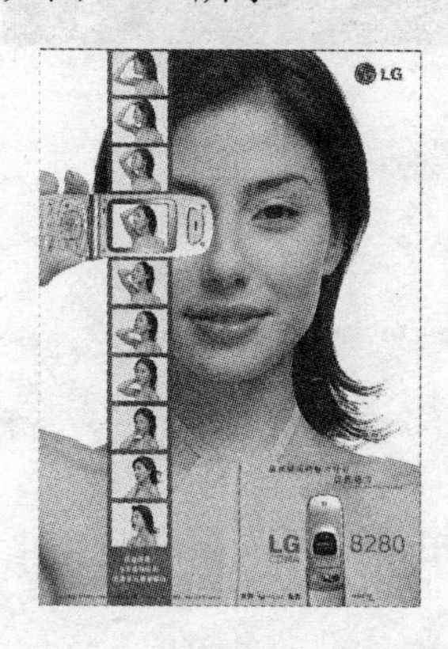

图 2-15　手机广告

数码产品广告可谓是花样繁多，随处可见，根据产品的不同造型、性能与色彩，平面广告人也是煞费苦心，力求设计引领时尚、个性与风格之潮流，使其获得更好的市场。

7．公益

公益广告是广告主对有助于公众利益的观念所做的陈述与推广。它通过某种观念的传达，呼吁公众关注某一社会问题，以合乎公众利益的准则去规范自己的行为，支持或倡导某种社会事业或社会风尚，如图2-16所示。

公益广告宣传倡导的是一种观念、一种形象或者一种道德规范，讲究艺术性、哲理性和幽默感，使广告的受众得到美的享受和心的启迪。当然对待一些严肃的问题（比如爱护动物，善待生命）时，也可能会使用一些震撼和残酷的手法来表现，发人深省，如图2-17所示。

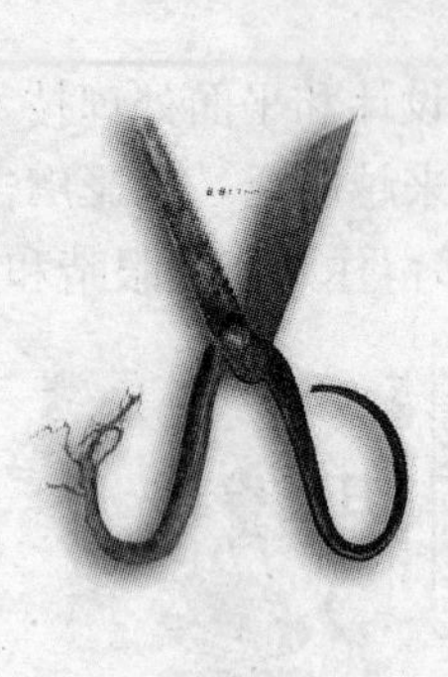
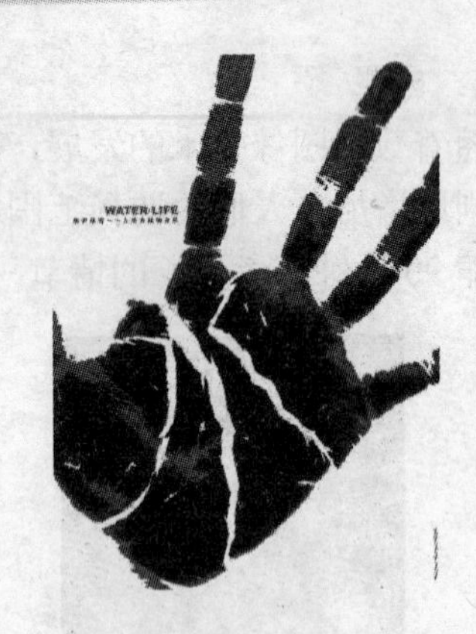

图 2-16 公益广告

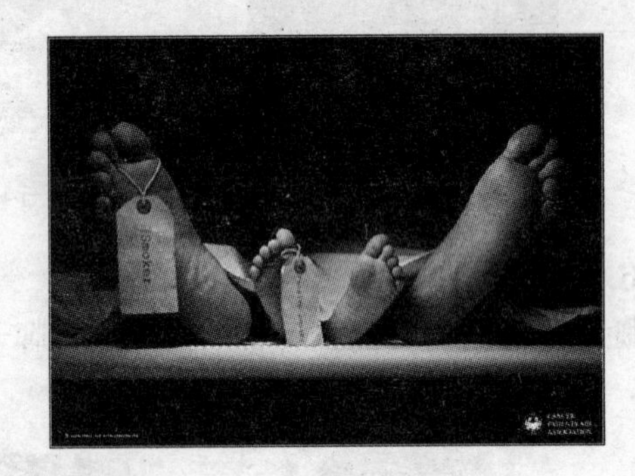

图 2-17 发人深省的公益广告

2.2 平面广告设计的行业规范

从事平面广告设计工作必须遵守以下行业规范。

- 热爱祖国，热爱人民。
- 尊重广告设计，遵守广告法以及具体的产品广告法等相关法规。
- 尊重消费者，遵守消费者保护法等相关法规。
- 尊重广告主。
- 尊重中国传统文化。
- 尊重设计者自己。

平面广告设计可以说是快餐化了的实用图像艺术，也可以说是艺术化了的大众广告产品。不管人们如何理解，作为平面广告人（也就是从事平面广告设计工作的朋友们，下文统称“平面广告人”），最重要的是认真对待自己的工作，认真对待艺术。

2.3 平面广告设计的一般流程

平面广告设计的过程是一个有理念、有计划、有步骤的、渐进式不断完善的过程。设计的成功与设计者的态度息息相关，有了正确而积极的态度，才能有正确的理念，有完备的计划，有可行的步骤，才能有美的作品产生。

1. 调查

平面广告设计需要进行有目的和完整的调查工作，调查广告主的要求、广告主的背景、产品的定位、行业（同类企业、品牌、产品等）、市场（时令、销量、受众）、同类广告的常用的表现手法等。这些调查工作是需要广告主和设计者共同完成的工作，广告主可能会为设计者提供一些相关信息和资料。

2. 确定内容

通过调查和收集，确定广告的主题和具体内容，包括必需的文字、图片等相关资料。

3. 构思

思路是平面广告设计者不懈追求的东西，寻找设计思路也是平面广告设计中最为关键的一个步骤。有了好的构思，剩下的工作就不在话下了，喝杯咖啡然后慢慢做吧。

4. 选择表现手法

表现手法是打动广告受众的技巧，如何才能从众多的视觉作品中脱颖而出，留住读者们的目光呢？一种方法是使用完整完美、中规中矩、大道边的表现手法，一般会被受众欣赏和认可；另一种方法是融入中国的传统文化、以一种深沉、博学、厚重的姿态出现，也一定为受众带来赏心悦目和赞叹；还有一种方法是使用新奇或者怪异的方式，富有个性，这样的作品可能会有争议，但是却给人以深刻的印象和悠远的回味。

5. 进行创作

根据输出要求，使用相关的软件，调动视觉元素，确定背景、主题、图片、文字、留白等内容，完成一幅或者一个系列的平面广告设计作品。

6. 出彩

出彩的部分是广告设计作品的视觉兴奋点、也是广告设计作品的卖点，是广告设计者们长期生存的保障。

7. 收尾

收尾的工作也很重要，需要检查一下作品中的图形、文字、轮廓、色彩、比例等内容，确定输出稿。

2.4 平面广告设计常用设备

一幅成功的平面广告设计作品的完成，需要多方面的协作，我们可以将其归结为“一个大脑”加上“一台计算机”，再加上它们的“外设”共同作用的结果，如图 2-18 所示。

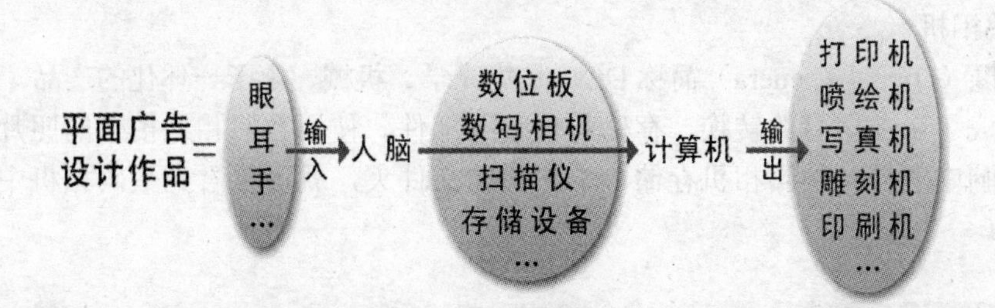

图 2-18 平面设计作品完成过程示意图

对于人脑的“外设”，这里送大家 8 个字——多看，多听，多记，多练。

计算机的“外设”，主要包括以下设备。

2.4.1 输入设备

在使用电脑的输入设备之前，先要仔细阅读它们的使用说明书，安装好驱动程序。

1. 数位板

数位板也叫绘图板，由一块板子和一支压感笔组成，就像画家的画板和画笔，如图 2-19 所示。使用它可以代替鼠标，将手绘的线条输入到计算机中。

如果可以熟练操作压感笔，就可以快速地绘制出流畅而丰满的线条来。数位板作为一种硬件输入工具，结合 Photoshop、Painter 等绘制软件，可以创建各种风格的作品，如图 2-20 所示。

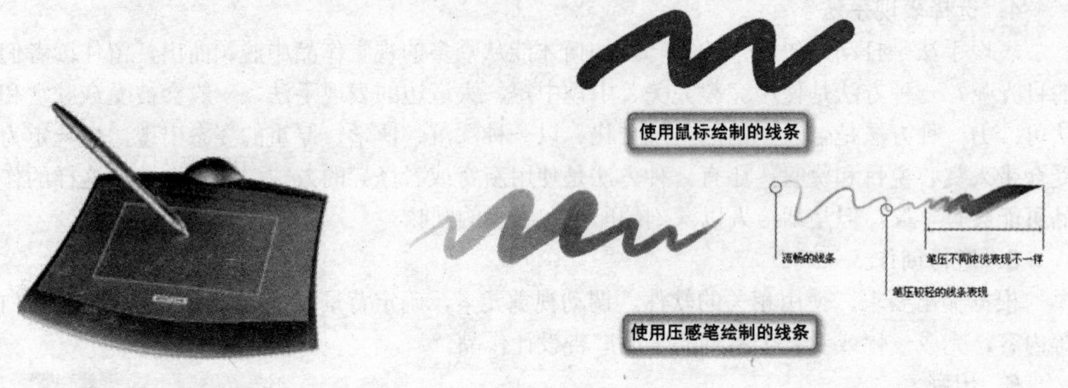

图 2-19 数位板　　图 2-20 鼠绘和压感笔绘制的线条比较

提示：

目前主流的数位板有 WACOM INTUOS（影拓）系列等。

2. 扫描仪

扫描仪是一种将实际的影像转换为数字信息的设备，如图 2-21 所示。它的作用就是将图片、照片、胶片以及文稿资料等书面材料或实物的外观以合适的分辨率、颜色模式等参数扫描后输入到电脑中并形成文件保存起来。在家用扫描仪中，色彩位数为 48 位色、光学分辨率为 1200×2400dpi 的扫描仪产品已经成为主流。另外，有些一体机也具备强大的扫描功能，例如 Canon（佳能）和 HP（惠普）等品牌的激光多功能一体机。

3. 数码相机

数码相机（Digital Camera）简称 DC，是集光学、机械、电子一体化的产品，如图 2-22 所示。它集成了影像信息的转换、存储和传输等部件。使用数码相机拍摄的照片，可以直接输入到电脑中。打开数码相机存储卡中相关的文件夹，就可以看到数码相机中存储的图像文件。

提示：

在购买数码相机的时候，主要根据品牌和产品的主要性能参数（像素分辨率、感光度、存储卡等）来进行选择。

图 2-21 扫描仪

图 2-22 数码相机

2.4.2 存储设备

存储设备是用来储存和转移计算机数据的设备，常见的有 U 盘、光盘、移动硬盘等，如图 2-23 和图 2-24 所示。现在的很多手机、MP3、MP4 等数码产品也备有存储卡并带有 USB 接口，可以方便地和电脑连接在一起，完成信息的存储和交换。

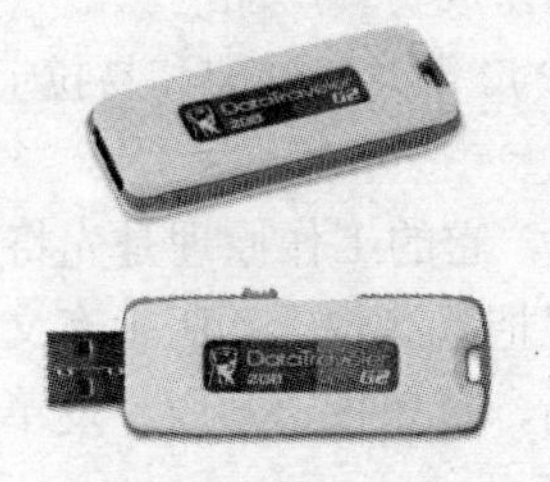

图 2-23 U 盘

图 2-24 移动硬盘

2.4.3 输出设备

输出设备是人与计算机交互的一种部件，用于数据的输出。它把各种计算结果数据或信息以数字、字符、图像、声音等形式表示出来。平面广告设计工作中常用的输出设备主要有以下几种。

1. 打印机

打印机是常见的计算机输出设备，用来打印程序结果、图像和文字资料等，如图 2-25 所示。常用的打印机按照工作方式可以分为点阵打印机、喷墨（针式）打印机和激光打印机等类型。

> 提示：
> 衡量打印机质量的主要指标是打印分辨率、打印速度和噪声大小。在购买打印机的时候，还要注意机器的打印幅面和走纸类型等。

2. 喷绘机

喷绘机是一种大型打印机系列的产品，清晰度不高，一般用于制作大型户外广告，如图 2-26 所示。喷绘机就如同一架巨大的喷墨打印机，使用喷头将喷绘墨水喷洒在特制的喷绘布上。

图 2-25 打印机

图 2-26 喷绘机

在公路两旁常见各种由喷绘画面制作成的大型广告牌、门头广告、展板等。

3．写真机

写真机是另一种大型的打印机，清晰度比喷绘机的要高出很多，主要用于制作室内广告以及各种展架幅面等，如图 2-27 所示。写真机也是使用喷头将写真墨水喷洒在背胶合成纸、高光相纸、灯布上面，然后再经过覆膜或者裱板制作成写真产品的。

在超市和商场内常见各种由写真画面制作成的 POP 广告、X 展架和易拉宝等。

4．印刷机

印刷机是印刷文字和图像的机器，如图 2-28 所示。它的工作原理是先将要印刷的文字和图像制成印版，装在印刷机上，然后由人工或印刷机把墨涂敷于印版上有文字和图像的地方，再直接或间接地转印到纸或其他承印物（如纺织品、金属板、塑胶、皮革、木板、玻璃和陶瓷）上，从而复制出与印版相同的印刷品。

图 2-27 写真机

图 2-28 印刷机

现代印刷机一般由装版、涂墨、压印、输纸（包括折叠）等机构组成。印刷机按印版形式分为凸版、平版、凹版和孔版印刷机等类型；按装版和压印结构分为平压平式、圆压平式和圆压圆式印刷机等类型。

2.5 练习题

1．填空题

① 常见的平面广告有________和________、________、________、________和________6 种类型。

② 平面广告设计的一般流程分为________、________、________、________、________、________和________7 个过程。

③ 报纸广告具有________、________、________和________等优点。

④ 杂志广告具有________、________和________等特点。

⑤ 招贴广告与其他广告形式相比，具有________、________、________和________等特点。

⑥ 大幅面广告主要是指喷绘和写真广告，具有________、________、________和________等特点。

⑦ 直邮广告通过邮寄向消费者传达商业信息，具有________、________和________等特点，为工商界所广泛应用。

2．选择题

① 平面广告设计装备中，属于输入设备的有________，属于输出设备的有________，属于存储设备的有________。

A．数位板　　B．打印机
C．U盘　　D．写真机
E．印刷机　　F．扫描仪
G．喷绘机　　H．移动硬盘
I．数码相机　　J．鼠标和键盘

② 下列作品中属于平面设计的有________，属于广告设计的有________，属于平面广告设计的有________。

A.		B.	
C.		D.	

（续）

E.		F.	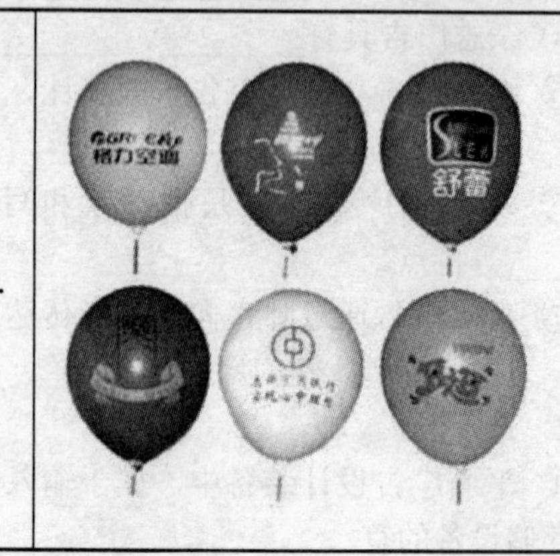

3. 问答题

① 什么叫酒类广告？

② 什么叫汽车广告？

③ 什么叫房地产广告？

④ 化妆品广告中不得出现的内容有哪些？

第3章　平面设计的表现手法

03

学习要点：

- 平面广告的构成要素
- 符号的应用
- 色彩的使用
- 广告版面的设计类型
- 传统文化的融入

内容总览：

想要设计出主题鲜明、创意独特、画面精美的平面广告，必须了解平面广告具有哪些构成要素，平面广告的版面类型，色彩如何选择和搭配，以及如何融入传统文化要素等，本章，我们就来学习这一部分的内容。

3.1　平面广告的构成要素

平面广告设计作品不仅给人以美的享受，更重要的是要表达准确和完备的信息。当大家收集了足够的作品以后，就不难得到这样的结论——平面广告设计作品中主要有几个基本要素构成，那就是标题、广告词、商标、广告主 VI 基础项目（标志、标准字、象征图形等）、广告主相关信息、正文、插图、背景和点缀等。不论是报纸广告、杂志广告，还是海报、宣传单页，或者是壁纸广告，都是由这些基本要素构成，通过巧妙地安排、配置、组合而得到的。

1．标题

标题主要是表达广告主题的短文，在平面广告设计中起到画龙点睛的作用，不仅要争取消费者的注意，还要争取到消费者的心理。标题应该简洁明了、易懂易记，可以是一个完整的句子也可以是几个字的短语，它是广告文字中最重要的部分。

标题在设计上一般采用基本字体，如黑体系列、大宋、中宋、综艺体、新艺体等，或者基本字体的变形体。标题要醒目、易读，符合广告的表现意图。

2．广告词

广告词也被称作标语，是配合广告标题、加强商品形象而运用的短句，它应该指向明确，有一定的口号性和提示性。

广告词的字体设计较为自由一些，使用醒目、潇洒一些的字体，和广告所要表达的意境适合就可以了。

3. 商标

商标是消费者借以识别商品的主要标志。是商品质量和企业信誉的象征。名优商品提高了商标的信誉，而卓有信誉的商标又促进了商品的销售。

在平面广告设计中，商标不是广告版面的装饰物，而是重要的构成要素，在整个版面设计中，商标造型最单纯、最简洁，视觉效果最强烈，在一瞬间就能识别，并能给消费者留下深刻的印象。

4. 广告主 VI 基础项目

平面广告设计中包含的 VI 基础项目有企业标志、企业标准字、企业标准色、吉祥物等信息，这些信息可以加深广告受众对于广告主的认识和认可，更好地树立企业的形象和气质。

商标和企业标志有什么区别？

① 商标是法律术语，指在政府有关部门依法注册，受到法律保护的整个品牌或品牌中的某一部分，如注册了的图案、符号、字体或标志等。经注册的商标，所有者受法律保护享有该商标的专用权。它是生产者、经营者或服务的提供者，为了使自己的商品或服务与他人的相区别，而使用的一种独特标记。商标可以树立产品的信誉和形象，他不只是一种标志，更是一种品牌商品的代表。

② 标志是企业视觉识别系统（Visual Identity System，VIS）的一部分内容，代表了企业的形象，传达了企业的经营理念和企业文化。企业标志虽然没有法律效力，但是一经确定就不可以修改。

5. 广告主相关信息

平面广告设计中必须要包含广告主的相关信息，例如公司、企业或者单位的名称、地址、联系方式等。这些信息可以指引消费者到何处购买广告所宣传的商品或者告知读者去哪里可以参与到广告所宣传的活动等，是整个广告中不可缺少的部分。

公司、企业或者单位的名称可以放置在版面上方醒目的位置，也可以和商标配置在一起；地址、电话、网址等信息可以安排在公司名称的下方或者版面下方较为次要的位置。这些信息可以采用较小的黑体、中宋等较为正规的字体来表现。

6. 正文

正文一般指的是广告作品中的说明文字，用来说明广告内容的文本，基本上是结合标题来进行具体的阐述，如介绍商品、企业和活动内容等。正文内容要通俗易懂、内容真实、文笔流畅，概括力强。

正文的字形一般采用较小的字体，常使用黑体、宋体、中宋体、楷体等字体，模块化展现，显得整齐有序，便于阅读。

7. 插图

插图是平面广告设计中最具艺术性和欣赏性的部分，利用视觉的艺术手段来传达商品或者劳务信息，让广告受众能够以更快、更直观的方式来接受广告作品所携带的信息，并留下深刻的印象。插图的内容要紧紧围绕着广告的标题、广告词或者正文展开，不能只是为了协调版面，出现个别报纸上面那样的“图文无关”的现象。

平面广告设计中的插图有摄影、书法、绘画和电脑艺术合成等形式。摄影插图可以加强广告的亲切感和真实感；绘画插图的艺术感更强一些，可以营造一种理想的氛围；电脑艺术合成的图片风格和形式多样，可以表达更多的情感。

8．背景和点缀

背景和点缀就是衬托红花的绿叶，是平面广告设计作品中最不起眼的部分，却也是最能显示设计者水平的部分。绿叶其实也是很漂亮的，最起码与红花配起来很美，所以优秀的设计师必须懂得为什么不用黄色的叶子或者紫色的叶子作为红花的陪衬。

曾经有一位优秀的平面广告设计师就说过这样一句话："不要让读者记起来你的作品里用了什么颜色的背景，他们其实不需要看到这些。"

3.2 广告版面的设计类型

平面广告讲究版面构图，而且还要充分运用视觉规律来表现广告主题，有效传播信息，使平面广告的视觉中心突出，有方向性、秩序感和舒适感。

平面广告的版面编排是指在进行设计时，对必要的各种构成要素（标题、广告词、商标、广告主 VI 基础项目、广告主相关信息、正文、插图、背景和点缀等）进行安排、布置，最终达到一种均衡、调和的设计过程。在这个设计过程中，设计师应该根据广告主题的要求进行必要的取舍、重构，并将其与广告主题关联，使这些要素和谐地出现在一个版面上，主次分明、相辅相成，最终使广告能够发挥最强烈的诉求效果。

1．标准型

标准型是常见的一种基本的、简单而规则的平面广告版面设计类型。一般表现为插图在版面的上方或者左侧，其次是标题，然后是说明文字与商标等，如图 3-1 所示。

图 3-1　标准型版面设计

这种版面设计类型具有良好的稳定感，首先用图片吸引读者的注意与兴趣，然后利用标题诱导读者注意说明文字。

读者的视线始终是自上而下或者自左向右有序流动的，这符合人们观察和认识事物的心理顺序、思维活动和逻辑顺序，因此这种版面设计类型能够产生良好的阅读效果，故而被广泛应用于平面广告设计中。

2．标题型

标题型版面类型的一般表现为标题在版面上方，版面下方是插图、说明文字和商标等，如图 3-2 所示。

图 3-2 标题型版面设计

这种版面设计方式以标题作为插图的先导，让读者对标题予以注意，留下鲜明的印象，然后看到图片，获得感性的形象认识，激发兴趣，进而阅读说明文字和商标图形，使读者获得一个完整的认识。

3．全图型

全图型是指使用一张图片占据整个版面，再在图片的适当位置嵌入标题、说明文字和商标等内容，如图 3-3 所示。

图 3-3 全图型版面设计

全图型是现代平面广告设计中最为常用的一种版面设计类型，这种版面的重点在于表现广告创意图片的选择与制作，图片艺术质量的高低显得十分关键。在将其他构成要素嵌入到图片中时，位置的选择，大小的变化等都需要认真对待和精心安排，否则很难得到完美的视觉效果。

全图型广告通常是希望在给人充分的视觉冲击力以后，再向人推销产品或概念，具有很强的现代感。

4．图框型

图框型是指在平面广告版面中使用一些框架（这些框架可以是规则的，也可以是不规则的形状）将插图包围起来，再在版面的其他位置安排标题、说明文字和商标等内容，如图 3-4 所示。

图 3-4 图框型版面设计

图框型广告避免了规整和单调的版面设计，可以在很大程度上弥补产品和插图在形状和形态上的不足，增加了美观的线条，吸引读者的注意。

5．其他型

有一些平面广告作品使用更为自由的版面设计，可以插图在中间、说明文字在周围，也可以插图和文字混合排列，如图 3-5 所示。

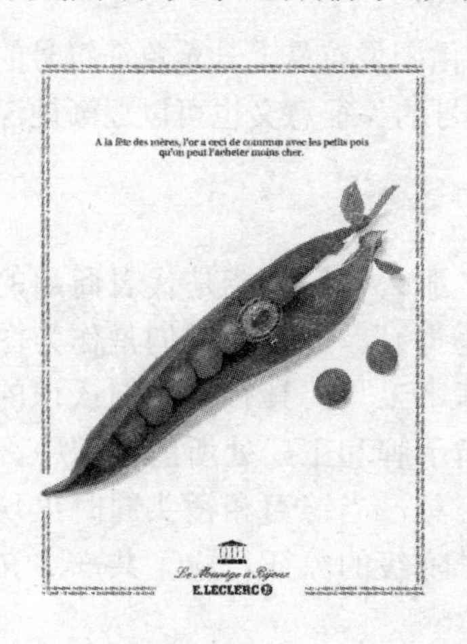

图 3-5 其他型版面设计

在进行平面广告设计的时候，无论使用怎样的版面，都要主题鲜明，都要以广告的创意、产品的特征、客户的要求为根本出发点，在获得最为震撼的艺术效果的同时，也要保证受众在阅读广告的时候能够获得和认可设计者所要表达的信息，起到对产品、品牌或者某种意识的宣传作用，这才是设计的根本目的。

3.3 符号学原理

人类的主观意识过程，实际上就是一个将客观世界符号化的过程。人类的思维过程无非是对符号的一种选择、组织、转换、再生的操作过程。可以这样说，人是用符号来思维和传达信息的，符号是思维的主体，也是思维的表现。

平面设计本身就是符号的一种表达形式，而平面广告设计也摆脱不了人类对于最原始的符号的依赖，平面广告设计者挑选特定的符号以展现特定的意义，表达广告主的相关信息。

找到一个符号 A，能够准确的传达 B 的信息，这就是平面广告设计作品的终极目标，同样也是最基本的要求。

3.3.1 符号的 3 种类型

符号主要包括以下 3 种类型。

1）图像符号（ICON）：图像符号被视为直接意指的符号，它通过与所涉及的对象之间的形象相似性，模拟对象或与对象的相似构成。如肖像就是某人的图像符号。人们对它具有直觉的感知，通过形象的相似就可以辨认出来。

2）指示符号（INDEX）：指示符号与所指涉的对象之间具有因果或者是时空上的关联（概念的替代性）。如路标，就是道路的指示符号；门则是建筑物出口的指示符号。

3）象征符号（SYMBOL）：象征符号被视作含蓄的表意符号。象征符号与所指涉的对象间无必然或是内在的联系，它是约定俗成的结果，它所指涉的对象以及有关意义的获得，是由长时间多个人的感受所产生的联想集合而来。如红色象征着革命，鸽子和橄榄枝象征着和平，桃子在中国人的眼中是长寿的象征。

符号的 3 种类型同样也是符号逐渐深化的 3 个层次，一个由图像符号上升至象征符号的过程，也是程度不断深化，信息含量逐渐增大的过程。象征符号的象征意义也可以逐渐地深化和扩展，从而占领人们的思维。下面用两个例子加以说明。

● 镰刀锤头

如果镰刀和锤头的形象独立地出现在产品的包装盒上，那么它们只能是代表商品的属性，向消费者传达的信息是“此包装内的商品是镰刀（锤头）”。此时，它们是作为图像符号的身份出现的。由于锤头是工人阶级生产的重要的基本工具，具有被人们认识的工业特性，因此，它有时候也会以指示符号的身份出现在指示牌和工厂处所的标识中，传达“此处属工业领域”的信息。镰刀是农民的主要生产工具，当镰刀和锤头同时出现在旗帜上的时候，却是象征符号的身份了，它们组成了无产阶级的象征，成了共产主义信仰的标志。

● 红十字

在 1863 年 10 月召开的日内瓦国际会议上，日内瓦成立的伤兵救护国际委员会几名成员就提出了一项议案：以印有红十字的白色袖章作为医务人员的保护性标志。而 1906 年 7 月 6 日修订的日内瓦公约则明确规定：为对瑞士表示敬意，白底红十字之旗样，留作武装部队医务部门之标志与特殊记号。现在的“红十字”，已经演变成了“医道”的象征，人们看到红十字就会想到医院、医疗单位和医疗救助。

由此可见，为了使一种思想感情的信息更加有效准确的传达，就需要一个符号不断的深化和发展。但是，漫无目的地深化符号的指涉也是一种不负责任的行为。在平面广告设计行业，符号的运用和指涉也要掌握一种“度”，这就要靠平面广告设计人的把持和理解了。

3.3.2 符号在平面广告设计中的应用

说起符号在平面广告设计中的意义，大家看过图 3-6 和图 3-7 就知道了。

图 3-6 Nike 广告

图 3-7 麦当劳广告

在图 3-6 中，画面中除了一条夜晚金色的马路以外，只在右上方有一个符号（Nike 的标志）和一行文字（Now in India）。布满金色亮线的马路是速度的象征，与 Nike 运动装备联系在了一起；马路的形态又和 Nike 的标志联系在了一起，可谓构思巧妙。设计师利用 Nike 品牌较高的知名度，抓住了图形符号和标志符号的相似点，完成了一幅非常成功的设计作品。

在图 3-7 中，画面中没有任何的文字信息，只有 3 个叉子和一个符号（麦当劳的标志），4 个形象有一个逐渐精巧的变化过程（钢制普通叉子的形态逐步转变为麦当劳里最为常见的塑料叉子，最后又变成了麦当劳的标志），引人入胜。叉子与西餐联系在了一起，也就与麦当劳快餐联系在了一起；叉子的形态又和麦当劳的标志联系在了一起，不用多说，题意自现。

设计的最高理念，就如同中国汉字中结构最为简单的“一”（老子曰：“道生一，一生二，二生三，三生万物”），掌握了万物之本，万象之根，使用最简单的符号来表达最为深广的含义，甚至拓展成一种文化形式。简约而不简单，应该说是设计的一大宗旨。

符号从哪里来？

发掘古老的，了解时尚的，创作崭新的。

3.4 色彩的选择

色彩是艺术的精灵，是商业广告中能够展现艺术、表达设计师思想感情和个性的元素。

一位平面广告人的用色历程也就是他的成长历程，如图 3-8 所示。

平面广告人用色历程 = 单调 → 五彩缤纷 → 标准化 → 简单

图 3-8 平面设计人用色历程

刚刚开始创作的时候，因为技术和知识的缺乏，只能设计出简单的画面，色彩比较单调；在有了一定的设计基础和素材以后，希望设计出更漂亮的作品来，于是将自己收集的最好的图片，最满意的颜色堆砌到画面中；随着广告设计经验的积累，会发现自己的作品没有个性和风格，于是开始审视自己的用色，向标准化的方向发展；当最后设计理念和技术达到一定高度时，则又会返朴归真，采用简单的色彩甚至单一的色彩。

平面广告设计者需要在许许多多的颜色中选择正确和舒服的颜色应用到自己的设计作品中。其中，正确的颜色是指符合输出要求并且能够实现的颜色；舒服的颜色是指搭配合理，能给人以视觉享受而不是刺激的颜色。

3.4.1 颜色模型和颜色模式

人类的视觉系统可以感知的光线只是电磁光谱种很小的一部分，这一小部分称为可见光谱。

1. 颜色模型

颜色模型是人们对所能看到和使用的颜色进行描述和分类的方法，不同的颜色模型使用不同的数值表示可见的色彩光谱。常见的颜色模型有 HSB 模型、RGB 模型、CMYK 模型和 Lab 模型等，如图 3-9～图 3-11 所示。

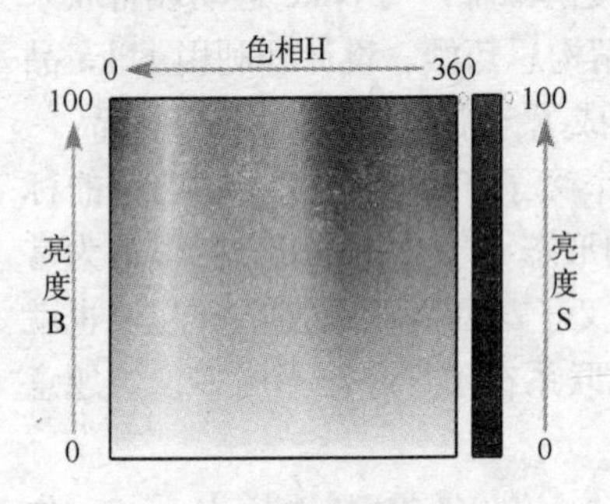

图 3-9 HSB 颜色模型

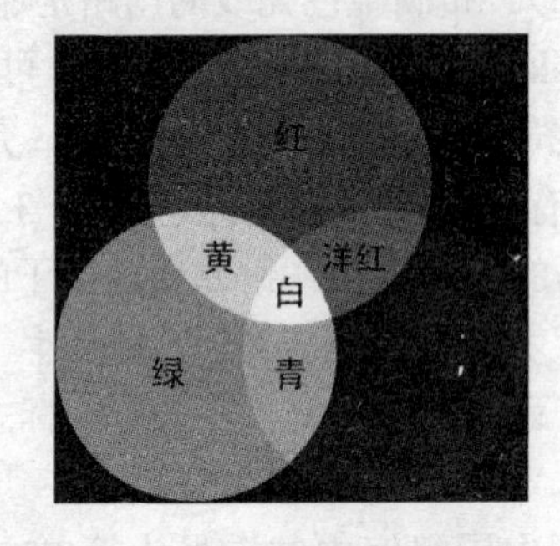

图 3-10 RGB 颜色模型

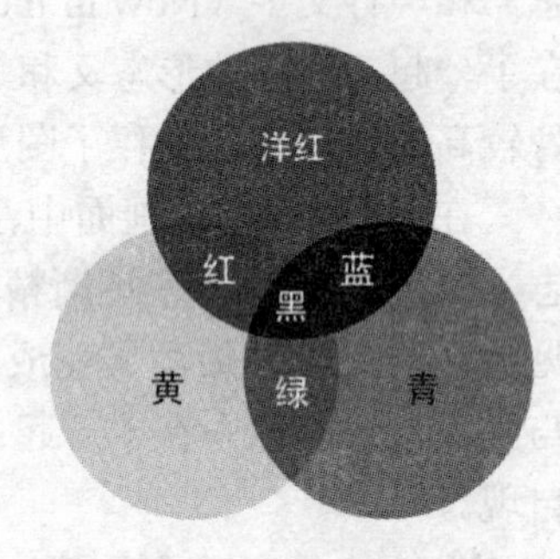

图 3-11 CMYK 颜色模型

2. 颜色模式

颜色模式是以颜色模型为基础的显示和输出图像的方式。常见的颜色模式有 HSB、RGB、CMYK、Lab、灰度、位图、索引、双色调和多通道等。

- HSB 颜色模式：描述了颜色的 3 种基本属性——H 代表色相，范围为 0～360；S 代表饱和度，范围为 0%～100%；B 代表明度，范围为 0%～100%。
- RGB 颜色模式：利用可见光谱种的红色、绿色和蓝色 3 种色光的不同强度和比例的混合来表示颜色——R 代表红色光，范围为 0～255；G 代表绿色光，范围为 0～255；B 代表蓝色光，范围为 0～255。

小提示：

扫描输入和使用 Photoshop 绘制的图像一般使用 RGB 颜色模式保存（因为只有在 RGB 颜色模式下可以使用 Photoshop 提供的所有滤镜）。

- CMYK 颜色模式：使用 4 个印刷中 4 个色板的参数来表示颜色，是彩色印刷输出的主要颜色模式。CMYK 颜色模式的 4 个参数分别是——C 代表青色，范围为 0%～100%；M 代表洋红色，范围为 0%～100%；Y 代表黄色，范围为 0%～100%；K 代表黑色，范围为 0%～100%。

小提示：

确定为印刷色打印或者印刷输出的图像，需要使用 CMYK 颜色模式创建、绘制和保存。

- Lab 颜色模式：该模式是彩色色彩模式之间转换时使用的中间模式，又称标准色模式，在使用不同显示器、打印机或者扫描仪显示或者输出图像时，能够生成一致的颜色。Lab 颜色模式的 3 个参数分别是——L 代表图像的亮度，范围为 0～100；a 代表从绿色到红色的光谱变化，范围为-128～127；b 代表从蓝色到黄色的光谱变化，范围为-128～127。
- 灰度模式：该模式是在位图模式和彩色图像模式转换时使用的中间模式，它使用 256 级灰度显示图像，图像中的每一个像素都有一个 0（黑色）到 255（白色）之间的亮度值。图像的灰度值也可以使用黑色油墨覆盖的百分比来度量（0%为白色，100%为黑色）
- 位图模式：该模式的图像也就是位图图像中的二值图像，图像中的每一个像素都只能表现出黑色或者白色，常用来制作黑白的线稿或者点图。
- 索引颜色模式：一般用于处理网络输出的图像（例如 GIF 格式的图像），此模式下的图像只能显示 256 种颜色。

小提示：

作为网络输出的图像在制作的时候一般都使用 RGB 模式，待图像处理完成后再将其转换为索引颜色模式。

3.4.2　选择合适的颜色模式

对于平面广告设计者来说，最用到的 RGB 颜色和 CMYK 颜色的成色原理是不同的——RGB 颜色中的分色混合越多，颜色越浅；CMYK 颜色中的分色混合越多，颜色越深，如图 3-12 和图 3-13 所示。

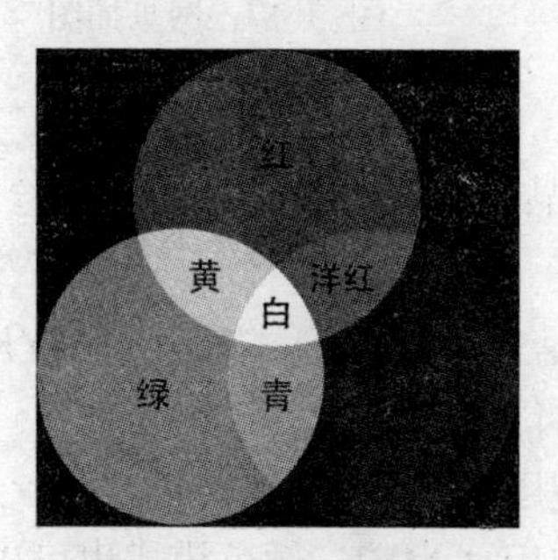

图 3-12　RGB 颜色

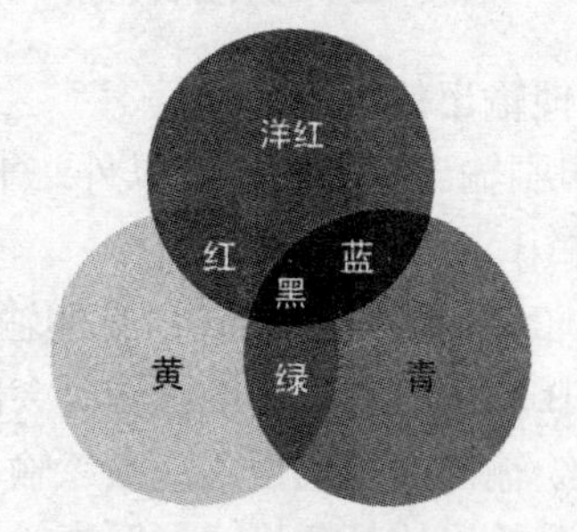

图 3-13　CMYK 颜色

1. 印刷输出的颜色模式

印刷品只有两种专用颜色模式——灰度模式和 CMYK 颜色模式。

1）灰度模式：灰度模式主要用来设计黑白印刷的稿件或者单色印刷的稿件。

2）CMYK 颜色模式：CMYK 颜色模式用来设计双色印刷、彩色（CMYK 4 色）印刷和专色印刷的各种稿件。

2. 网络输出的颜色模式

用于网页设计、游戏程序中的图片也只有两种常见的颜色模式——索引颜色模式和 RGB 颜色模式。

1）索引颜色模式：用来设计简单的 GIF 动画、BMP 图片、各种小图标、像素画稿件等，最多只能显示256种颜色，文件较小，如图3-14和图3-15所示。

图 3-14　GIF 动画（只能显示一帧）

图 3-15　像素画

2）RGB 颜色模式：用来设计网页界面背景、插图等颜色较为复杂、清晰度较高的图像，文件较大，如图3-16和图3-17所示。

图 3-16　网页界面背景

图 3-17　网页插图

3. 其他输出的颜色模式

除了印刷输出和网络输出以外，平面广告设计作品还常用于打印输出、喷绘、写真、雕刻和刻绘输出。

1）打印输出的颜色模式：打印输出的稿件最好是使用灰度模式或者 CMYK 颜色模式（使用 RGB 颜色模式打印的图像不会缺色，但是有可能偏色）。

2）喷绘输出的颜色模式：喷绘输出的稿件必须使用 CMYK 颜色模式。

3）写真输出的颜色模式：写真输出的稿件可以使用 CMYK 颜色模式也可以使用 RGB 颜色模式。

4）刻绘输出的颜色模式：用于导入到雕刻和刻绘程序的文件颜色并不重要，重要的轮廓清晰，色块分割明显，可以使用 RGB 颜色模式的 BMP 文件保存。

3.4.3　颜色模式的转换

用于转换图像颜色模式的菜单项位于 Photoshop CS4 应用程序的“图像”→“模式”子菜单中，如图3-18所示。

在处理不同图像颜色模式图像的时候，有以下几点需要特别注意。

1）只有 RGB 颜色模式下的图像才能使用 Photoshop 提供的所有滤镜，而在其他颜色模式下，很多滤镜都不能工作。

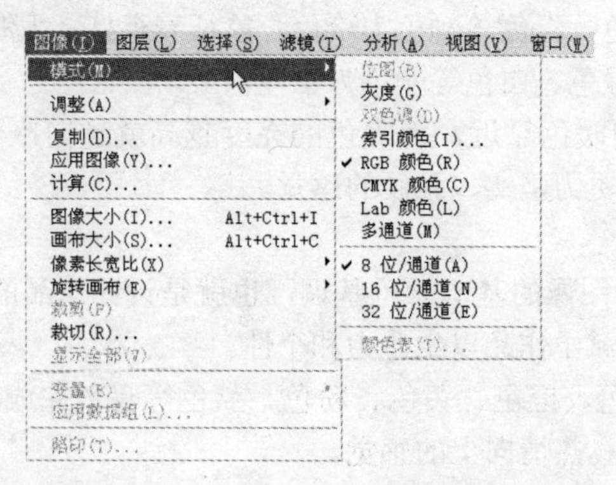

图 3-18 “图像”→“模式”子菜单

2）位图模式和索引颜色模式的图像不能直接复制到 RGB 或者 CMYK 颜色模式的图像中，需要先转换图像的颜色模式，然后再进行复制操作。

3）位图模式的图像不能直接转换为彩色模式（例如 RGB、索引或者 CMYK 颜色模式），需要先转换为灰度模式，反之亦然。

3.5 色彩的搭配

色彩是一幅广告作品表现形式的重点所在，个性的色彩，往往更能抓住消费者的视线。色彩通过结合具体的形象，运用不同的色调，使受众产生不同的生理反应和心理联想，树立牢固的商品形象，产生悦目的亲切感，吸引与促进消费者的购买欲望。

色彩不是孤立存在的，它必须体现商品的质感、特色，又能美化装饰广告版面，同时要与环境、气候、欣赏习惯等方面相适应，还要考虑到远、近、大、小的视觉变化规律，使广告更富于美感。

3.5.1 色调

在平面广告设计中，不同的色彩给人以不同的温度感，例如，橘红色给人以温暖的感觉，深蓝色给人以寒冷的感觉。

1. 冷暖色

在色相环中，基本颜色与冷暖色的大致划分如图 3-19 和图 3-20 所示。

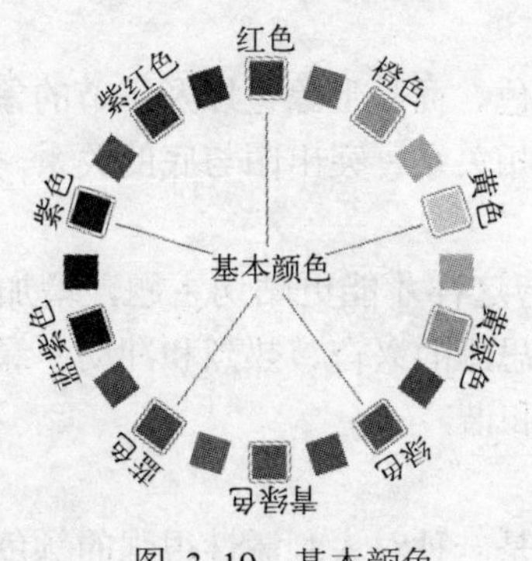

图 3-19 基本颜色

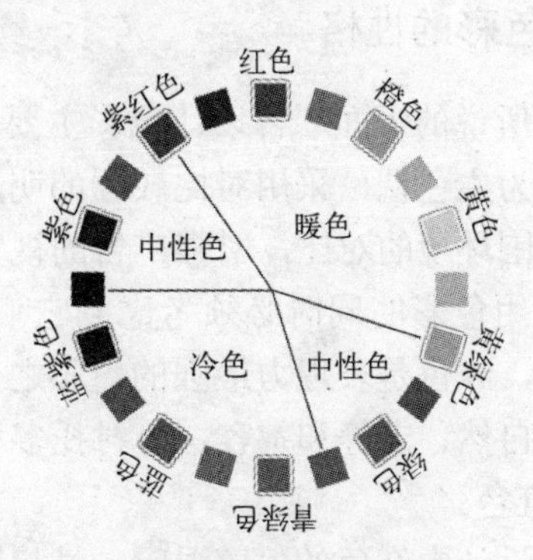

图 3-20 冷暖色划分

1）红色、橙色、粉色、黄色等颜色为暖色，象征着太阳、云霞、火焰。

2）绿色、蓝色、黑色、青色等颜色为冷色，象征着森林、大海、蓝天。

3）灰色、紫色、黄绿色、白色等颜色为中性色。

冷色的亮度越高越向暖色靠近，而暖色的亮度越高就越向冷色靠近。暖色使人感觉柔和、柔软，而冷色给人以更为坚实、强硬的感觉。

2. 色调

这里所说的色调是指图像的基本颜色基调，也就是设计作品的“调子”，设定一个合适的色调，独特的色调可以赋予作品以生命力和个性。

1）暖色调：使用红色、橙色、黄色、粉色、赭色等暖色完成的色彩搭配。暖色调的作品给人亲切、温馨、和煦、热情向上的感觉。

2）冷色调：使用白色、青色、绿色、蓝色等冷色完成的色彩搭配。冷色调的作品给人以宁静、清凉、严谨、高雅的感觉。

3）对比色调：将色性完全相反的色彩搭配在同一个空间里。例如红与绿、黄与紫、橙与蓝等色彩的搭配。

如果使用得当的话，对比色调的作品有强烈的视觉效果，给人以亮丽、鲜嫩、喜庆的感觉；如果使用不当，会给人以俗气、刺眼的不良效果。因此在使用对比色调的时候，要分清主次、控制大局、使整个画面协调统一。

3.5.2 主色与辅色

1）主色：主色是指一幅平面广告设计作品中起主导作用的颜色，通常只有 1～2 种颜色。确定了主色也就确定了作品的基本色调。

2）辅色：辅色是指设计作品中起到辅助和衬托作用的颜色，通常为 3～5 种颜色。辅色一般是与主色相近或者相反的扩展色，确定了辅色有助于确定作品的整体画面感觉，便于完成进一步的规划与设计。

3）点缀色：点缀色在设计作品中所占的面积很小，主要用于为画面上的个性的点缀和配搭。

小提示：

在平面广告设计作品中，主色和辅色都有可能会是一系列的颜色而不是单一的颜色。

3.5.3 色彩的性格

一般所说的平面广告设计色彩主要是以企业标准色、商品形象色以及季节的象征色、流行色等作为主色调，采用对比较强的明度、纯度和色相关系，突出图与底的关系，突出广告画面和周围环境的对比，增强广告的视觉效果。

在运用色彩的同时必须考虑到它们的象征意义，这样才能更贴切主题，增加广告的内涵。比如，红色是表现力最强的色彩之一，能够引起思想的兴奋、热烈和冲动；绿色是和平色，偏向自然、宁静和宽容，可衬托多种颜色而达到和谐。

1. 红色

广告设计中红色的色感温暖，性格刚烈而外向，是一种对人刺激性很强的颜色。红色容易引起人的注意，也容易使人兴奋、激动、紧张和冲动，但是容易造成人的视觉疲劳。

1）在红色中加入少量的黄，会使其热性增强，趋于躁动、好战和不安。

2）在红色中加入少量的蓝，会使其热性减弱，趋于文雅、柔和。

3）在红色中加入少量的黑，会使其性格变的沉稳，趋于厚重、朴实。

4）在红中加入少量的白，会使其性格变的温柔，趋于含蓄、羞涩和娇嫩。

2．黄色

广告设计中黄色的性格冷漠、高傲、敏感，给人以扩张和不安宁的视觉印象。黄色是各种色彩中最为娇气的一种。只要在纯黄色中混入少量的其他色，其色感和色性都会产生很大的变化。

1）在黄色中加入少量的蓝，会使其转化为一种鲜嫩的绿色。其高傲的性格也随之消失，趋于一种平和、潮润的感觉。

2）在黄色中加入少量的红，则具有明显的橙色感觉，其性格也会从冷漠、高傲转化为一种有分寸感的热情、温暖。

3）在黄色中加入少量的黑，其色感和色性变化最大，成为一种具有明显橄榄绿的复色印象。其色性也变的成熟、随和。

4）在黄色中加入少量的白，其色感变的柔和，其性格中的冷漠、高傲被淡化，趋于含蓄，易于接近。

3．蓝色

广告设计中蓝色的色感沉静、悠远，性格朴实而内向，是一种有助于人头脑冷静的颜色，可以把人们的精神召唤到无限的境界。蓝色的收缩、内向的性格，常为那些性格活跃、具有较强扩张力的色彩提供一个深远、广袤、平静的空间。蓝色还是一种在淡化后仍然可能保持较强个性的颜色。如果在蓝色中分别加入少量的红、黄、黑、橙、白等色，均不会对蓝色的性格构成较明显的影响力。

4．橙色

广告设计中橙色的色感甜美、温馨，给人以热情而温柔的印象。可以和橙色搭配的颜色不是很多，一般用来表现事物如同食品口感一样的美好和鲜嫩。

1）如果橙色中红色的成分较多，其性格会更加的热烈和奔放。

2）如果橙色中黄色的成分较多，其性格趋于甜美、亮丽、芳香。

3）在橙色中混入小量的白，可使橙色趋于焦躁、无力。

5．绿色

广告设计中绿色是具有黄色和蓝色两种成分的色。在绿色中，将黄色的扩张感和蓝色的收缩感中和，将黄色的温暖感与蓝色的寒冷感相抵消。这样使得绿色的性格最为平和、安稳。是一种柔顺、恬静、满足、优美的颜色。

1）在绿色中黄的成分较多时，其性格就趋于活泼、友善，具有幼稚性。

2）在绿色中加入少量的黑，其性格就趋于庄重、老练、成熟。

3）在绿色中加入少量的白，其性格就趋于洁净、清爽、鲜嫩。

6．紫色

广告设计中紫色是彩色色料中明度最低的颜色。低明度的紫色给人一种沉闷、神秘、怪异的感觉。

1）在紫色中红的成分较多时，就具有了一定的压抑感和威胁感。

2）在紫色中加入少量的黑，其感觉就趋于伤感、悠远和恐怖。

3）在紫色中加入白，可以使紫色沉闷的性格消失，变得优雅，充满女性的魅力。

7. 白色

广告设计中白色的色感光明，性格朴实、纯洁、快乐。白色具有圣洁的不容侵犯性。如果在白色中加入其他任何色，都会影响其纯洁性，使其性格变的含蓄。

1）在白色中混入少量的红，就成为淡淡的粉色，鲜嫩而充满诱惑。

2）在白色中混入少量的黄，则成为一种乳黄色，给人一种香腻的印象。

3）在白色中混入少量的蓝，给人感觉清冷、洁净。

4）在白色中混入少量的橙，营造一种干燥的气氛。

5）在白色中混入少量的绿，给人一种稚嫩、柔和的感觉。

6）在白色中混入少量的紫，使人联想到淡淡的芳香。

3.5.4 色彩的性质

这里所说的色彩的性质，主要是指色彩的注目性、刺激性、流动性和色彩的“味道”。

1. 色彩的注目性

色彩的注目性主要是通过色彩的搭配来体现。如果画面中图文与背景的明度对比强烈、饱和度对比也较为强烈的话，注目程度最高；如果明度对比强烈而饱和度对比较弱的话，也具有较高的注目程度；如果只有色相对比而无明度对比的话，其注目程度便会很低；假如既无明度对比，色相对比又较弱的话，就完全失去了注目价值。

2. 色彩的刺激性

不同的色彩与人们心理的刺激性是不同的。红、橙、黄等暖色以及明度高、饱和度高或对比强烈的色彩给人以兴奋感，而蓝、蓝绿、蓝紫等冷色以及明度低、饱和度低或对比较弱的色彩给人以沉静感。

平面广告设计中，多数时候需要运用使人兴奋的色彩来刺激读者的感官，使读者兴奋，注意广告内容并对广告留下深刻的印象。即使是一些以冷色为主色的广告，也要在饱和度及点缀色的对比上提高色彩的兴奋程度，增强对读者视觉的刺激。

3. 色彩的流动性

平面广告设计中的色彩也是可以流动的，设计者通过一个色系的颜色来使画面中出现层次与动感。

4. 色彩的味道

人们平常食用的食品本身都有颜色。各种食品的颜色长期作用于人们的视觉，使人们产生味觉和嗅觉的联想。因此在平面广告设计中，甜味常用粉红、红色、桔黄等颜色表现；酸味的东西多用黄绿、嫩绿等颜色来表现；苦味用灰褐、橄榄绿、紫色等颜色表现；辣味常用鲜红色来表现。红色、橙色、柠檬黄是表现美味的色彩。

另外，化妆品和饮料香味和口感也可以通过特定的色彩来表现，通过使用表现不同味道的色彩，可以使广告设计产生更加诱人的魅力。

3.6 传统文化元素的融入

中国是四大文明古国中唯一能将自己古老的文化完整保存并延续至今的国家，具有五千多年悠久灿烂的民族文化，无论是文字、服饰、钱币和器皿，还是绘画、雕塑、建筑和工艺等，都保留着自己传统的特色。经过历代的书法家、画家、艺人和工匠的创作实践，积累了大量丰富多彩的艺术表现手法和表现形式。

随着 CG 行业在全球突飞猛进的发展，平面广告设计有了更多的表现形式和手法，中国的平面广告也已经有能力树立自己的风格及个性了。真正扎根于民族悠久文化传统和富有民族文化特色的设计思想必然能够引发出独特的创意和格调，而这样的设计作品才是真正经得起空间和时间考验的。

认真观看 2008 年北京奥运会的开幕仪式，认真分析 2008 年北京奥运会的会标以及评选出的获奖海报，不难得出这样的结论——真正中国风的作品一定是永不过时的作品，会永远受到本国人民乃至世界人民的喜爱和尊重，如图 3-21～图 3-26 所示。

图 3-21　北京奥运会会标

图 3-22　中国的服饰装束

图 3-23　中国的建筑

图 3-24　中国的文字

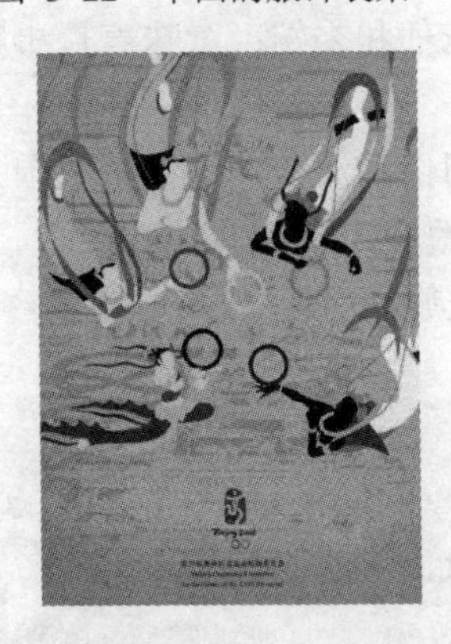

图 3-25　中国的绘画

图 3-26　中国的曲艺

从新石器时代的彩陶到殷商时期的青铜，从战国时期的器皿、帛画到汉代的雕塑画像石，从唐宋的绘画到明清的瓷器，以及民间广为流传的剪纸、木版年画、建筑、纹饰、戏装和面具等等，都充分体现了或恢弘灵巧，或简约或精致，或工整或粗放或热烈或娟秀，或质朴或奢华等多种手法。无论是逸笔草草的国画笔墨还是板刻结纹的装饰图案；无论是造型夸张的民间剪纸还是色彩强烈的木版年画，这一切无不为现代海报设计提供着丰富的表现形式和图式语言。

3.6.1　传统的颜色

颜色是平面广告作品中反映民族特色最重要的武器之一。能够反映中国传统风格的颜色

主要有中国红、琉璃黄、青花蓝、国粹绿、长城灰、水墨黑和玉脂白等，这些颜色可以让人一见如故，勾起人们对历史的怀念，对现代的沉思。

1．红色

红色是中华民族最喜爱的颜色，中国人的生活中充满红色的装饰主题——红色的宫墙、红色的灯笼、红色的婚礼、红色的春联等，红色甚至成为中国人的文化图腾和精神皈依。红色是激情和运动的颜色；红色是喜庆与祥和的颜色；红色是民俗与文化的颜色，如图 3-27 所示。

图 3-27 红色的使用

中国红（又被称为绛色）是三原色中的大红，以此为主色调衍生出中国红系列：娇嫩的榴红、深沉的枣红、华贵的朱砂红、朴浊的陶土红、沧桑的铁锈红、鲜亮的樱桃红、明妍的胭脂红、羞涩的绯红和暖暖的橘红。

中国红意味着平安、吉庆、喜庆、福禄、康寿、尊贵、和谐、团圆、成功、忠诚、勇敢、兴旺、浪漫、性感、热烈、浓郁和委婉；意味着百事顺遂、驱病除灾、逢凶化吉、弃恶扬善……

中国红是中国人的魂，尚红习俗的演变，记载着中国人的心路历程，经过世代承启、沉淀、深化和扬弃，传统精髓逐渐嬗变为中国文化的底色，弥漫着浓得化不开的积极入世情结，象征着热忱、奋进和团结的民族品格。

中国红的基础色彩是什么？

PANTONE：186C（包含在“PANTONE solid coated”色库中）

CMYK：C0，M100，Y100，K10

RGB：R230，G0，B0

中国红的辅助色彩是什么？

PANTONE：202C（包含在“PANTONE solid coated”色库中）

CMYK：C0，M100，Y65，K45

RGB：R137，G0，B24

PANTONE：1788C（包含在“PANTONE solid coated”色库中）

CMYK：C0，M85，Y90，K0

RGB：R254，G40，B14

PANTONE：159C（包含在“PANTONE solid coated”色库中）

CMYK：C0，M100，Y65，K5

RGB：R242，G85，B0

2. 黄色

黄色在中国的色彩文化中具有崇高的象征意义。琉璃黄扮演明亮与欢快的角色，金黄色是富丽和尊贵的象征，如图 3-28 所示。

图 3-28 黄色的使用

“金黄色”在平面广告中多用渐变颜色来表现，在包装设计中多用“假金色”来表现，在印刷中使用金色专色或者烫金、洒金、金卡等工艺来实现真正的景色。

“琉璃黄”在平面广告中变现为纯色，象征着欢快与喜庆，常与红色在一起搭配。

琉璃黄的基础色彩是什么？

PANTONE：123 C（包含在“PANTONE solid coated”色库中）

CMYK：C0，M30，Y95，K0

RGB：R255，G179，B15

琉璃黄的辅助色彩是什么？

PANTONE：152 C（包含在“PANTONE solid coated”色库中）

CMYK：C0，M50，Y100，K0

RGB：R255，G127，B0

PANTONE：1245 C（包含在“PANTONE solid coated”色库中）

CMYK：C0，M25，Y90，K15

RGB：R217，G162，B19

PANTONE：129 C（包含在“PANTONE solid coated”色库中）

CMYK：C0，M15，Y75，K0

RGB：R255，G217，B60

3.6.2 传统的图案与纹样

在平面广告设计中，传统吉祥图案纹样是一种常见的装饰元素，在显示民族风格上起着潜移默化的艺术效果。例如，用做底纹和边框的方胜盘长、回纹、龟背纹、吉星锦、拐子龙、云纹、水纹、锦纹、万字纹，以及作为象征形象应用的彩陶纹、汉画砖图、铜器纹、藻井图等，都是中华民族特有的典型图案纹样。

吉祥图案与纹样起始于商周，发展于唐宋，鼎盛于明清。明清时，几乎到了图必有意，意必吉祥的地步。吉祥图案与纹样所要表达的不外乎 4 种含意——“富、贵、寿、喜”。贵是权力、功名的象征；富是财产富有的表示，包括丰收；寿可保平安，有延年之意；喜，则与婚姻、友情、多子多孙等有关。

吉祥图案作为中国传统文化的重要部分，已成为认知民族精神和民族旨趣的标志之一。貌似平凡，其中不乏真趣与深情，如图 3-29～图 3-37 所示。

图 3-29　龙纹

图 3-30　凤纹

图 3-31　云纹

图 3-32　回纹

图 3-33　水纹

图 3-34　万（卍）字纹

图 3-35　如意云纹

图 3-36　万福吉祥纹

图 3-37　岁岁吉祥纹

小提示：

吉祥图案与纹样一般有 3 种构成方法：一是以纹样形象表示，二是以谐音表示，三是以文字来表示，三种手法可以互相结合，一起使用。

1. 水纹

水纹常见的有水波纹和浪花纹两种，具有很强的装饰性，经常出现在平面广告设计作品中，作为底角的装饰，如图 3-38 所示。

图 3-38　水纹的使用

在中国传统文化艺术中，“鱼”和“水”的图案是繁荣与收获的象征，使用在商业广告设计中，水纹更有“如鱼得水，财源滚滚”的内涵。

2. 云纹

云纹形式多样，形态优美，具有很强的装饰性，可以以不同的姿态出现在平面广告设计作品中，如图 3-39 所示。

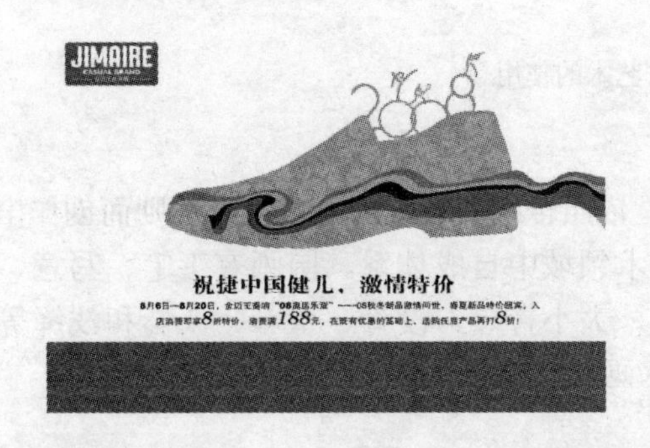

图 3-39　云纹的使用

云纹常见的有如意云纹和祥云云纹等，如意云纹形若如意，意为如意长久；祥云绵延不断，代表好的兆头，表示对未来美好的祝愿。使用在商业广告设计中，云纹更有“吉祥如意，好运滚滚”的内涵。

3.6.3　书法、国画与印章

书法、国画和印章艺术是中华民族的文化瑰宝，如果能够在平面广告设计中恰到好处地融入这些元素，必然会提高设计作品的档次与品味。

1. 书法

书法是中国特有的汉字书写艺术，主要是用毛笔书写，如图 3-40 所示。它不仅是中华民族的文化瑰宝，而且在世界文化艺术宝库中独放异彩。汉字在漫长的演变发展过程中，一方面起着思想交流、文化继承等重要的社会作用，另一方面成就了书法这一独特的造型艺术。

图 3-40 中国的书法艺术

书法艺术在平面广告设计作品中经常出现，用来为产品或者企业营造一种传统的儒雅气质，如图 3-41 所示。

图 3-41 书法艺术的使用

2．国画

国画是用中国所独有的毛笔、水墨和颜料，依照传统的表现形式及艺术法则而创作出的绘画，是中国传统绘画的主要种类，在世界美术领域中自成体系。国画有工笔、写意、白描、水墨和设色等技法形式，设色又分为金碧、大小青绿、没骨、重彩、淡彩和浅绛等类型。国画按照题材划分，可以分为人物画、山水画和花鸟画等类型，如图 3-42 所示。

图 3-42 中国的国画艺术

国画在思想内容和艺术创作上，反映了中华民族的社会意识和审美情趣，集中体现了中国人对自然、社会及与之相关联的政治、哲学、宗教、道德以及文艺等方面的认识。

国画艺术经常出现在具有传统特色产品的广告设计作品中，比起时尚的摄影艺术作品来，国画艺术更有一种古典的气质和厚重的说服力，如图 3-43 所示。

图 3-43　国画的应用

3. 印章

印章在中国古代是权利和信验的象征，在先秦及秦汉的印章盖在封泥之上，多用于封发对象、简牍之用。后来简牍换成了纸帛，封泥也没有了，印章改为使用朱色的印泥钤盖，除了日常应用以外，又多用于书画题识，逐渐成为一种中国特有的艺术品。如图 3-44～图 3-46 所示。

> 小提示：
> 秦以前，无论官、私印都称为“玺”。秦统一六国后，规定皇帝的印称为“玺”，臣民的印称为“印”，汉朝的将军印称为“章”，之后便有了“印章”之说。

图 3-44　朱文印章

图 3-45　白文印章

图 3-46　朱白文相间印

印章艺术一般不会单独出现在平面广告设计作品中，它经常作为书法、国画、图案和纹样等传统艺术的陪衬出现，如图 3-47 所示。

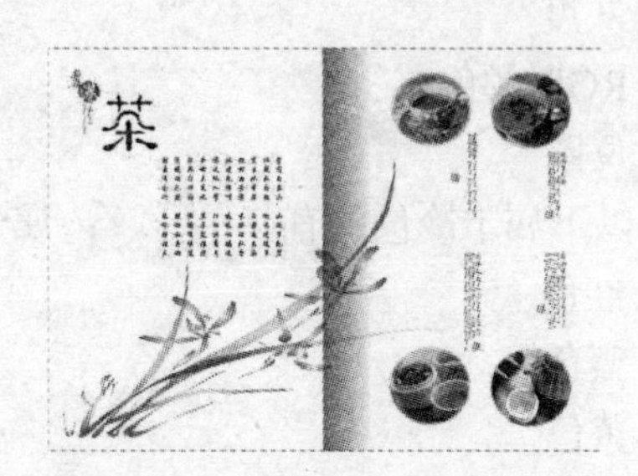

图 3-47　印章效果的使用

3.6.4　其他元素

除了颜色、图案、纹样、书法、国画与印章等元素以外，还有中国的雕塑、曲艺、器具

和盘结等也可以增加平面广告设计的中国传统风格，如图 3-48～图 3-50 所示。

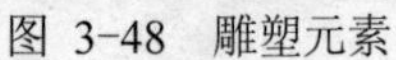

图 3-48　雕塑元素　　图 3-49　京剧元素　　图 3-50　器具元素

3.7　练习题

1．填空题

① 平面广告设计作品中主要有________、________、________、________、________、________、________和________几个基本要素构成。

② 符号包括________、________和________3 种类型。

③ 扫描输入和使用 Photoshop 绘制的图像一般使用________颜色模式保存。

④ 网络图片的文件格式有________、________和________等，网络图片一般使用________颜色模式或者________颜色模式。

⑤ 国画有________、________、________、________和________等技法形式，________又分为金碧、大小青绿、没骨、重彩、淡彩、浅绛等类型。

⑥ 水纹常见的有________和________两种类型；云纹常见的有________和________两种类型。

2．选择题

① 印刷品只有两种专用颜色模式，分别是________模式和________模式；喷绘输出的图像使用________模式；写真输出的图像可以使用________模式，也可以使用________模式。

A：灰度　　B：索引颜色
C：RGB 颜色　　D：CMYK 颜色
E：位图　　E：Lab 颜色

② 以下属于冷色的有________；属于暖色的有________；属于中性色的有________。

A：红色　　B：绿色
C：蓝色　　D：橙色
E：黄色　　E：紫色

3．操作题

收集几幅精彩的广告作品，然后分析一下作品的版面类型是标准型、标题型、全图型、图框型还是其他型。

第2篇

设计前的准备工作

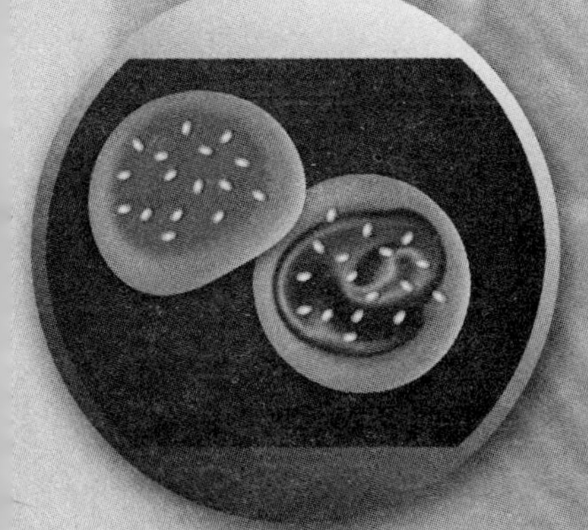

第 4 章　Photoshop 软件基础知识 04

学习要点：

- 矢量与位图的概念
- Photoshop CS4 中文版的相关概念
- Photoshop CS4 中文版的工作界面
- Photoshop CS4 中图像的管理
- Photoshop CS4 中图层的应用

案例数量：

- 1 个综合实例

内容总览：

Adobe Photoshop 系列软件是美国 Adobe 公司开发的图形图像处理软件，为图形制作和图像设计者提供了一个非常广阔的创作空间。本章就来认识一下目前 Photoshop 系列的最新版本——Photoshop CS4 中文版软件的基本功能、工作界面及主要功能模块。

4.1　知识充电——矢量与位图

数字图像分为矢量图像和位图图像两种，数字图像处理软件由此可分为矢量软件和位图软件两种类型，数字图像的风格因此也有矢量风格和位图风格之分。

1. 像素和分辨率

1）像素：像素是从英文 Pixel 翻译而来的，是“Picture”和“Element”两个单词合成的。像素最早用来描述电视图像成像的最小单位，在位图图像中，像素是组成位图图像的最小单位，可以看作是带有颜色的小方点。将位图图像放大到一定程度，就可以看到这些“小方点”。

像素所占用的存储空间决定了图像色彩的丰富程度，因此，一个图像的像素越多，所包含的颜色信息就越多，图像的效果就越好，但生成的图像文件也会更大。

练一练：

使用 Photoshop CS4 中文版软件打开一幅 JPG 格式的图像文件，试着找到图像中的像素。

2）分辨率：分辨率是指每英寸所包含的点、像素或者线数的多少。分辨率有以下 3 种重要的形式。

- 图像分辨率：用来描述图像画面质量的参数，表示每英寸图像所含有的像素/点数，单位为 ppi（像素/英寸）。

- 显示器分辨率：用来描述显示器显示质量的参数，表示显示器上每英寸显示的点/像素数，单位为 dpi（点/英寸）。
- 专业印刷分辨率（也叫“线屏”）：表示半色调网格中每英寸的网线数，描述打印或者印刷的质量，单位为 lpi（线/英寸）。一般情况下，对图像的扫描分辨率应该是专业印刷分辨率的两倍。

小提示：

在国内，dpi 这一分辨率的计量单位使用比较混乱，有人也拿它作为印刷图像和文字精度计量单位，与 lpi 一起使用，以确定半色调图像的精度。大家应该理解并能够区分这 3 种形式的分辨率。

2. 矢量图像和位图图像

1）矢量图像：矢量图像是由被称为“矢量”的数学对象定义的线条和色块组成的，通过对线条的设置和区域的填充来完成。矢量图像常被用于普通的平面设计以及插画和漫画的绘制。

2）位图图像：位图图像是通过许多的点（像素）来表示的，每一个像素都具有自己的位置属性和颜色属性。位图图像常用于数码照片、数字绘画和广告设计中。

矢量图像和位图图像各有什么特点？

① 矢量图像的文件体积较小；位图图像的体积与需要存储的像素个数有关，像素个数越多，文件体积就越大。

② 矢量图像与分辨率无关，用户可以对它们进行无失真缩放；位图图像与分辨率有关，如果图像的分辨率达不到标准数值，则在显示或者输出图像的时候就会出现失真现象。

③ 矢量图像中大部分的操作都具有可逆性，可以随时对矢量对象的颜色形状等进行修改；位图图像中大部分的操作都不具有可逆性，图像修改的次数越多，清晰度就会越差。

④ 矢量图像不易制作色调丰富或者色彩变化较大的图像；位图图像则可以表现出更为丰富的细节和细微的层次。

3. 矢量软件和位图软件

1）矢量软件：主要用来设计和处理矢量图像的软件，称为矢量软件。常见的矢量软件有 Illustrator、CorelDRAW、AutoCAD、FreeHand、Flash 等。

2）位图软件：主要用来设计和处理位图图像的软件，称为位图软件。常见的位图软件有 Photoshop、Corel Painter、Photoshop Impact、Photo-PAINT 等。

4.2 初识 Photoshop CS4 软件

Photoshop 系列软件是平面广告人最常用的设计软件，熟练使用 Photoshop 软件是对平面广告人的最基本的要求。目前 Photoshop 系列软件的最新版本为 Photoshop CS4，具有 Adobe Photoshop CS4 和 Adobe Photoshop CS4 Extended 两个版本。

Adobe Photoshop CS4 Extended 软件拥有无与伦比的编辑与合成功能，更为直观的用户体验，还有用于编辑基于 3D 模型和动画的内容以及执行高级图像分析的工具，能够大幅提高用户的工作效率。

1. Photoshop CS4 的配置要求

- 1.8GHz 或更快的处理器。
- 512MB 内存（推荐 1GB）。
- 1GB 可用硬盘空间用于安装，安装过程中需要额外的可用空间（无法安装在基于闪存的设备上）。
- DVD-ROM 驱动器。
- 16 位显卡，屏幕分辨率 1024×768（推荐 1280×800）。
- 某些 GPU 加速功能需要 Shader Model 3.0 和 OpenGL 2.0 图形支持。

2. Photoshop CS4 的基本功能

- 支持多种文件格式：Photoshop CS4 可以识别 PSD、BMP、GIF、JPEG、PNG、EPS、PDF、TIFF 和 AI 等图像文件以及 3D 和视频文件等 40 多种格式的设计文件。
- 支持多种颜色模式：Photoshop CS4 可以地转换 HSB、RGB、CMYK、Lab、灰度、索引颜色、位图和双色调等多种颜色模式。
- 支持图像大小和分辨率的修改：用户可以按照需要修改图像画面的尺寸（即图像大小）、画布的大小以及图像的分辨率，如图 4-1 和图 4-2 所示。

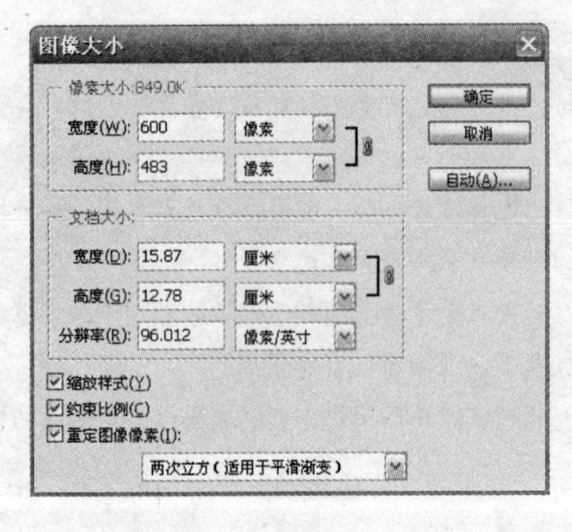

图 4-1 “图像大小”对话框

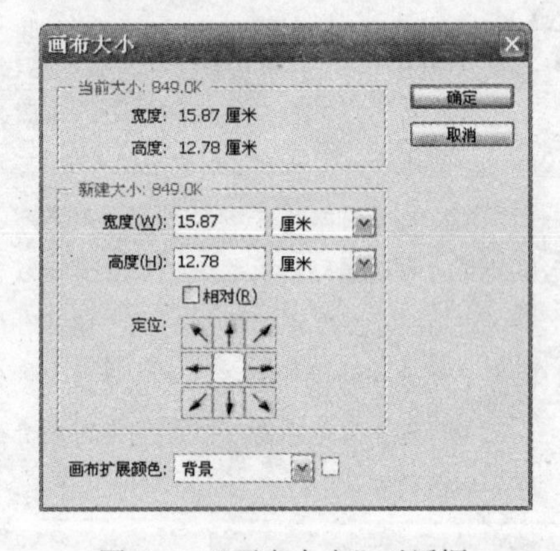

图 4-2 “画布大小”对话框

- 强大的“Adobe Bridge”程序：使用 Adobe Bridge 可以查看和管理所有的图像文件（在预览 PDF 文件时，甚至可以浏览多页），还可以为图片评出从一颗星到五颗星等级，并使用色彩标示标签，然后根据评分和标签过滤显示图像内容。

小技巧：

单击工具栏右侧的“转到 Bridge”按钮即可打开 Bridge 程序窗口。

- 提供更为专业的配色方案：新增的“Kuler”面板为设计师们提供了多种更为专业的配色方案。在“Kuler”面板中完成如图 4-3 所示的操作即可将选中的配色方案添加到“色板”面板中。
- 超强的分层编辑和智能管理功能：支持多图层工作，用户可以对图层进行各种复制、移动、变换和编组等操作，还可以将图层合并为智能对象。另外，Photoshop CS4 还支持多级图层组嵌套功能，更加丰富了图层管理的形式和人性化。

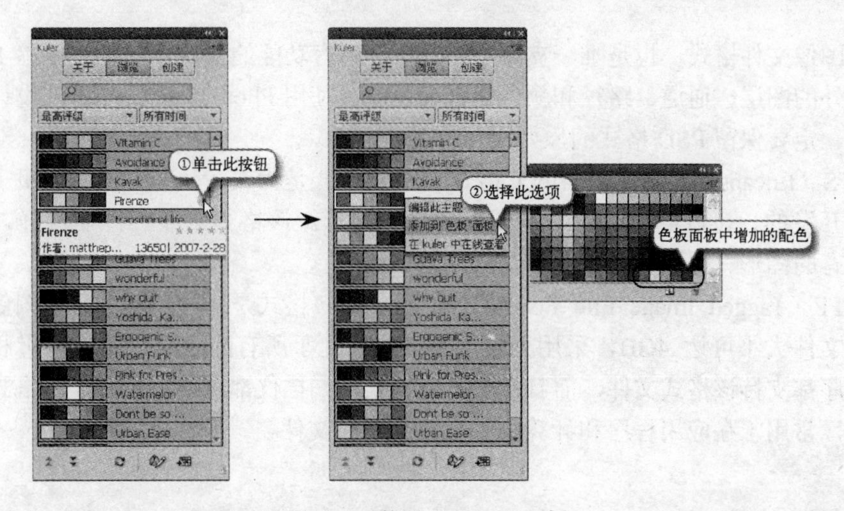

图 4-3 使用“Kuler”面板

- 强大的绘图工具：提供包括“画笔”工具、“铅笔”工具、“渐变”工具、“填充”工具、“加深”工具和“减淡”工具等多达 22 种绘图工具，Photoshop CS4 着重提高了“加深”、“减淡”和“海绵”工具的性能，使位图图像具有更加强大的表现力和竞争力。
- 强大的矢量工具：具有超强的文字、路径、形状的输入和创建工具，使位图图像也可以拥有矢量风格的元素。
- 强大的选区功能：通过各种方式创建和存储选区，并对选区或者选区内的图像进行各种编辑处理，使图像效果更加多姿多彩。
- 强大的 3D 功能：工具箱中新增了两组专门的三维工具，主菜单中新增了 3D 菜单。可以将二维图片转换为三维对象，对其进行位置、大小和角度的调整；也可以生成基本的三维形状，包括立方体、易拉罐、酒瓶和帽子等常用的基本形状。用户不但可以使用材质进行贴图，还可以直接使用画笔和图章在三维对象上绘画，以及与时间轴配合完成三维动画。
- 色调和色彩调整功能：具有惊人的图像色彩把握功能，用户可以随意调整图像的曲线、色阶和色相/饱和度，还可以反转、替换颜色等。新的“调整”面板使图像的各种色调和色彩调整更加方便快捷。
- Camera Raw5 捆绑软件：面向专业摄影师的图像调整工具 Camera Raw 早已不再以 Photoshop 插件形式出现了，而是成为和 Photoshop 紧密捆绑的软件，最新版本为 Camera Raw5，在该版本中已经支持 190 多种专业相机的型号。
- 丰富的滤镜效果：提供上百种特效滤镜，用于制作更加丰富和奇妙的图像效果。另外，读者可以下载更多的外挂滤镜，加载到 Photoshop 中使用。
- 开放的输入输出环境：可以接受扫描仪、数码照相机等多种图像输入设备，并能及时打印输出和生成网络图像。

3. Photoshop CS4 中常见的文件格式

Photoshop CS4 可以识别 40 多种不同格式的设计文件。在平面广告设计中，常用的图像文件格式有以下几种。

- PSD（Photoshop Document）格式：PSD 格式是使用 Adobe Photoshop 软件生成的默

认图像文件格式，也是唯一支持 Photoshop 所有功能的格式，可以存储除了图像信息以外的图层、通道、路径和颜色模式等信息。使用 Photoshop CS4 软件设计的广告作品一定要保留 PSD 格式的原始文件的备份文件。

- EPS（Encapsulated PostScript）格式：EPS 格式是为在 PostScript 打印机上输出图像而开发的，可以同时包含矢量图形和位图图形。该格式的兼容性非常好，而且几乎所有的图形、图表和排版程序都支持该格式。
- TIFF（Tagged Image File Format）格式：TIFF 格式是一种灵活的位图图像格式，最大文件大小可达 4GB，采用无损压缩模式。几乎所有的绘画、图像编辑和页面排版程序都支持该格式文件，而且几乎所有的桌面扫描仪都可以产生 TIFF 格式的图像文件，常用于在应用程序和计算机平台之间交换文件。

小提示：

EPS 和 TIFF 格式是桌面出版人员最感兴趣的两种文件格式，它们几乎不会受任何设备支持和字体输出的影响。印刷发排（输出菲林）文件的时候可以用 PSD、CDR、EPS、TIFF 等格式，但是一旦出现字体报错时，就必须转为 EPS 格式和 TIFF 格式了。EPS 格式与 TIFF 格式比较起来，优点是处理速度较快，但是输出时会出现网点，效果没有 TIFF 格式的好。

- PDF 格式：PDF 格式是 Adobe Acrobat 程序生成的电子图书格式，能够精确地显示并保留字体、页面版式、矢量和位图图像，甚至可以包含电子文档的搜索和导航功能，是一种灵活的跨平台、跨应用程序的文件格式。
- JGP（Joint Photographic Experts Group）格式：JPG 格式是在万维网（WWW）及其他联机服务上常用的一种压缩文件格式。该格式可以保留 RGB 图像中所有的颜色信息，通过有选择地扔掉数据来压缩文件大小。

小提示：

① PDF 格式主要用于制作具有保护功能的电子书籍和黑白书籍的印刷输出等。

② JPG 格式常用于制作没有特殊要求的各种输出图像，HTML 文档中具有连续色调的图像和图片的预览效果等。

- GIF（Graphics Interchange Format）格式：GIF 格式也是在万维网（WWW）及其他联机服务上常用的一种 LZW 压缩文件格式，可以制作简单的效果动画。
- PNG（Portable Network Graphic）格式：PNG 格式也是在万维网（WWW）及其他联机服务上常用的文件格式。该格式可以保存 24 位真彩色，并且具有支持透明背景和消除锯齿边缘的功能。常用的 PNG 格式有 PNG-8 和 PNG-24 两种，PNG-24 是唯一支持透明颜色的图像格式，而且其显示效果和质量都可以和 JPG 格式相媲美。

小提示：

① GIF 格式常用于制作 HTML 文档中的索引颜色图像（如头像和图标像素画）和 GIF 动画以及其他通信领域。

② PNG 格式常用于制作和保存具有透明颜色信息的图像。

- BMP（Windows-bitmap）格式：BMP 格式是 DOS 和 Windows 兼容计算机上的标准 Windows 图像格式，使用 RLE 压缩方案进行压缩。向文泰刻绘软件中导入图形轮廓信息的时候，就需要使用到 BMP 文件格式。
- RAW 格式：RAW 格式常被用于应用程序与计算机平台之间传递数据。有一些数码相机中的图像就是以 RAW 格式来存储的，后期利用数码相机附带的 RAW 数据处理软件将其转换成 TIFF 等普通图像数据。进行转换时，大多由用户任意设置白平衡等参数，创作出自己喜爱的图像数据，而不会有画质恶化的情况。
- AI（Adobe Illustrator）格式：AI 格式是由 Adobe Illustrator 矢量绘图软件制作生成的矢量文件格式。

4. Photoshop CS4 中的常用术语

Photoshop 中有很多术语是平面广告设计者必须了解的，涉及到有关色彩、选区和矢量工具等方面的内容。

1）色域、色阶和色调

- 色域：指颜色系统可以表示的颜色范围。不同的装置、不同的颜色模式都具有不同的色域。在 Photoshop 中，Lab 颜色模式的色域最宽，RGB 颜色模式的色域次之，CMYK 颜色的色域要更小一些，只能包含印刷油墨能够打印的颜色。同一种颜色模型的色域也不尽相同，例如 RGB 颜色模式就有 Adobe RGB、sRGB 和 Apple RGB 等色域。
- 色阶：指各种颜色模式下相同或不同颜色的明暗度，对图像色阶的调整也就是对图像的明暗度进行调整。色阶的范围是 0～255，共有 256 种色阶。
- 色调：指颜色外观的基本倾向。在颜色的色相、饱和度和明度 3 个基本要素中，某一种或者几种要素起主导作用时，就可以定义为一种色调。例如，红色调、蓝色调、冷色调、暖色调等。

2）色相、饱和度和明度

- 色相：指色彩的颜色表象，如红、橙、黄、绿、青、蓝、紫等颜色的种类变化就叫色相。
- 饱和度：也称为纯度，指色彩的鲜艳程度。饱和度越高，颜色就越鲜艳、刺眼。
- 明度：指色彩的明亮程度。

色相、饱和度和明度是颜色的 3 大基本要素。调整图像的色相、饱和度、明度到不同的数值会得到如图 4-4 所示的效果。

图 4-4 调整图像的色相、饱和度和明度

3）亮度和对比度

- 亮度：指颜色明暗的程度。

- 对比度：指颜色的相对明暗程度，如图 4-5 所示。

图 4-5 调整图像的亮度和对比度

4）选区、通道和蒙版

- 选区：指图像中受到限制的作用范围，可以使用多种方法（例如，使用选择工具创建，从通道或者路径转换，从图层载入，快速蒙版等）来创建，如图 4-6 所示。
- 通道：指存储不同类型信息的灰度图像，分为复合通道、单色通道、专色通道、Alpha 通道和图层蒙版 5 种存储方式，如图 4-7 所示。

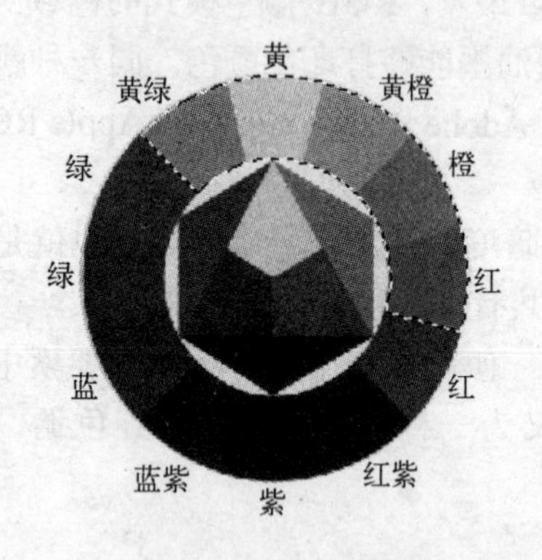

图 4-6 “快速选择”工具创建的选区

图 4-7 红通道中的灰度图像

- 蒙版：指作用于图像上的特殊的灰度图像，用户可以利用它显示和隐藏图层的内容，创建选区等，如图 4-8 所示。

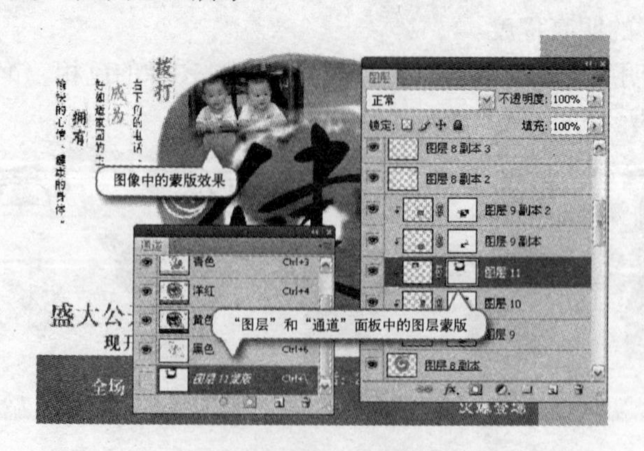

图 4-8 图层蒙版

5）文字、路径和形状

文字、路径和形状是 Photoshop 中的 3 种矢量元素。

- 文字：由文字工具组中的工具创建而成，以文本层的形式存在于图像中，如图 4-9 所示。一旦文本层被栅格化以后就不再具有矢量性质了。

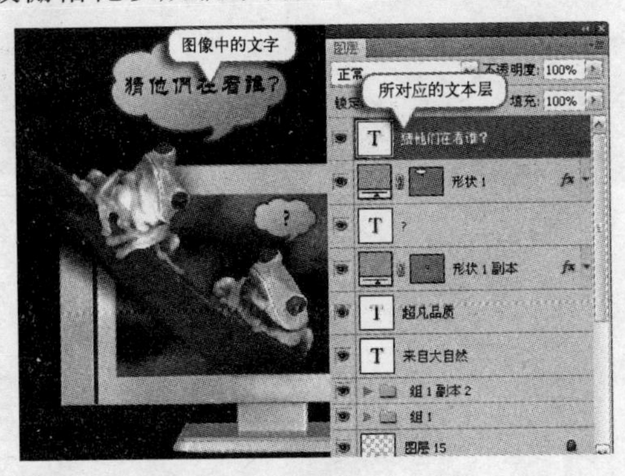

图 4-9 文字

- 路径：由路径工具组或者形状工具组中的工具（必须选中工具栏中的“路径”按钮）绘制而成。绘制完成的路径保存在“路径”面板中，如图 4-10 所示。路径无法显示在图像的最终效果中，用户需要将路径转换为选区或者矢量蒙版，再做进一步的处理。
- 形状：由路径工具组或者形状工具组中的工具（必须选中工具栏中的“形状图层”按钮）创建而成，以形状层的形式存在于图像中，如图 4-11 所示。一旦形状层被栅格化以后也不再具有矢量性质了。

图 4-10 路径

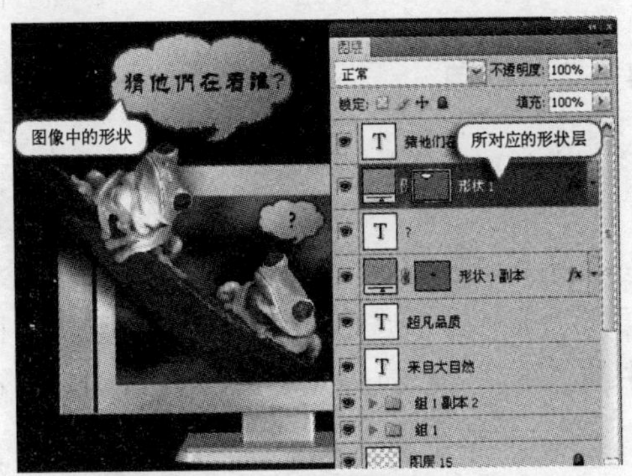

图 4-11 形状

4.3 工作界面

Adobe 对 Photoshop CS4 的工作界面进行了许多改进，去掉了 Windwos 本身的“蓝条”，在标题栏中添加了一些应用程序按钮，图像文档的管理更加多样，整个界面更加简洁漂亮，如图 4-12 所示。

4.3.1 标题栏

Photoshop CS4 在标题栏中增加了“启动 Brige”按钮、“查看额外内容”下拉按钮、“缩放级别”下拉列表框、“抓手工具”按钮、“缩放工具”按钮、“旋转视图工具”按钮、“排列文档”下拉按钮、“屏幕模式”下拉按钮和“基本”按钮等，方便用户对图像文档进行快捷操作，如图 4-13 所示。

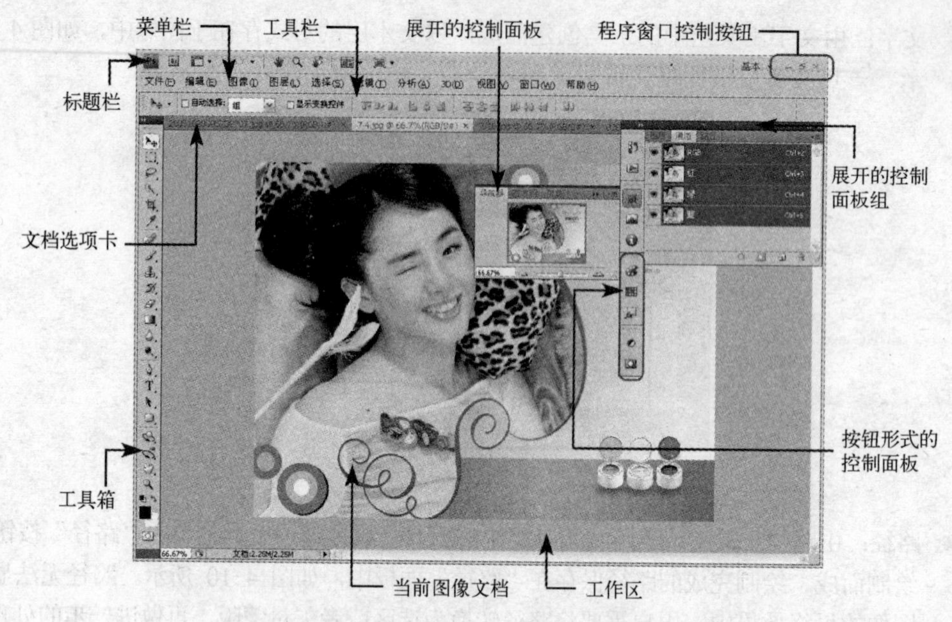

图 4-12　Photoshop CS4 工作界面

图 4-13　标题栏

4.3.2　菜单

Photoshop CS4 程序中的菜单主要有主菜单、面板菜单和右键快捷菜单 3 种形式。

1．主菜单

Photoshop CS4 的菜单栏中包含 9 个主菜单，分别是“文件”、“编辑”、“图像”、“图层”、“选择”、“滤镜”、“视图”、“窗口”和“帮助”菜单，如图 4-14 所示。使用这些菜单中的菜单项可以执行大部分的 Photoshop 编辑操作。

2．面板菜单

单击各个控制面板右上方的按钮即可打开相应的面板菜单，完成各种面板设置和操作。例如，在“画笔”面板菜单中选择“小缩略图”菜单项即可将“画笔”面板中的画笔以小缩略图的形式显示，如图 4-15 所示。

文件(F)
新建(N)... Ctrl+N
打开(O)... Ctrl+O
在 Bridge 中浏览(B)... Alt+Ctrl+O
最近打开文件(T)
共享我的屏幕...
关闭(C) Ctrl+W
存储(S) Ctrl+S
存储为(A)... Shift+Ctrl+S
存储为 Web 和设备所用格式(D)... Alt+Shift+Ctrl+S
置入(L)...
自动(U)
文件简介(F)... Alt+Shift+Ctrl+I
页面设置(G)... Shift+Ctrl+P
打印(P)... Ctrl+P
退出(X) Ctrl+Q
显示所有菜单项目

图 4-14 “文件”主菜单

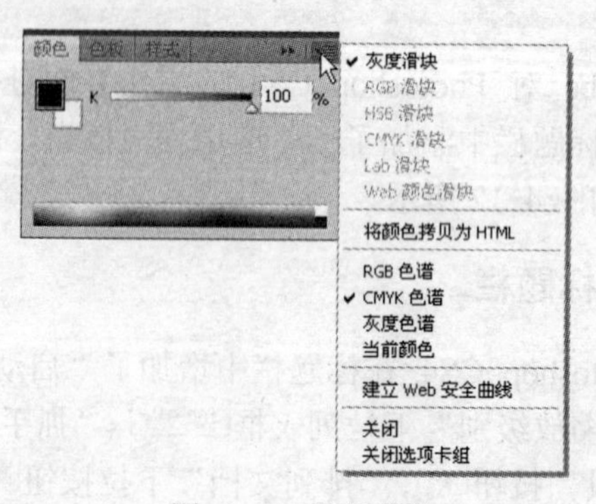

图 4-15　面板菜单

3. 右键快捷菜单

选择不同的工具，然后在图像窗口中的图层上、控制面板中的项目上和标题栏上单击鼠标右键都可以打开相应的快捷菜单，使用这些快捷菜单中的菜单项可以方便用户进行各种图像编辑操作。如图 4-16 所示为使用“吸管”工具和“移动”工具在图像上单击鼠标右键时分别打开的快捷菜单。

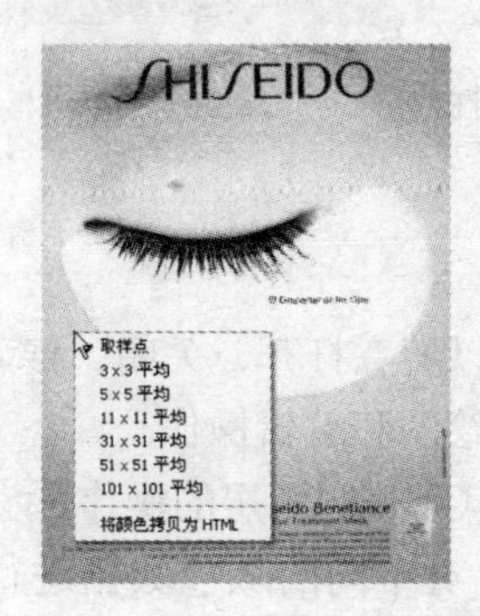

图 4-16 右键快捷菜单

4.3.3 工具及其属性栏

1. 工具

Photoshop 软件将所有的操作工具以按钮的形式集中在工具箱中，并将它们分栏排列，用户可以选择单列或者双列显示这些工具，如图 4-17 所示。

如果工具按钮右下角有小三角标志，则表示此处有一组工具，按住左键不放或者在工具按钮上单击右键即可展开该组工具，如图 4-18 所示。

> **小技巧：**
>
> 每一组工具和每一个单独显示的工具都有自己的快捷键，当鼠标指针在工具按钮上停留片刻时，系统就会出现该工具的名称和快捷键的提示，如图 4-19 所示。例如，<M>键是选框工具组的快捷键，在英文输入法状态按下键盘上的<M>键即可选中选框工具组中的当前工具。

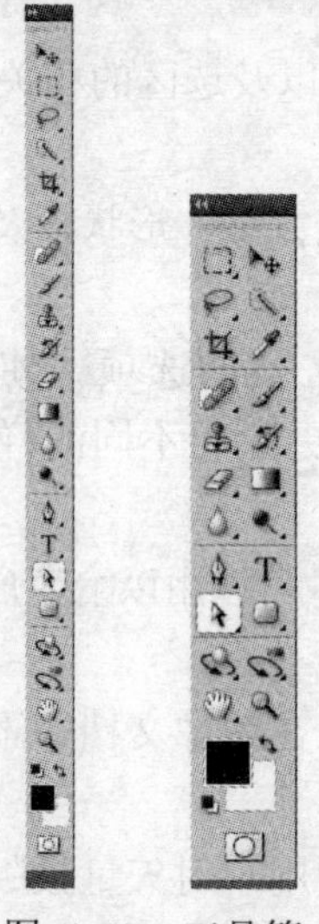

图 4-17 工具箱

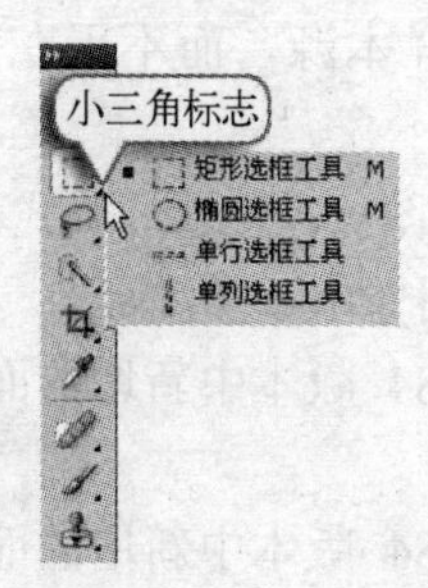

图 4-18 展开工具组

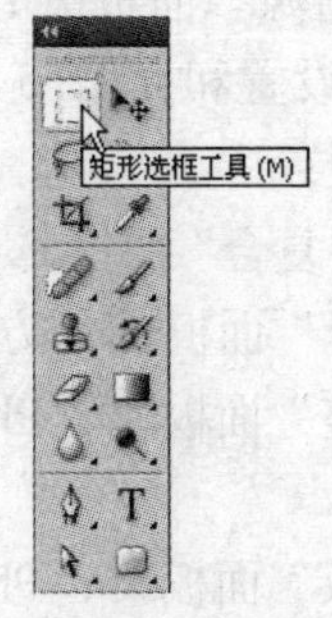

图 4-19 工具的提示文字

2. 工具属性栏

当用户选中工具箱中的一种工具时，在菜单栏下方的工具属性栏（简称工具栏）中就会显示相应的工具参数设置选项。如图 4-20 所示即为选中“橡皮擦”工具时，工具栏所呈现的状态。

画笔: 200 模式: 画笔 不透明度: 10% 流量: 100% 抹到历史记录

图 4-20 “橡皮擦”工具属性栏

4.3.4 控制面板

控制面板是 Photoshop 中特殊的功能模块，用户可以随意打开、关闭、移动、排列和组合 Photoshop 中的 23 个控制面板，以配合图像窗口中的绘图和编辑操作。

- “图层”面板：用来显示图像文件中的图层信息和控制图层的操作。
- “通道”面板：用来记录图像中的颜色数据，对不同的颜色数据进行存储和编辑操作。
- “路径”面板：用来存储矢量式的路径以及矢量蒙版的内容。
- “字符”面板：控制矢量文本的字体、大小、字距、行距和颜色等字符属性。
- “段落”面板：控制矢量文本的对齐方式、段落缩进和段落间距等段落属性。
- “颜色”面板：提供 6 种颜色模式滑块，以方便用户完成颜色的选取和设置。
- “色板”面板：提供系统预设的各种常用颜色并支持当前前景色及背景色的存储。
- “样式”面板：提供系统预设的各种图层样式，单击该面板中的图层样式图标即可将该图层样式应用到当前图层中。
- “历史纪录”面板：恢复和撤销指定步骤的操作或者为指定的操作步骤创建快照，以减少用户因操作失误而导致的损失。
- “动作”面板：用来录制一连串的编辑操作，并将录制的操作应用到其他的一个或者多个图像文件中。
- “导航器”面板：用来显示图像缩略图，以方便用户控制图像的显示。
- “直方图”面板：显示图像的像素、色调和色彩信息。
- “信息”面板：显示鼠标指针所在位置的坐标值、颜色值以及选区的相关信息。
- “工具预设”面板：设置多种工具的预设参数。
- “画笔”面板：用来选取和设置不同类型绘图工具的画笔大小、形状以及其他动态参数。
- “仿制源”面板：具有用于仿制图章工具或修复画笔工具的选项。使用该面板可以设置和存储 5 个不同的样本源，而不用在每次需要更改为不同的样本源时重新取样。
- “图层复合”面板：用来存储图层的位置、样式和可视性，可以用以给客户做演示。
- “注释”面板：方便用户在图像中添加注释。
- “调整”面板：Photoshop CS4 版本中新增的面板，用来在图像文档中添加各种调整层。
- “蒙版”面板：Photoshop CS4 版本中新增的面板，方便用户对矢量蒙版或者图层蒙版进行各种编辑操作。

- “3D”面板：Photoshop CS4 版本中新增的面板，用来完成各种 3D 物件的绘图和编辑功能。
- “动画”面板：“动画”面板原本是 Photoshop 的兄弟软件 Image Ready 中的控制面板，在 Photoshop CS4 中集合了 Image Ready 中创建动画图像的功能。
- “测量记录”面板：Photoshop CS4 版本中新增的面板，用于测量和记录使用标尺工具或选择工具定义的任何区域（包括不规则的选区），也可以计算高度、宽度和周长，或跟踪一个或多个图像的测量。

4.4 图像的管理

在以往版本的 Photoshop 程序中，图像的管理是通过图像窗口的管理来实现的，每一个打开的图像文件都占有一个图像窗口。而在 Photoshop CS4 中，图像文档有多种不同的显示方式。

4.4.1 打开和关闭图像

1）选择“文件”→“打开”菜单项或者按下<Ctrl+O>组合键，或者在 Photoshop CS4 的工作区中双击，均可打开“打开”对话框，如图 4-21 所示。

2）在电脑中找到需要打开文件所在的驱动器或者文件夹，必要时可以在“文件类型”下拉列表中选择需要打开的文件格式（例如选择“JPEG”格式，对话框中间的窗口中就只显示 JPEG 格式的文件）。选中找到的文件，然后单击 打开(O) 按钮即可将其打开，如图 4-22 所示。

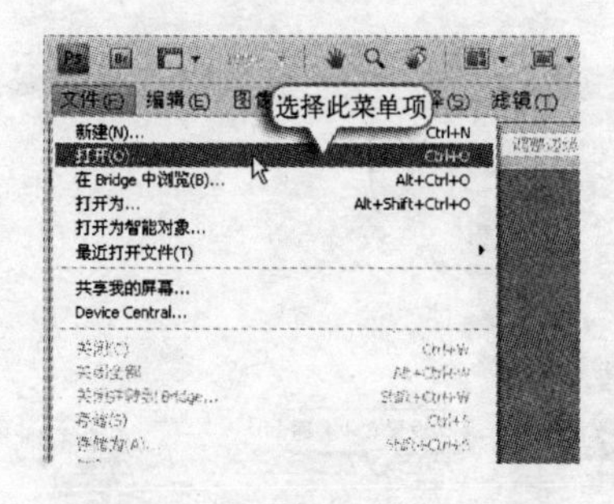

图 4-21 选择“打开”菜单项

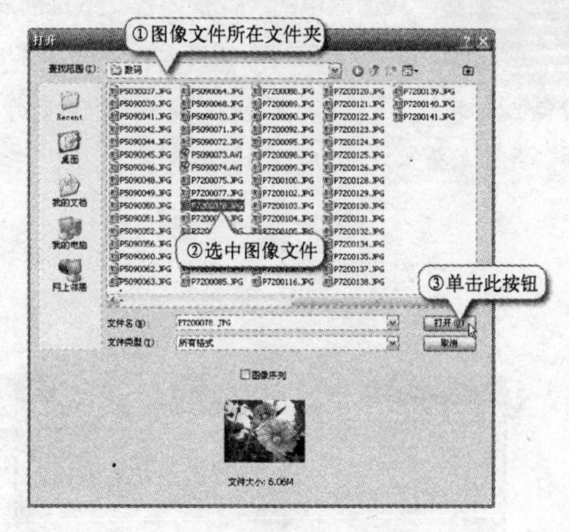

图 4-22 “打开”对话框

3）如果需要将当前图像文件关闭，可以单击图像窗口标题栏上的按钮（如图 4-23 所示），也可以选择“文件”→“关闭”菜单项，还可以按下快捷键<Ctrl+W>或者<Ctrl+F4>。

小技巧：

如果想要关闭所有打开的图像文件，可以选择“文件”→“关闭全部”菜单项或者按下<Alt+Ctrl+W>组合键。

图 4-23 关闭当前图像文件

4.4.2 新建和保存图像

1）选择“文件”→“新建”菜单项或者按下<Ctrl+N>组合键，即可打开“新建”对话框。

2）“新建”对话框中完成相关参数的设置，单击 确定 按钮即可建立一个新文件，如图 4-24 所示。

3）完成图像设计以后，选择“文件”→“存储”菜单项或者按下<Ctrl+S>组合键即可打开“存储为”对话框。选择存储文件的位置，在“文件名”下拉列表文本框中输入存储文件的名称，然后在“格式”下拉列表中选择存储文件的格式，接着设置存储选项并单击 保存(S) 按钮，即可将当前文件保存起来，如图 4-25 所示。

> “新建”对话框中的“背景内容”下拉列表框有什么作用？
>
> “背景内容”下拉列表框用于设置新图像背景层的颜色。选中“白色”选项，背景层将被设置为白色；选中“背景色”选项，背景层的颜色将与工具箱中设置的背景色颜色一致；选择“透明”选项，背景层将被设置为无色透明。

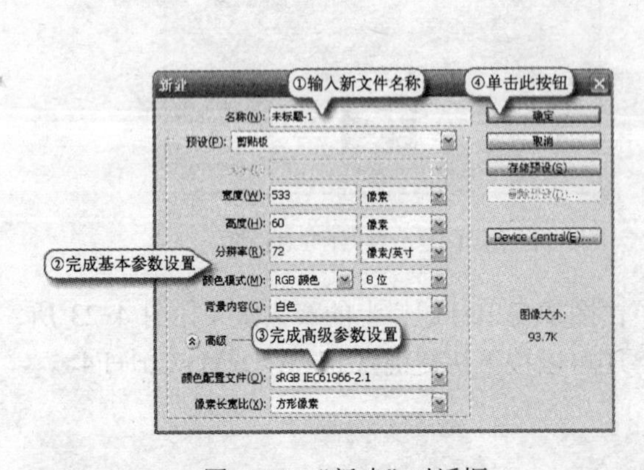

图 4-24 “新建”对话框

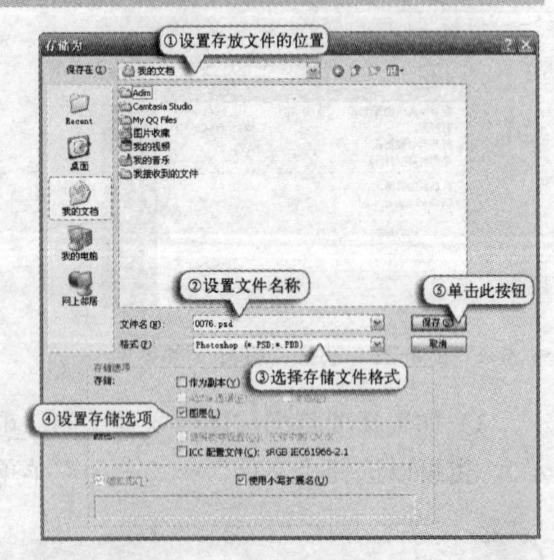

图 4-25 “存储为”对话框

4）如果当前图像曾以一种文件格式保存过，可以选择“文件”→“存储为”菜单项或者按下<Ctrl+Shift+S>组合键，打开“存储为”对话框，将以其他的文件名保存或者将图像“另存”为其他的格式。

小提示：

① “作为副本”复选框：选中此复选框系统将保存文件的副本，但是不保存当前文件，当前文件仍然保持打开状态。

② “注释”复选框：选中此复选框，图像的注释内容将与图像一起保存。

③ “Alpha 通道”复选框：选中此复选框，系统会将 Alpha 通道信息与图像一起保存。

④ “专色”复选框：选中此复选框，文件中的专色通道信息将与图像一起保存。

⑤ “图层”复选框：选中此复选框，将会保存图像中的所有图层。

4.4.3 图像文件的掌控

在 Photoshop CS4 中，打开的图像文件有“全部合并到选项卡”、“拼贴”、“当前图像在窗口中浮动”和“层叠”等多种排列方式，同时打开的多个文件还可以按照合并到选项卡的的方式占有一个窗口。

1）用户在 Photoshop CS4 应用程序标题栏中单击下拉按钮，然后在打开的“排列文档”下拉列表中选择一种排列图像文件的方式，如图 4-26 所示。

2）也可以在“窗口”→“排列”子菜单中选择一种排列图像文件的方式，如图 4-27 所示。

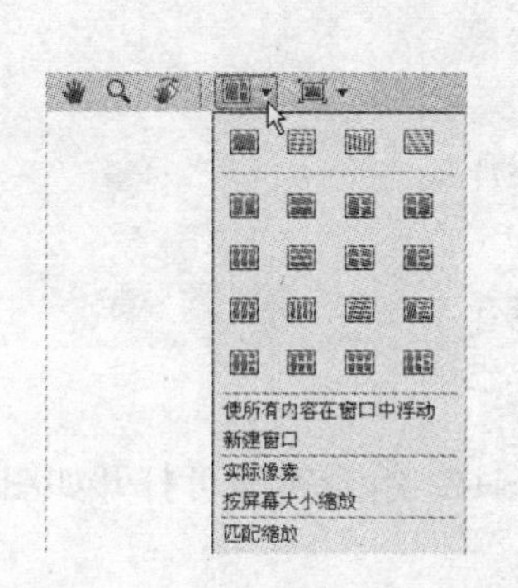

图 4-26 “排列文档”下拉列表

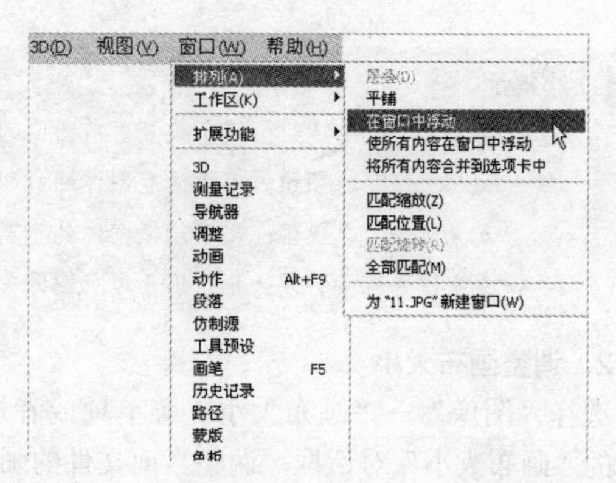

图 4-27 “窗口”→“排列”子菜单

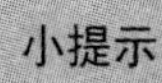

小提示：

① 在“排列文档”下拉列表中选择“全部合并”按钮选项或者在“窗口”→“排列”子菜单中选择“将所有内容合并到选项卡中”菜单项即可将图像窗口全部合并到选项卡。

② 在“排列文档”下拉列表中选择其他的按钮选项，即可以各种拼贴方式排列图像窗口。

③ 选择“使所有内容在窗口中浮动”菜单项或者选项，即可以层叠的方式排列打开的图像文件。

当图像文件以“全部合并到选项卡”的形式显示的时候，用户可以通过拖动文档标题栏将图像文件切换为其他不同的排列方式，如图 4-28 所示。

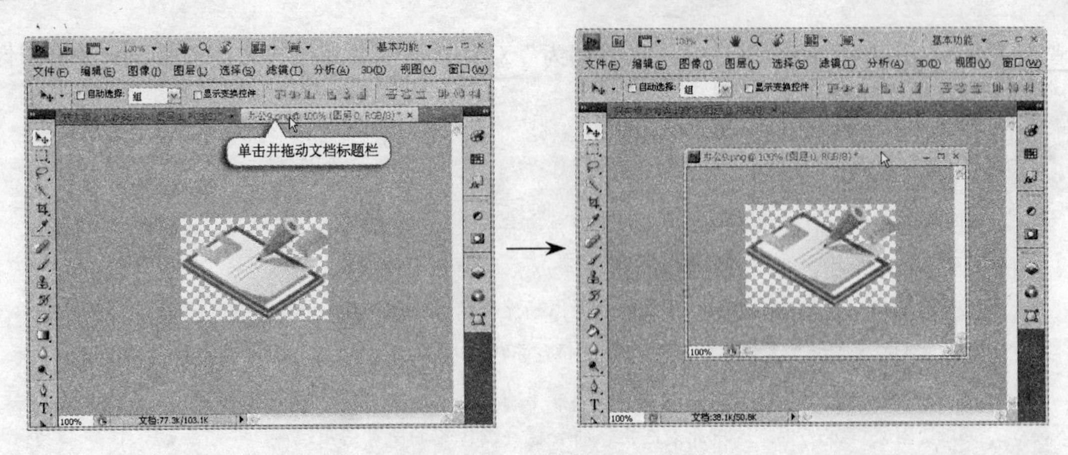

图 4-28 切换图像文件排列方式

4.4.4 图像及画布调整

图像大小和画布大小是两个截然不同的概念。调整图像大小相当于得到一个缩小的或者放大的原图像的影像，而调整画布大小就相当于将原图像的幅面拓展一下或者裁切一下，原图像内容不受影响。

1. 调整图像大小

选择“图像”→“图像大小”菜单项或者按下<Alt+Ctrl+I>组合键即可打开如图 4-29 所示的“图像大小”对话框，对当前图像文件的像素大小和文档大小进行重新设置。

小提示：

① “像素大小”选项组：用于设置当前图像的屏幕尺寸。

② “文档大小”选项组：用于设置图像的打印尺寸和打印分辨率。

③ “约束比例”复选框：用于约束图像的宽高比。

④ “重定图像像素”复选框：用于增加图像中包含像素的数量。

2. 调整画布大小

选择“图像”→“画布大小”菜单项或者按下<Alt+Ctrl+C>组合键即可打开如图 4-30 所示的“画布大小”对话框，调整当前文件的画布大小。

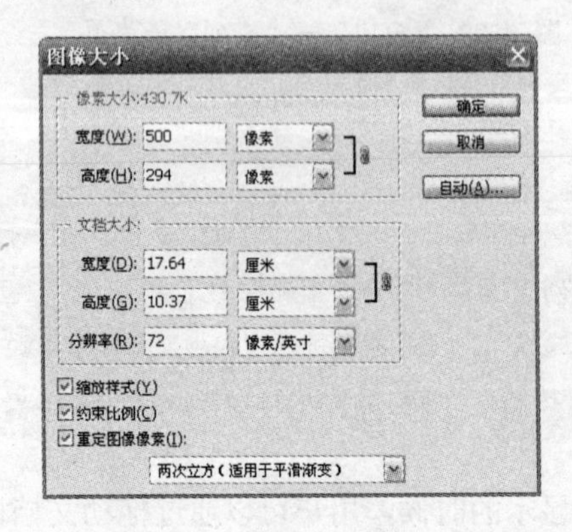

图 4-29 “图像大小”对话框

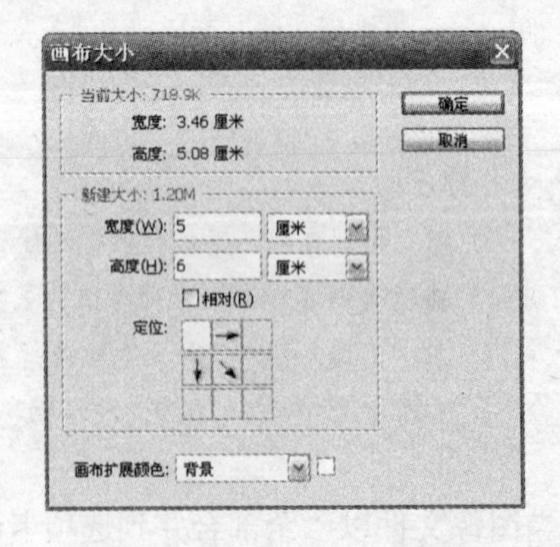

图 4-30 “画布大小”对话框

小提示：

① “新建大小”选项组：用于设置调整后的画布大小。

② “相对”复选框：选中该复选框，则“宽度”和“高度”文本框中的数值就决定了新画布对于原画布的相对大小。

③ “定位”选项：用来确定原图像位于新画布上的位置。

④ “画布扩展颜色”选项：用来确定扩展画布的填充颜色。

3. 裁切图像

使用“裁切”工具可以将图像周围多余的部分删除，对画布进行大小修改，并且可以对画布进行旋转裁切，如图4-31和图4-32所示。

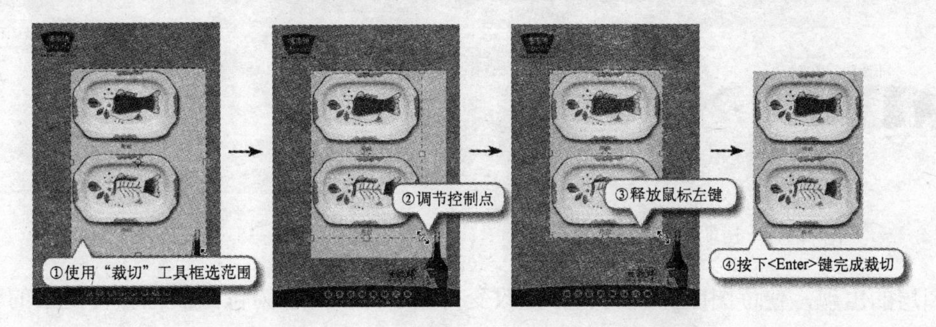

图 4-31 使用“裁切”工具对画布进行大小修改

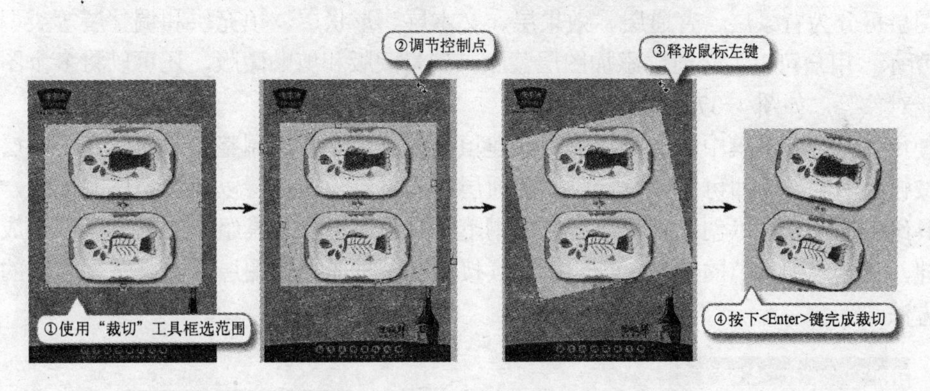

图 4-32 使用“裁切”工具对画布进行旋转裁切

还有一种特殊的裁切方法，选择“图像”→“裁切”菜单项即可打开“裁切”对话框，完成设置后单击 确定 按钮即可将图像周围的空白内容裁切掉，如图4-33所示。

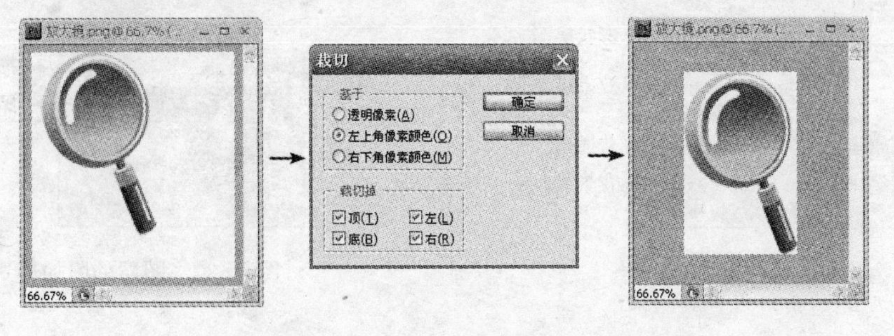

图 4-33 使用“裁切”对话框

4.5 图层

图层是 Photoshop 程序管理位图图像文件的最小存储单位，Phtoshop 中的图像文件可以由多个图层堆叠起来，每一个图层的大小都和图像文件的大小一样，图层中没有颜色信息的地方是透明的（默认情况下，这些透明信息在图像中显示为灰白相间的方格），如图 4-34 所示。用户也可以在“首选项”对话框中修改透明图像的显示方式，如图 4-35 所示。

图 4-34 透明图像的显示

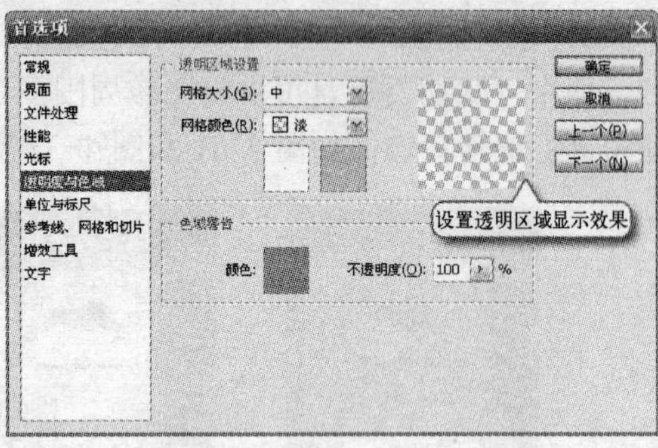

图 4-35 “首选项”对话框

图层的出现，使位图图像的调整和修改变得更加方便，也为位图图像各种复杂的合成效果提供了创作平台。

图层可分为背景层、普通层、效果层、文本层、形状层、填充层和调整层等类型，如图 4-36 所示。用户可以为普通层添加图层蒙版、矢量蒙版和剪贴蒙版，还可以将多个图层转变为智能对象等，如图 4-37 所示。

使用“图层”菜单中的“新建”、“新建填充图层”、“新建调整图层”以及“图层”面板快捷按钮组中的按钮即可完成背景层、普通层、效果层、填充层以及调整层的创建，使用文本工具组中的工具可以创建文本层，使用钢笔工具组和形状工具组中的工具可以完成形状层的创建。随着后面章节的学习，我们会陆续接触到各种类型的图层，并且掌握它们的创建和使用方法。

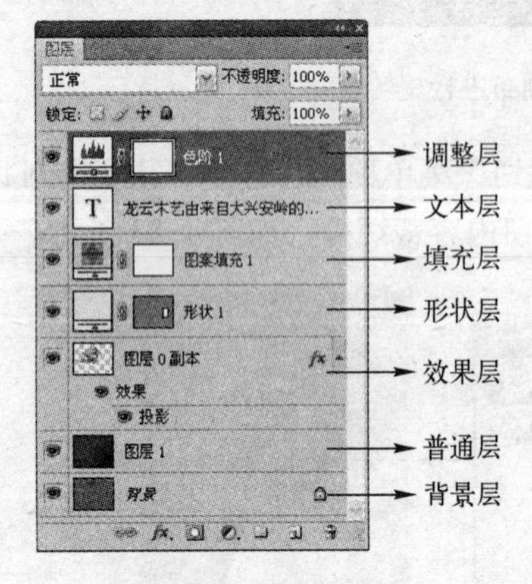

图 4-36 图层的分类

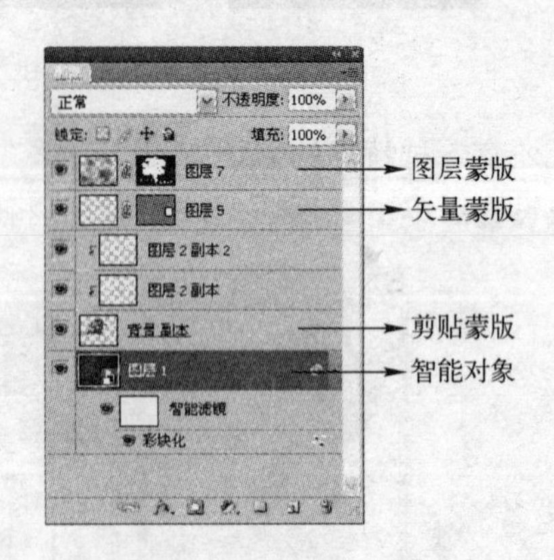

图 4-37 图层的附加形式

4.5.1　图层的显示

在 Photoshop 中，图层的显示效果主要是靠“图层”面板来完成的，如图 4-38 所示。

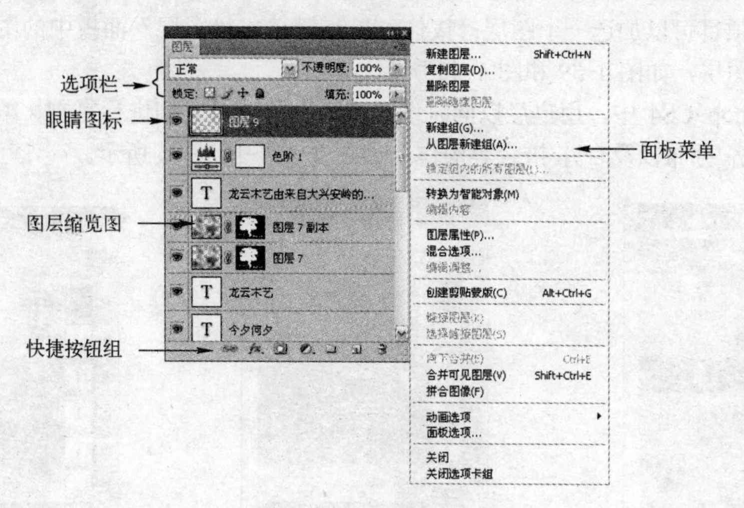

图 4-38 “图层”面板

在“图层”面板中，Photoshop 按照图层的堆叠顺序列出当前图像中所有的图层，图像内容的缩览图显示在图层名称的左侧。当图层缩览图的左侧显示“眼睛图标”时，该图层为显示状态；不显示“眼睛图标”时，该图层为隐藏状态。在“图层”面板的选项栏中，也有一些控制图层显示效果的选项，它们的功能分别如下：

① “混合模式”下拉列表正常：选择图层的色彩混合模式，以确定当前图层和下层图层的叠加效果。

② “不透明度”滑块：设置当前图层的不透明度。当鼠标指针位于“不透明度”字样上时，变成状态，左右移动即可改变“不透明度”数值。

> **小技巧：**
>
> 除了使用“图层”面板中的“不透明度”滑块调整图层的不透明度以外，还可以利用键盘上的数字键更加快速地调节当前图层的不透明度。例如，按下<5>键，即可将当前图层的不透明度修改为50%；连续按下<3>键和<5>键，即可将当前图层的不透明度修改为 35%。

③ “填充”滑块：设置当前图层的填充程度。当鼠标指针位于“填充”字样上时，变成状态，左右移动即可改变“填充”数值。

> **“不透明度”滑块和“填充”滑块的作用有什么不同？**
>
> 两个选项的区别主要在于效果层中，“不透明度”文本框中的数值同时影响到当前图层图像和图层样式的透明度；而“填充”文本框中的数值只是影响到当前图层图像的透明度。

4.5.2　图层的管理

Photoshop CS4 最多允许用户在一幅图像中创建 8000 个图层，如果图像中的图层过多就

会严重影响图像的编辑和处理速度，因此我们需要对图层进行管理。

1. 图层的选择

在“图层”面板中，背景为蓝色的图层项目即为当前图层，按住<Ctrl>键单击“图层”面板中的图层项目可以加选一个图层；按住<Shift>键单击“图层”面板中的图层项目可以加选多个连续的图层，如图 4-39 和图 4-40 所示。

在 Photoshop CS4 中，用户可以同时选中多个图层，对它们进行复制、编组、链接、排序、删除、对齐/分布以及合并/拼合等操作，如图 4-41～图 4-45 所示。

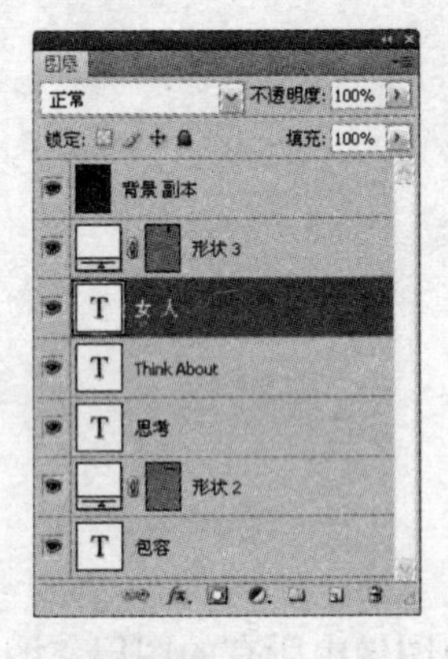

图 4-39 选择一个图层

图 4-40 选择多个图层

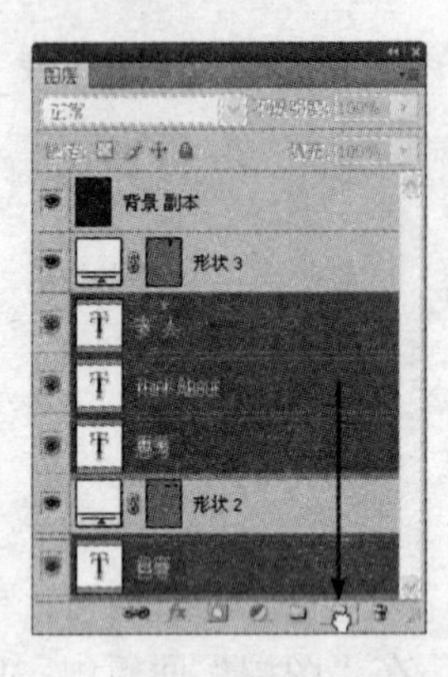

图 4-41 复制多个图层

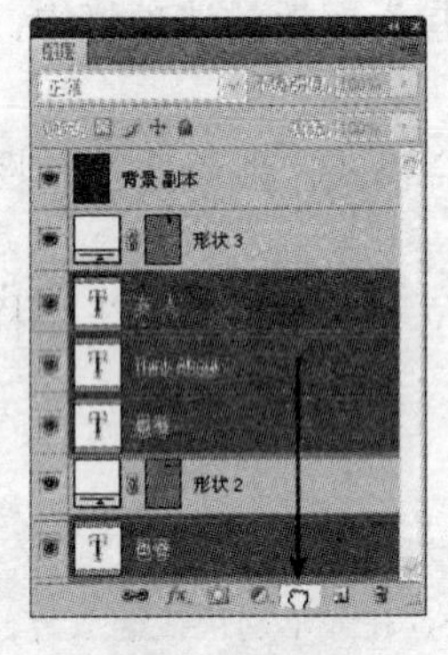

图 4-42 编组图层

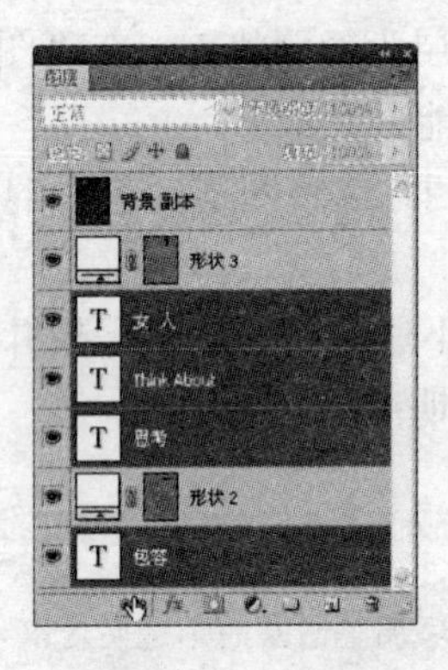

图 4-43 链接图层

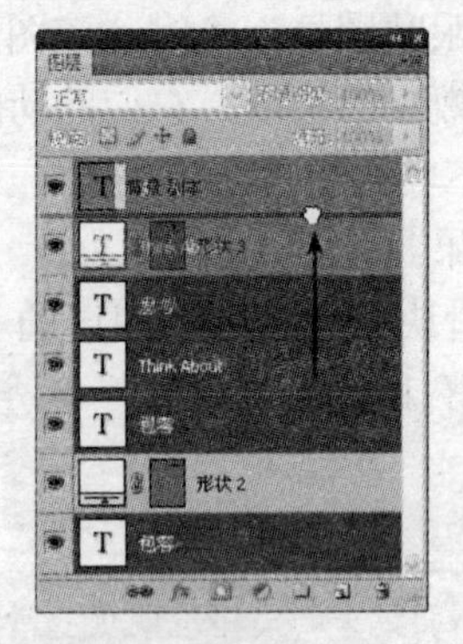

图 4-44 排序多个图层

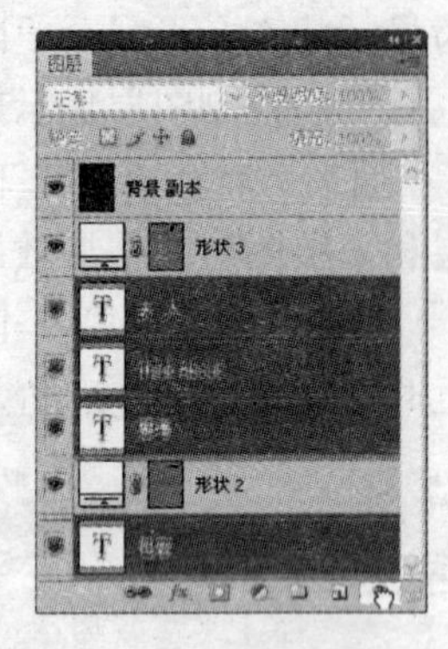

图 4-45 删除多个图层

2. 图层的模块化

Photoshop CS4 最多可以支持图层组的 5 级嵌套，这样一来就可以将图像中的多个图层进行编组，然后通过对图层组的复制、移动和排序等来完成多个图层同时的编辑操作，如图 4-46 所示。

用户还可以对位置相对固定的多个图层进行链接，然后对链接图层进行整体移动、复制、应用变换、对齐/分布以及合并/拼合等操作，如图 4-47 所示。

另外，用户还可以使用 Photoshop 的“合并/拼合”功能来完成设计工作的阶段性总结。

小提示：

① 合并选中图层：使用<Ctrl+E>组合键将所有选中的图层合并到最上层。

② 合并可见图层：使用<Ctrl+Shift+E>组合键将所有的可见图层合并。

③ 合并复制选中图层：使用<Ctrl+Alt+E>组合键将所有选中的图层合并复制到最上层。

④ 合并复制可见图层：使用<Ctrl+Shift+Alt+E>组合键将所有的可见图层合并复制到当前图层。

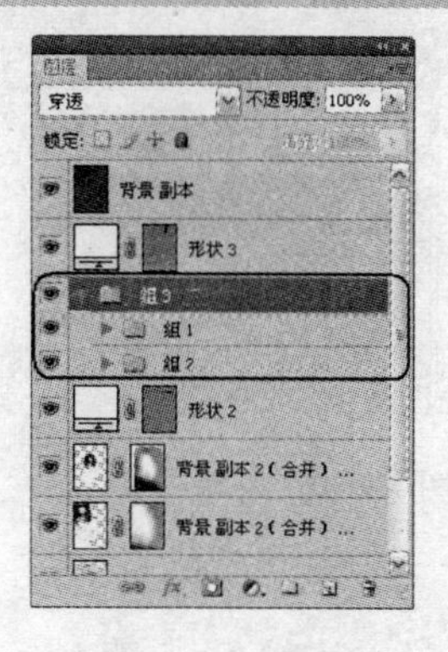

图 4-46 图层组

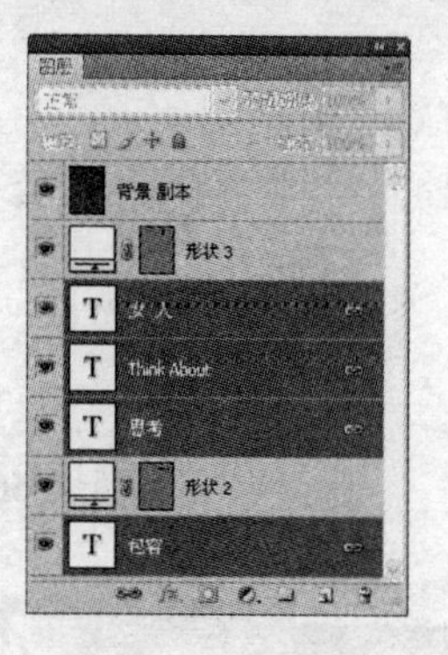

图 4-47 链接后的图层

4.5.3 图层样式

Photoshop CS4 提供有一种高级的图层混合方式，可以为图层添加效果，这些效果被称为“图层样式”，添加了“图层样式”的图层也就是所谓的“效果层”。

要想添加图层样式，首先要选中一个图层，然后打开“图层样式”对话框，再对“混合选项”或者“投影”、“内阴影”、“外发光”、“内发光”、“斜面和浮雕”、“光泽”、“颜色叠加”、“渐变叠加”、“图案叠加”和“描边”等样式中的一种或者几种进行设置，如图 4-48 所示。

双击“图层”面板中的图层缩览图或者单击“图层”面板下方的“设置图层样式”按钮 fx 打开下拉菜单，再在菜单中选择一种图层样式选项，即可打开“图层样式”对话框，如图 4-49 所示。

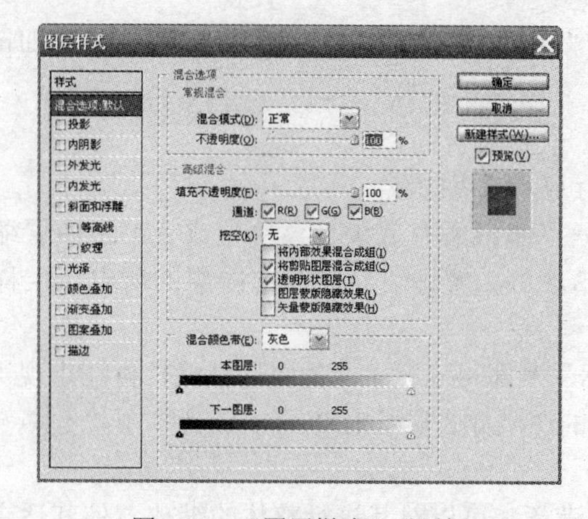

图 4-48 “图层样式”对话框

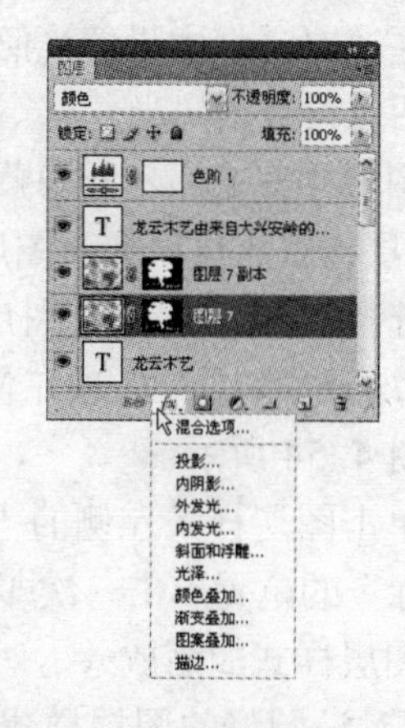

图 4-49 “添加图层样式”下拉菜单

Photoshop CS4 提供有专门的“样式”面板，方便用户使用各种现成样式，如图 4-50 所示。

用户也可以将自己制作的图层样式保存到“样式”面板中，方法是：选中需要保存样式的图层，然后将鼠标指针移动到“样式”面板中空白的部分（鼠标指针变成形状）后单击，系统将弹出“新样式”对话框，在该对话框中完成设置后单击 确定 按钮即可，如图 4-51 和图 4-52 所示。

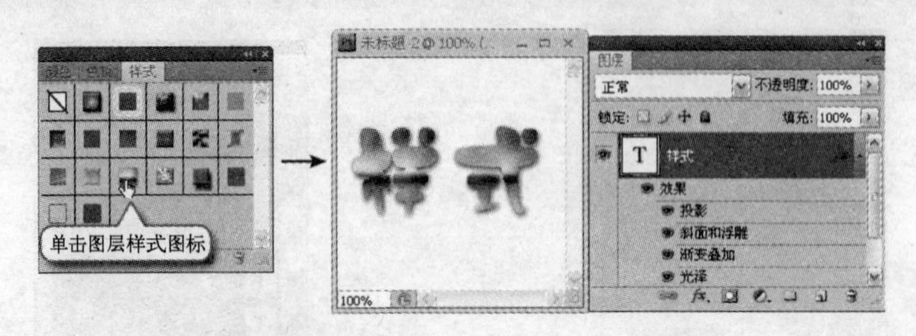

图 4-50 使用系统提供的图层样式

图 4-51 在“样式”面板的空白处单击

图 4-52 “新建样式”对话框

在设置图层样式的时候，有以下几个概念需要掌握。

1）全局光

如果一幅图像中有多个图层具有投影、内阴影、斜面和浮雕效果，那么为了避免出现透视上的混乱，可以设置一个统一的光照角度，也就是全局光。

- 选择“图层”→“图层样式”→“全局光”菜单项，弹出如图 4-53 所示的“全局光”对话框。
- 在该对话框中设置光照的“角度”和“高度”，然后单击 确定 按钮即可为当前图像设置全局光。

2）图层样式的显示和隐藏

对图层样式也可以像对图层一样进行显示或者隐藏。

- 选择“图层”→“图层样式”→“隐藏所有效果”菜单项或者单击图层缩览图下方的“效果”选项左侧的“眼睛图标”即可隐藏当前图层的所有图层样式，如图 4-54 所示。
- 单击图层样式左侧的“眼睛图标”即可隐藏单个的图层样式，再在出现“眼睛图标”的位置单击一次即可将隐藏的图层样式显示出来。

3）图层样式的缩放

如果对设置好的图层样式的大小不满意，可以对其进行整体的缩放，使其适合添加效果的图层。具体操作方法是：选择“图层”→“图层样式”→“缩放效果”菜单项打开如图 4-55 所示的“缩放图层效果”对话框，然后在该对话框中设置缩放比例并单击 确定 按钮。

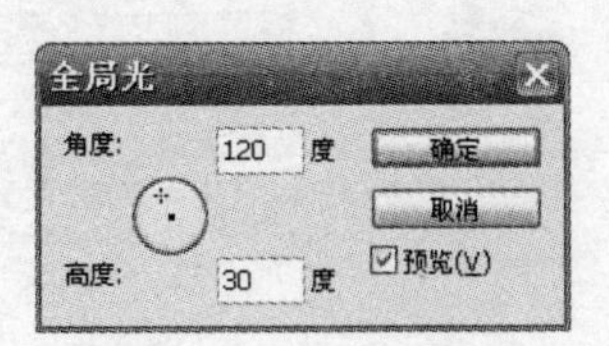

图 4-53 "全局光"对话框

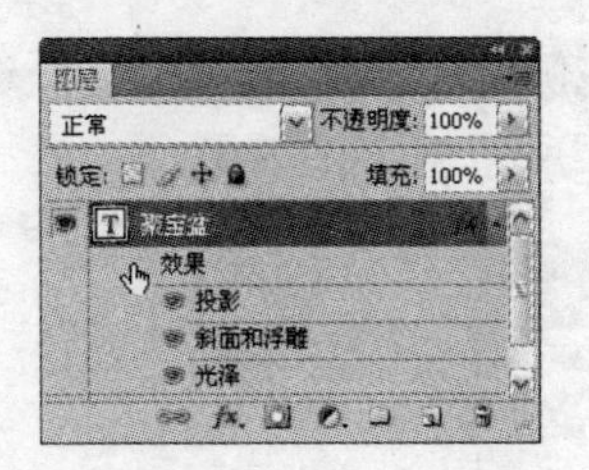

图 4-54 隐藏图层效果

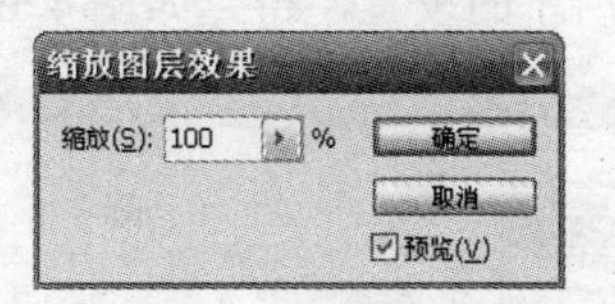

图 4-55 "缩放图层效果"对话框

4.6 综合实例——黄金字体效果

范例文件：光盘→实例素材文件→第 4 章

❶ 选择"文件"→"打开"菜单项，打开光盘文件夹中的"黄金字素材.psd"文件，如图 4-56 所示。

❷ 在"图层"面板中选中"聚宝盆"层，然后单击"图层"面板下方的"设置图层样式"按钮 打开下拉菜单，再在菜单中选择"斜面和浮雕"选项，如图 4-57 所示。

图 4-56 打开素材文件

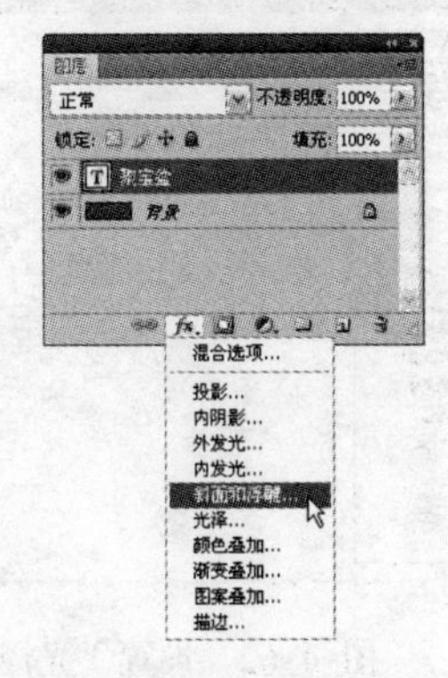

图 4-57 选择"斜面和浮雕"选项

❸ 此时将打开"图层样式"对话框，在该对话框中完成如图 4-58 所示的设置（单击"光泽等高线"按钮 打开"等高线编辑器"对话框，在映射窗口中的等高线上单击即可增加节点，单击并拖动节点即可改变斜面和浮雕样式的光泽效果），得到如图 4-59 所示的字体效果。

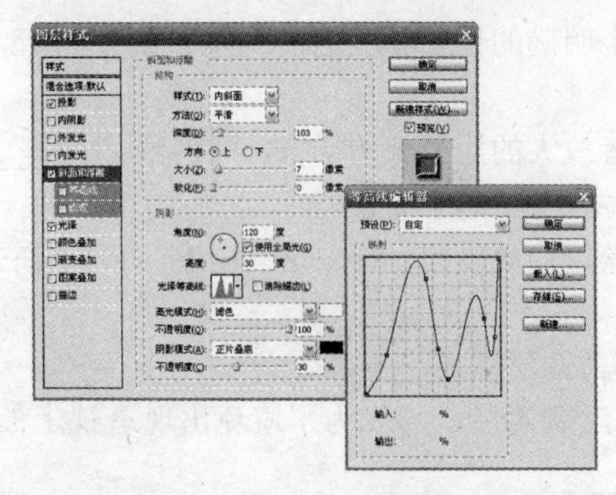

图 4-58 设置"斜面和浮雕"样式

图 4-59 添加"斜面和浮雕"样式后的字体效果

❹ 在“图层样式”对话框左侧选中“投影”复选框选项，然后在对话框右侧完成如图 4-60 所示的设置，得到如图 4-61 所示的字体效果。

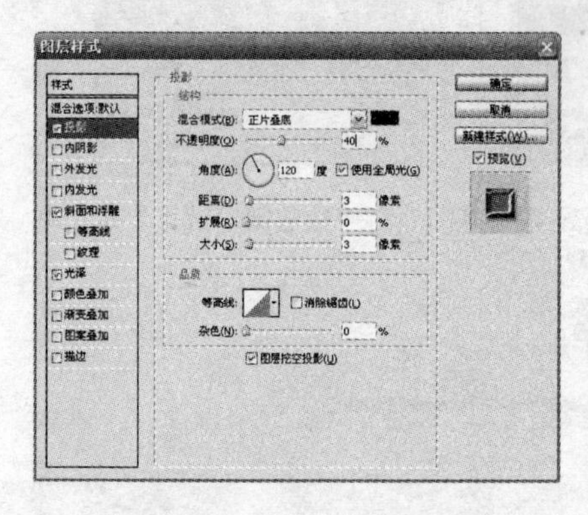

图 4-60 设置“投影”样式　　图 4-61 添加“投影”样式后的字体效果

❺ 在“图层样式”对话框左侧选中“光泽”复选框选项，然后在对话框右侧完成如图 4-62 所示的设置（混合模式的效果颜色■设置为“R：100，G：0，B：0”），得到如图 4-63 所示的字体效果。

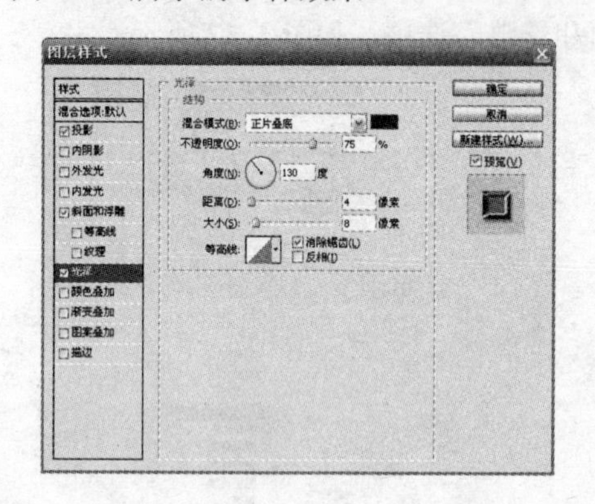

图 4-62 设置“光泽”样式　　图 4-63 添加“光泽”样式后的字体效果

4.7 练习题

1. 填空题

① 在位图图像中，每一个________都有一个明确的位置和颜色值，记录着图像的颜色信息，它是组成位图图像的最小单位。

② 调整________相当于得到一个缩小的或者放大的原图像的影像，而调整________就相当于将原图像的幅面拓展一下或者裁切一下，原图像内容不受影响。

③ 如果想要对图像中的多个图层进行同时操作，可以同时选中这些图层，然后对它们进行________或者________。

④ Phtoshop CS4 软件提供有________种类型的图层样式，分别是________。

⑤ 如果一幅图像中有多个图层具有斜面和浮雕效果，那么为了避免出现透视上的混乱，可以设置一个统一的光照角度，也就是________。

2．选择题

① ________格式是使用 Adobe Photoshop 软件生成的默认图像文件格式，也是唯一支持 Photoshop 所有功能的格式；________格式主要用于制作具有保护功能的电子书籍和黑白书籍的印刷输出等；________格式常用于制作和保存具有透明颜色信息的图像；________格式是常用网页动画图片的保存格式。

A：JPEG　　B：GIF　　C：BMP

D：PNG　　E：PDF　　F：PSD

② ________面板用来记录图像中的颜色数据，对不同的颜色数据进行存储和编辑操作；________面板提供系统预设的各种常用颜色并支持当前前景色及背景色的存储；________面板用来控制矢量文本的对齐方式、段落缩进、段落间距等段落属性。

A：图层　　B：颜色　　C：路径　　D：段落

E：通道　　F：字符　　G：色板　　H：样式

3．操作题

打开 Photoshop CS4 应用软件，打开多个文件，然后尝试按照自己的喜好对工作界面中的控制面板、工具箱、工具属性栏进行拖放和排列，然后选择“窗口”→“工作区”→“存储工作区”菜单项将工作区保存供以后载入使用。

第 5 章　Photoshop 软件高级功能 05

学习要点：

- 前景色和背景色的设置
- 路径和绘制
- 画笔的设置
- 选区与蒙版
- 渐变和液化
- “加深”工具和“减淡”工具
- Photoshop CS4 新功能展示

案例数量：

- 11 个行动实例，1 个综合实例

内容总览：

Photoshop CS4 软件有一些高级功能是平面广告设计者必须掌握的，包括路径的绘制，画笔的概念和使用，选区和蒙版的创建和使用，渐变填充和液化滤镜的使用，以及加深和减淡操作等，另外还有一些精彩的新功能，为平面广告设计者提供了更大的创作空间。

5.1　技能充电——前景色和背景色

在使用绘图工具编辑图像之前，首先需要选取好图像的前景色和背景色。前景色可以理解为覆盖在图像上面的颜色，而背景色则可以理解为衬在图像下面的颜色。

使用“画笔”工具组中的工具（“画笔”工具、“铅笔”工具、“颜色替换”工具以及“油漆桶”工具）在图像上作用时使用的是前景色，而使用“橡皮擦”工具组中的工具在背景层上作用时，将会露出背景色。

在 Photoshop CS4 版中，设置前景色和背景色的方法主要有以下几种。

① 使用工具箱：通过使用工具箱中的颜色设置选项可以完成前景色和背景色的设置，如图 5-1 所示。

小提示：

① 单击“设置前景色”颜色框将打开如图 5-2 所示的“拾色器”对话框，选取前景色。

② 单击“设置背景色”颜色框将打开“拾色器”对话框，选取背景色。

③ 单击“切换前景色与背景色”按钮将当前图像的前景色和背景色进行调换。

④ 单击“默认前景色与背景色”按钮将使用默认的黑色和白色来作为图像的前景色和背景色。

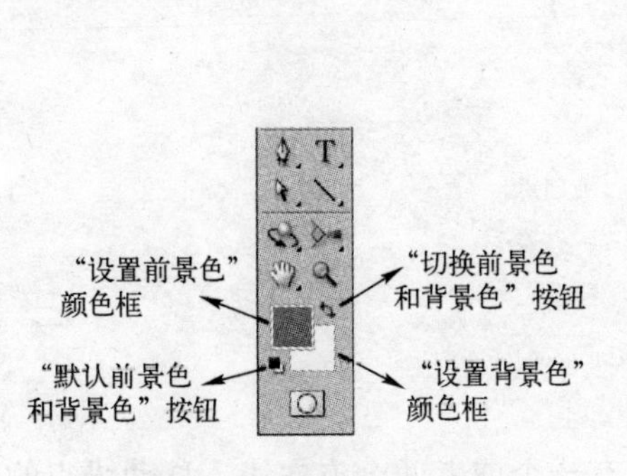

图 5-1 颜色设置选项

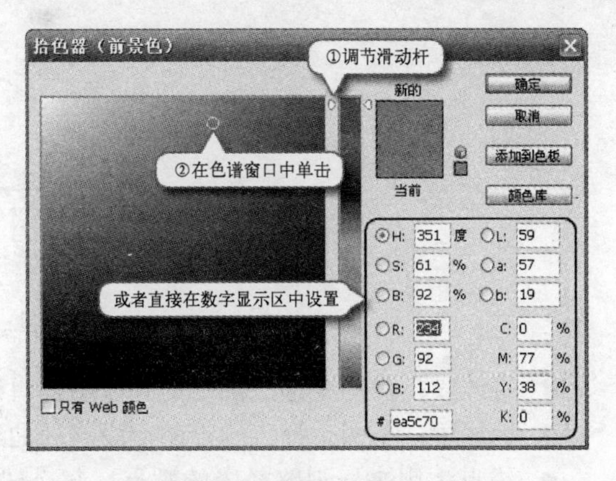

图 5-2 "拾色器"对话框

② 使用"色板"面板：当直接在色板上单击时，将会修改前景色；当按住<Ctrl>键在色板上单击时，将会修改背景色。

③ 使用"颜色"面板：在"颜色"面板菜单中选择合适的颜色模式滑块，然后在面板左侧选中"设置前景色"或者"设置背景色"颜色框，接着拖动各个滑块进行设置。也可以在面板菜单中选择合适的色谱，再在面板下方的色谱中单击取样前景色，如图 5-3 所示。

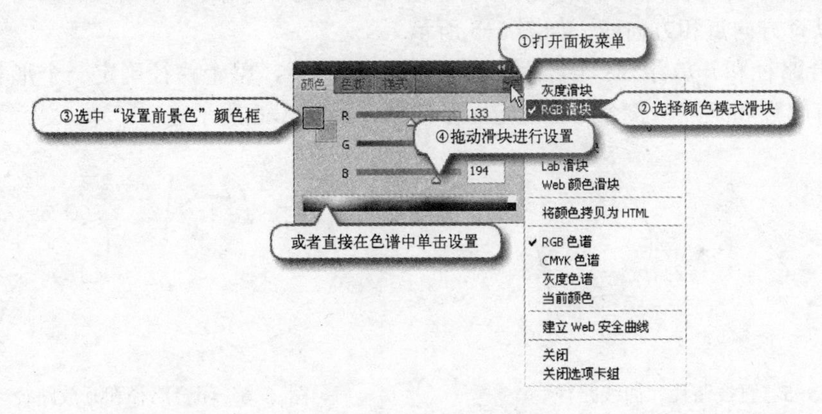

图 5-3 "颜色"面板

④ 使用"吸管"工具：将鼠标指针移动到图像中，单击即可取样前景色；在按下<Alt>键的同时单击即可取样背景色。

小技巧：

在使用"画笔"工具、"铅笔"工具、"颜色替换"工具和"油漆桶"工具的时候，按住<Alt>键不放，鼠标指针将变成形状，此时在图像上单击，可以随时将光标处的颜色取样为前景色。

5.2 路径

路径是用户使用路径工具绘制出来的线条或者形状，是由一个或者多个路径组件（由直线段或者曲线段连接起来的多个锚点的集合）组成的，如图 5-4 所示。

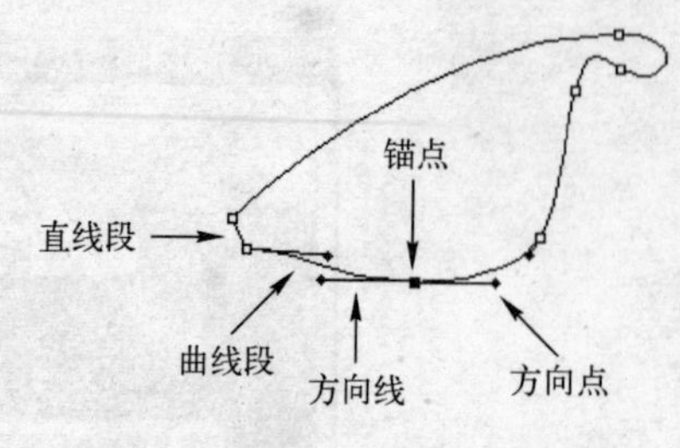

图 5-4 路径

- 直线段：由两个锚点确定的一段路径直线。
- 曲线段：由两个锚点确定的一段路径曲线。
- 锚点：用来标记路径段的端点，每个锚点都有一个或者两个方向线，移动锚点的位置可以改变曲线段的长短和形状。
- 方向线：延长或者缩短方向线可以改变曲线段的曲度。
- 方向点：方向线的末端是方向点，移动方向点可以改变曲线段的角度和形状。

5.2.1 路径的有关概念

- 直线路径和曲线路径：直线路径中的锚点没有方向点和方向线；曲线路径中的锚点可以有方向点和方向线，如图 5-5 所示。
- 闭合路径和开放路径：闭合路径没有起点和终点，整个路径确定一个形状；开放路径有起点和终点，整个路径确定一个线条，如图 5-6 所示。

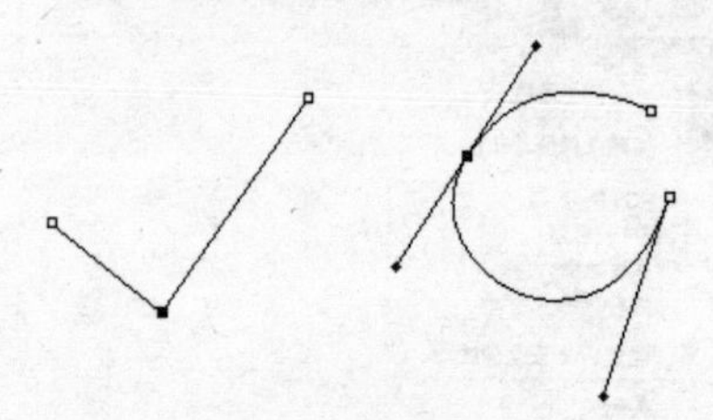

图 5-5 直线路径和曲线路径

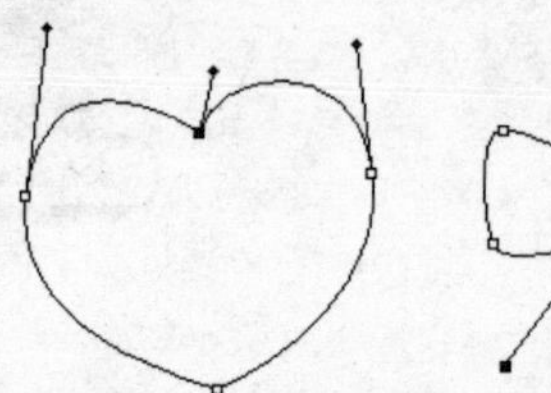

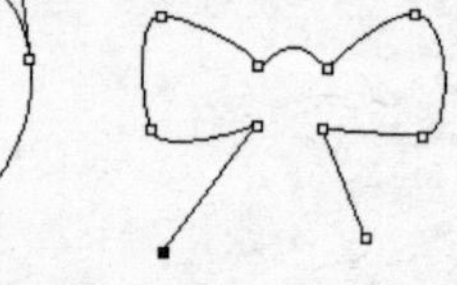

图 5-6 闭合路径和开放路径

- 平滑点和角点：平滑点是连接平滑曲线路径的锚点，在平滑点上移动方向点时，将同时调整平滑点两侧的曲线段；角点是连接锐化曲线路径的锚点，在角点上移动方向点时，只调整与方向线相同一侧的曲线段，如图 5-7 和图 5-8 所示。

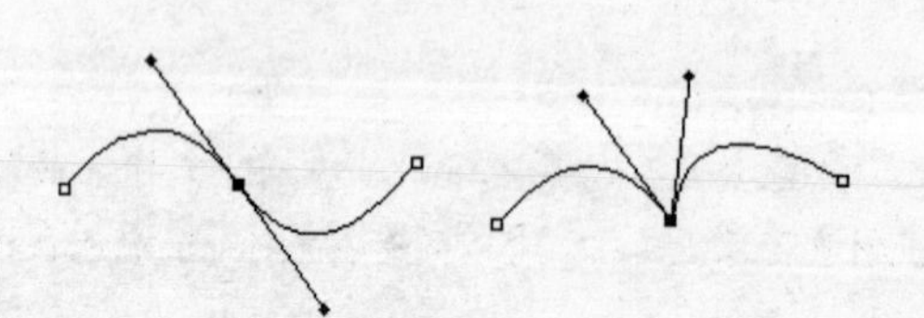

图 5-7 平滑点和角点

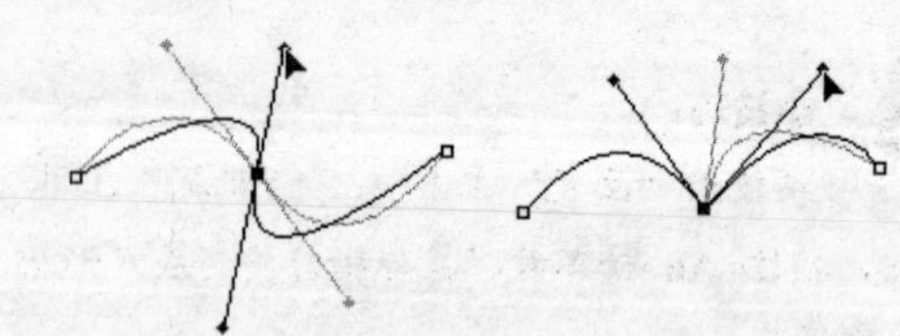

图 5-8 移动平滑点和角点的方向点

5.2.2 行动实例：路径的绘制和保存

绘制路径的主要工具是“钢笔”工具，使用“钢笔”工具可以创建由多个锚点控制的精确的直线和平滑的曲线路径，也可以创建由这样的路径包围的形状层。

❶ 新建一个图像文件，然后在工具箱中选中“钢笔”工具，可以看到如图 5-9 所示的工具属性栏。

图 5-9 “钢笔”工具属性栏

❷ 在工具栏中选择“路径”按钮，在图像中单击确定第一个锚点，如图 5-10 所示。

❸ 在另一处单击并拖动鼠标确定第二个锚点，此时会产生一根方向线来确定曲线的形状，如图 5-11 所示。

图 5-10 确定第一个锚点 　　　　图 5-11 确定第二个锚点

❹ 按住<Alt>键不放，单击第二个锚点将其转变为角点（鼠标指针变成形状），然后确定第三个锚点，如图 5-12 所示。

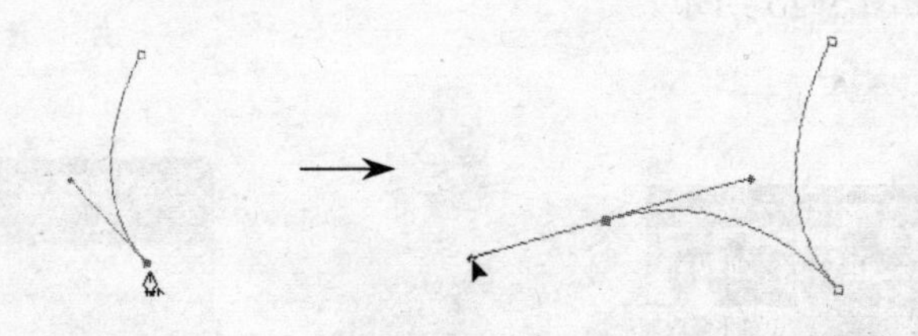

图 5-12 绘制第二个曲线段

❺ 将第三个锚点转换为角点，然后单击确定第四个锚点，接着确定其他的锚点，最后将鼠标指针放置在第一个锚点上（鼠标指针将变成形状），单击将路径闭合，如图 5-13 所示。

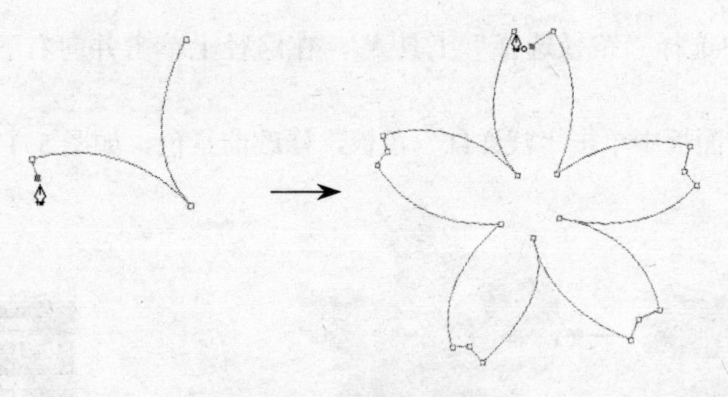

图 5-13 完成路径的绘制

❻ 打开“路径”面板，将“工作路径”拖动到面板下方的“创建新路径”按钮上，将其保存为“路径 1”，如图 5-14 所示。

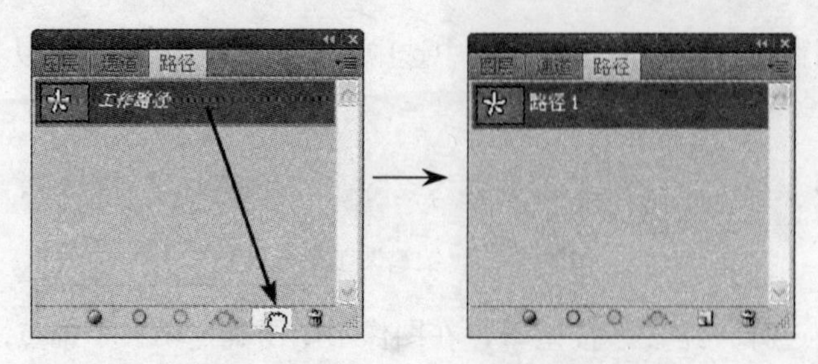

图 5-14 将工作路径转换为新建路径

小提示：

系统会自动将绘制好的路径保存为“工作路径”，如果绘制新的路径，原有的路径将被替换，除非将工作路径保存为新建路径。

5.2.3 行动实例：路径的应用

用户可以将绘制好的路径转换为矢量蒙版，也可以对路径进行填充和描边操作，还可以将路径转换为选区。

❶ 将 5.2.2 小节中绘制的闭合路径保存为“路径 1”以后，单击“色板”面板中的“蜡笔洋红”色板吸取前景色，然后单击“路径”面板下方的“用前景色填充路径”按钮，对路径进行填充，如图 5-15 所示。

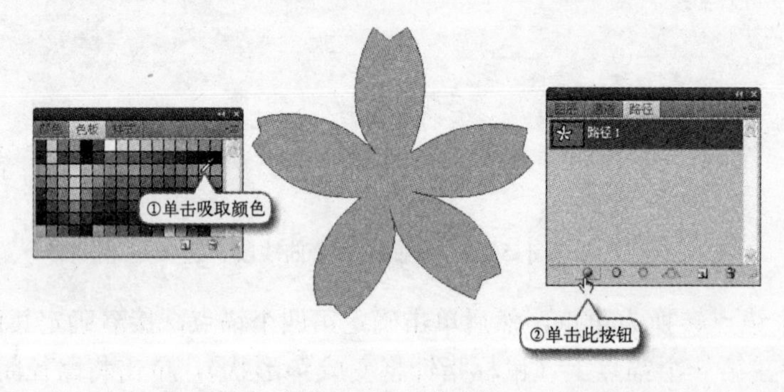

图 5-15 填充路径

❷ 在工具箱中选择“路径选择”工具，在路径上单击并向右下方拖动，如图 5-16 所示。

❸ 在“色板”面板中单击“浅洋红”色板，修改前景色，如图 5-17 所示。

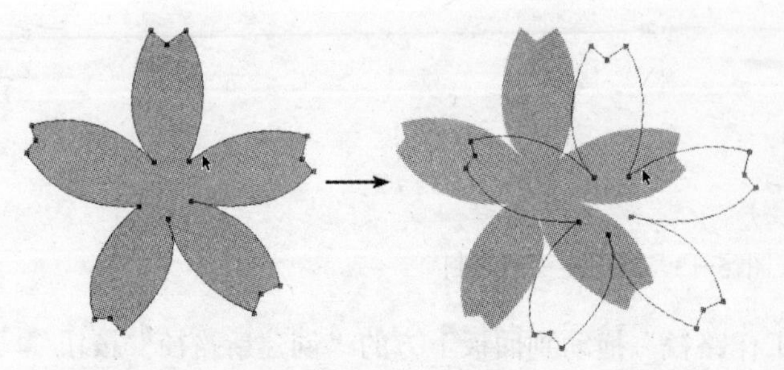

图 5-16 移动路径

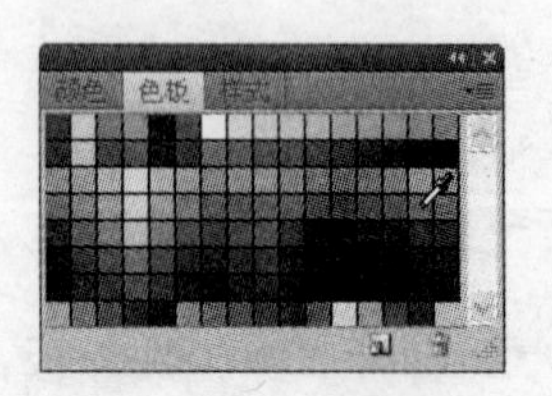

图 5-17 修改前景色

❹ 在工具箱中选择"画笔"工具，然后将画笔设置为 3 像素圆角画笔，接着单击"路径"面板下方的"用画笔描边路径"按钮，得到如图 5-18 所示的效果。

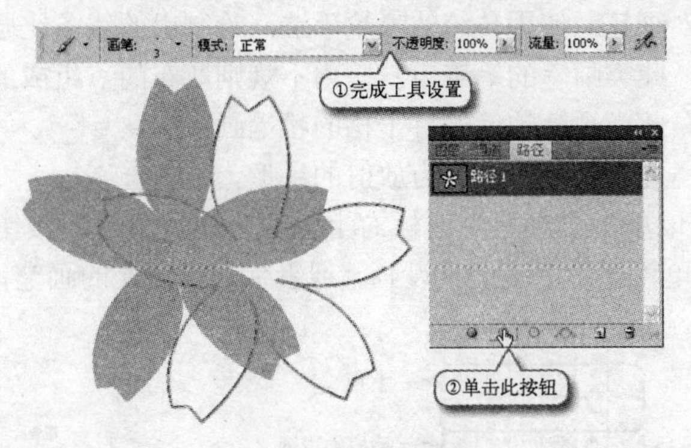

图 5-18 描边路径

5.3 画笔

在 Photoshop 中，画笔有广义和狭义两种概念，狭义的画笔指的是"画笔"工具，广义的画笔指的是部分绘图工具（"画笔"工具、"铅笔"工具、"颜色替换"工具、"修复画笔"工具、"历史纪录"工具、"历史纪录艺术"工具、"仿制图章"工具、"图案图章"工具、"橡皮擦"工具、"背景色橡皮擦"工具、"减淡"工具、"加深"工具、"海绵"工具、"模糊"工具、"锐化"工具和"涂抹"工具等）的画笔属性，如图 5-19 所示。

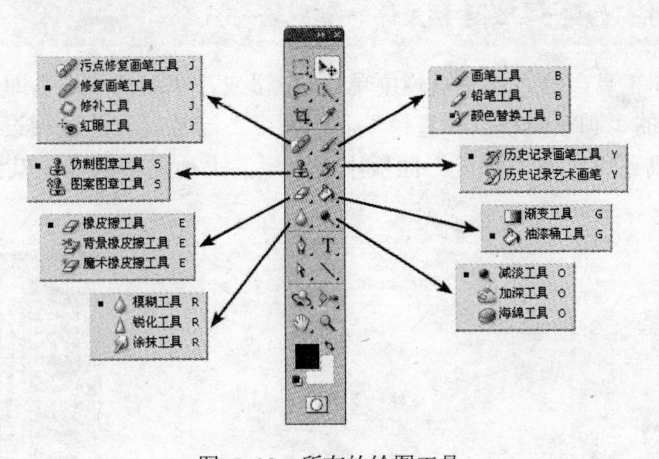

图 5-19 所有的绘图工具

5.3.1 "画笔"类型

Photoshop CS4 为用户提供了多种预设画笔，首次打开"画笔"面板时，在右侧窗口中看到的画笔是默认画笔，包括"尖角"、"柔角"、"喷枪硬边圆"、"喷枪柔边圆"、"喷溅"、"粉笔"、"星形"以及其他形状的画笔，如图 5-20 所示。

- "尖角"画笔：此类画笔的笔迹线条边缘比较坚硬。

- "圆角"画笔：此类画笔的笔迹线条边缘比较柔和。
- "喷枪硬边圆"画笔：使用传统的喷枪手法，绘制出的线条比尖角画笔更为扩展。
- "喷枪柔边圆"画笔：使用传统的喷枪手法，绘制出的线条比圆角画笔更为扩展。
- "喷溅"画笔：此类画笔的笔迹为一些由不规则散布的点组成的图案。
- "粉笔"画笔：此类画笔的笔迹有干枯的粉笔画质感。
- "星形"画笔：此类画笔的笔迹为放射的星形。

另外，用户还可以单击"画笔"面板右上角的"面板菜单"按钮打开面板菜单，然后使用该菜单中的菜单项载入更多的预设画笔或者保存自定义的画笔，如图 5-21 所示。

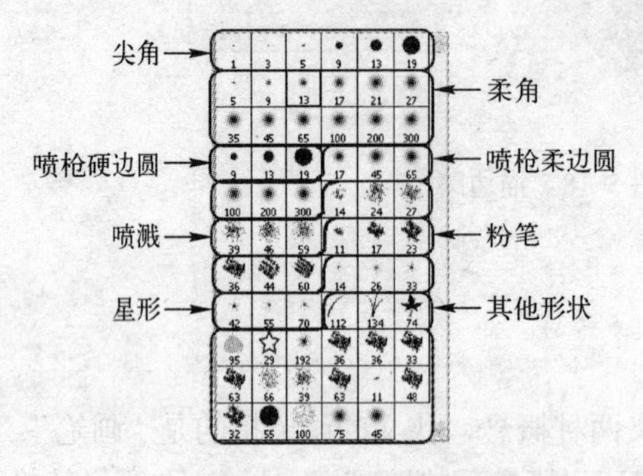

图 5-20 默认画笔类型

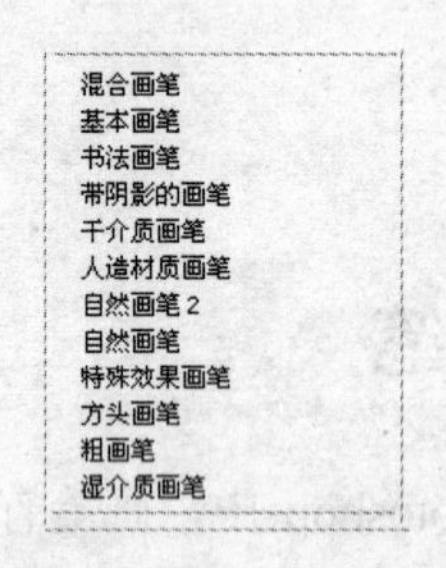

图 5-21 其他预设画笔

5.3.2 行动实例：画笔的设置与调整

范例文件：光盘→实例素材文件→第 5 章→5.3.2

选择一种绘图工具，然后在工具栏中单击按钮或者在图像中右击即可打开"画笔预设选取器"，对画笔的"画笔类型"、"直径"和"硬度"等常规属性进行设置，如图 5-22 所示。对于有些工具还可以在"画笔"面板中对画笔的大小、形状以及其他动态参数进行设置，如图 5-23 所示。

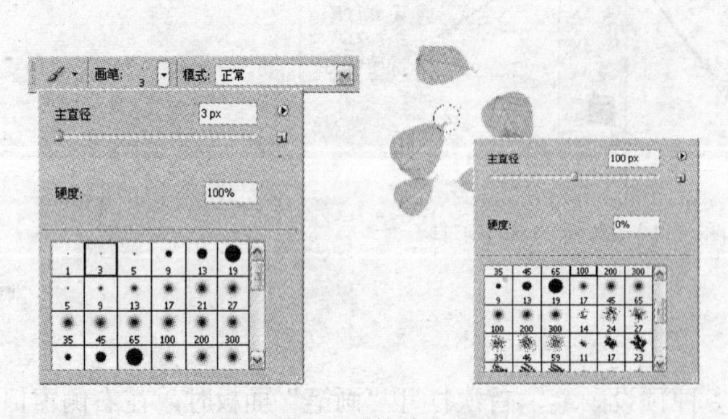

图 5-22 "画笔选取器"

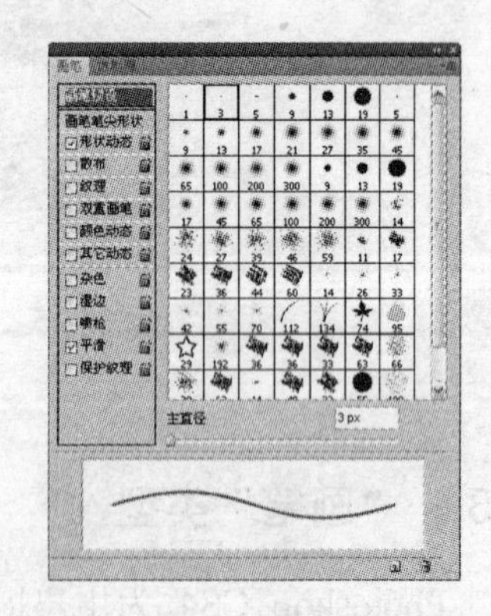

图 5-23 "画笔"面板

❶ 选择"文件"→"打开"菜单项，打开光盘文件夹中的文件，如图 5-24 所示。

❷ 在工具箱中选中"橡皮擦"工具，然后在工具栏中的"画笔预设选取器"中选择

“尖角 13”画笔，接着打开“画笔”面板并在“画笔预设”选项组选中“画笔笔尖形状”选项，将“间距”设置为 150%，如图 5-25 所示。

图 5-24　打开素材图像

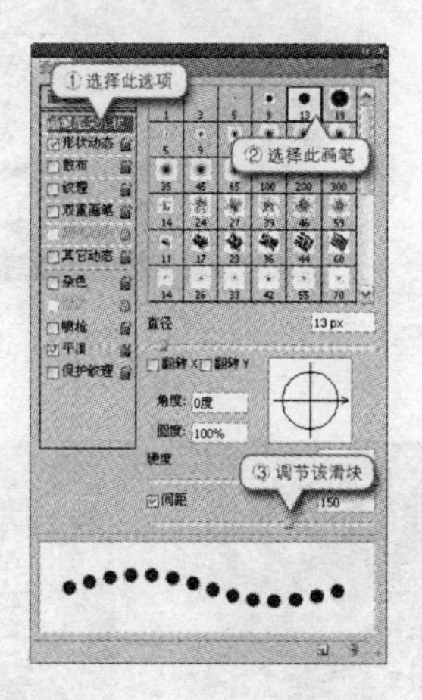

图 5-25　设置画笔属性

小提示：

“橡皮擦”工具用来擦除图像中多余的部分，在普通层中作用时，被擦除的部分呈现透明颜色；在背景层中作用时，被擦除的部分呈现背景色。

❸ 按下<Ctrl+H>组合键显示参考线，然后选中“邮票”层，按下<Ctrl++>组合键放大图像显示比例，然后按下“空格”键不放选择“抓手”工具，将左下方的图像移动到视野中央。

❹ 将鼠标指针移动到“邮票”的左上方，然后选择合适的位置并使用<[>和<]>键将画笔大小调整为 15 像素。在图层左上方的参考线上单击鼠标左键，然后按住<Shift>键不放在右上方的参考线上单击鼠标左键，擦去一连串的半圆形状，如图 5-26 所示。

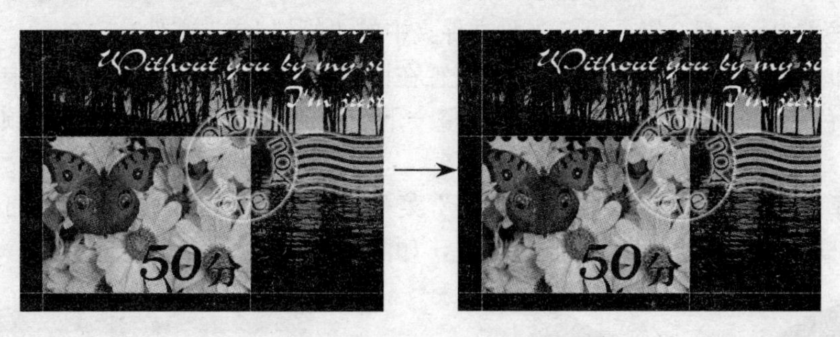

图 5-26　擦去图层上方的部分图像

❺ 在“邮票”层右边上方的参考线上单击鼠标左键，然后按住<Shift>键不放在其右边下方的参考线上单击鼠标左键，擦去一连串的半圆形状，如图 5-27 所示。

❻ 使用同样的方法使用“橡皮擦”工具擦去“邮票”层下方和左侧的部分图像，如图 5-28 所示。

❼ 在“画笔”面板菜单中选择“新建画笔预设”菜单项，打开如图 5-29 所示的“画笔名称”对话框，在“名称”文本框中输入“尖角 15 散”，然后单击 确定 按钮即可将修改后的尖角画笔保存。

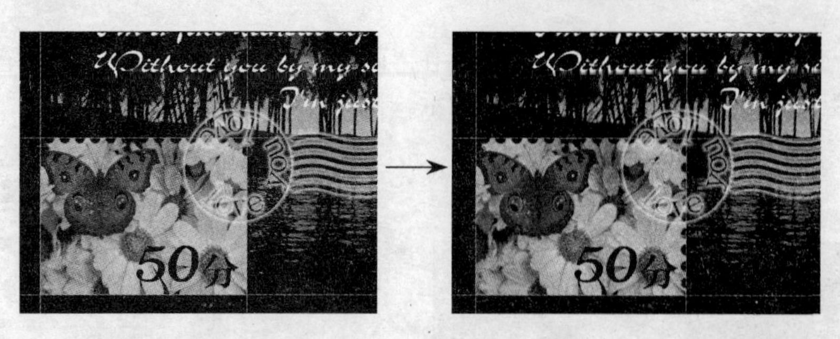

图 5-27 擦去图层右侧的部分图像

图 5-28 擦去左侧和下方的图像

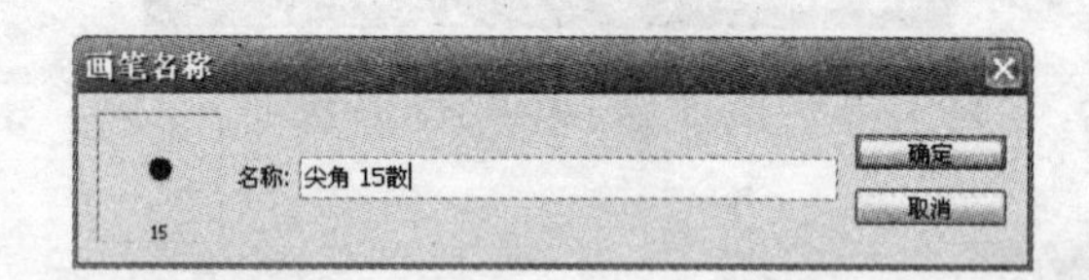

图 5-29 “画笔名称”对话框

5.3.3 行动实例：画笔的自定义

在 Photoshop CS4 中，用户可以对预设画笔进行修改，然后将其保存为一个新的画笔，也可以将选取的图像定义为新的画笔。定义画笔时，系统自动将彩色的画笔调整为灰度值。

范例文件：光盘→实例素材文件→第 5 章→5.3.3

❶ 按下<Ctrl+O>组合键，打开光盘文件夹中的“蝴蝶.jpg”文件。

❷ 打开“信息”面板，将鼠标指针放置在图像空白区域，“信息”面板中显示取样点并不为纯白色（如图 5-30 所示），需要调整一下图像的色阶，将图像背景的颜色调整为纯白色。

❸ 选择“图像”→“调整”→“色阶”菜单项或者按下<Ctrl+L>组合键打开“色阶”对话框，调整图像中高光部分所对应的颜色，如图 5-31 所示。

图 5-30 取样图像颜色

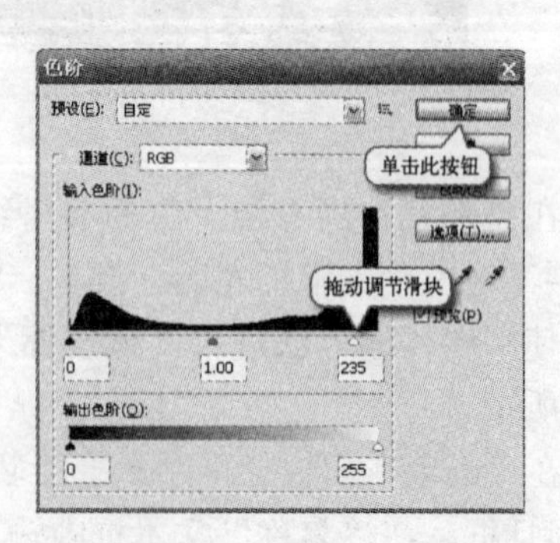

图 5-31 “色阶”对话框

❹ 再次取样图像空白区域的颜色，确保它们都为纯白色，如图 5-32 所示。

❺ 选择“图像”→“图像大小”菜单项打开如图 5-33 所示的“图像大小”对话框，选中对话框下方的“约束比例”复选框，将图像宽度修改为 300 像素。

图 5-32 再次取样颜色

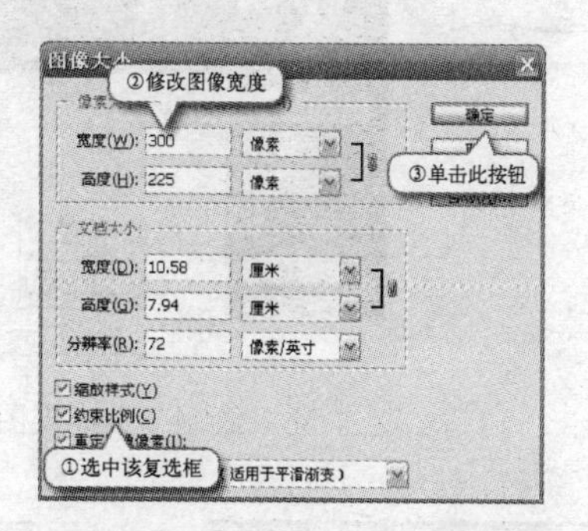

图 5-33 “图像大小”对话框

❻ 选择“编辑”→“定义画笔预设”菜单项打开如图 5-34 所示的“画笔名称”对话框，单击 确定 按钮即可将图像定义为新画笔，画笔中只保留了图像的灰度信息。

❼ 按住<Ctrl>组合键不放，单击“色板”面板左下方的“黑红”色板，将背景色设置为“黑红”色，然后单击面板左侧的“蜡笔洋红”色板，将前景色设置为“蜡笔洋红”色。

❽ 按下<Ctrl+N>组合键，打开“新建”对话框，新建一个 400×500 像素，背景色背景的图像文件，如图 5-35 所示。

图 5-34 “画笔名称”对话框

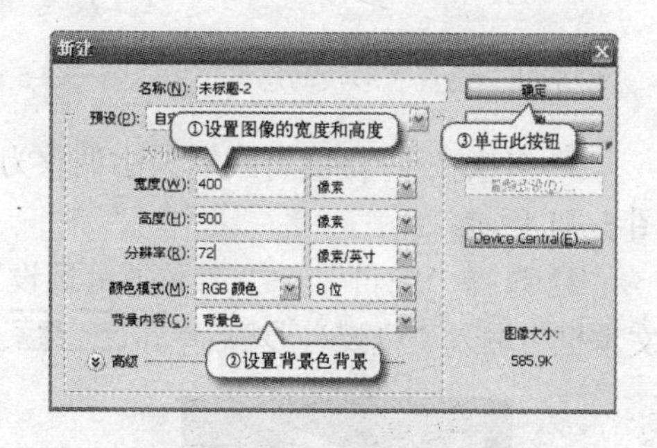

图 5-35 “新建”对话框

❾ 在工具箱中选择“画笔”工具，然后在图像中单击右键打开“画笔选取器”，选中刚刚创建的“蝴蝶”画笔，接着在图像中单击，绘制一个蝴蝶图样，该图样的颜色为单纯的前景色，如图 5-36 所示。

❿ 激活“画笔”面板中的“画笔笔尖形状”选项，此时的“画笔”面板呈现如图 5-37 所示的状态。将“间距”设置为 100%，控制画笔笔迹的间距。

⓫ 选中并激活“形状动态”选项，将“大小抖动”设置为 100%，“最小直径”设置为 0%，“角度抖动”设置为 30%，“圆度抖动”设置为 30%，“最小圆度”设置为 25%，控制画笔的形态，如图 5-38 所示。

⓬ 选中并激活“散布”选项，选中“两轴”复选框，然后将“散布”设置为“400%”，“数量”设置为 2，控制画笔笔迹的分布，如图 5-39 所示。

⓭ 选中并激活“颜色动态”选项，然后将“前景/背景抖动”设置为 100%，“色相抖动”设置为 35%，控制画笔笔迹的颜色变化，如图 5-40 所示。

图 5-36　绘制一个蝴蝶图样

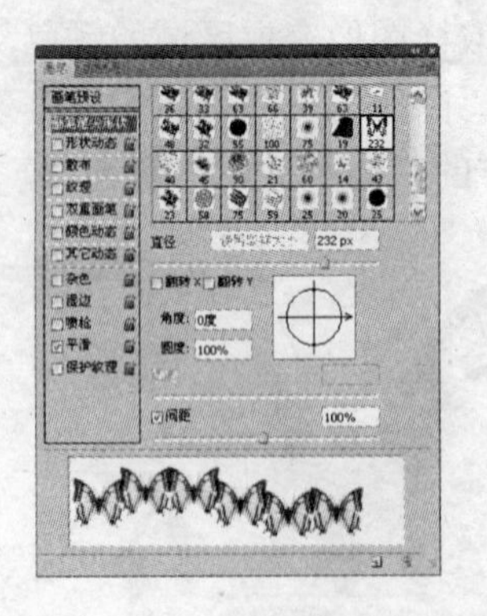

图 5-37　设置"画笔笔尖形状"

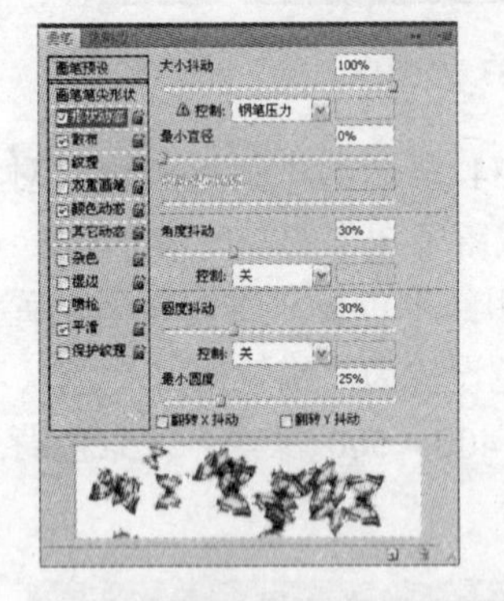

图 5-38　设置"形状动态"

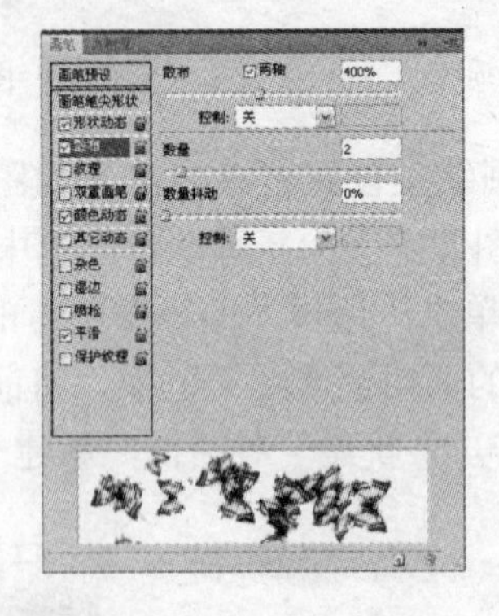

图 5-39　设置"散布"

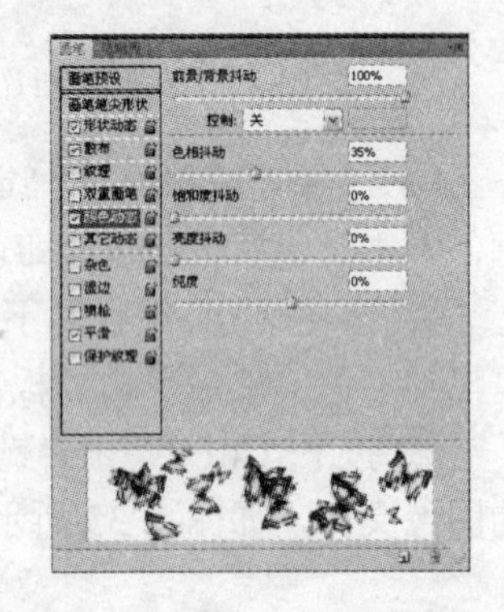

图 5-40　设置"颜色动态"

⑭ 多次按下<[>键将画笔大小调整为 60 像素，然后在图像中单击并拖动鼠标绘制，如图 5-41 所示。

⑮ 选择"编辑"→"定义画笔预设"菜单项打开的"画笔名称"对话框，在"名称"文本框中输入"蝴蝶"，然后单击 确定 按钮将修改后的画笔保存，如图 5-42 所示。

图 5-41　使用画笔绘制

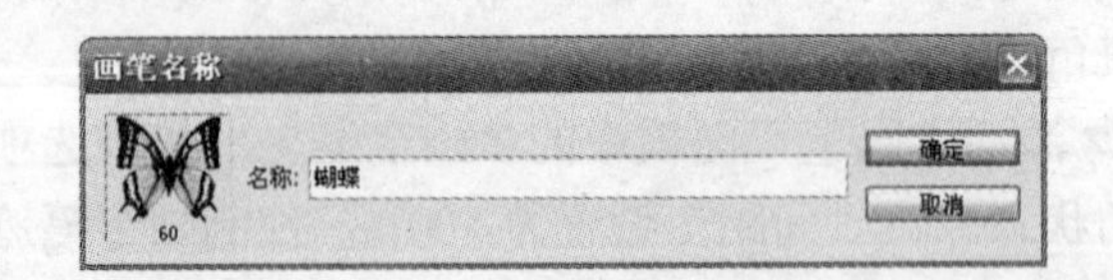

图 5-42 "画笔名称"对话框

小提示：

此时，如果激活"画笔"面板中的"画笔笔尖形状"选项，然后在画笔预览窗口中选择一种笔尖形状，会将该笔尖形状应用到"蝴蝶"画笔设置中，只是"间距"选项需要重新设置，其他的"形状动态"、"散布"和"颜色动态"等选项设置都没有变化，如图 5-43 和图 5-44 所示。

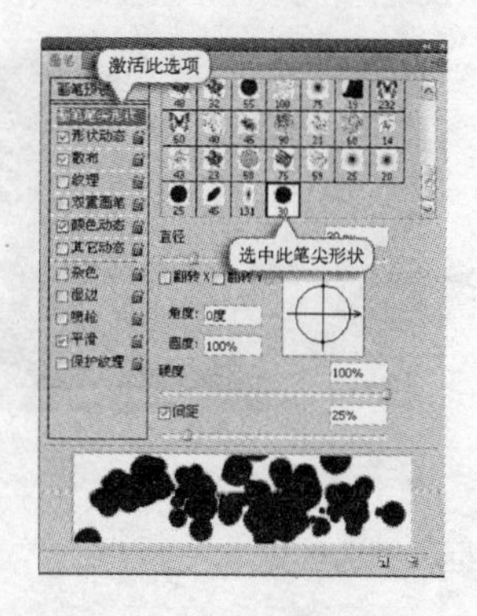

图 5-43　选中“尖角 30”笔尖形状

图 5-44　调整后的画笔效果

5.4　选区与蒙版

选区是 Photoshop 中的一个重要概念，无论是简单的复制、粘贴和删除还是执行色调调整、色彩变化和滤镜等功能都离不开选区。许多操作只是对选区内的对象起作用，而对选区以外的对象不起作用。

5.4.1　选区的创建

在 Photoshop CS4 中，用户可以使用以下几种方法创建选区。

1．使用工具

使用选框工具（“矩形选框”工具、“椭圆选框”工具、“单行选框”工具和“单列选框”工具）、套索工具（“套索”工具、“多边形套索”工具和“磁性套索”工具）、“快速选择”工具和“魔棒”工具创建选区，如图 5-45 和图 5-46 所示。

图 5-45　使用“椭圆选框”工具创建选区

图 5-46　使用“多边形套索”工具创建选区

2．使用“色彩范围”

选择“选择”→“色彩范围”菜单项打开“色彩范围”对话框，通过选择特定颜色的像素创建选区，如图 5-47 和图 5-48 所示。

3．使用快速蒙版

单击工具箱中的“以快速蒙版模式编辑”按钮或者按下<Q>键进入快速蒙版编辑状态，然后使用“画笔”工具、“铅笔”工具或者“橡皮擦”工具创建图层蒙版，再次按下<Q>键即可将蒙版转换为选区。

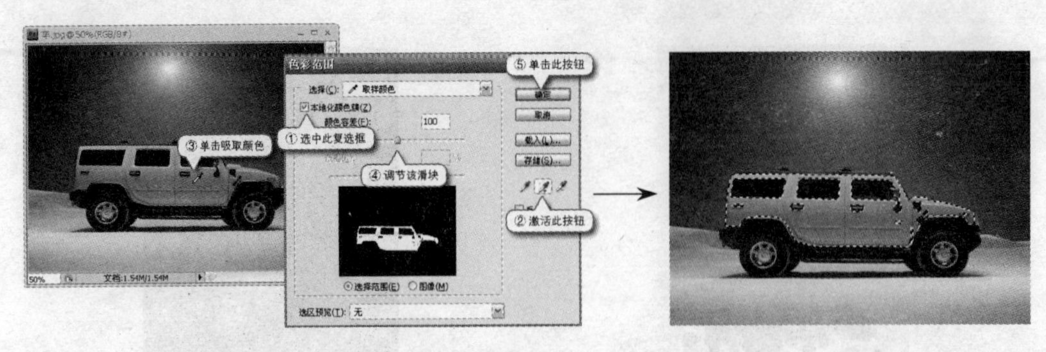

图 5-47　使用“色彩范围”对话框得到选区

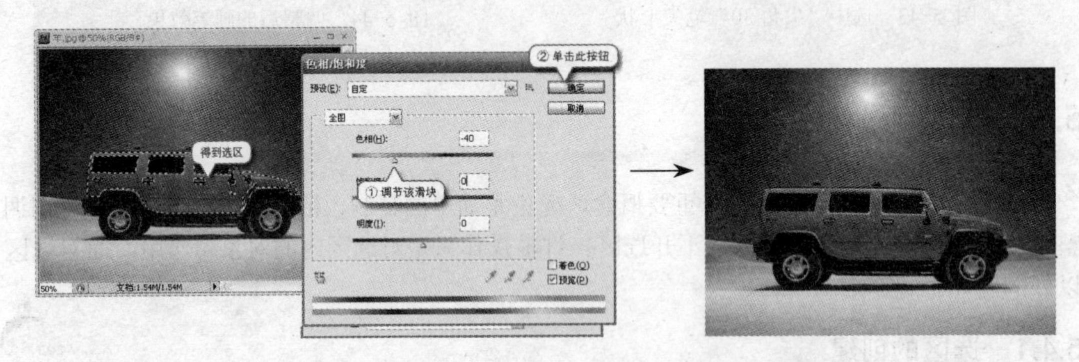

图 5-48　使用“色相/饱和度”对话框调整选区图像颜色

4．载入

单击“通道”面板下方的按钮或者“路径”面板下方的按钮即可将通道或者路径载入选区，按住<Ctrl>键不放，单击图层缩览图、通道缩览图、路径缩览图和蒙版缩览图即可将图层、通道、路径和蒙版载入选区，如图 5-49 所示。

小技巧：

在使用缩览图载入选区以后，可以使用<Ctrl+Shift>组合键单击其他缩览图相加载入选区，如图 5-50 所示；使用<Ctrl+Alt>组合键单击其他缩览图相减载入选区；使用<Ctrl+Shift+Alt>组合键单击其他缩览图交叉载入选区。

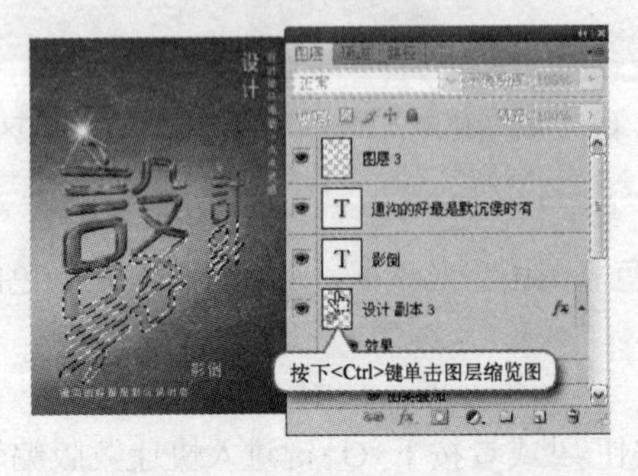

图 5-49　将图层载入选区

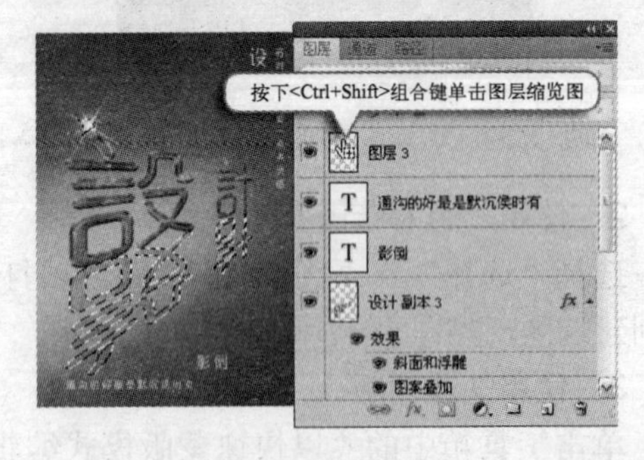

图 5-50　相加载入选区

5.4.2 蒙版的分类

Phtoshop 中的蒙版有图层蒙版、剪贴蒙版和矢量蒙版 3 种类型。

① 图层蒙版（像素蒙版）：图层蒙版实际上是 256 级的灰度图像，保存在“通道”面板中。用户可以将图层蒙版理解为覆盖在图像上的“板子”，在蒙版图像中，黑色的区域为完全不透明的区域，白色的区域为完全透明的区域。当用户为图层添加图层蒙版的时候，蒙版为黑色的图像内容将被隐藏，蒙版为白色的内容将被显示，而为灰色绘制的内容将会以各级透明度显示。

② 剪贴蒙版：在一种特殊的图层编组形式——剪贴组中，最下面的图层（基底图层）充当整个组的蒙版，叫做剪贴蒙版。剪贴蒙版限制了整个编组中其他图层的显示区域。

③ 矢量蒙版：矢量蒙版是由路径包围起来的形状区域，保存在“路径”面板中。矢量蒙版中路径范围以内的区域为显示区域，路径范围以外的区域为非显示区域。

5.4.3 行动实例：图层蒙版的使用

范例文件：光盘→实例素材文件→第 5 章→5.4.3

在 Photoshop CS4 中，用户可以为当前图层添加图层蒙版，也可以为图层组添加图层蒙版，当用户编辑图像的某个区域时，蒙版可以对图像的其余部分像素进行隔离和保护。

❶ 按下<Ctrl+O>组合键打开光盘文件夹中的“绿色.psd”和“男士.jpg”文件，如图 5-51 所示。

图 5-51 打开素材文件

❷ 将“男士.jpg”文件以图像窗口的形式显示，然后使用“移动”工具将其拖动到“绿色.psd”文件中，并放置在合适位置，得到“图层 7”，如图 5-52 所示。

❸ 单击“图层”面板下方的“添加图层蒙版”按钮，为当前图层添加白色的蒙版，如图 5-53 所示。

❹ 在工具箱中单击“默认前景色和背景色”按钮或者在英文输入法状态按下<D>键使用默认的前景色和背景色，然后在工具箱中选择“画笔”工具，接着在工具栏中选择“柔角 200”画笔，并适当调节“不透明度”，在蒙版图像中作用，使人物图像和背景能够较好的融合在一起，如图 5-54 所示。

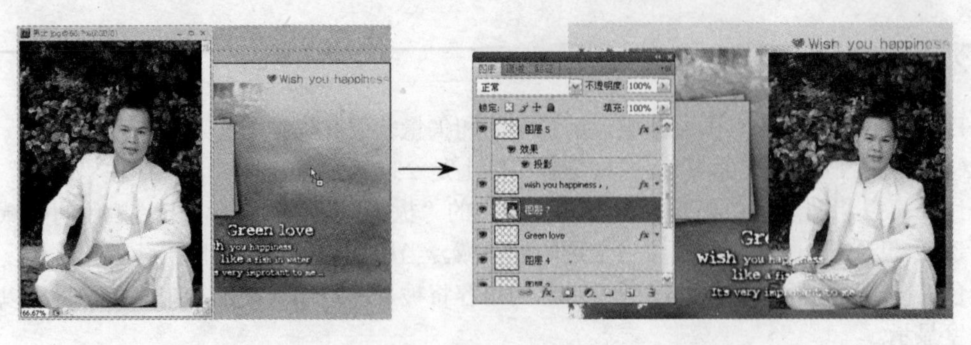

图 5-52 复制图像

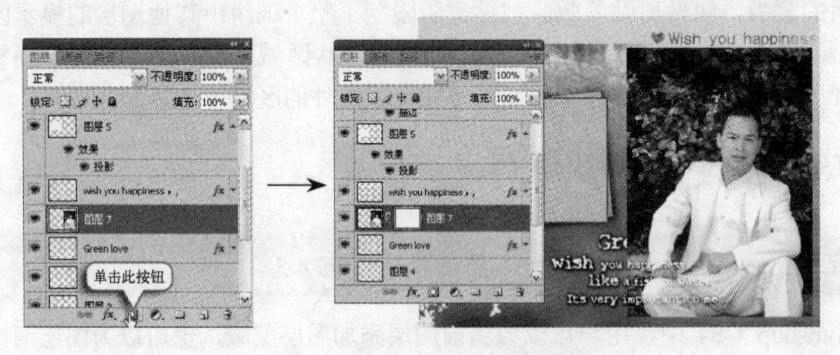

图 5-53 为图层添加像素蒙版

❺ 处理后的图层蒙版将显示在“通道”面板中，只显示该图层蒙版，可以看到如图 5-55 所示的灰度图像。

图 5-54 处理图层蒙版图像

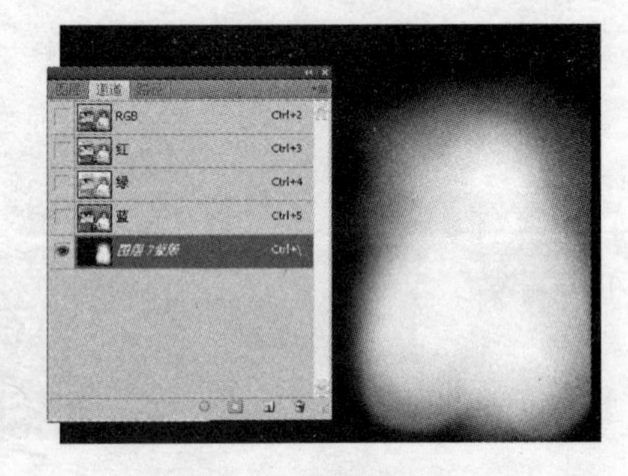

图 5-55 图层蒙版效果

5.4.4 行动实例：剪贴蒙版的使用

范例文件：光盘→实例素材文件→第 5 章→5.4.4

❶ 继续上小节的实例。打开光盘文件夹中的“女士.jpg”和“合影.jpg”文件。

❷ 在“绿色.psd”文件中选中可以作为剪贴组基地图层的“图层 6”层，该图层中有矩形的图像并且设置有描边效果。使用“移动”工具将“女士.jpg”复制到“绿色.psd”文件中，放置在合适位置，得到“图层 8”。

❸ 在“图层”面板中将鼠标指针放置在“图层 6”和“图层 8”之间，然后按下<Alt>键单击两个图层中间的交界线（鼠标指针变成形状），将两个图层创建剪贴组，作为基底图层的“图层 6”名称出现下划线，“图层 8”缩览图缩进显示，如图 5-56 所示。

图 5-56 创建剪贴组

❹ 如果对“图层 8”中图像位置不满意，可以使用“移动”工具或者按下键盘上的方向键进行调整。如果需要的话，可以继续往剪贴组中添加图层。将“合影.jpg”文件复制到“绿色.psd”文件中，然后按下<Alt>键单击“图层 8”和“图层 9”中间的交界线，将“图层 9”也加入剪贴组中，如图 5-57 所示。

图 5-57 在剪贴组中增加图层

小提示：

按下<Alt>键单击剪贴组中两个图层的交界线（鼠标指针呈形状），即可将上层图层从剪贴组中去除。

5.4.5 行动实例：矢量蒙版的使用

范例文件：光盘→实例素材文件→第 5 章→5.4.5

❶ 将背景色设置为“R：3，G：44，B：0”，然后新建一个大小为 850mm×620mm，RGB 颜色模式，分辨率为 72dpi，背景内容为背景色的图像文件。导入光盘文件夹中的“蜻蜓.jpg“文件，将其放置在合适的位置，如图 5-58 所示。

❷ 选择“钢笔”工具，选中工具栏中的“路径”按钮，在图像中沿蜻蜓和小花图像的边缘创建闭合路径，如图 5-59 所示。

图 5-58　导入素材图像

图 5-59　创建闭合路径

❸ 按住<Ctrl>键单击“图层”面板下方的“添加矢量蒙版”按钮，为当前图层添加矢量蒙版，然后将当前图层命名为“蜻蜓”，如图 5-60 所示。

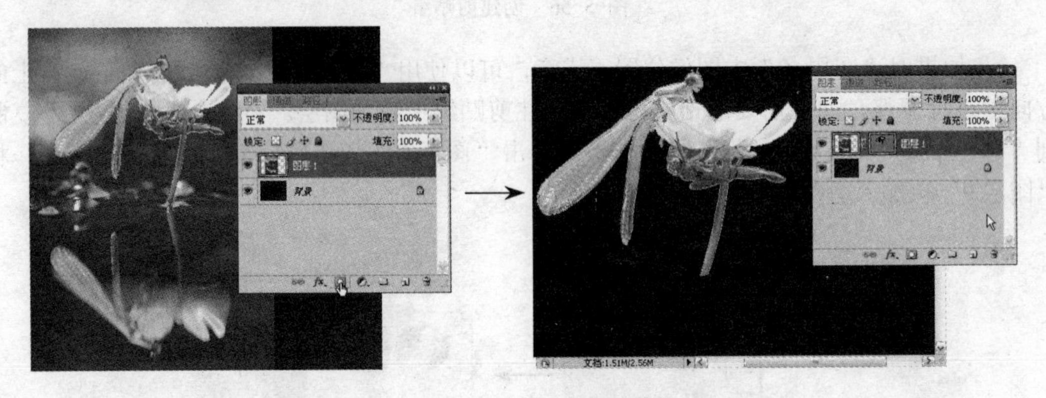

图 5-60　为图层添加矢量蒙版

❹ 选中工具栏中的“从路径区域减去”按钮，然后使用“钢笔”工具在矢量蒙版中绘制闭合路径，将间隙里的图像背景去除，如图 5-61 所示。

❺ 将当前图层复制一份，然后删除副本图层的矢量蒙版，接着按住<Alt>键不放，单击“图层”面板下方的“添加图层蒙版”按钮，为副本图层添加黑色的图层蒙版。使用“画笔”工具，选择圆角画笔在图层蒙版中作用，绘制出如图 5-62 所示的心形的图像效果。

图 5-61　去除间隙里的图像背景

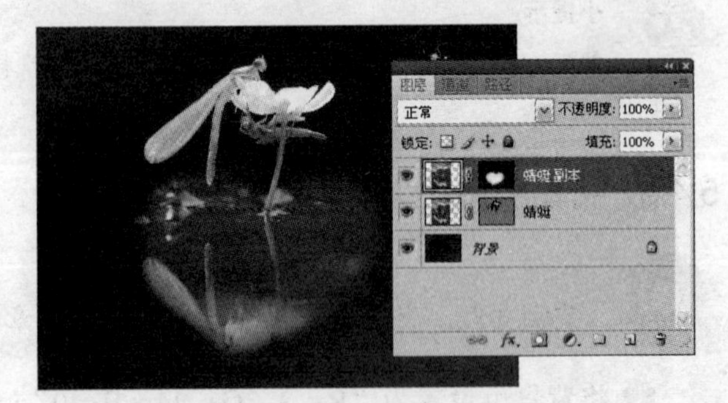

图 5-62　处理图层蒙版

❻ 此时，图层蒙版中的状态如图 5-63 所示。

❼ 选择“减淡”工具，在工具栏中的“范围”下拉列表中选择“高光”选项，然后将“曝光度”设置为“50%”，对左上方和右下方的图像进行处理。接着选择“加深”工具

，在工具栏中的“范围”下拉列表中选择“中间调”，再将“曝光度”设置为“20%”，自图像的右上方向左下方加深背景层图像，得到如图 5-64 所示的效果。

图 5-63 图层蒙版中的效果

图 5-64 加深和减淡图像

❽ 按下<Ctrl+R>组合键显示标尺，然后拖出两条水平辅助线，分别放在文字的上方和下方。选择“圆角矩形”工具，选中工具栏中的“形状图层”按钮，接着将“半径”设置为“20”，在两条辅助线中间绘制两个圆角矩形，如图 5-65 所示。

❾ 为两个形状层添加如图 5-66 所示的外发光样式，发光颜色设置为“R：245，G：255，B：190”。将两个形状层的“填充”都设置为“0%”，得到如图 5-67 所示的效果。

图 5-65 绘制圆角矩形

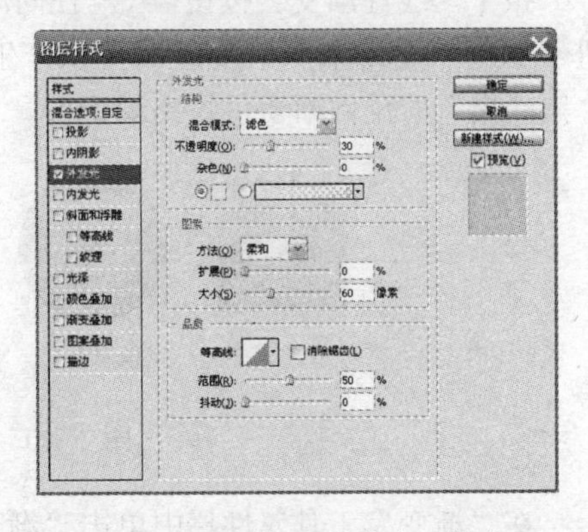

图 5-66 添加“外发光”样式

❿ 输入文字，得到如图 5-68 所示的图像效果。

图 5-67 设置“填充”选项

图 5-68 最终图像效果

5.5 渐变和液化

渐变是 Photoshop 中一种特殊的填充效果，而液化是 Photoshop 中的一种特殊的滤镜效果，两种功能经常会在一起使用，绘制出漂亮的图像。

5.5.1 行动实例："渐变"工具的使用

范例文件：光盘→实例素材文件→第 5 章→5.5.1

"渐变"工具是 Photoshop 中较为常用的颜色填充工具，使用"渐变"工具可以在选区或者整个图层中填入具有多种颜色过渡的混合色。使用不同的渐变色设置，可以产生出多种多样的特殊填充效果。

"渐变"工具属性栏如图 5-69 所示。

图 5-69 "渐变"工具属性栏

按下"线性渐变"按钮、"径向渐变"按钮、"角度渐变"按钮、"对称渐变"按钮或者"菱形渐变"按钮可以产生 5 种不同样式的渐变效果，如图 5-70 所示（选用"黑、白"的反向渐变色拉出渐变）。

图 5-70 不同填充方式的渐变效果

在"渐变"工具属性栏中单击"渐变预览条"可以打开如图 5-71 所示的"渐变编辑器"对话框，对渐变色进行设置。

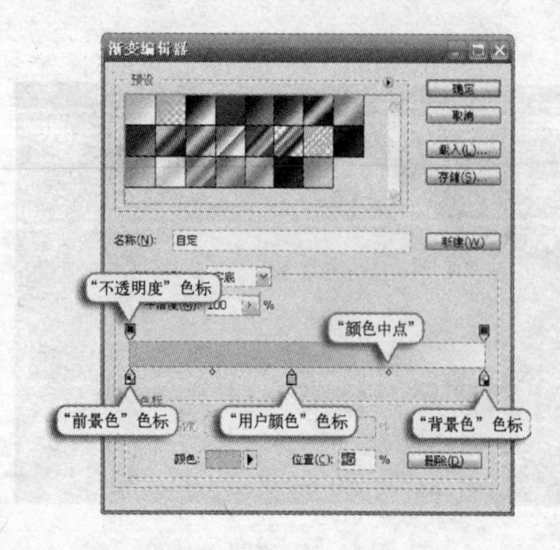

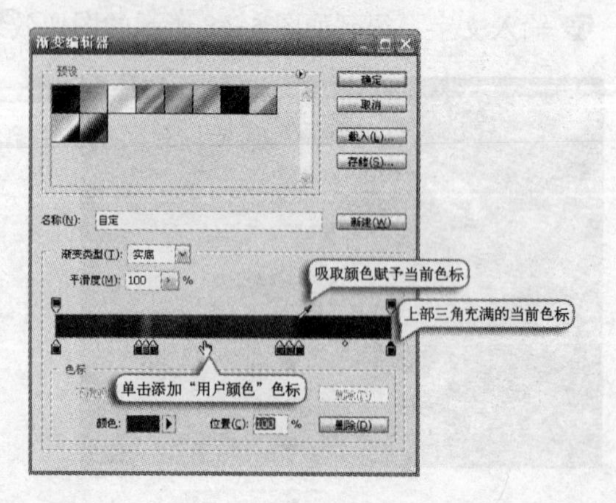

图 5-71 "渐变编辑器"对话框

该对话框中下方有渐变条，用来设置和显示渐变颜色。渐变条上方的色标为“不透明度”色标，下方的色标为“颜色”色标（包括“前景色”色标、“背景色”色标和“用户颜色”色标3种）。

❶ 按下<Ctrl+N>组合键新建一个550×400像素，RGB颜色模式，背景内容为白色的图像文件，如图5-72所示。

❷ 按下<D>键使用默认的黑色前景色和白色背景色，然后在工具箱中选择“渐变”工具，再在工具栏中按下“线性渐变”按钮，接着单击“渐变预览条”打开“渐变编辑器”对话框，设置如图5-73所示的渐变色。

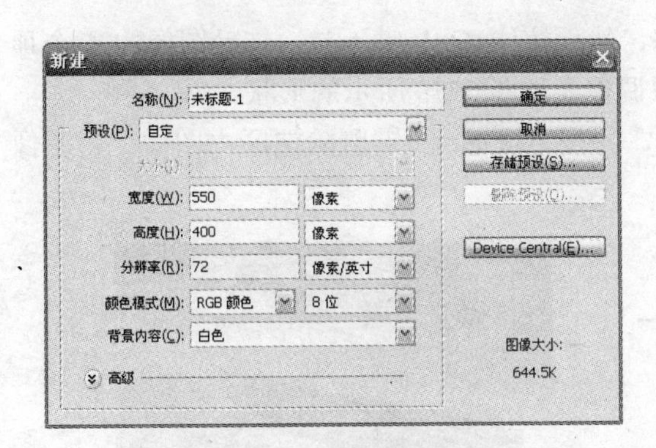

图 5-72 “新建”对话框

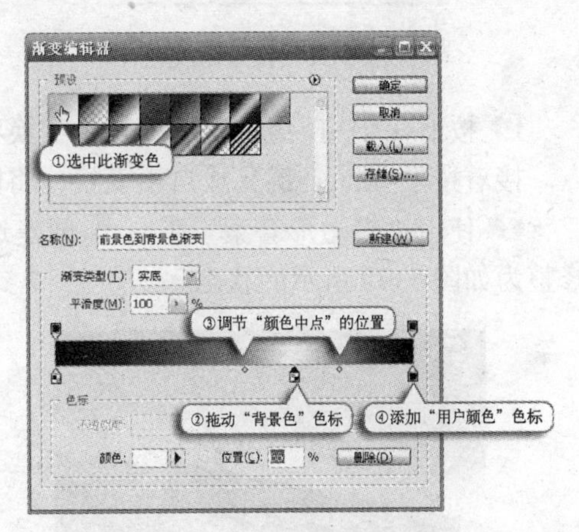

图 5-73 “渐变编辑器”对话框

❸ 在图像的左上方单击并向右下方拖动鼠标，拉出如图5-74所示的渐变色。

❹ 单击“图层”面板下方的“创建新图层”按钮新建“图层1”，然后在工具箱中选择“矩形选框”工具创建如图5-75所示的矩形选区。

图 5-74 在背景层绘制渐变

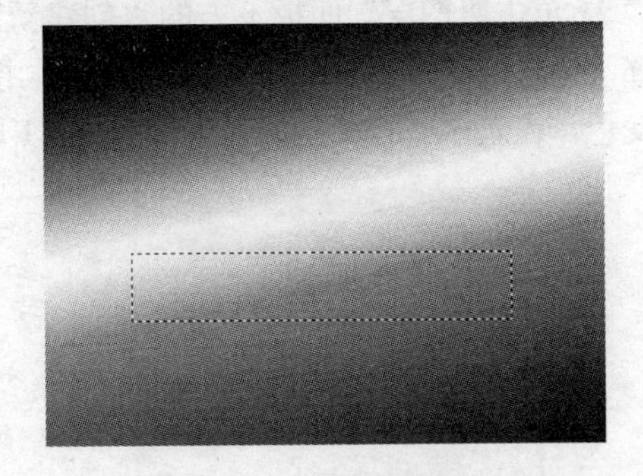

图 5-75 创建矩形选区

❺ 再次选择“渐变”工具，使用如图5-76所示的渐变色，在选区内拉出如图5-77所示的线性渐变。

小提示：

本步骤中所使用的渐变色参见光盘文件夹中的“铅笔.grd”文件，读者可以在“渐变编辑器”对话框中单击 载入(L)... 按钮载入这些渐变色，然后选择其中的“铅笔杆”等渐变色查看效果。

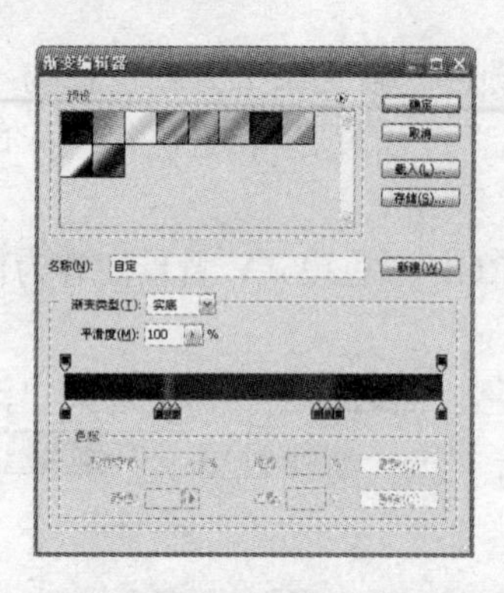

图 5-76　设置渐变色

图 5-77　拉出线性渐变

❻ 按下<Ctrl+T>组合键进入自由变换状态，然后按住<Ctrl>键不放，拖动图像的 4 个顶点，接着按下<Enter>键完成自由变换，将图像调整成如图 5-78 所示的形状。

❼ 使用“多边形套索”工具创建选区，并按下<Delete>键删除选区内图像，将图像修整为如图 5-79 所示的状态。

图 5-78　对图像进行自由变换

图 5-79　删除多余图像

❽ 单击“图层”面板下方的“创建新图层”按钮新建“图层 2”，然后在工具箱中选择“矩形选框”工具创建矩形选区，接着选择“渐变”工具并编辑如图 5-80 所示的渐变色，在选区内自上而下拉出如图 5-81 所示的线性渐变。

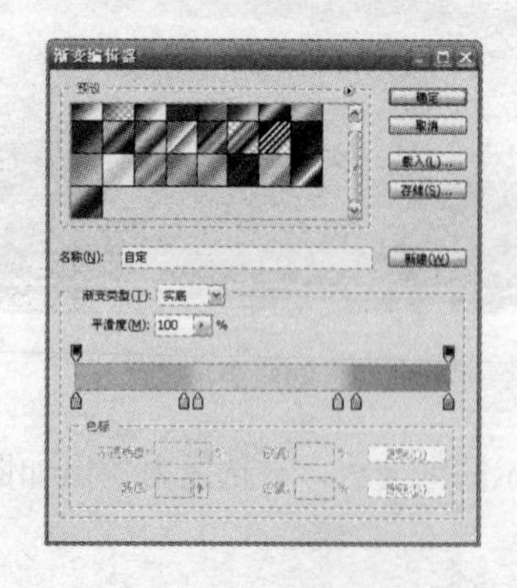

图 5-80　设置渐变色

图 5-81　拉出线性渐变

❾ 按下<Ctrl+T>组合键进入自由变换状态，然后按住<Ctrl>键不放，拖动图像的 4 个顶点，接着按下<Enter>键完成自由变换，将图像调整成如图 5-82 所示的形状。为当前图层添加图层蒙版，然后选择“画笔”工具，使用尖角画笔擦去部分像素，如图 5-83 所示。

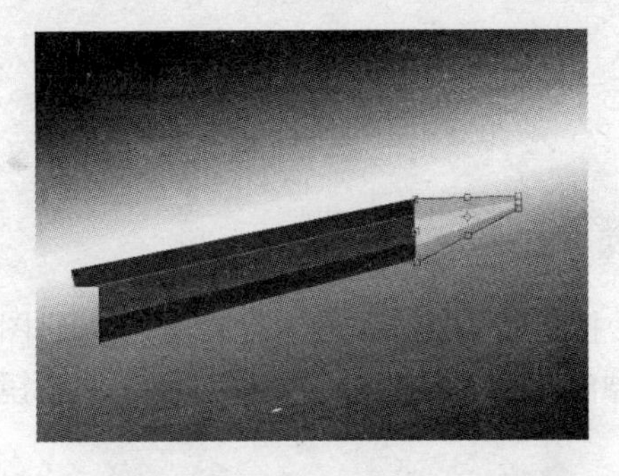

图 5-82 对图像进行自由变换

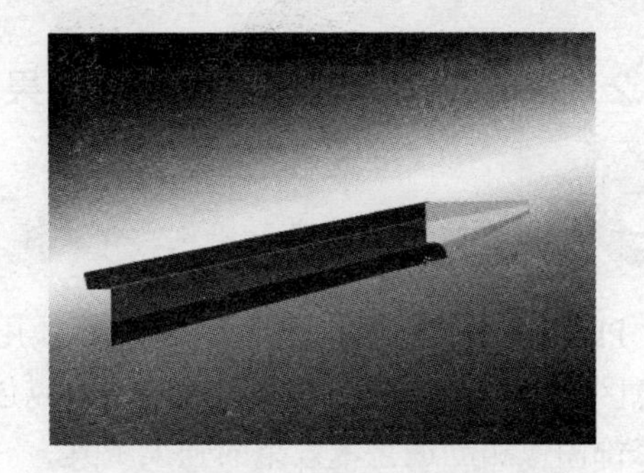

图 5-83 处理图层蒙版

❿ 按下<Ctrl+D>组合键取消选择，再按下<Ctrl+[>组合键将当前图层移动到下层，然后为作为铅笔杆的图层添加图层蒙版，接着使用“画笔”工具处理图层蒙版，得到如图 5-84 所示的效果。

⓫ 使用“多边形套索”工具创建六边形选区，然后新建“图层 3”，再在该图层中从左上方到右下方拉出从“R：250，G：220，B：200”到“R：170，G：100，B：60”的线性渐变，如图 5-85 所示。

图 5-84 制作刀削的效果

图 5-85 绘制铅笔后端

⓬ 新建“图层 4”，然后使用“椭圆选框”工具创建椭圆选区，接着在选区内拉出从前景色到背景色的渐变，使用“多边形套索”工具创建四边形选区，再在选区内拉出和背景层一样的线性渐变颜色，并按下<Ctrl+D>组合键取消选择，如图 5-86 所示。

⓭ 新建“图层 5”，放置在背景层上层，然后使用“多边形套索”工具创建多边形选区，再在选区内填充前景色，按下<Ctrl+D>组合键取消选择后，使用“高斯模糊”滤镜将图像模糊 3 像素，得到如图 5-87 所示的投影效果。

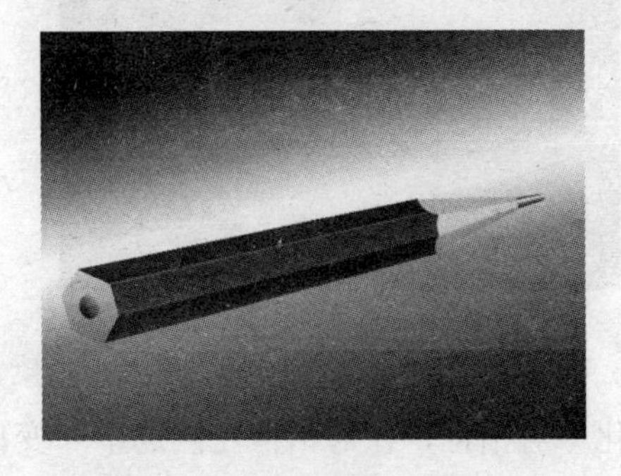

图 5-86 绘制铅芯效果

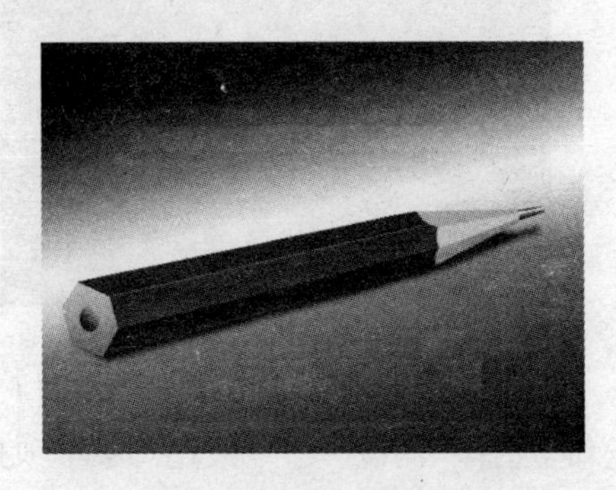

图 5-87 制作投影效果

5.5.2 行动实例：创建“液化”效果

范例文件：光盘→实例素材文件→第 5 章→5.5.2

Photoshop 提供的“液化”滤镜可让用户推、拉、挤、旋转、膨胀、反射和折叠图像的任意区域，可以创建细微的扭曲，也可以创建剧烈的扭曲。这些效果使得“液化”滤镜成为了修饰图像和创造艺术效果的强大工具。

小提示：

“液化”滤镜只适用于 RGB 颜色、CMYK 颜色、Lab 颜色和灰度模式的 8 位图像。

❶ 新建一个 RGB 颜色模式的图像文件，使用“渐变”工具 在背景层中拉出从“R：45，G：95，B：95”到“R：0，G：35，B：40”的径向渐变，如图 5-88 所示。

❷ 按住<Shift>键不放，使用“椭圆选框”工具 创建圆形的选区，然后设置如图 5-89 所示的渐变色，接着新建图层并命名为“圆饼”，使用“渐变”工具 拉出如图 5-90 所示的径向渐变（见光盘文件夹中的“蛋糕.grd”）。

图 5-88 制作渐变颜色背景

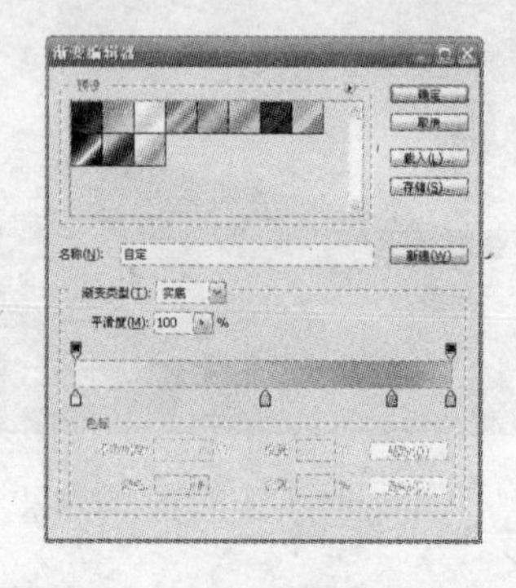

图 5-89 “渐变编辑器”对话框

❸ 按下<Ctrl+D>组合键取消选择，然后将当前图层复制一份，得到“圆饼副本”，如图 5-91 所示。

图 5-90 在选区内拉出径向渐变

图 5-91 复制当前图层

❹ 选择“滤镜”→“液化”菜单项打开“液化”对话框，在对话框左侧选中“变形”工具，然后在对话框右侧设置好工具选项，在图像的右下方单击并向左上方拖动鼠标，向前

推送像素，操作多次后，得到如图 5-92 所示的效果。

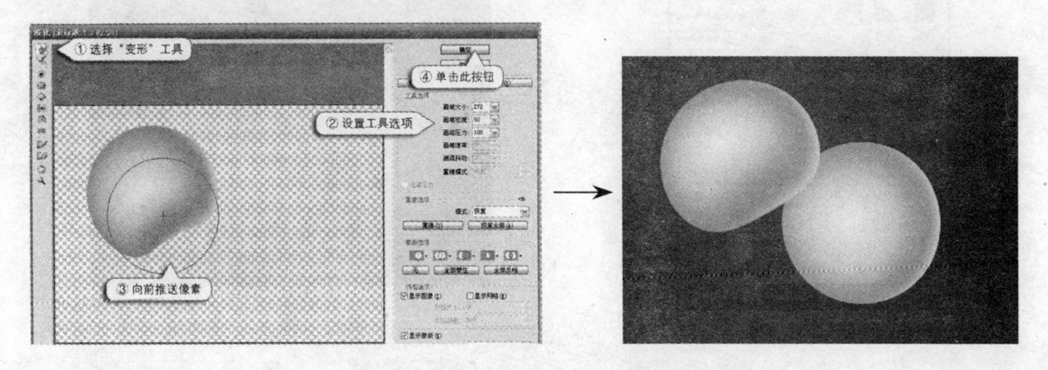

图 5-92 液化当前图层图像

❺ 新建一个图层并命名为“深色”，然后使用“椭圆选框”工具创建圆形选区，接着按下<Shift+F6>组合键打开“羽化”对话框，将选区羽化 8 像素在选区内填充“R：180，G：95，B：15”颜色，如图 5-93 所示。

❻ 按下<Ctrl+D>组合键取消选择，将当前图层复制一份，然后使用“液化”滤镜对当前图层图像进行变形操作，如图 5-94 所示。

图 5-93 在羽化的圆形选区内填充颜色

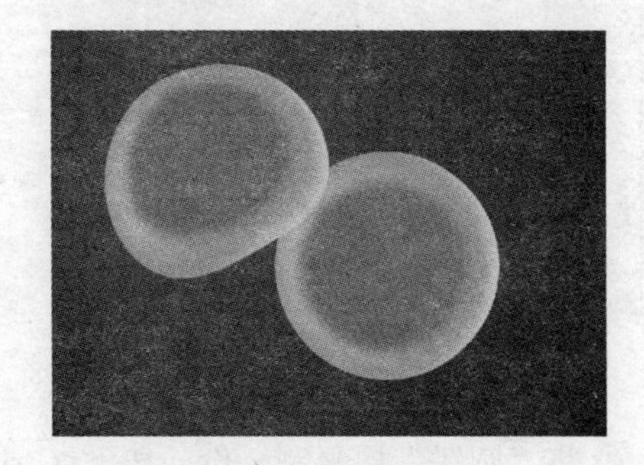

图 5-94 液化后的图像

❼ 为“圆饼”和“圆饼副本”层添加如图 5-95 所示的“投影”样式（投影颜色为“R：60，G：65，B：40”）。

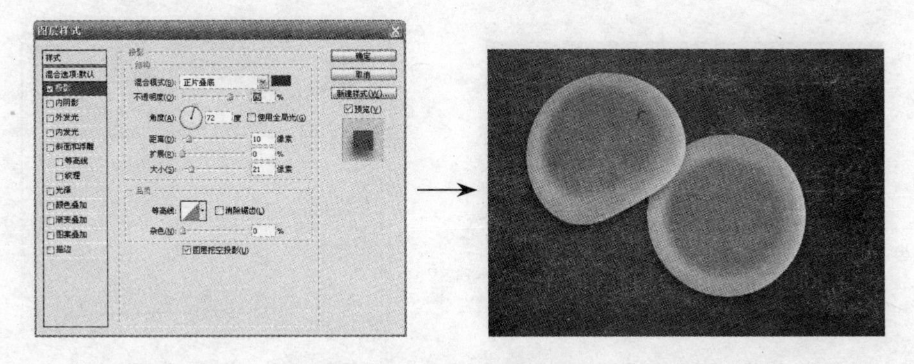

图 5-95 设置“投影”样式

❽ 新建一个“巧克力”层，然后使用“椭圆选框”工具创建圆形选区，接着设置如图 5-96 所示的渐变颜色，使用“渐变”工具拉出如图 5-97 所示的径向渐变。

图 5-96 “渐变编辑器”对话框

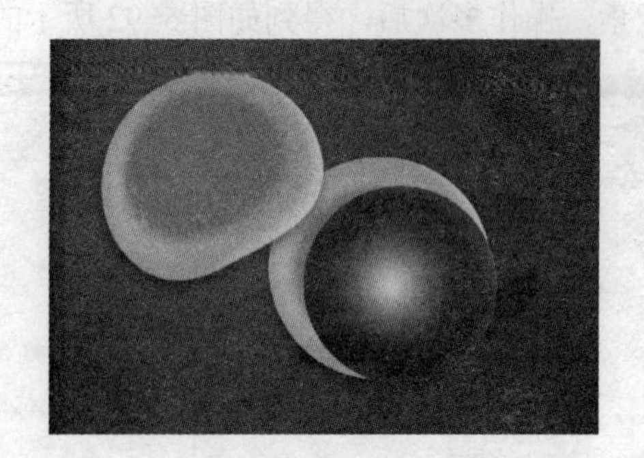

图 5-97 径向渐变效果

⑨ 按下<Ctrl+D>组合键取消选择，然后使用“液化”滤镜，选择“顺时针旋转扭曲”工具，对当前图层图像进行变形操作，如图 5-98 所示。接着选择“滤镜”→“模糊”→“高斯模糊”菜单项，使用“高斯模糊”滤镜将图像模糊 2 像素。

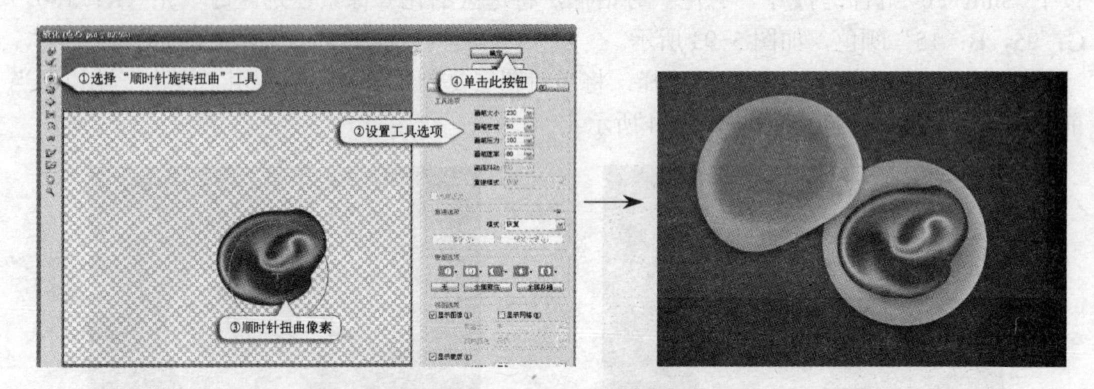

图 5-98 制作巧克力效果

⑩ 将“圆饼”层复制一份，按下<Ctrl+Shift+]>组合键将副本图层排列在最上层，然后按下<Ctrl+T>组合键对其进行自由变换，得到如图 5-99 所示的效果。

⑪ 为当前图层添加如图 5-100 所示的“投影”样式（投影颜色设置为“R：145，G：70，B：5”）。

图 5-99 对图像进行自由变换

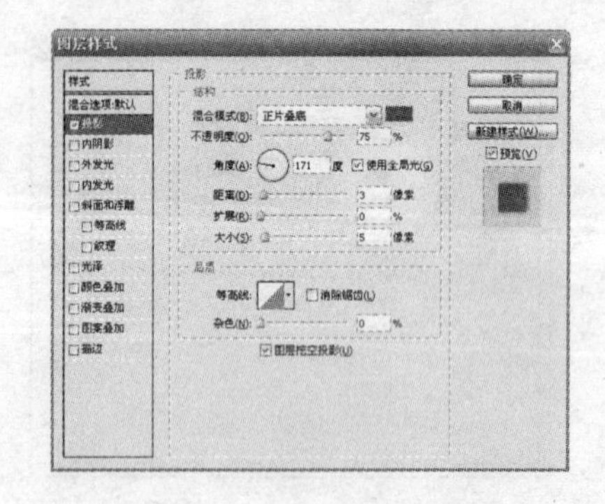

图 5-100 设置“投影”样式

⑫ 将当前图层图像复制多份，并对副本图层进行自由变换操作，适当调整副本图层的旋转角度，得到如图 5-101 所示的最终效果。

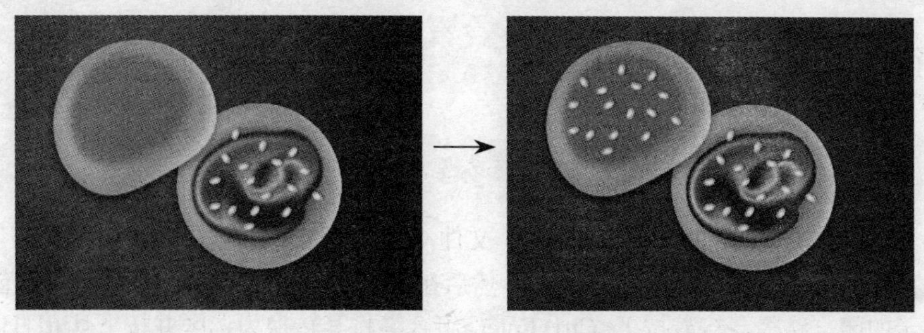

图 5-101 制作面包上的芝麻

5.6 加深和减淡

“加深”工具和“减淡”工具是 Photoshop CS4 中最重要的图像修饰工具，使用“加深”工具和“减淡”工具可以改变图像特定区域的曝光度，使图像变暗或者变亮，完成复杂的图像绘制工作。

5.6.1 工具属性

在使用“加深”工具和“减淡”工具进行操作之前，首先要了解一下它们的工具属性栏，如图 5-102 和图 5-103 所示。

图 5-102 “加深”工具属性栏

图 5-103 “减淡”工具属性栏

- “画笔”选取器：选择加深或者减淡操作使用的笔触。
- “范围”下拉列表：设置加深或者减淡操作的作用范围。选择“暗调”则只更改图像中的暗调部分的像素；选择“中间调”则只更改图像中的颜色对应灰度为中间范围的像素；选择“高光”则只更改图像中明亮部分的像素。
- “曝光度”滑块：指定加深和减淡操作时所使用的曝光量，范围为 1%~100%。
- “喷枪”按钮：按下该按钮将会使“加深”和“减淡”的笔触更为扩散。
- “保护色调”复选框：Photoshop CS4 版本新增的选项，选中该选项可更好地保留原图的颜色、色调和纹理等重要信息，避免过份处理图像的暗部和亮度，修改后看上去会更加自然，如图 5-104～图 5-106 所示为选中与不选中该选项时进行加深操作的效果比较。

图 5-104 原图像

图 5-105 不选中“保护色调”

图 5-106 选中“保护色调”

5.6.2 行动实例：漂亮的牵牛花

范例文件：光盘→实例素材文件→第 5 章→5.6.2

❶ 打开光盘文件夹中的“牵牛花.psd”文件，如图 5-107 所示。

❷ 在工具箱中选择“钢笔”工具，然后在工具栏中按下“路径”按钮，创建如图 5-108 所示的闭合路径，接着按下<Ctrl+Enter>组合键将其转换为选区并按下<Ctrl+H>组合键隐藏选区。

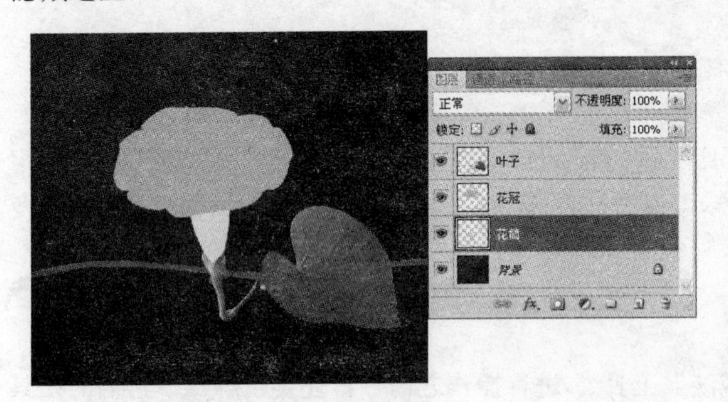

图 5-107 素材文件

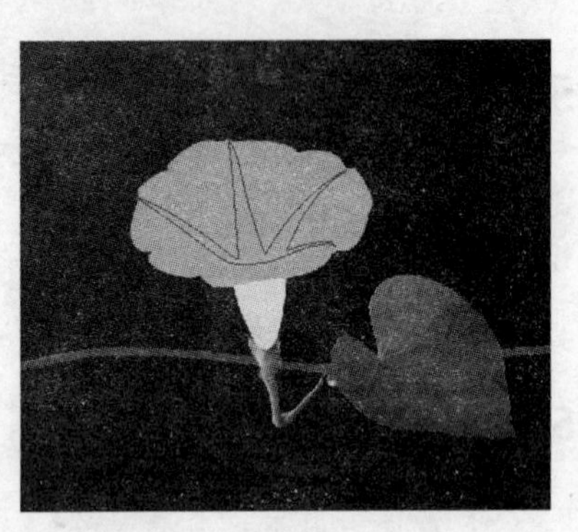

图 5-108 绘制闭合路径

小提示：

隐藏选区是取消选区周围的蚂蚁线显示，并不是取消选区，隐藏选区以后，更容易观察图像编辑效果。再次按下<Ctrl+H>组合键即可显示选区。

❸ 选中“花冠”层，然后选中“加深”工具，在工具栏中完成如图 5-109 所示的设置，对选区图像的中间调进行加深操作。

❹ 按下<Ctrl+D>组合键取消选区，然后选择“加深”工具，在“画笔”面板中设置“渐隐”效果，接着在“花冠”层上做加深处理，得到如图 5-110 所示的效果。

图 5-109 加深选区图像

图 5-110 绘制花冠图像

❺ 使用“钢笔”工具绘制如图 5-112 所示的闭合路径，然后按下<Ctrl+Enter>组合

键将路径转换为选区，接着按下<Ctrl+Shift+I>组合键进行反选，并按下<Ctrl+H>组合键隐藏选区。

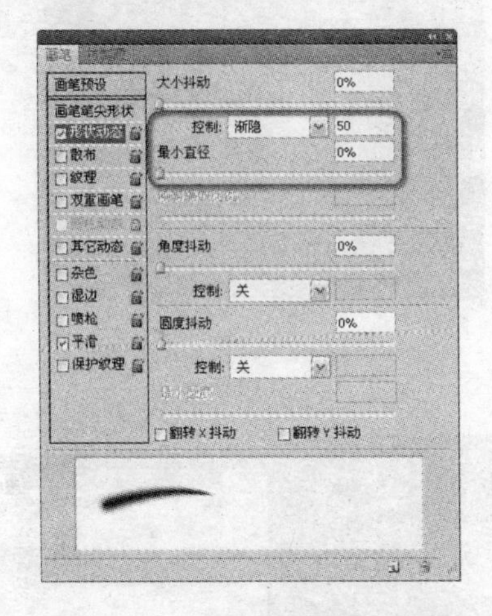

图 5-111 设置“渐隐”画笔

图 5-112 绘制闭合路径

❻ 使用“加深”工具在选区内作用，得到如图 5-113 所示的效果。

❼ 按下<Ctrl+Shift+I>组合键再次进行反选，然后在工具箱中选择“减淡”工具，在工具栏中完成如图 5-114 所示的设置，对选区下方图像的阴影部分进行减淡操作。

图 5-113 对选区图像进行加深处理

图 5-114 对选区图像进行减淡处理

❽ 按下<Ctrl+D>组合键取消选区，然后选中“花筒”层，使用“加深”工具和“减淡”工具对图像进行处理，制作出立体效果，如图 5-115 所示。

❾ 选中“花冠”层，然后在工具箱中选择“涂抹”工具，对图层下方的像素进行涂抹操作，如图 5-116 所示。

❿ 再次载入工作路径选区，然后将前景色设置为“R：215，G：165，B：210”颜色，选择“画笔”工具，使用“干画笔”在选区下方绘制出花蕊效果，接着使用“加深”工具对选区下方的“高光”部分进行适当加深处理，如图 5-117 所示。

⓫ 按下<Ctrl+D>组合键取消选区，然后新建一个图层，使用“渐变”工具在该图层中从右下方向左上方拉出“黑、白渐变”的线性渐变效果，并将该图层的“混合模式”设置为“正片叠底”，如图 5-118 所示。

图 5-115 绘制花筒效果

图 5-116 执行涂抹操作

图 5-117 绘制花蕊

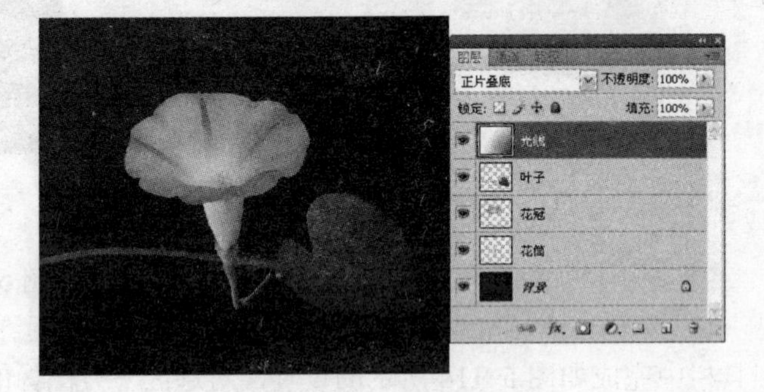

图 5-118 制作光线效果

5.7 Photoshop CS4 精彩新功能

Phtoshop CS4 有很多精彩的新功能，这里主要介绍以下几种。

5.7.1 便利的“调整”面板

Phtoshop CS4 新增了“调整”控制面板，用来控制所有的调整层，包括色阶调整层、曲线调整层和色彩平衡调整层等。

在“调整”面板上部单击一个调整图层按钮，即可为当前图像添加相应的调整层。例如，单击⚖按钮，将添加一个“色彩平衡”调整层，同时“调整”面板进入“色彩平衡”设置状态，在面板中的各项调整都将直接应用到图像中，如图 5-119 所示。

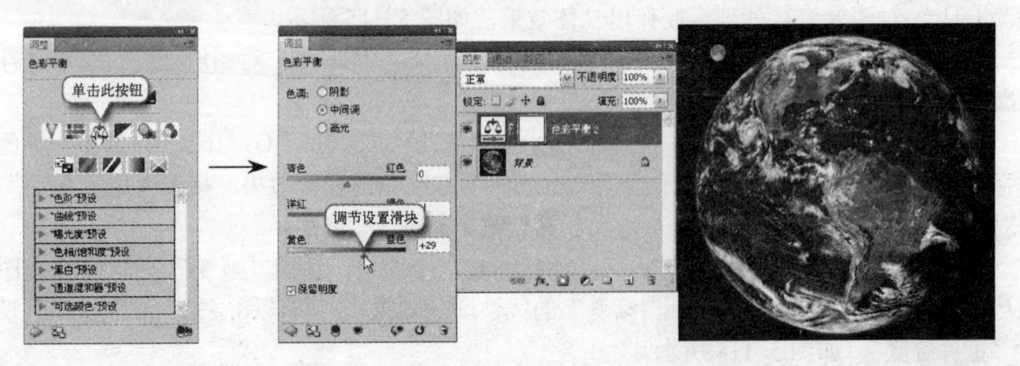

图 5-119 添加“色彩平衡”调整层

用户也可以在“调整”面板的下方列表中展开一个预设调整选项（单击选项左侧的▶按钮），然后再在其中选择一种调整设置，为图像添加预设调整层，如图 5-120 所示。

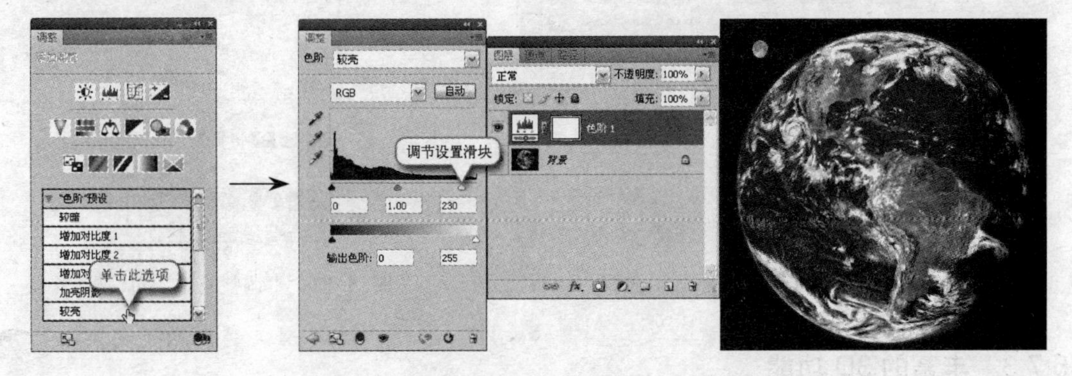

图 5-120 添加预设调整层

在进行图像处理的过程中，可以双击调整层的缩览图，随时打开“调整”面板，对当前调整层的调整控制进行修改，如图 5-121 所示。单击面板左下角的◀按钮可以返回到调整列表状态，为图像添加新的调整层，如图 5-122 所示。

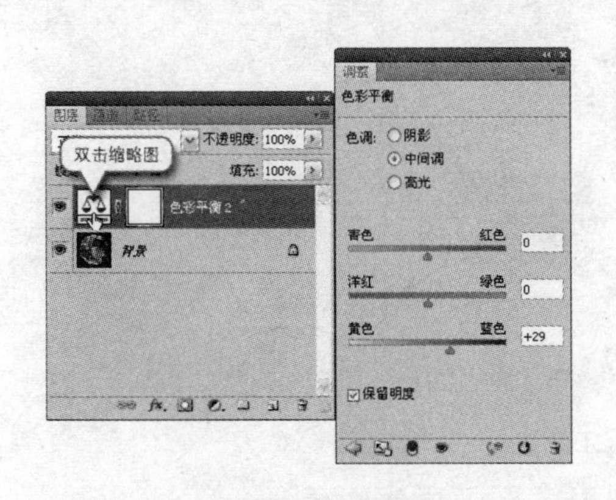

图 5-121 修改调整控制

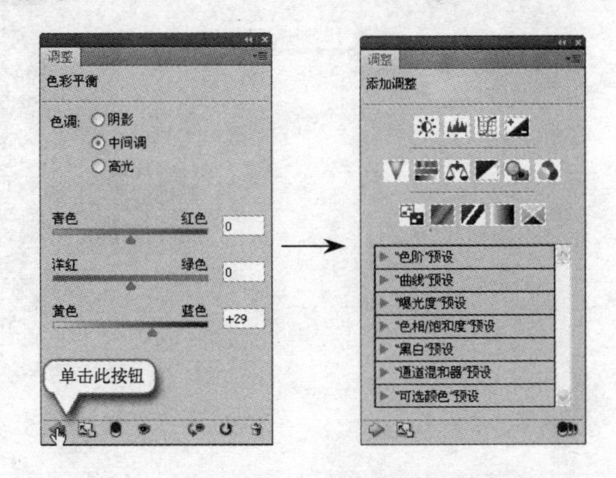

图 5-122 返回到调整列表

5.7.2 贴心的“蒙版”面板

“蒙版”面板也是 Photoshop CS4 新增的控制面板，它能够控制当前图层的图层蒙版（像素蒙版）和矢量蒙版，修改蒙版的浓度，羽化蒙版，还可以对蒙版进行各项调整，如图 5-123 所示。

- “浓度”滑块：调整蒙版的灰度浓度，范围 0%～100%。
- “羽化”滑块：羽化蒙版边缘像素，范围 0～250 像素。
- 蒙版边缘... 按钮：单击该按钮打开如图 5-124 所示的“调整蒙版”对话框，对蒙版边缘进行调整。
- 颜色范围... 按钮：单击该按钮打开“色彩范围”对话框，创建颜色范围选区并转换为图层蒙版。
- 反相 按钮：单击该按钮会将蒙版颜色反相。

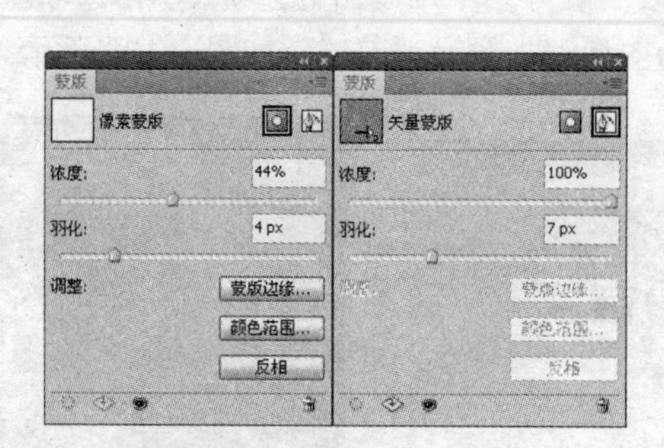

图 5-123 “蒙版”面板

图 5-124 “调整蒙版”对话框

5.7.3 丰富的 3D 功能

Photoshop CS4 在工具箱中增加了两组专门的三维工具，一组用来控制三维对象，一组用来控制摄像机，如图 5-125 所示。

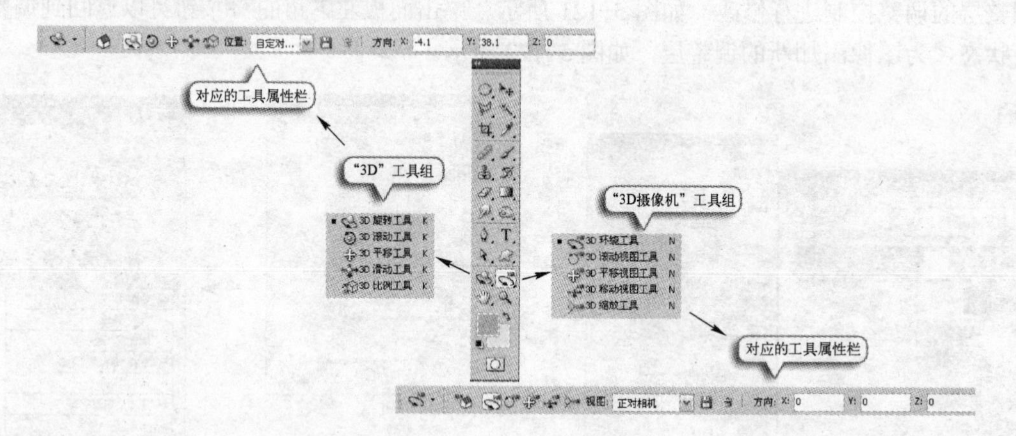

图 5-125 三维工具

Photoshop CS4 增加了专门的“3D”菜单，菜单中新增了“从图层新建 3D 明信片”菜单项，可以把普通的图像转换为三维对象，并可以使用工具和操纵杆来调整其位置、大小和角度等，如图 5-126 所示。

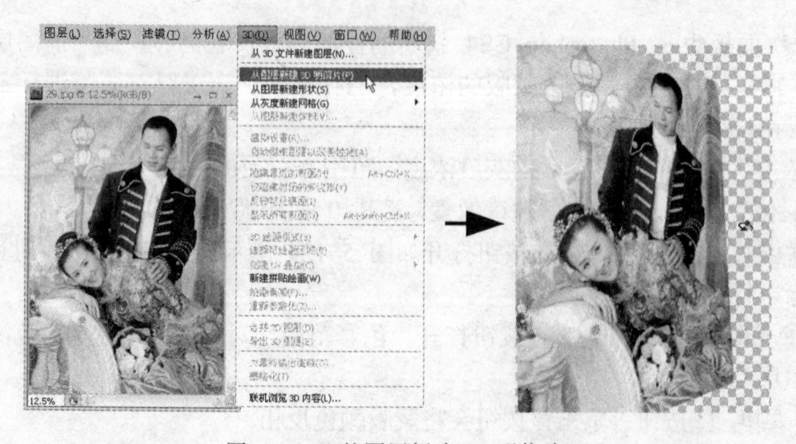

图 5-126 从图层新建 3D 明信片

在“3D”菜单中出现了“从图层新建形状”子菜单，可以生成基本的三维形状，包括易拉罐、酒瓶、帽子以及其他常用的一些基本形状，如图 5-127 所示。用户不但可以使用材质进行贴图，还可以直接使用画笔和图章在三维对象上绘画，以及与时间轴配合完成三维动画等，进一步推进了 2D 和 3D 的完美结合。

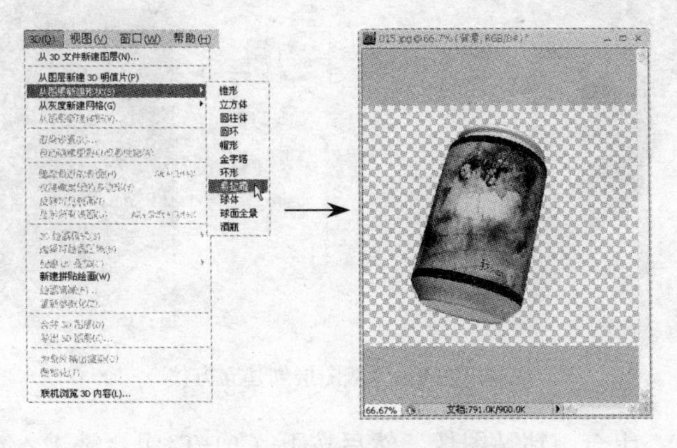

图 5-127　生成易拉罐形状

另外，Photoshop CS4 还特别提供了 3D 面板，在该面板中，用户可以通过众多的参数来控制、添加、修改场景、灯光、网格和材质等，如图 5-128 所示。

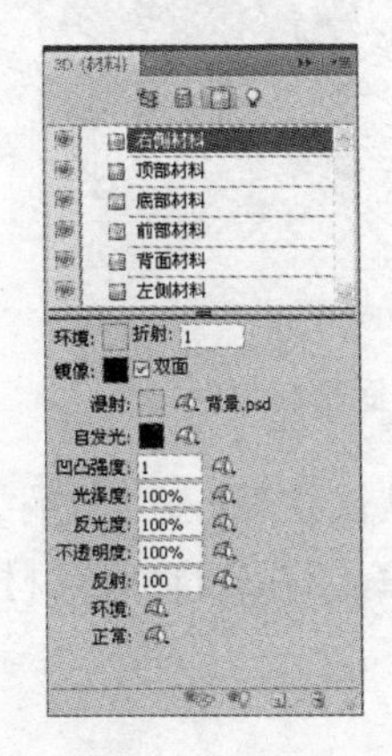
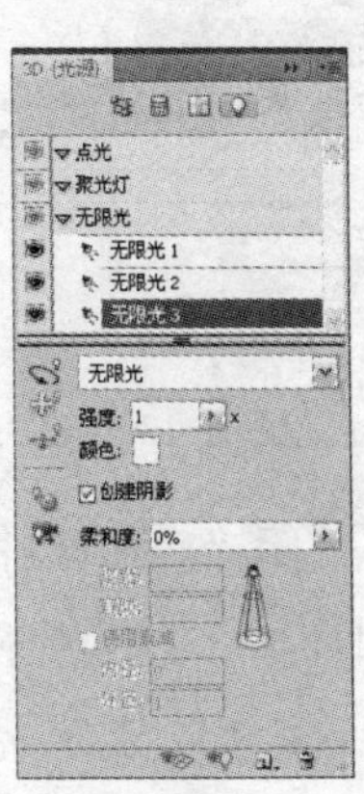

图 5-128　“3D”面板的 4 种滤镜设置

5.7.4　行动实例：轻松制作动画

范例文件：光盘→实例素材文件→第 5 章→5.7.4

❶ 打开光盘文件夹中的“女士坐.jpg”文件。选择“3D”→“从图层创建形状”→“立方体”菜单项将背景层转换为立方体，该图层将作为立方体的右侧纹理材料，如图 5-129 所示。

❷ 打开光盘文件夹中的“男士坐.jpg”文件，按下<Ctrl+A>组合键全选图像，然后按下<Ctrl+C>组合键复制图像，接着按下<Ctrl+Tab>组合键切换到“女士坐.jpg”文件，在“图层”面板中双击“底部材料-默认纹理”项目进入底部材料编辑状态（此时系统自动生成一

个“底部材料-默认纹理.psb”文件），如图 5-130 所示。

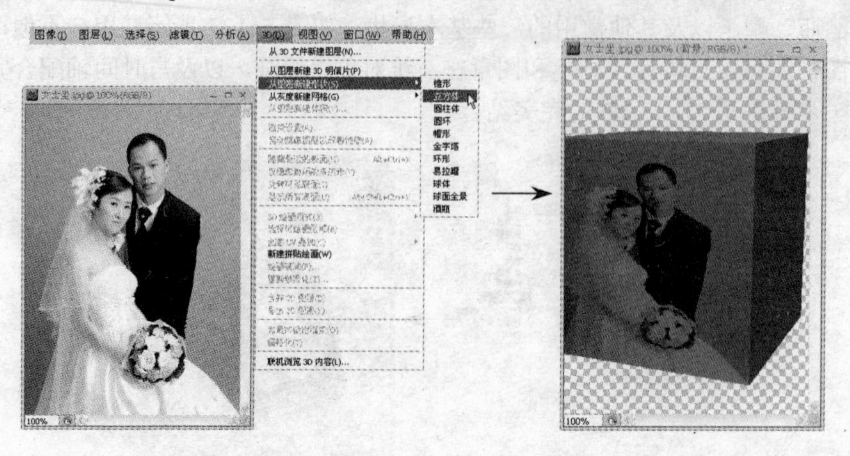

图 5-129　从图层创建立方体

❸ 按下<Ctrl+V>组合键粘贴图像，然后按下<Ctrl+T>组合键进入自由变换状态，使图像铺满整个画布，如图 5-131 所示。

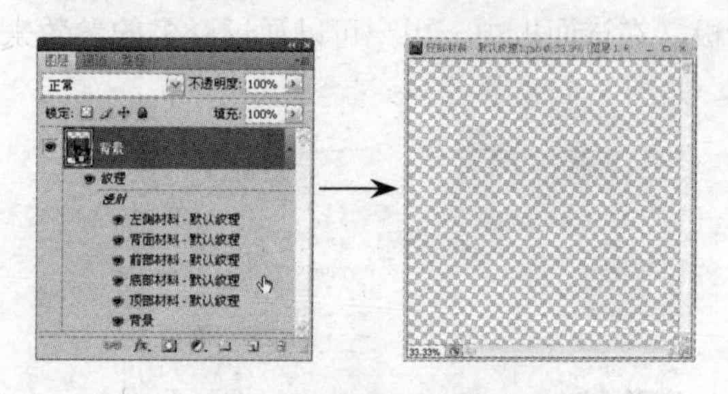

图 5-130　打开“底部材料”　　图 5-131　设置“底部材料”

❹ 关闭“底部材料-默认纹理.psb”文件，弹出如图 5-132 所示提示对话框问是否存储对文件的更改，单击 是(Y) 按钮将底部材料纹理保存，得到如图 5-133 所示的效果。

图 5-132　提示对话框

图 5-133　显示底部材料

❺ 打开“3D”面板，按下面板上方的“光源”按钮，然后选中一个无线光源，接着单击面板下方的颜色框，打开“选择光照颜色”对话框，将光照颜色设置为白色，如图 5-134 所示。

❻ 将3个无线光源的光照颜色都设置为白色，得到如图5-135所示的效果。

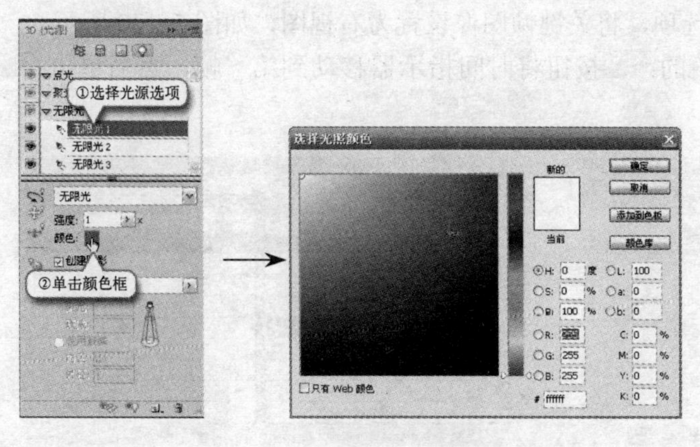

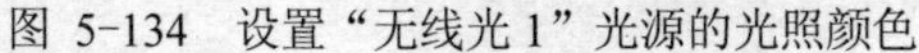

图 5-134 设置“无线光1”光源的光照颜色　　图 5-135 3个白色光照的效果

❼ 打开“动画”面板，单击按钮展开“背景”项目，然后单击“3D 对象位置”选项左侧的按钮启动秒表，如图5-136所示。

❽ 选择“3D 旋转”工具，然后在工具栏中的“位置”下拉列表中选择“右视图”选项，将关键帧图像设置为右视图，如图5-137所示。

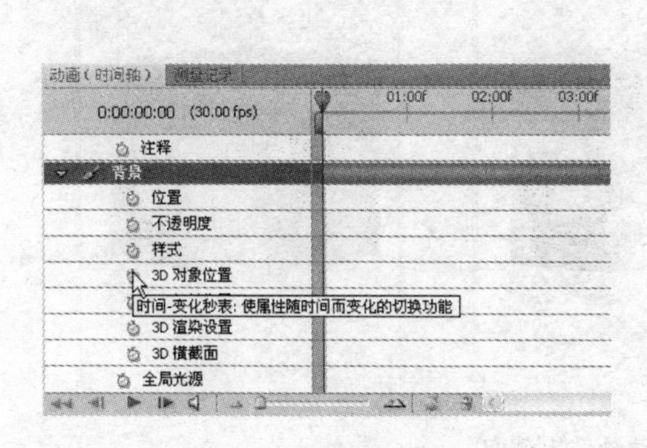

图 5-136 启动秒表　　图 5-137 设置关键帧图像

❾ 将时间指示器移动到“01：00f”的位置，然后在工具栏中的“位置”下拉列表中选择“前视图”选项，将关键帧图像设置为前视图，如图5-138和图5-139所示。

图 5-138 移动时间指示器　　图 5-139 选择“前视图”选项

❿ 在“动画”面板中将时间指示器移动到“02：00f”的位置，然后在工具栏中的“位置”下拉列表中选择“右视图”选项，将关键帧图像设置为右视图，如图 5-140 所示。

⓫ 单击“动画”面板左下角的 按钮将时间指示器移动到第一帧，然后单击 按钮播放动画，如图 5-141 所示。

图 5-140　设置关键帧

图 5-141　返回第一帧并播放

⓬ 此时，可以看到图像文档中出现了动画效果，立方体从右视图缓慢地从转动到前视图，然后再转回到右视图，如图 5-142 所示。

图 5-142　动画效果截取

⓭ 选择“文件”→“导出”→“渲染视频”菜单项即可在弹出的“渲染视频”对话框中设置，将动画输出为 AVI 格式的视频动画。

5.8　综合实例——篮球鞋海报

范例文件：光盘→实例素材文件→第 5 章→5.8

❶ 首先将前景色设置为“M：40，Y：50”，背景色设置为“M：30，Y：40”，然后新建一个大小为 216×303mm，分辨率为 300dpi，CMYK 颜色模式，背景内容为背景色的图像文件，如图 5-143 所示。

❷ 选择“钢笔”工具，选中工具栏中的“形状图层”按钮，创建如图 5-144 所示的鞋底形状，得到“形状 1”。

❸ 使用“钢笔”工具创建一个形状层，作为鞋底的上部，得到“形状 2”，双击图层缩览图将填充颜色修改为“C：80，M：60，K：60”。接着创建一个形状层，作为鞋底的下部，得到“形状 3”双击图层缩览图将填充颜色修改为“C：80，K：60”，如图 5-145 所示。

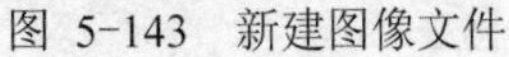

图 5-143　新建图像文件

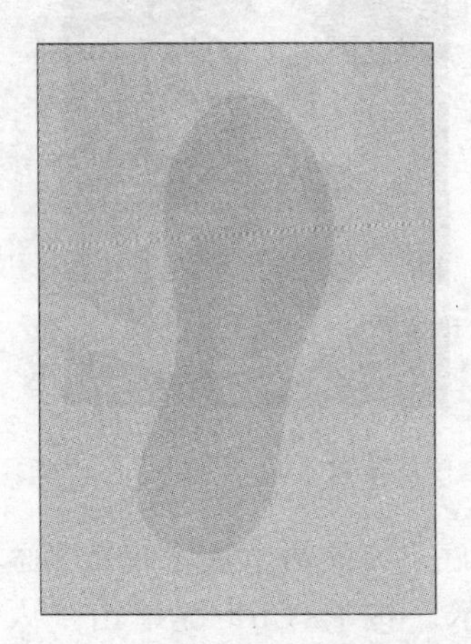

图 5-144　绘制鞋底形状

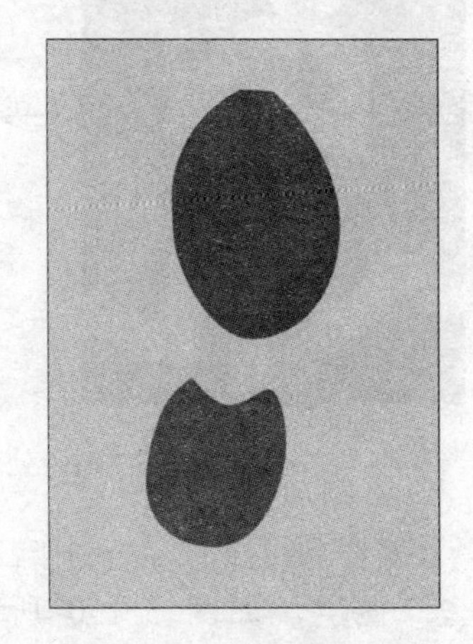

图 5-145　绘制鞋掌和鞋跟

❹ 将前景色修改为白色，然后新建“图层 1”，选择“画笔”工具，使用“尖角 30”画笔在鞋底上绘制多个篮球运动员的形象，如图 5-146 所示。

❺ 将画笔直径调小至 4 像素，然后新建一个路径，使用“椭圆”工具（选中工具栏中的“路径”按钮）绘制一个圆形，接着使用“钢笔”工具绘制 3 条开放路径，确定篮球的形状。按下<Ctrl+Shift+Alt+N>组合键新建“图层 2”，单击“路径”面板下方的“用画笔描边路径”按钮对路径进行描边，得到如图 5-147 所示的效果。

图 5-146　绘制白色的运动员形象

图 5-147　对路径进行描边

❻ 将绘制好的篮球轮廓放置在合适的位置，然后选中“图层 1”，单击“图层”面板下方的“添加图层蒙版”按钮为该图层添加图层蒙版，接着使用“画笔”工具，使用黑色擦去部分像素，得到运动员手执篮球的形象，如图 5-148 所示。

❼ 使用同样的方法，制作鞋底上方的多个篮球并制作出多个运动员手执篮球的形象，然后将所有作为运动员和篮球的图层选中，然后按下<Ctrl+Alt+E>组合键将它们合并为一个

图层，命名为“人形 1”，如图 5-149 所示。

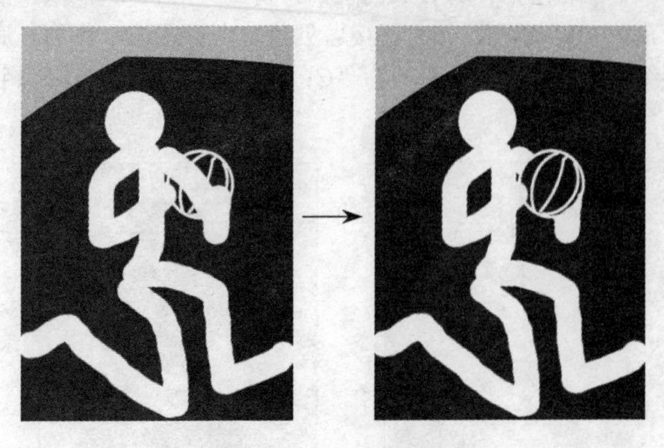

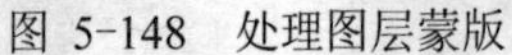

图 5-148 处理图层蒙版

图 5-149 制作多个运动员形象

❽ 使用同样的方法制作鞋底下方的两个篮球并处理篮球与人形的遮挡关系，得到“人形 2”图层，如图 5-150 所示。按下<Ctrl>键单击“人形 1”图层缩览图，然后按下<Ctrl+Shift>组合键单击“人形 2”缩览图，得到运动员形象的选区。

❾ 选中“形状 2”，然后按住<Alt>键不放并单击“图层”面板下方的“添加图层蒙版”按钮，为该图层添加图层蒙版，接着为“形状 3”添加同样的图层蒙版，如图 5-151 所示。

❿ 隐藏“人形 1”和“人形 2”，然后选中“形状 3”，单击“图层”面板下方的“添加图层样式”按钮 打开一个菜单，在该菜单中选择“斜面和浮雕”菜单项为该图层添加如图 5-152 所示的“斜面和浮雕”样式，“阴影模式”的颜色设置为“M：50，Y：80，K：80”。

图 5-150 处理图层蒙版

图 5-151 添加图层蒙版

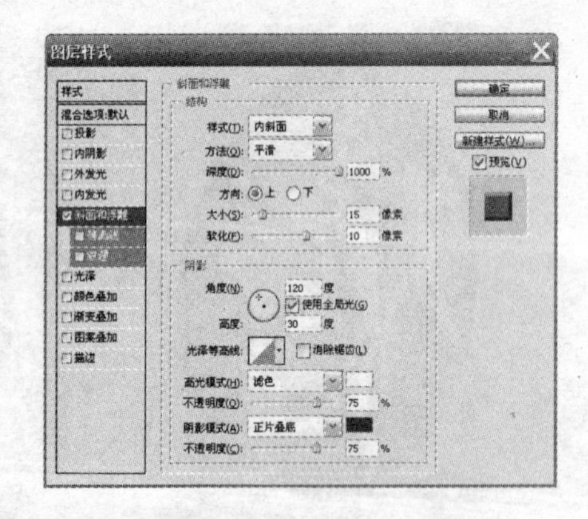

图 5-152 “图层样式”对话框

⓫ 为“形状 3”添加同样的“斜面和浮雕”样式，如图 5-153 所示。

⓬ 新建一个路径，使用“钢笔”工具绘制如图 5-154 所示的 7 条闭合路径。使用“路径选择”工具框选所有的路径，然后单击工具栏中的 组合 按钮将路径组合为一条路径。

⓭ 接着使用“钢笔”工具绘制一条闭合路径，如图 5-155 所示。按下<Ctrl+Enter>组合键将路径载入选区，然后新建一个图层，接着按下<Alt+Delete>组合键填充前景色。

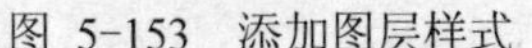

图 5-153　添加图层样式　　图 5-154　绘制多条路径　　图 5-155　绘制闭合路径

⑭ 为该图层添加图层蒙版，然后在“路径”面板中选中新绘制的路径，使用“路径选择”工具选中中间的路径并单击“将路径作为选区载入”按钮，接着按下<Delete>键删除选区内的图层蒙版图像。选择“选择”→“修改”→“收缩”菜单项将选区收缩 20 像素，再按下<Ctrl+I>组合键将选区内图层蒙版的图像反相，如图 5-156 所示。

⑮ 为当前图层添加如图 5-157 所示的“斜面和浮雕”样式，“阴影模式”的颜色设置为“M：50，Y：80，K：80”。

⑯ 在“图层”面板中将当前图层的“填充”选项设置为“0%”，如图 5-158 所示。

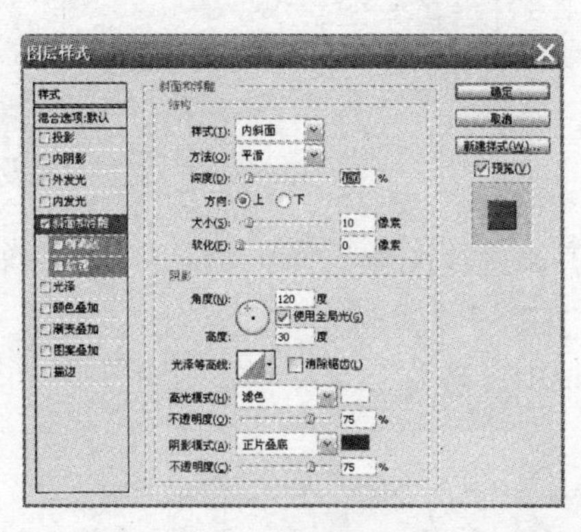

图 5-156　处理图层蒙版　　图 5-157　“图层样式”对话框　　图 5-158　调整“填充”属性

⑰ 为“形状 1”添加“外发光”样式（发光颜色为“Y：40”）和“斜面和浮雕”样式（“阴影模式”的颜色设置为“M：50，Y：80，K：80”），如图 5-159 所示。

⑱ 打开光盘文件夹中的“鞋子 1.psd”、“鞋子 2.psd”……“鞋子 10.psd”文件，使用“移动”工具复制到刚才处理的文件中，缩放至合适大小，使用“图层”面板下方的“链接图层”按钮将它们链接成两组，然后使用工具栏中的按钮和按钮分别将每组图像进行水平居中对齐和垂直居中分布，得到如图 5-160 所示的效果。

⑲ 为 10 个鞋子的图层添加“外发光”样式，发光颜色设置为“Y：40”，如图 5-161 所示。

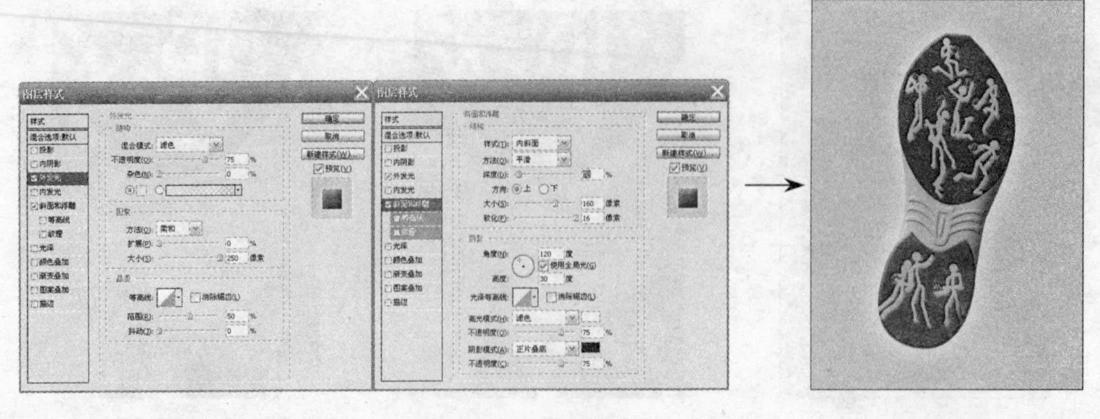

图 5-159　添加图层样式

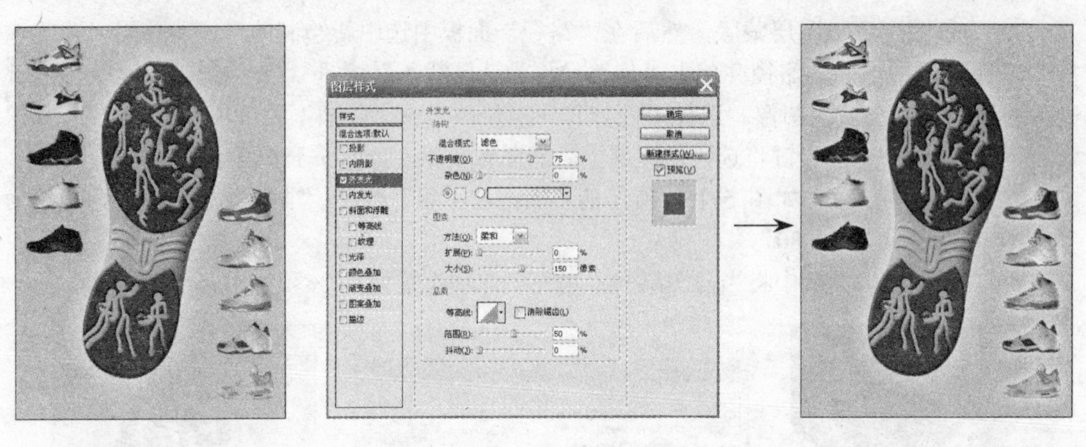

图 5-160　导入素材图像　　　　图 5-161　添加“外发光”样式

⑳ 在“调整”面板中展开“色阶预设”选项，然后单击“增加对比度 2”按钮，为图像添加一个“色阶”调整图层，如图 5-162 所示。

㉑ 新建一个路径，然后使用“钢笔”工具绘制如图 5-163 所示的多条开放路径，接着新建一个图层。

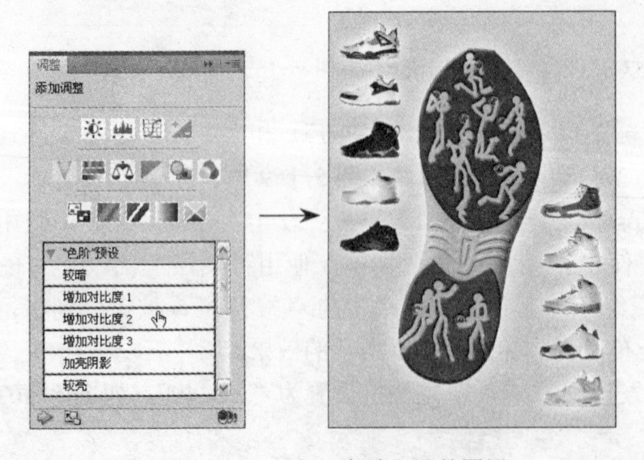

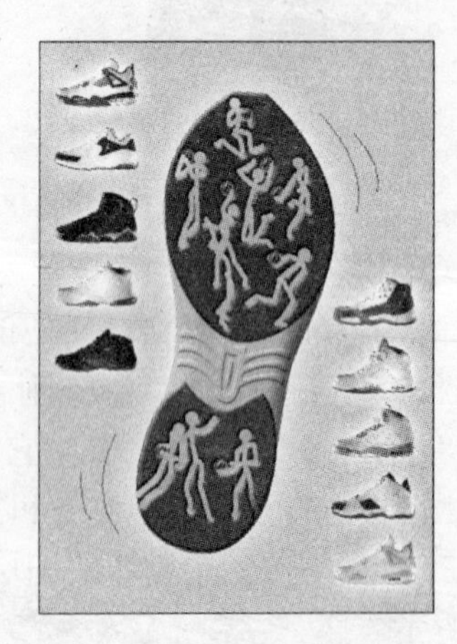

图 5-162　添加“色阶”调整图层　　　　图 5-163　绘制 4 条开放路径

㉒ 将前景色修改为“C：100，Y：100，K：15”，选中“画笔”工具，选择尖角画笔，然后将画笔大小设置为 30 像素，按住<Alt>键单击“路径”面板下方的“用画笔描边路径”按钮，打开“描边路径”对话框，选中“模拟压力”复选框并单击确定按钮，如图 5-164 所示。

㉓ 打开光盘文件夹中的“标志.psd”文件，使用“移动”工具将图像复制到设计文件中，放置在图像的左下角，然后使用“横排文字”工具在图像的右上方输入文字——“跳弹牌篮球鞋，秀出你的风采”，再在图像的左下方输入文字——“You wanna which pair？”，得到如图 5-165 所示的最终效果。

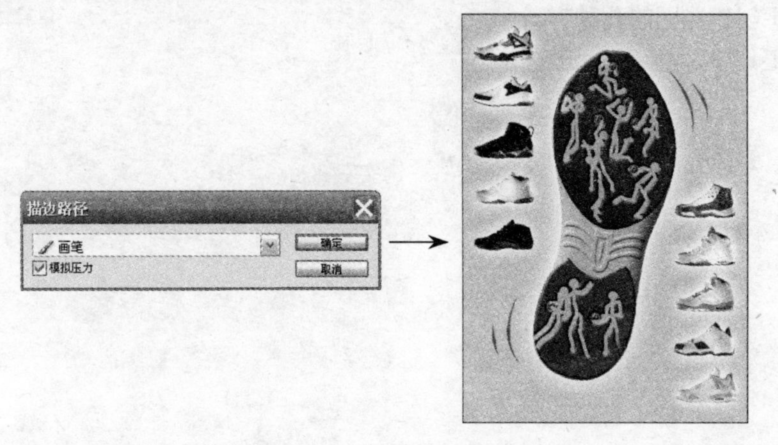

图 5-164 对路径进行描边

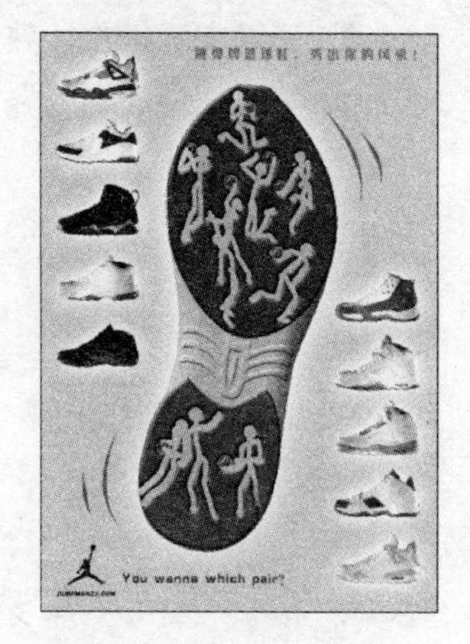

图 5-165 导入素材图像

5.9 练习题

1. 填空题

① 一段路径最多可以包括 5 种基本组件，分别是________、________、________、________和________。

② ________是连接平滑曲线路径的锚点；________是连接锐化曲线路径的锚点。

③ 选择________菜单项可以打开“画笔名称”对话框，将修改后的画笔保存在“画笔”面板中。

④ 选区可以使用________种方式创建，分别是________、________、________和________。

⑤ 蒙版可以分为________（像素蒙版）、________、和________3 种类型。

⑥ 渐变工具可以创建________、________、________、________和________5 种不同类型的渐变效果。

⑦ “液化”滤镜只适用于________、________、________和________的 8 位图像。

⑧ “加深”工具和“减淡”工具的作用范围有________、________和________。

2. 选择题

① ________为灰度图像，用户能够使用“画笔”工具和“橡皮擦”工具在其中作用；________为路径框选的范围，可以使用形状工具和“钢笔”工具对其进行修改；________为

剪贴组中的基地图层，用于限制整个编组中其他图层的显示区域。

A．矢量蒙版　　　　B．剪贴蒙版　　　　C．图层蒙版

② 在实用“钢笔”工具进行操作的时候，按下________键可以转换成“直接选择”工具修改当前锚点的位置或者方向线的长度；按下________键单击锚点可以将平滑点转换成角点。

A．Ctrl　　　　B．Shift

C．Tab　　　　D．Alt

3．操作题

① 通过实际操作，熟悉创建选区的几种方式。

② 练习使用“钢笔”工具选取复杂形状的图形。

第6章　平面广告中的文字

06

学习要点：

- 中文字体和英文字体
- 文本的输入和选取
- 文本的编辑和转换
- 广告中的文字

案例数量：

- 1个行动实例，3个综合实例

内容总览：

字体是一种应用于所有数字、符号和字母字符的图形设计。Windows 操作系统本身提供的规范的印刷字体是有限的，很多漂亮的字体都是后期安装到操作系统中的。本章将要带领大家认识各种字体，熟悉它们在 Photoshop 中的使用方法，并且了解它们在平面广告设计中是如何应用的。

6.1　技能充电——变形

范例文件： 光盘→实例素材文件→第6章→6.1

“变形”是 Photoshop CS4 版本中新增的功能，它在图像上创建九分网格，通过边界上的角点、控制轴和网格线来调整图像的外形，以达到各种不规则的扭曲效果，弥补“自由变换”操作的不足。

下面就利用 Photoshop 的“变形”功能来完成书籍立体效果的制作。

❶ 新建一个大小为 115mm×85mm，分辨率为 300dpi，CMYK 颜色模式，背景内容为白色的图像文件，然后导入光盘文件夹中的“书籍封面.jpg”文件，得到“图层 1”，如图 6-1 所示。

❷ 使用“矩形选框”工具框选封底的图像部分，然后按下<Ctrl+Shift+J>组合键通过剪切创建“图层 2”，接着选中“背景层”，框选封面的图像部分，再按下<Ctrl+Shift+J>组合键通过剪切创建“图层 3”，并将得到的“图层 1”、“图层 2”、“图层 3”各复制一份，并将副本图层隐藏，如图 6-2 所示。

❸ 选择“钢笔”工具，选中工具栏中的“形状图层”按钮，在图像中绘制如图 6-3 所示的形状，得到“形状 1”。

图 6-1 素材图像

图 6-2 将效果图分成 3 部分

❹ 将前景色设置为“K：70”，然后使用“钢笔”工具绘制如图 6-4 所示的形状并将其排列在背景层的上层，得到“形状 2”。

图 6-3 绘制书籍封面和书脊的形状

图 6-4 绘制书页的形状

❺ 选中“图层 3”，按下<Ctrl+Shift+]>组合键将其排列在最上层，使用“移动”工具将其左上角与“形状 1”的左上角对齐。选择“编辑”→“自由变换”菜单项进入自由变换状态，如图 6-5 所示。

❻ 按住<Ctrl>键不放拖动图像四角的控制点，使它们与封面的四个角重合，如图 6-6 所示。

图 6-5 进入自由变换状态

图 6-6 重合封面的四角

❼ 选择“编辑”→“变换”→“变形”菜单项进入变形状态，此时图像上出现九分网格并且在图像四角出现了 4 个控制点，每个控制点拥有两个控制柄。调整图像四角的控制柄，接着调整 4 条网格线的形状，使封面效果图像与下方的形状重合并保证透视关系基本正确，如图 6-7 所示。

❽ 按下<Enter>键完成变形，然后将“图层 1”排列在最上层并移动至合适的位置，如图 6-8 所示。

图 6-7 完成封面的制作

图 6-8 移动作为书背的图像

❾ 按下<Ctrl+T>组合键进入自由变换状态，缩放图像并调整图像的旋转角度，使书背效果图像与下层形状基本重合，如图 6-9 所示。

❿ 选择“编辑”→“变换”→“变形”菜单项进入变形状态，调整控制点和网格线，得到如图 6-10 所示的效果。

图 6-9 对图像进行自由变换

图 6-10 完成书背的制作

⓫ 使用“钢笔”工具创建几条开放路径，然后新建“图层 4”，调整“画笔”工具的画笔直径，使用“K：50”的灰色对路径进行描边，制作出书页的效果，接着隐藏“形状 1”和“形状 2”，得到如图 6-11 所示的效果。

⓬ 选中所有组成书籍立体效果的图层，将它们拖动到“图层”面板下方的“新建图层组”按钮上，得到“组 1”，接着新建“组 2”，在该组中使用“钢笔”工具创建一个形状层，得到“形状 3”，如图 6-12 所示。

图 6-11 制作出书页的效果

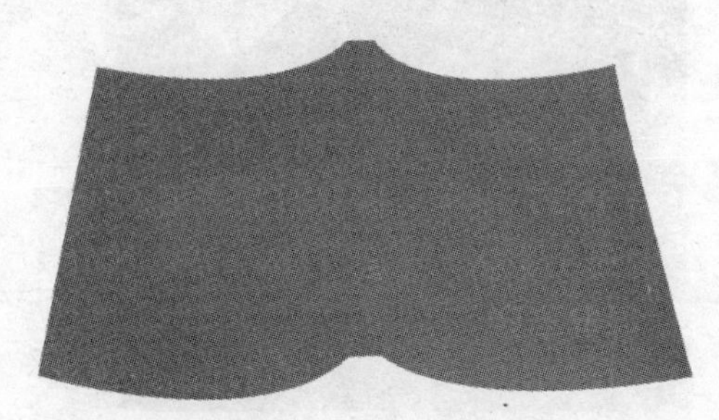

图 6-12 绘制书籍形状

⓭ 选中并显示“图层 1 副本”，将其排列在最上层。使用“移动”工具将其移动至合

适位置，按下<Ctrl+T>组合键对图像进行自由变换，按下<Enter>键后得到如图 6-13 所示的效果。

⑭ 将“图层 3 副本”排列在最上层，对其执行“变形”操作，如图 6-14 所示。

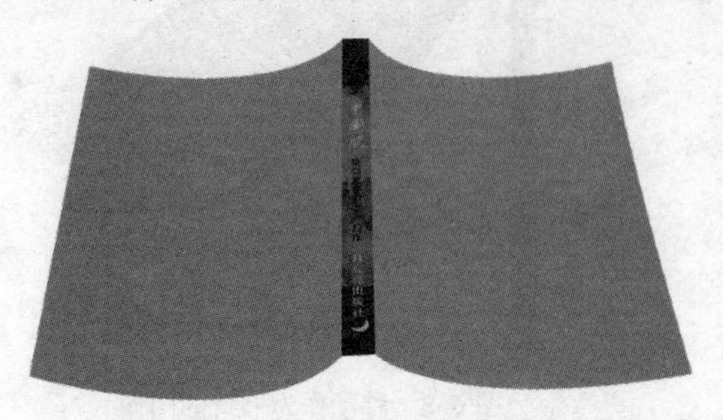

图 6-13　制作出书脊效果

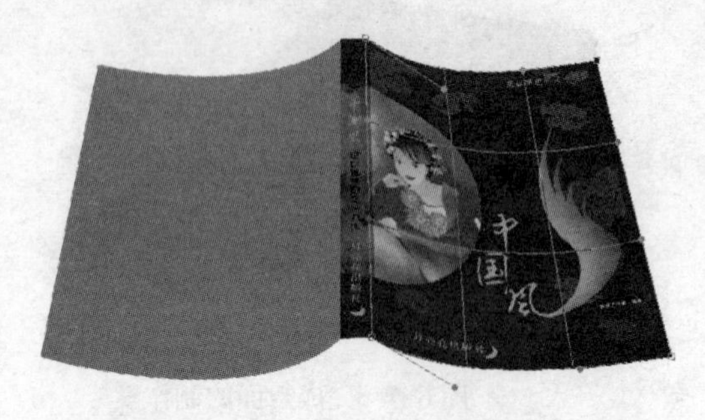

图 6-14　制作出封面效果

⑮ 将“图层 2 副本”排列在最上层，然后对其执行“变形”操作，对于错误的透视关系可以及时地加以修改，如图 6-15 所示。

⑯ 使用“钢笔”工具创建一个形状层，排列在合适的位置，然后隐藏“形状 3”，如图 6-16 所示。

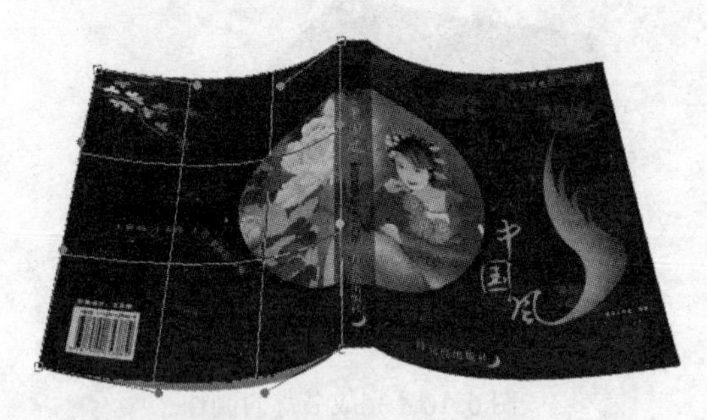

图 6-15　制作出封底效果

图 6-16　制作出书页效果

⑰ 使用步骤 11）中的方法制作出书页的效果，然后使用“画笔”工具，使用深灰色在背景层中作用，得到如图 6-17 所示的效果。

⑱ 在背景层上层新建一个图层，然后使用“画笔”工具绘制出书籍的阴影效果，如图 6-18 所示。

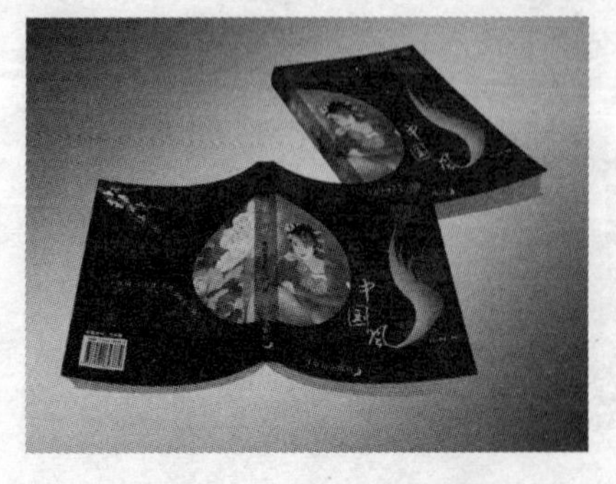

图 6-17　处理图像背景

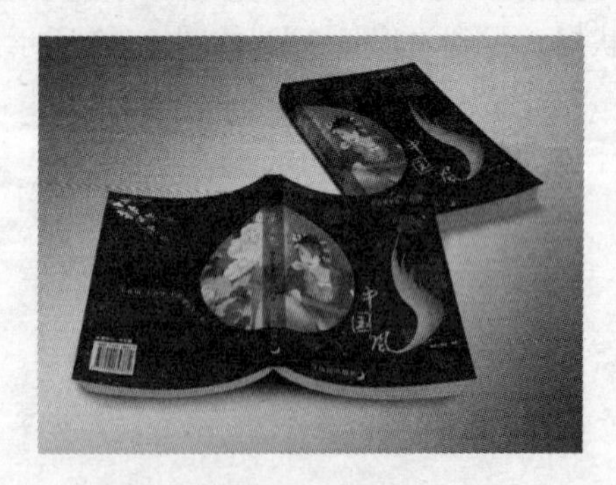

图 6-18　最终书籍立体效果

6.2 中文字体

中国汉字的数量还没有一个精确的数字能够表述，1716 年出版的《康熙字典》中共收入了 47035 个汉字，1990 年出版的《汉语大字典》中共收入汉字 54678 个，1994 年出版的《中华字海》有 87019 个汉字，目前又有资料统计，中国有出处的汉字已达到 91251 个，其中最为常用的汉字也在 3000 个左右，与英文的 26 个字母比起来可谓“数量相当庞大”。

这样以来，制作电脑中使用的中文字体的难度就要比制作英文字体的难度大得多，这也是中文字体花样较少的原因之一。

但是近年来，中文字体的设计发展也还是非常迅速的，出现了许多包含一系列中文字体的字库，有“华文”、“汉仪”、“经典”、“方正”、“文鼎”、“汉鼎”、“超世纪”、“金梅”、“中国龙”和“创艺”等。常用的中文字体有篆书、隶书、楷书、行书、黑体系列、宋体系列、圆体系列、广告体、综艺体、姚体、舒体和倩体等，其中一些字型还有简体和繁体之分。

> 小提示：
>
> 各种书法字体能够营造一种古朴典雅的气氛；黑体比较适合男性产品和重大新闻；圆体则适合女性产品和生活话题；宋体主要在严肃的场合使用。

1. 篆书家族

篆书是中国古代最为古老的文字之一，包括大篆和小篆两种，小篆是从大篆省改而来的。在中文字体中，篆书从字型上划分有小篆、篆书、角篆和印篆等类型，如图 6-19 所示。篆书常用于中国传统风格较为浓厚的广告设计和产品包装设计中。

2. 隶书家族

隶书起源于秦朝，是由篆书演化来的，是汉字中常见的一种庄重的字体，书写效果略微宽扁，横画长而直画短，讲究“蚕头燕尾”、“一波三折”，如图 6-20 所示。隶书在平面广告设计中常用于姓名和名称的书写。

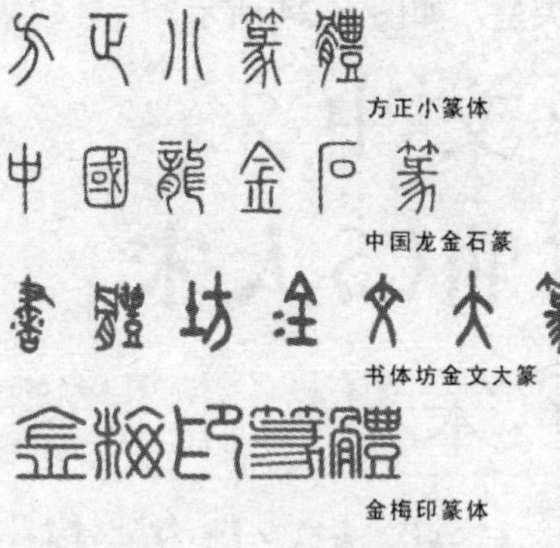
方正小篆体
中国龙金石篆
书体坊金文大篆
金梅印篆体

图 6-19 篆书字体

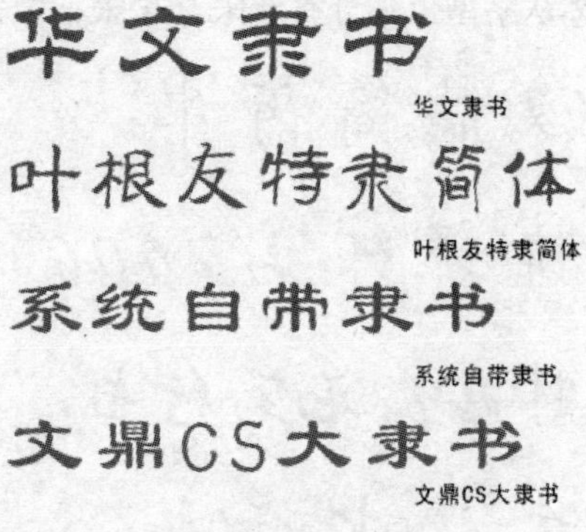
华文隶书
华文隶书
叶根友特隶简体
叶根友特隶简体
系统自带隶书
系统自带隶书
文鼎CS大隶书
文鼎CS大隶书

图 6-20 隶书字体

3. 草书家族

草书是为书写便捷而产生的一种字体，始于汉初。当时通用的是“草隶”，即潦草的隶书，后来逐渐发展又出现了“章草”、“今草”和“狂草”等草书字体。在中文字体中，较为完备的草书字体很少，在广告设计中常用来书写诗歌、短文之类，如图 6-21 所示。

4．楷书家族

楷书适于东汉，又称正书，或称真书。楷书形体方正，笔画平直，可作楷模，因此得名，如图 6-22 所示。楷书的名家很多，如“欧体”（欧阳询）、“虞体”（虞世南）、“颜体”（颜真卿）、“柳体”（柳公权）和“赵体”（赵孟頫）等，另外还有北朝碑刻的“魏碑”，堪称后世书法的楷模。

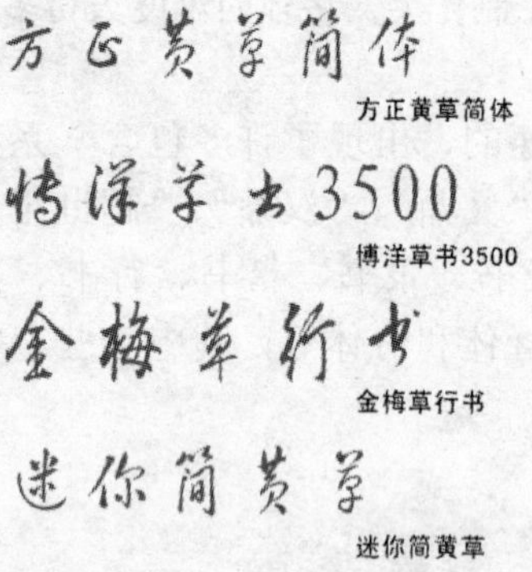

方正黄草简体
方正黄草简体
博洋草书3500
博洋草书3500
金梅草行书
金梅草行书
迷你简黄草
迷你简黄草

图 6-21 草书字体

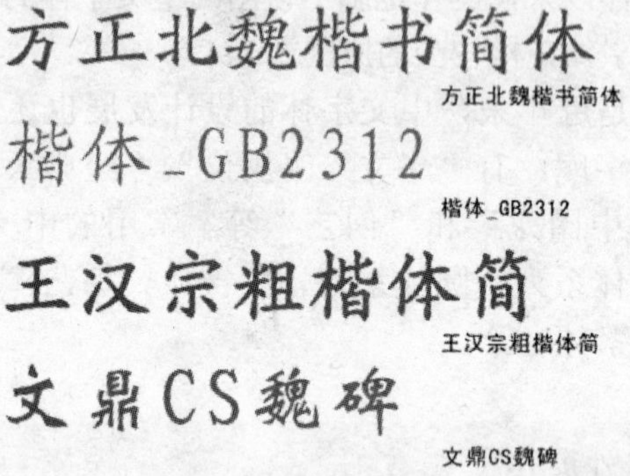

方正北魏楷书简体
方正北魏楷书简体
楷体_GB2312
楷体_GB2312
王汉宗粗楷体简
王汉宗粗楷体简
文鼎CS魏碑
文鼎CS魏碑

图 6-22 楷书字体

5．行书家族

行书始于汉末，是介于楷书和草书之间的一种字体。它是为了弥补楷书的书写速度太慢和草书的难于辨认而产生的。笔势不像草书那样潦草，也不要求像楷书那样端正，如图 6-23 所示。楷法多于草法的行书叫“行楷”，草法多于楷法的行书叫“行草”。

6．宋体家族

宋体是为适应印刷术而出现的一种汉字字体。在现代印刷术传入中国后，中国人已经习惯于看宋体印刷的书籍有一千多年了，所以现代铅字也采用了宋体印刷。后来依据西方文字的黑体和意大利体的方式，在汉字印刷体中也创造了黑体和仿宋体的铅字。目前宋体、黑体、仿宋体和楷体已成为汉字印刷的主要 4 种字体。

宋体从字型上划分有新宋、长宋、中宋和大宋等类型，如图 6-24 所示。

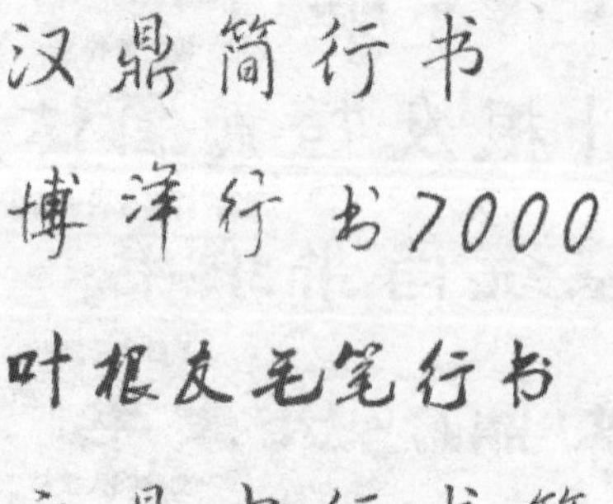

汉鼎简行书
博洋行书7000
叶根友毛笔行书
文鼎中行书简

图 6-23 行书字体

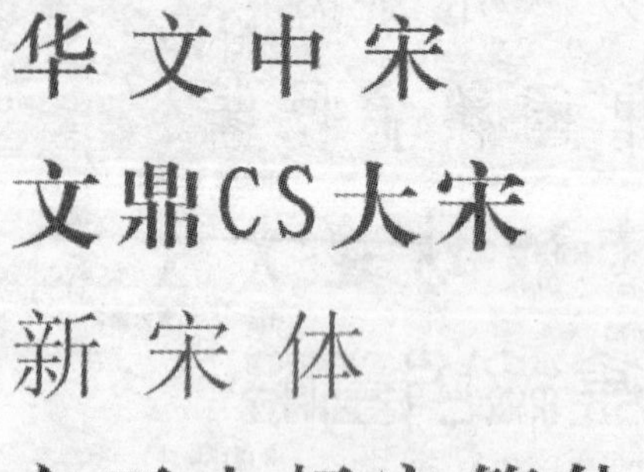

华文中宋
文鼎CS大宋
新宋体
方正小标宋简体

图 6-24 宋体系列字体

小提示：

中国宋代出现了木版印刷，当时的中国书籍每一版印刷两页，使用的是长方形木板雕刻制版。木板一般都具有横向木纹，刻制字的横向时线条和木纹一致，比较结实；但刻制字的竖向线条时和木纹交叉，容易断裂。因此字体的竖向线条较粗，横向较细。横向线条虽然比较结实，但是在端点也很容易磨损，因此横向端点也较粗。由此产生了"横细竖粗，横线端点有一粗点"的宋体字形。

7．黑体家族

黑体字又称方体或等线体，是一种字面呈矩形的粗壮字体，字形端庄，笔画均匀丰满，结构醒目严密，如图 6-25 所示。在书籍排版中，黑体适用于标题或需要引起注意的醒目按语或批注，因为字体过于粗壮，所以不适用于排印正文部分，但是在平面广告设计中，黑体是书写正文最常用的字体，也是出现最为频繁的一种字体。

8．圆体家族

圆体的字面呈正方形，笔迹均匀柔和，没有棱角。在中文字体中，圆体从字型上划分有细圆、中圆、特圆和粗圆等类型，如图 6-26 所示。

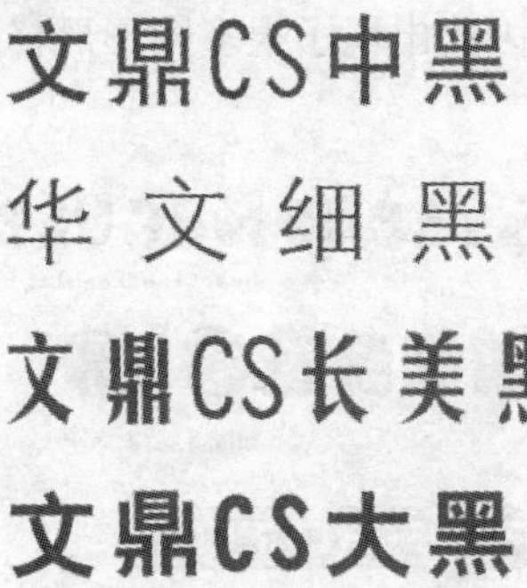

文鼎CS中黑
华文细黑
文鼎CS长美黑
文鼎CS大黑

图 6-25　黑体系列字体

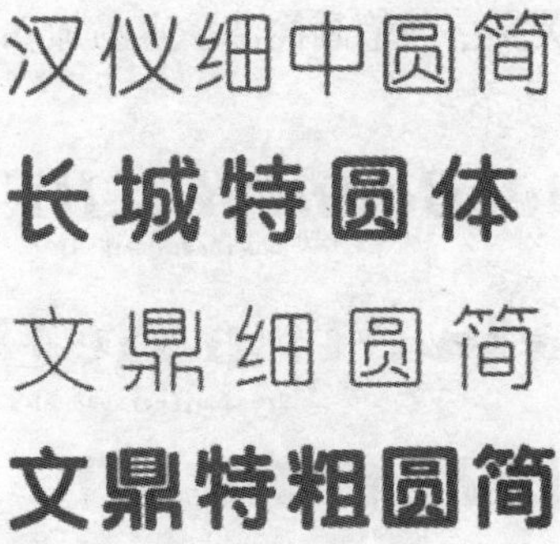

汉仪细中圆简
长城特圆体
文鼎细圆简
文鼎特粗圆简

图 6-26　圆体系列字体

9．其他艺术字体

除了上述字体类型外，在广告设计中还可以见到很多变体字和新型的广告字体，例如综艺体、POP 字体、霹雳体、秀英体、倩体、淹水体和习字体等，如图 6-27 所示。这些时尚的字体既像文字，又似图形，常用于书写大小标题、广告词或者作为作品中的点缀出现。

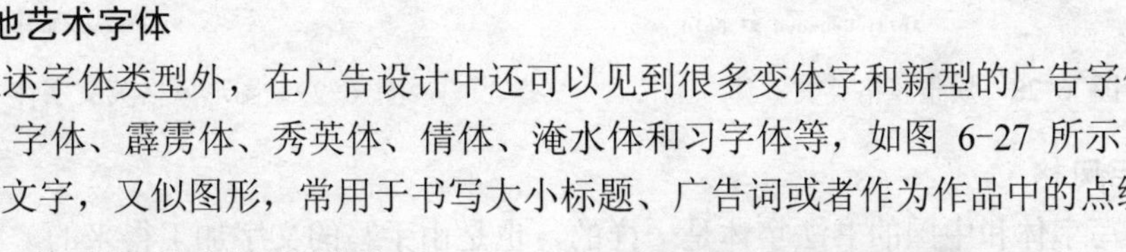

文鼎习字体
汉仪秀英体
方正粗倩简体
汉仪咪咪体简
文鼎霹雳体
叶根友鬼运字体
文鼎淹水体
长城新艺体

图 6-27　艺术字体举例

6.3 英文字体

中国的平面广告设计中为什么要用英文字体呢？

首先，中文字体大部分都是方方正正的，每一个文字占用的面积都是一样大小的，虽然字体样式也有不少，但是仍然有摆脱不了的规矩和单调。

其次，英文字体也是中文的拼音，有很多时候需要用到汉语拼音来对文字做进一步的说明。而且英文已经普及了，大部分中国人还是有一定的英文认知能力的。

再次，英文字体样式繁多，26 个字母有 26 种形状与造型，有圆的、有方的、有宽的、有窄的、有流线型的、有三角形的，这些字体可以弥补中文字体在形式上的单调与表现力上的不足，省去了对现有的中文字体进行再加工的过程，成为中文字体很好的图形陪衬。

常见的英文字体有以下几种风格。

1．规整风格

英文字体中有很多较为规整的字体，如黑体、圆体等，如图 6-28 所示。

2．图形风格

由于英文字体笔画简洁，容易加入其他的图形元素，因此出现了很多图形风格的字体，如图 6-29 所示。

BauerBodni Blk BT
BauerBodni Blk BT

BroadwayEngraved BT
BroadwayEngraved BT

Swis721 Blk BT
Swis721 Blk BT

Arial Rounded MT Bold
Arial Rounded MT Bold

图 6-28 规整风格英文字体

HeartlandRegular

BUMBAZOID
Bumbazoid

HOUR PHOTO
HourPhoto

Kingthings Gothique
Kingthings GotHique

图 6-29 图形风格英文字体

3．手写风格

英文手写字体和中国的书法字体是一样的，也是由手写的文字加工得来的，手写字体的笔画流畅，美观又亲切，如图 6-30 所示。

4．卡通风格

卡通风格的英文字体造型比较可爱，笔画较为夸张，形式不拘一格，如图 6-31 所示。

5．异域风格

有些英文字体中引入了古文字的成分或者异域文字的元素，显得优雅而神秘，如图 6-32 所示。

6．其他风格

除了上述几种风格的字体之外，英文字体还有很多好看有趣的字体，收集这些字体多少能够对中文字体的造型设计带来一些启发，如图 6-33 所示。

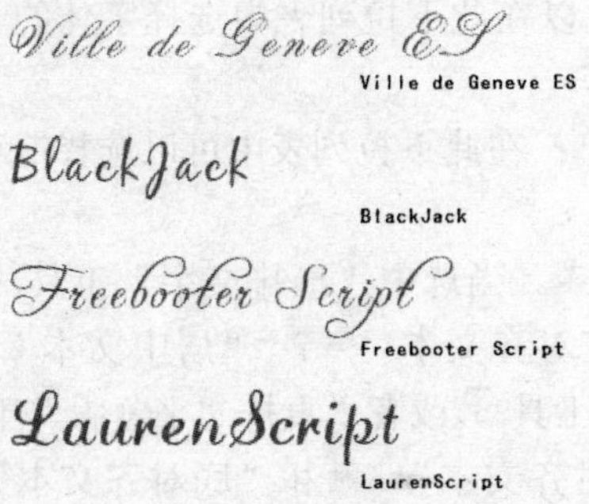

Ville de Geneve ES
Ville de Geneve ES

BlackJack
BlackJack

Freebooter Script
Freebooter Script

LaurenScript
LaurenScript

图 6-30 手写风格英文字体

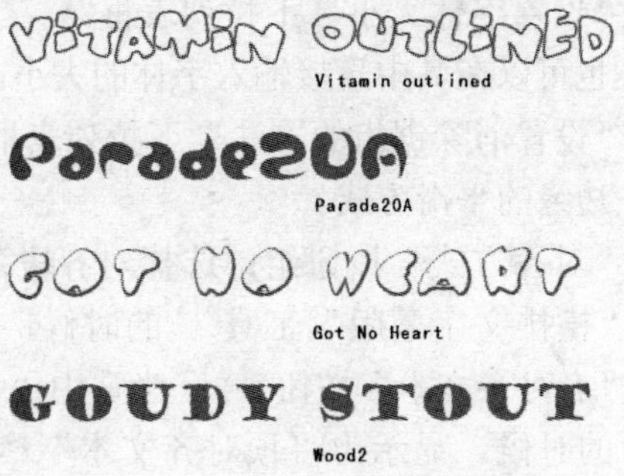

VITAMIN OUTLINED
Vitamin outlined

Parade20A
Parade20A

GOT NO HEART
Got No Heart

GOUDY STOUT
Wood2

图 6-31 卡通风格英文字体

Westminster Gotisch
Westminster Gotisch

Rothenburg Decorative
Rothenburg Decorative

Hentzau_initials

CHESHIRE INITIALS
Cheshire Initials

图 6-32 异域风格英文字体

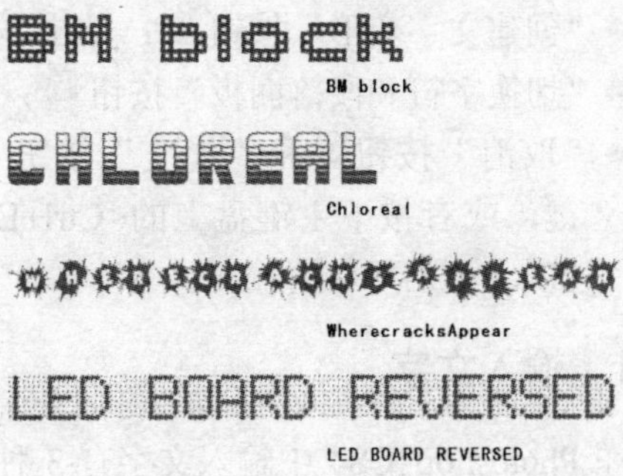

BM block
BM block

CHLOREAL
Chloreal

WherecracksAppear

LED BOARD REVERSED
LED BOARD REVERSED

图 6-33 其他风格英文字体

6.4 文本的使用

Windows 操作系统中的字体都存在于“C:\Windows\Fonts”文件夹中。挑选并购买了需要的字体（常见的有 TTF 文件、TTC 文件和 FON 文件）以后，将它们安装到系统中，就可以在应用程序中使用了。字体通常具有不同的大小（如 10 磅）和各种样式（如粗体）。

在 Photoshop CS4 中，要想使用系统中的字体就需要用到文字工具，包括“横排文字”工具、“直排文字”工具、“横排文字蒙版”工具和“直排文字蒙版”工具），前两种工具用来创建文本层，后两种工具用来创建文字型的选区。

各种文字工具的属性栏基本相同，如图 6-34 所示。

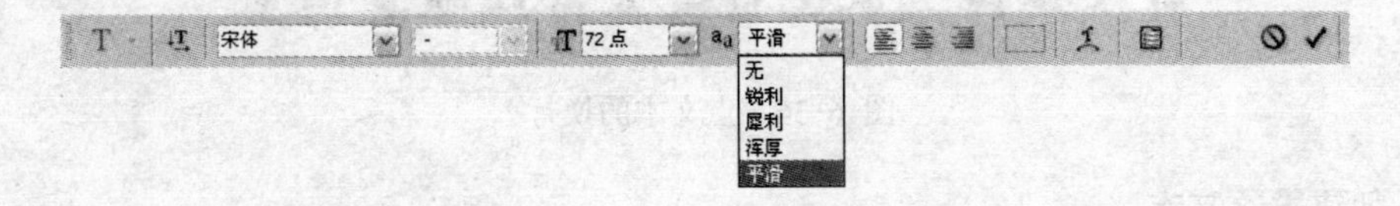

图 6-34 “横排文字”工具栏

- “更改文本方向”按钮：单击此按钮可以在横排文本和直排文本之间转换。
- “设置字体”下拉列表框宋体：在此下拉列表框中可以选择一种字体。
- “设置字型”下拉列表框：当所选字体有不同型号时，可以在该下拉列表中选择一种合适的型号，例如常用的“Times New Roman”字体就有 4 种型号。

- "设置字体大小"下拉列表框 72点：可以在此下拉列表中选择字体的大小，也可以在其中直接输入字体的大小。
- "设置消除锯齿的方法"下拉列表框 平滑：在此下拉列表中可以选择一种文字边缘的平滑方式。
- "对齐方式"按钮组：选择对齐段落文字的方式。当选中"横排文字"工具或者"横排文字蒙版"工具的时候，显示为"左对齐文本'、"居中文本"和"右对齐文本"按钮；当选中"直排文字"工具或者"直排文字蒙版"工具的时候，显示为"顶对齐文本"、"居中对齐文本"和"底对齐文本"按钮。
- "文字颜色"颜色框：单击此颜色框可以打开"拾色器"对话框，从中可以选择当前文字的颜色。
- "创建文字变形"按钮：单击按钮可以打开"变形文字"对话框。
- "切换字符和段落面板"按钮：单击按钮可以打开"字符"和"段落"面板。
- "取消"按钮和"提交"按钮：单击按钮，或者按下数字键盘上的<Enter>键，或者按下主键盘上的<Ctrl+Enter>组合键即可完成输入；单击按钮或者按下<Esc>键则可取消输入。

6.4.1 输入文字

在 Photoshop CS4 中输入文字有 3 种不同的方式，创建点文本、创建段落文本以及沿路径放置文本。

1. 创建点文本

点文本指的是在图像中输入独立的单行文本，如图 6-35 所示。

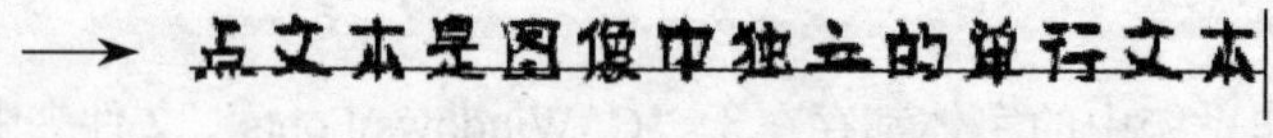

点文本是图像中独立的单行文本

图 6-35 创建点文本

点文本行的长度可以随着编辑的需要增加或者缩短，能够换行，但是行宽不能即时调整，如图 6-36 所示。

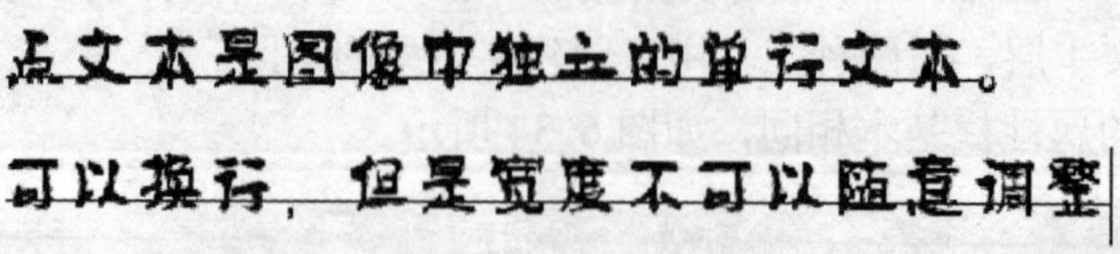

点文本是图像中独立的单行文本。

可以换行，但是宽度不可以随意调整

图 6-36 点文本的换行

2. 创建段落文本

当用户需要在图像中输入大块的文字时，则需要使用文字工具框选一个范围，创建段落文本，如图 6-37 所示。

段落文本基于定界框的尺寸换行，调整定界框的大小，文字将在调整后的矩形框中重新排列，如图 6-38 所示。

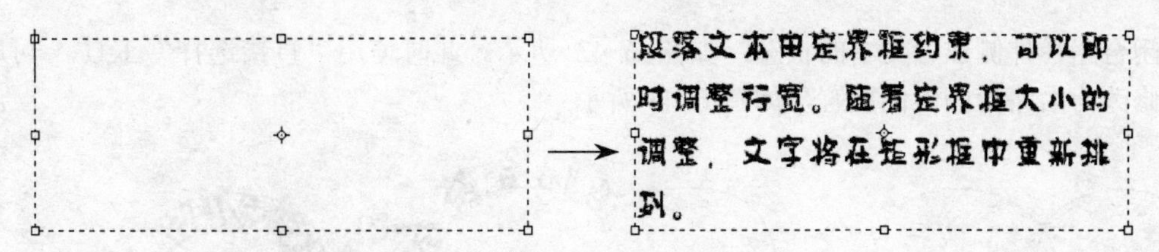

图 6-37 输入段落文本

小技巧：

按下<Alt>键，然后在图像中拖动鼠标再释放左键时会弹出如图 6-39 所示的“段落文字大小”对话框，用户可以在该对话框中设置文字定界框的宽度和高度。

段落文本由定界框约束，可以即时调整行宽。随着定界框大小的调整，文字将在矩形框中重新排列。

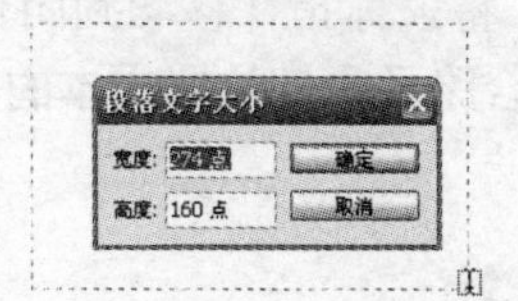

图 6-38 调整文本定界框　　图 6-39 “段落文字大小”对话框

3. 沿路径放置文本

当用户在图像中绘制一段开放路径后，选择“横排文字”工具 T 或者“直排文字”工具 T，然后将鼠标指针移动到路径上，当鼠标指针变成形状时，单击即可进入沿路径放置文本的状态，此时即可在路径的上方沿着路径放置文本，如图 6-40 所示。

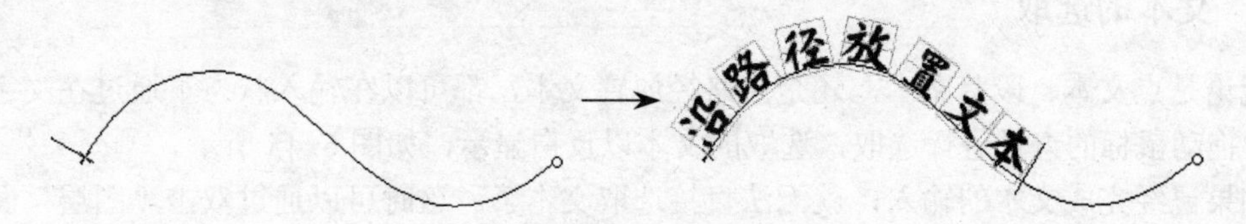

图 6-40 沿开放路径放置文本

在工具箱中选择“直接选择”工具，然后将鼠标指针移动到路径上，鼠标指针变成或者形状，单击并拖动鼠标即可修改路径文本的起点或者终点，拖动指针从路径上方到下方还可以修改路径文本的书写方式，如图 6-41 所示。

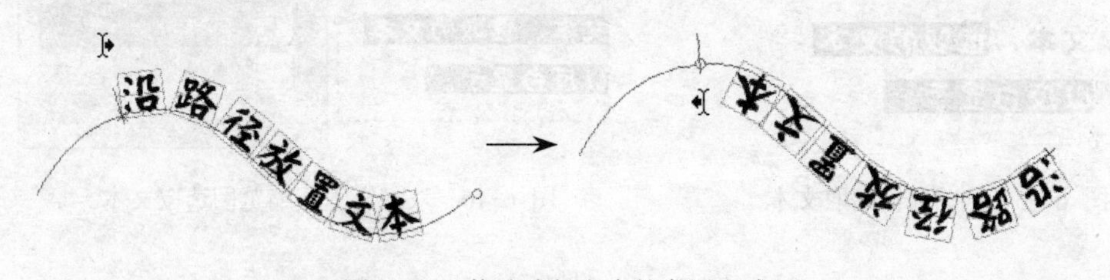

图 6-41 修改路径文本的书写方式

如果用户在图像中绘制的是一段闭合路径，那么 Photoshop CS4 将提供两种方式沿路径放置文本。

1）将鼠标指针移动到闭合路径附近，当鼠标指针呈形状时，单击鼠标左键即可进入到沿闭合路径外侧放置文本的状态，如图 6-42 所示。此时使用“直接选择”工具可以将文本修改为沿路径的内侧放置，如图 6-43 所示

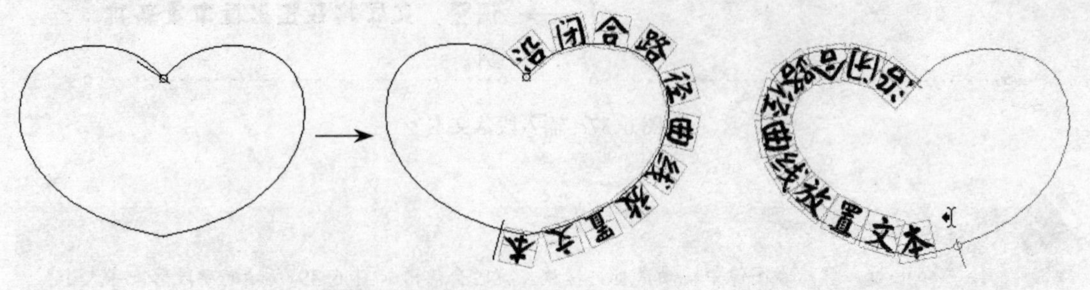

图 6-42　沿路径外侧放置文本　　　　图 6-43　沿路径内侧放置文本

2）将鼠标指针移动到闭合路径附近，当鼠标指针呈形状时，单击鼠标左键即可进入到在闭合路径内部放置文本的状态，如图 6-44 所示。

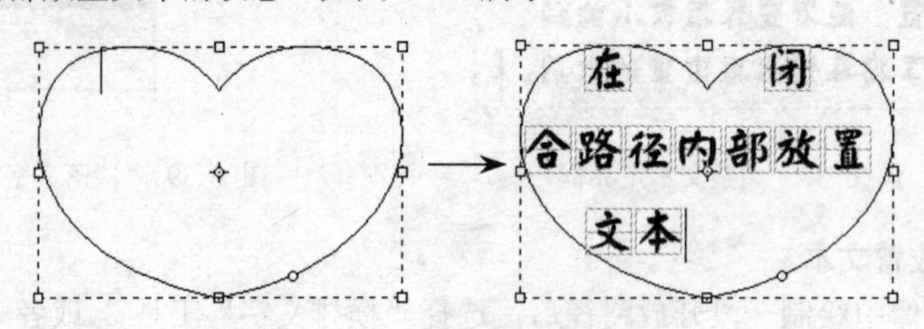

图 6-44　在路径内部放置文本

6.4.2　文本的选取

无论是点文本、段落文本，还是沿路径放置文本，都可以在输入状态下通过在文字位置单击并拖动鼠标的方式进行选取，选取的文本以反白显示，如图 6-45 所示。

如果已经完成文本的输入，就无法直接选取文本了。这时可以通过双击“图层”面板中的文本层缩览图将该文本层中的文本全部选中，如图 6-46 所示；也可以使用文字工具在文字区域内单击重新进入文本输入状态，然后进行文本的选取。

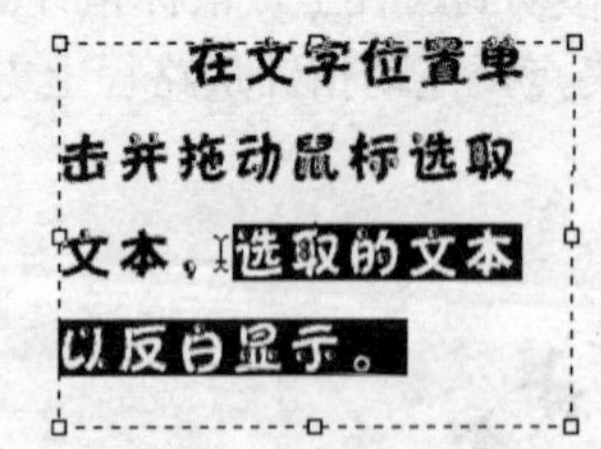

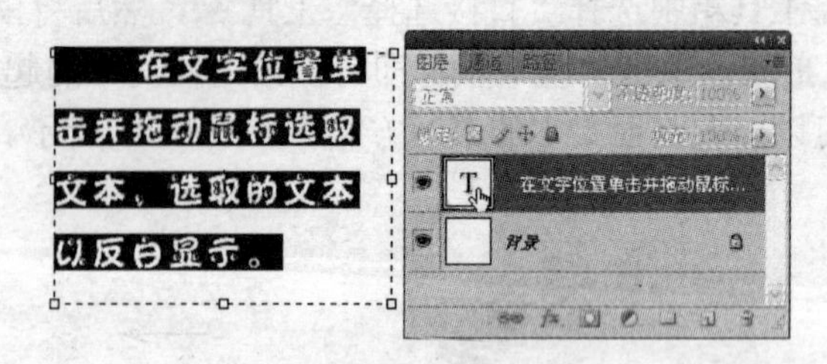

图 6-45　拖动鼠标选取文本　　　　图 6-46　双击文本层缩览图选取文本

6.4.3　文本的编辑

在输入文本状态下选取部分文本或者在完成输入以后选中文本层，都可以对文本进行以下编辑。

1. 修改字符或段落属性

在“字符”面板中，用户可以修改当前文本的字符属性，包括文本的行距、缩放、字距，还可以使用“字体样式”按钮组中的按钮为文字添加样式，如图 6-47 所示。

在“段落”面板中，用户可以修改当前文本的段落属性，可以为当前文本设置多种对齐方式，然后设置段落缩进和间距等，如图 6-48 所示。

2. 创建变形文字

选中文本层，然后单击工具栏中的“创建文字变形” 按钮可以打开“变形文字”对话框，设置不同样式的变形文字，如图 6-49 所示。

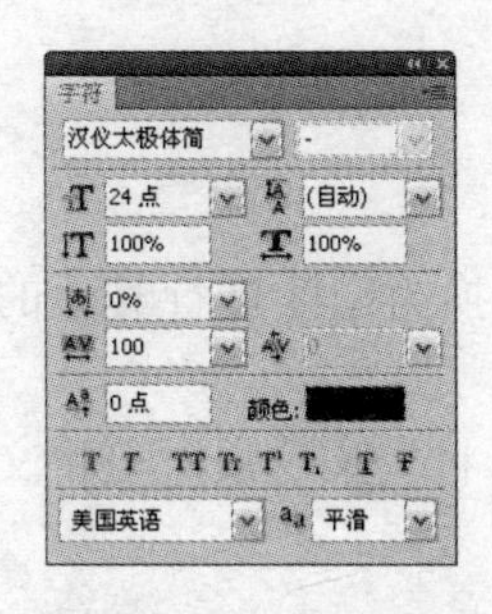

图 6-47 “字符”面板

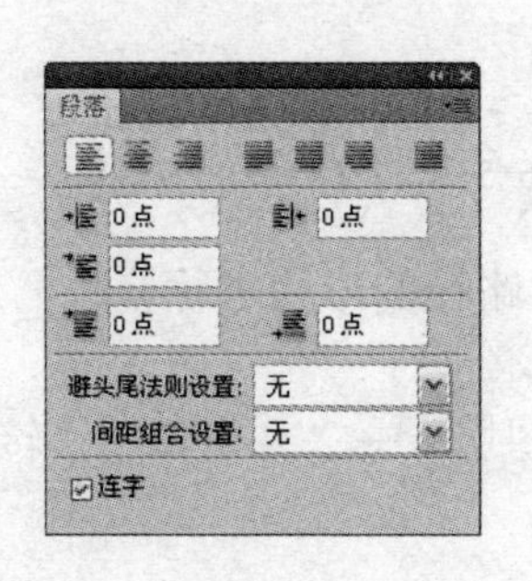

图 6-48 “段落”面板

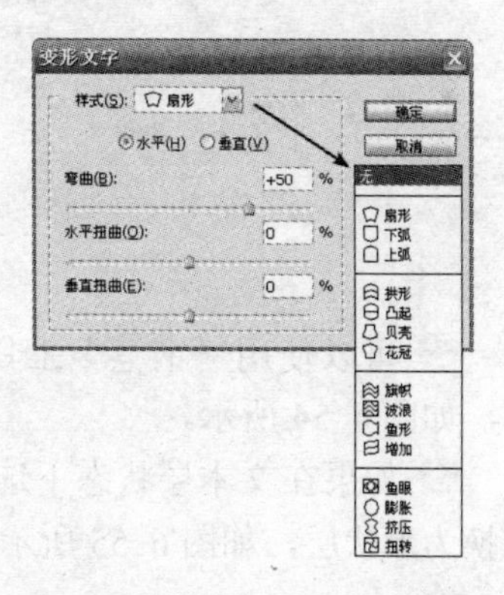

图 6-49 “变形文字”对话框

变形后的文字仍然以文本的形式存在（在“图层”面板中形成“变形文字”图层，用户仍然可以使用“字符”面板和“段落”面板对修改文字的属性）。

3. 对文本进行变换

使用“编辑”→“变换”子菜单中的菜单项，可以对文本进行缩放、旋转、斜切、变形和翻转等操作，如图 6-50～图 6-52 所示。

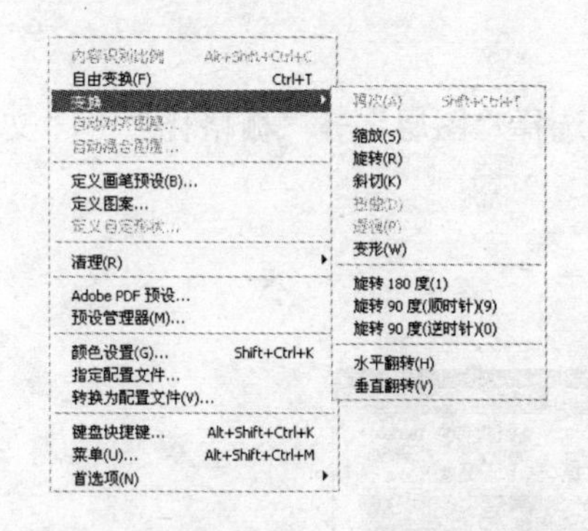

图 6-50 “编辑”→“变换”子菜单

图 6-51 旋转段落文本

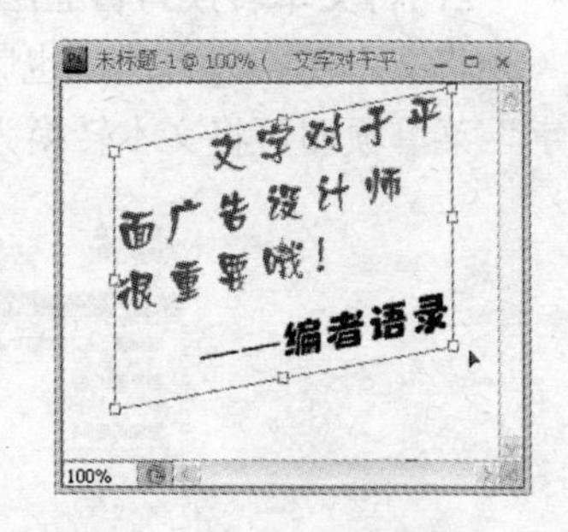

图 6-52 斜切段落文本

6.4.4 文本的转换

当用户使用文字工具在图像中输入文字的时候，系统会自动创建一个文本层，用户可以将文本层转换为路径和形状，也可以将文本转换为普通层，还可以将文本层载入选区。

1. 将文本转换为路径和形状

将文本转换为路径和形状并没有改变文本的矢量状态，只是转换后的文字不再具有文本的性质，不能再进行字体的修改了。

❶ 选择“图层”→“文字”→“创建工作路径”菜单项即可将文本转换为工作路径，原文本层保持不变，如图 6-53 所示。

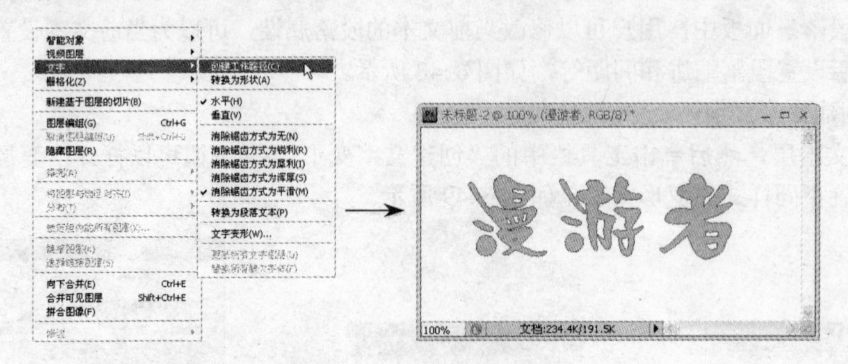

图 6-53　将文本转换为路径

❷ 可以使用“钢笔”工具对路径的形状进行修改，从而转换为选区进行其他的操作，如图 6-54 所示。

❸ 如果在文本层状态下选择“图层”→“文字”→“转换为形状”菜单项则可将文本转换为形状层，如图 6-55 所示。

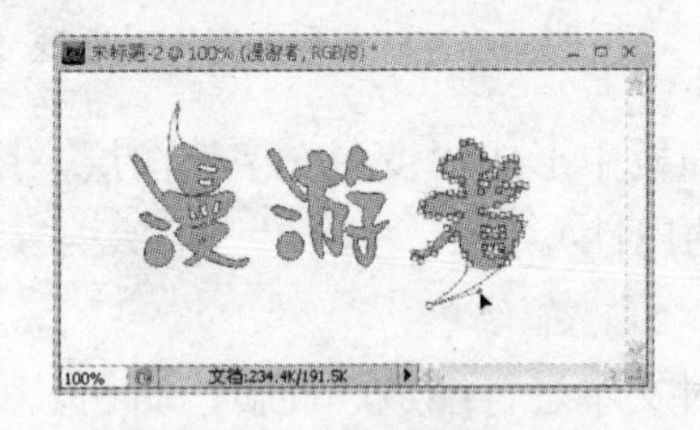

图 6-54　修改路径的形状

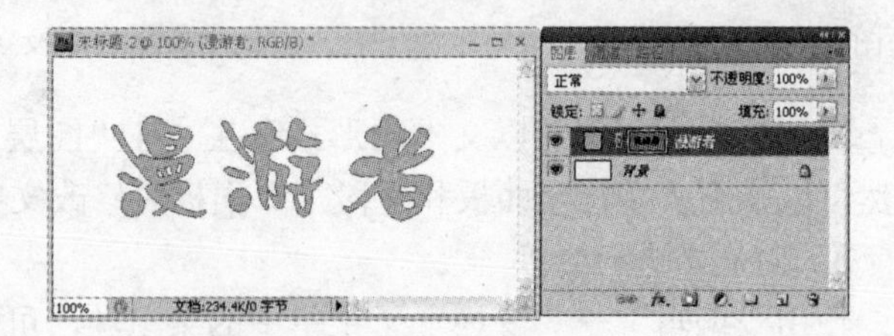

图 6-55　将文本转换为形状

2. 将文本转换为普通层

将文本转换为普通层也就是将矢量化的文本栅格化，选择“图层”→“栅格化”→“文字”菜单项即可将文本转换为普通层，如图 6-56 所示。

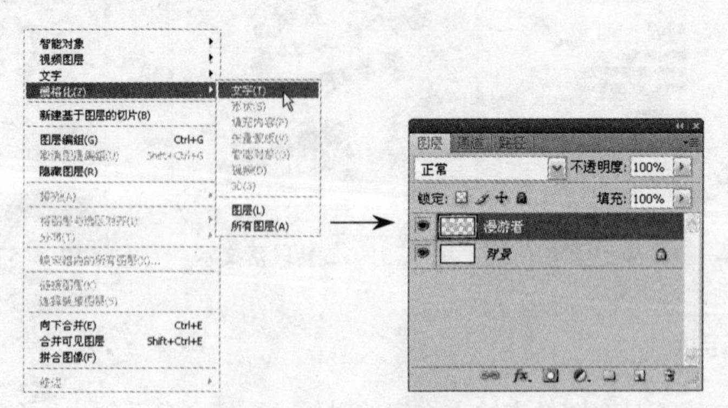

图 6-56　将文字栅格化

3. 将文本载入选区

如果想要将文本载入选区，可以直接使用“横排文字蒙版”工具或者“直排文字蒙版”工具输入文本或者在使用“横排文字”工具或“直排文字”工具完成文本输入以后，按下<Ctrl>键单击“图层”面板中的文本层缩览图。

6.4.5 综合实例——儿童书籍宣传画

范例文件：光盘→实例素材文件→第6章→6.4.5

❶ 打开光盘文件夹中的“儿童书籍宣传画.psd”文件，在“光线”图层的下方新建一个图层组，然后使用“钢笔”工具绘制一条开放路径，如图6-57所示。

❷ 选择“横排文字”工具，沿路径放置文本“小精灵”，字体设置为“汉仪凌波体简”，字体大小设置为100，字体颜色设置为“C：100，Y：100”，然后将“精”字的字体大小设置为115，如图6-58所示。

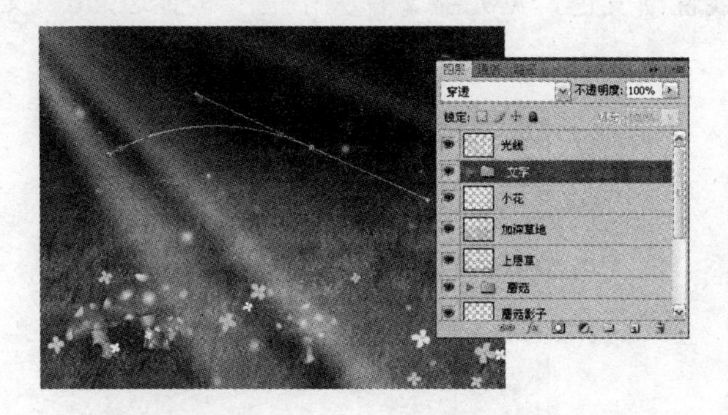

图 6-57 绘制开放路径

图 6-58 沿路径放置文本

❸ 为文本层添加“斜面和浮雕”样式和“投影”样式，如图6-59所示。

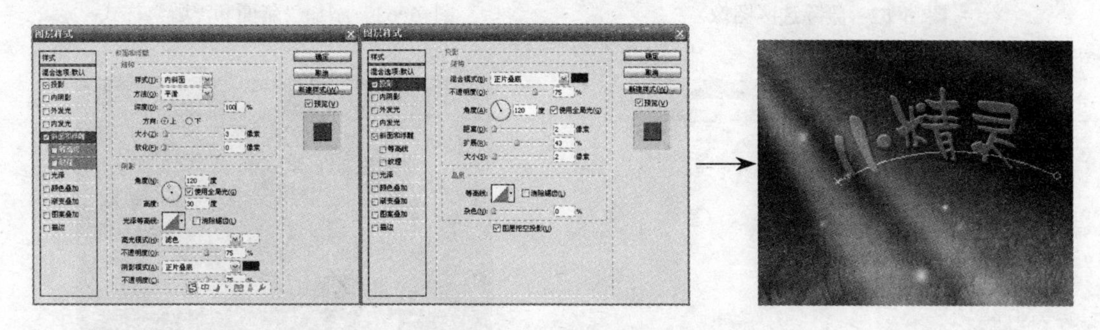

图 6-59 添加图层样式

❹ 按下<Ctrl>键单击文本层缩览图将其载入选区，然后选择“选择”→“修改”→“扩展”菜单项打开“扩展选区”对话框将选区扩展15像素，如图6-60所示。

❺ 新建一个图层，按下<Alt+Delete>组合键在选区中填充前景色，然后重新载入文本层选区，接着选择“选择”→“修改”→“扩展”菜单项打开“扩展选区”对话框将选区扩展8像素，如图6-61所示。

❻ 按下<Delete>键删除选区图像，然后按下<Ctrl+D>组合键取消选择，得到如图6-62所示的效果。

图 6-60　将选区扩展 15 像素

图 6-61　将选区扩展 8 像素

❼ 为当前图层添加“斜面和浮雕”样式和“渐变叠加”样式（使用从“Y：100”到“M：60，Y：100”到“Y：100”的线性渐变色，见光盘文件夹中的“黄金边.grd”文件），如图 6-63～图 6-65 所示。

图 6-62　删除选区图像

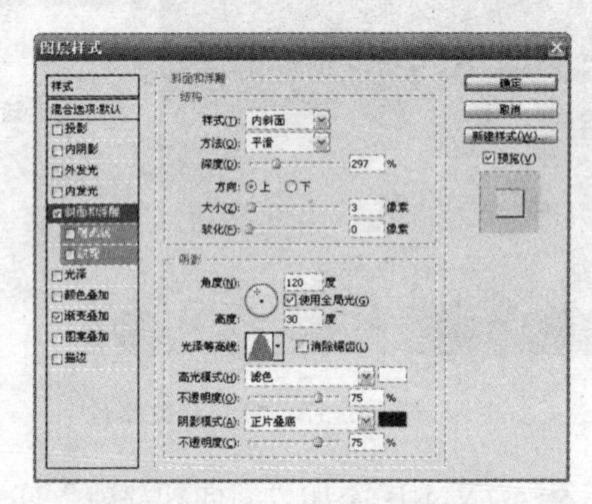

图 6-63　添加“斜面和浮雕”样式

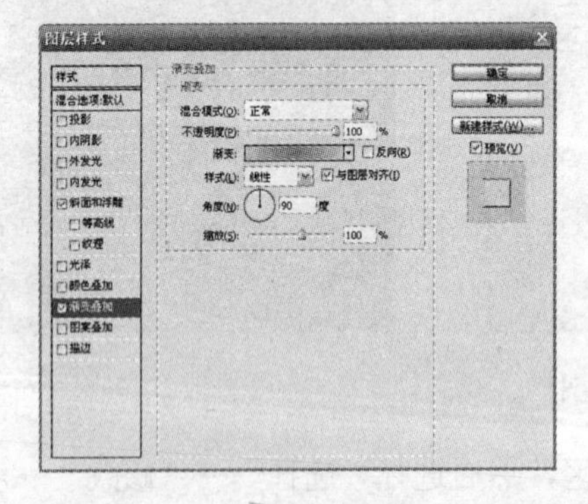

图 6-64　添加“渐变叠加”样式

图 6-65　添加图层样式后的效果

❽ 使用“横排文字”工具 T 在图像的右侧输入“夜故事”，字体设置为“金梅浪漫体”，字体大小设置为 70 点，字体颜色设置为“C：50，Y：20”，如图 6-66 所示。

❾ 为当前图层添加如图 6-67 所示的“光泽”样式和如图 6-68 所示的“投影”样式，得到如图 6-69 所示的效果。

❿ 输入“个系列共　本隆重上市！”，字体设置为“文鼎海报体”，字体大小设置为 35 点，字体颜色设置为白色，如图 6-70 所示。

图 6-66 输入“夜故事”

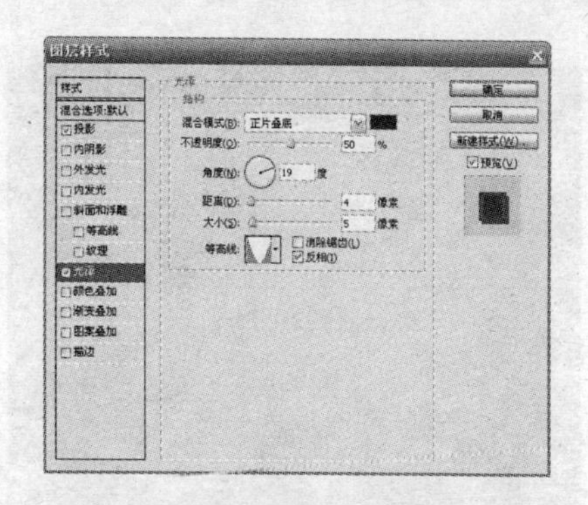

图 6-67 添加“光泽”样式

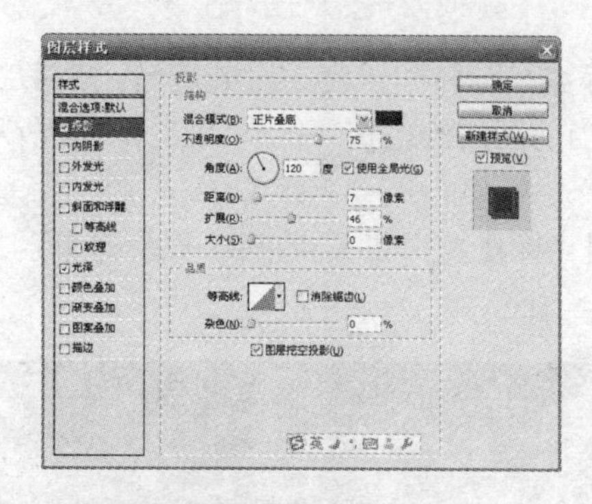

图 6-68 添加“投影”样式

图 6-69 添加图层样式后的效果

⑪ 输入“3”和“12”，字体设置为 Vitamin，字体大小分别设置为 48 点和 50 点，字体颜色分别设置为“M：30，Y：100”和“M：50，Y：100”，如图 6-71 所示。

图 6-70 输入“个系列共 本隆重上市！”

图 6-71 输入“3”和“12”

⑫ 为“3”和“12”文本层创建图 6-59 中所示的图层样式，得到如图 6-72 所示的效果。

⑬ 按下<Ctrl+Shift+Alt+N>组合键新建一个图层，然后使用“钢笔”工具绘制两个翅膀形状的闭合路径，接着将前景色修改为“C：30，M：5”。

⑭ 选中“画笔”工具，选择 8 像素圆角画笔，然后按住<Alt>键单击“路径”面板下方的“用画笔描边路径”按钮打开“描边路径”对话框，选中“模拟压力”复选框并单击 确定 按钮，如图 6-73 所示。

图 6-72 添加图层样式

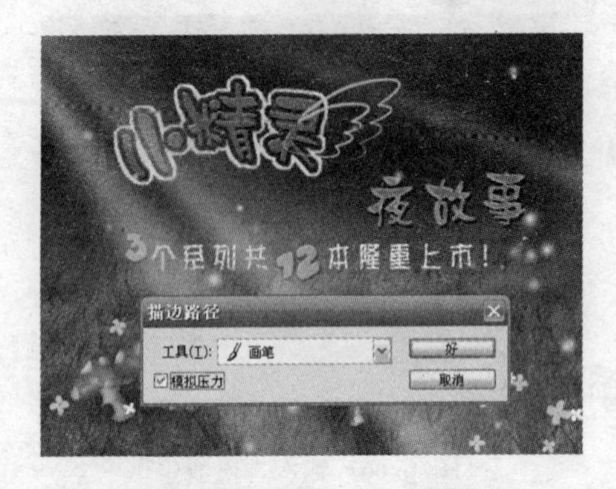

图 6-73 对路径进行描边

⑮ 将当前图层复制一份，接着对副本图层进行水平翻转和一定角度的旋转，然后按下<Ctrl+U>组合键打开“色相/饱和度”对话框，调整当前图层的色相，得到如图 6-74 所示的效果。

⑯ 调整最上层两个图层的排列顺序，然后使用“橡皮擦”工具擦除多余的像素，如图 6-75 所示。

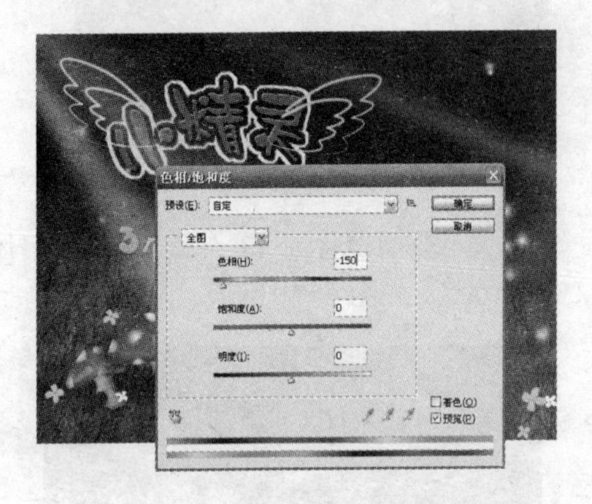

图 6-74 调整“色相/饱和度”

图 6-75 擦除多余的像素

6.5 广告文字

在平面广告设计中，文字和图片是两大基本构成要素，文字排列组合的好坏会直接影响到整个的视觉传达效果。

6.5.1 文字的搭配

平面广告设计作品中的广告文字主要包括标题、广告词和广告正文，文字的搭配手法主要有中外搭配、大小搭配、字体搭配、多色搭配等类型，这些手法可以单独使用，也可以混合使用。

- 中外搭配：一般是指中文和英文搭配，英文字体可以是中文的翻译、中文的拼音或者没有什么实际意义而只是为了装饰画面，如图 6-76 所示。
- 大小搭配：指的是使用同一种字体来完成设计，通过字体的大小变化来展示一种立体感与节奏感，如图 6-77 所示。

- 字体搭配：指的是将不同类型的字体搭配起来使用，通过不同字型之间的巨大反差来找到一种和谐的图饰美感，如图 6-78 所示。
- 多色搭配：指的是使用不同颜色的字体来完成设计，使画面丰富多彩，充满趣味，如图 6-79 所示。

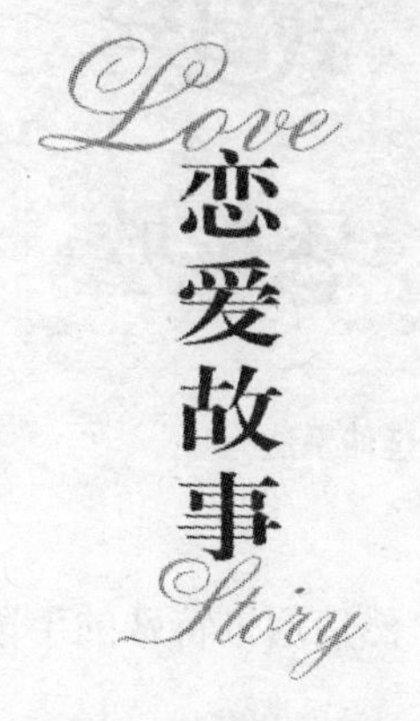

图 6-76 中外搭配

图 6-77 大小搭配

图 6-78 字体搭配

图 6-79 颜色搭配

6.5.2 文字的造型设计

文字的造型设计是平面广告设计中的一个重要内容，也是平面广告设计学习的基础内容。在完成文字造型设计的时候，常常会需要对现有的中文字体进行加工和改造，以得到满意的造型。常用的文字造型方法有以下几种。

1. 象形

象形原本是指用描摹词所概括的客观实体来表达词义的一种造字方法，在文字的造型设计中，象形是指对实物的形象进行提炼和加工，然后引入到设计中去，成为似字非字，似图非图的文字造型，如图 6-80 所示。

2. 会意

在文字的造型设计中，会意是指将文字的含意或者由文字含意所引申出的形象进行提炼和加工，然后引入到设计中去，成为特殊的文字造型，如图 6-81 所示。

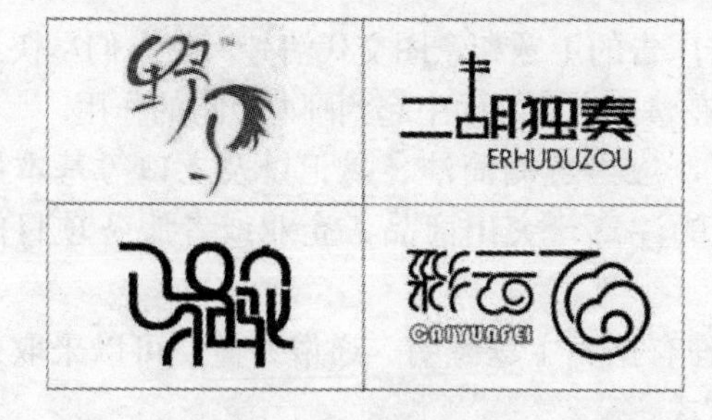

图 6-80 象形手法

图 6-81 会意手法

3. 联想

在文字的造型设计中，联想指的是将文字所能联想到的形象进行提炼和加工，然后引入到设计中去，成为特殊的文字造型，如图 6-82 所示。

4．延伸

延伸是指通过将文字的笔画向四周延伸和扩展，形成一种独特的文字造型，如图 6-83 所示。

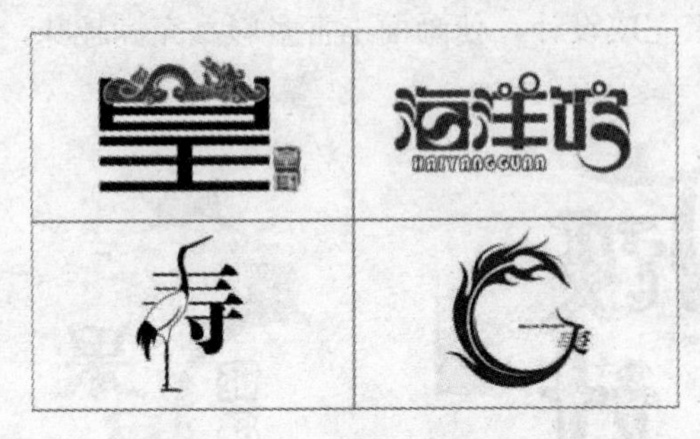

图 6-82　联想手法

图 6-83　延伸手法

5．衔接

在文字的造型设计中，衔接是指通过将其他的形象引入到设计中，然后通过特殊的手段将这些形象与文字较好地融合起来，如图 6-85 所示。

图 6-84　衔接手法

6.5.3　文字的撰写

平面广告中的文字包括标题、广告词和广告正文。广告文字的写作要站在商品销售或者服务宣传战略的高度，有侧重点、有针对性、有艺术性，广告文字应该是最动人和最精确的传达广告主题的语言符号。

- 标题文字：标题的概括性要强，要能够将广告的主题和意图交代清楚，使人们尽快地理解设计者的意图。有时候标题文字可以在整个广告画面中起到画龙点睛的作用。
- 广告词：广告词是标准的口号型的语言，应当遵循简洁、易记以及上口等基本原则，要有一定的刺激性，能够引起人们的注意，突出商品、企业或者服务项目的优点。
- 广告正文：在撰写广告正文时要做到有理有据、主题鲜明、通俗易懂，可以采取问答型、列举型、描写型和小说型等写作方式。

6.5.4　文字的编排

广告文字的编排主要是指正文的编排，包括如何搭配使用各种字型的字体，如何设置字距与行距，如何对文字进行模块化等。

1．字体的选择

对自己系统中已经安装的中文字体应当有一定的了解，哪些字体清秀，哪些优雅，哪些调皮，哪些规整，哪些苍劲古朴，要做到心中有数。不同的行业、不同的内容、不同的季节、不同的主题应当选择不同的字体来表现。

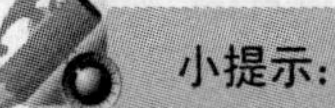

小提示：

在一个版面设计中，使用 2～3 种字形的字体就可以达到很好的视觉效果，设计者可以对这些字体进行缩放、加粗、变细、拉长、压扁和调整间距等操作来适应版面中不同的需求。

2．字距与行距

字距行距的把握是设计者对于设计画面的心里感受，也是设计者设计品味的直接体现。字距的设置还与字体的类型有关系，有些字体本身带有一定的间距。行距一般在字体大小的 1.2～1.5 倍之间，因为这样的行距会在两行文字之间形成一条明显的空白带，引导读者的目光，而行距过宽的话会使得文字的连续性较差，表现力也会受到适当的影响。但是对于一些特殊的版面，行距与字距的加宽或缩紧却能够更好的表现画面的层次与弹性，抒发或轻松或紧张的情感，体现主题的内涵。

3．文字的模块化

如果画面中的正文较多，就需要对文字进行模块化管理——将画面中的文字根据文案单元的数量和内容进行面积的规划和版面的编排，使正文形成面积、形状不等的模块，为主题文字和图片内容提供足够的表现空间。

6.5.5 广告文字的应用原则

在平面广告设计中，不论是经过处理和加工的文字，还是直接输入的文字，都应该遵循以下几种原则。

1．可读性强

广告文字最根本的目的是让人们读懂并且理解广告的意图，不论广告文字以何种方式进行造型、搭配和编排，它们仍然不能摆脱准确传达信息的责任。因此，平面广告设计中应当避免出现繁杂零乱、难读难认的文字（除非它不是以文字的姿态而是以图形符号的姿态出现），应当注意文字浏览时的视觉顺序和方向，选择合适的字体、字号和间距，尽量使文字清晰和整洁，适应人们的阅读习惯。

2．风格一致

每一件平面广告作品都应该有自己的风格，或者说是基调。同一幅作品画面中的各种不同字体的组合都要打造并符合整个作品的基本基调，形成总体的感情倾向，不能各种文字都自成一派。通过文字之间交相辉映、搭配协调，使平面广告作品更具凝聚力和个性。

3．位置协调

在平面广告设计中，文字在视觉上有大小、轻重和强弱的区别，它们在画面上的位置安排会直接影响画面的整体效果。要处理好文字与文字之间的位置关系，文字与图形之间的位置关系。在以图片为主要诉求要素的版面中，文字应该紧凑地排列在合适的位置（如图片的下方、右侧等位置），不可以有过多的变化和奇特的造型，以免喧宾夺主，造成视线流动的混乱。如果文字是版面中的主要诉求要素，图片起辅助说明作用的话，就应该注意画面的节奏感、层次感和趣味性了。

6.5.6 综合实例——名片设计

范例文件：光盘→实例素材文件→第6章→6.5.6

1．设计标志

❶ 新建一个大小为300mm×180mm，分辨率为300dpi，CMYK颜色模式，背景内容为白色的图像文件，将它以“财富宝贝标志”的文件名保存为PSD格式。按下<D>键使用默认的前景色和背景色。

❷ 选择“横排文字”工具T，在图像文件中输入“财”（字体设置如图6-85所示）、“富”（字体大小设置为90点）、“宝贝”（字体设置如图6-86所示），字体颜色为“K：100”，文本层混合模式设置为“正片叠底”，如图6-87所示。

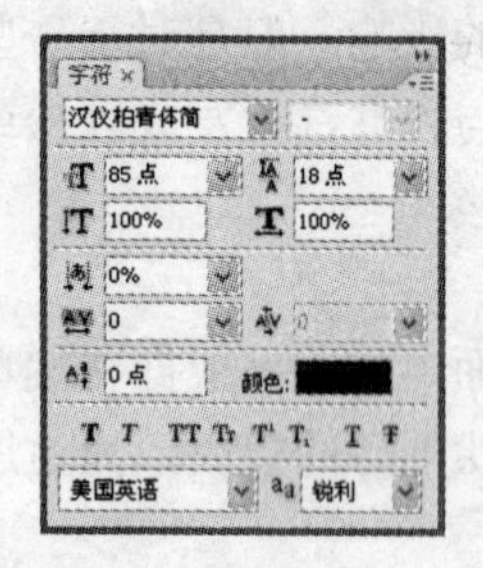

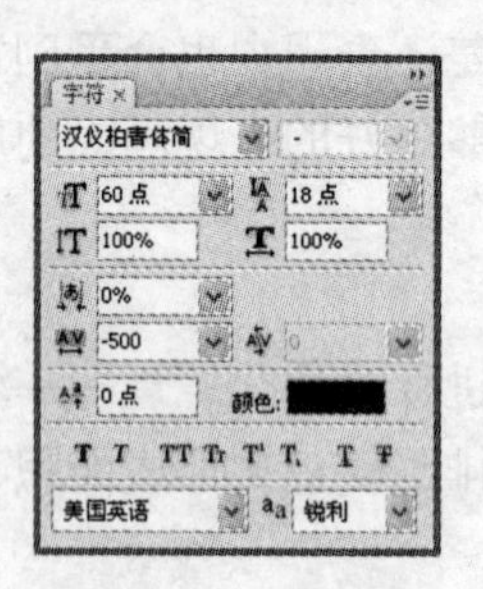

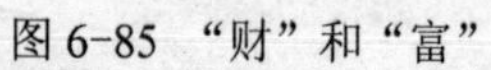

图6-85 “财”和“富”　　图6-86 “宝贝”　　图6-87 文字效果

小提示：

印刷输出的设计作品中的黑色文字一般不使用系统默认的四色黑，而是使用“K：100”颜色，并将文本层的混合模式设置为“正片叠底”的方法来表现。

❸ 使用“矩形选框”工具框选“富”字的下半部分，然后单击“图层”面板下方的“添加图层蒙版”按钮为“富”文本层添加图层蒙版，接着按下<Ctrl+I>组合键对蒙版进行反相操作，如图6-88所示。

❹ 使用“椭圆”工具创建一个圆形的路径，然后使用“钢笔”工具对路径进行适当的修改并将路径拖动到“创建新路径”按钮上将该路径保存为“路径1”，如图6-89所示。

图6-88 处理图层蒙版

图6-89 创建闭合路径

❺ 单击“图层”面板下方的“创建新组”按钮 新建“铜钱”图层组，然后在该组中新建一个图层，选择“画笔”工具，选择尖角画笔，将画笔大小设置为 9 像素，然后在“画笔”面板中完成如图 6-90 所示的设置。

❻ 将前景色设置为“M：70，Y：100”，然后单击“路径”面板下方的“用画笔描边路径”按钮，得到如图 6-91 所示的效果。

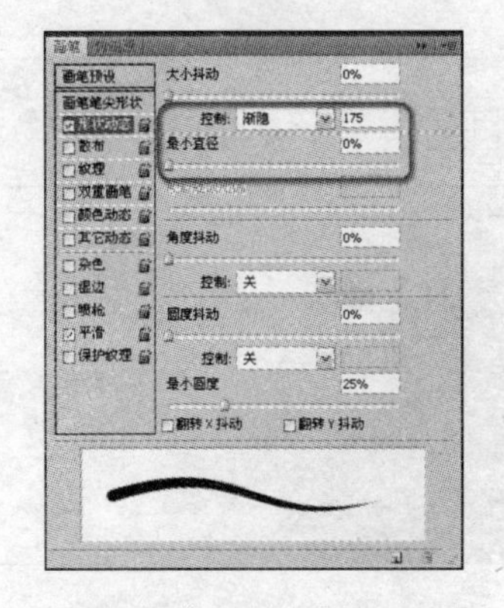

图 6-90　设置画笔

图 6-91　使用画笔描边路径

❼ 按下<Ctrl+Shift+Alt+N>组合键新建一个图层，然后使用“矩形“工具创建一个正方形路径，接着将该路径保存为“路径 2”，如图 6-92 所示。

❽ 选择“画笔”工具，将画笔大小设置为 6 像素，然后在“画笔”面板中将大小抖动的“渐隐”控制设置为 120，单击“路径”面板下方的“用画笔描边路径”按钮使用画笔对路径进行描边，得到如图 6-93 所示的效果。

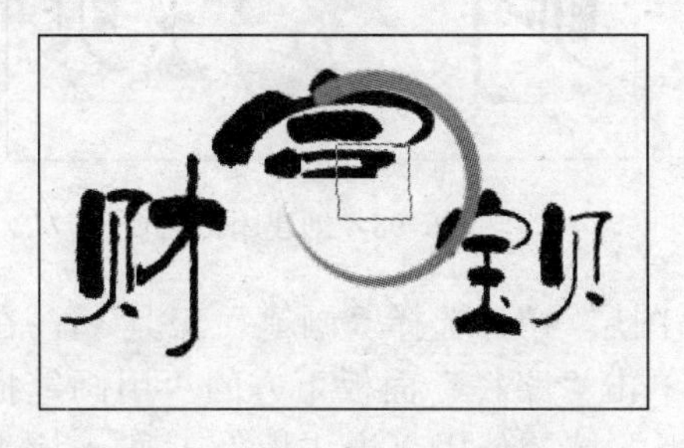

图 6-92　创建矩形路径

图 6-93　使用画笔描边路径

❾ 将背景色设置为“M：20，Y：100”，然后新建“图层 3”，排列在“铜钱”图层组的最下层。在“路径”面板中选中“路径 1”，然后单击“路径”面板下方的“用路径作为选区载入”按钮，得到选区后按下<Ctrl+Delete>组合键在选区内填充背景色，接着按下<Ctrl+D>组合键取消选区，如图 6-94 所示。

❿ 选中“铜钱”图层组，然后按下<Ctrl+T>组合键进入自由变换状态，调整铜钱的位置和旋转角度，得到如图 6-95 所示的效果。

⓫ 选中“图层 3”，然后为该图层添加图层蒙版，接着选择“渐变”工具，在蒙版中拉出从“黑”到“白”的线性渐变，如图 6-96 所示的效果。

⓬ 使用“多边形套索”工具创建如图 6-97 所示的选区，然后按下<Ctrl+I>组合键将蒙版中的选区图像反相，接着取消选区，完成铜钱的制作。

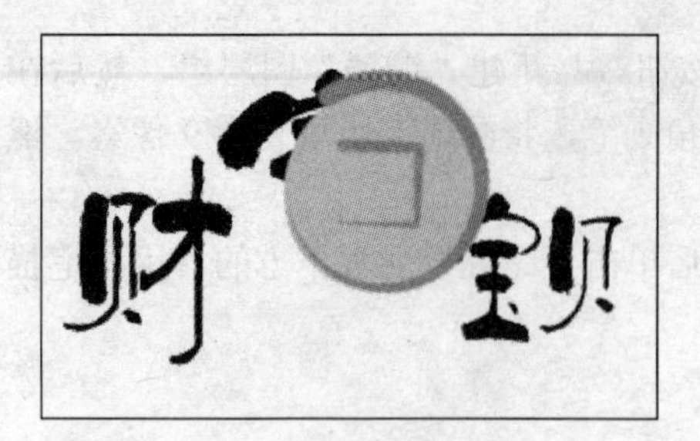

图 6-94 使用前景色填充路径

图 6-95 对图层进行移动和旋转

图 6-96 在图层蒙版中拉出线性渐变

⑬ 使用“钢笔”工具 绘制元宝形状的闭合路径（保存为“路径 3”），如图 6-98 所示。

图 6-97 对蒙版中的选区反相

图 6-98 创建闭合路径

⑭ 新建“元宝”图层组并在该组中新建“图层 4”，选择“画笔”工具 ，在“画笔”面板中完成如图 6-99 所示的设置，然后单击“路径”面板下方的“用画笔描边路径”按钮 。为“宝贝”文本层添加图层蒙版，接着使用“橡皮擦”工具 擦去部分图像，如图 6-100 所示。

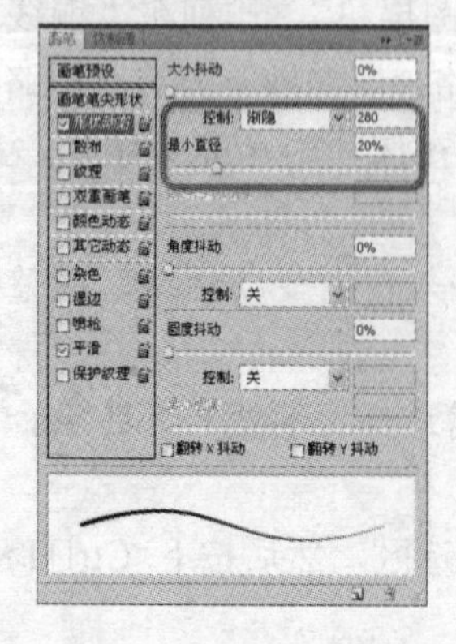

图 6-99 创建闭合路径

图 6-100 使用画笔描边路径

⑮ 新建“图层 5”，然后将该图层排列在“元宝”图层组的最下层，在“路径”面板中单击“路径 3”载入选区，接着按下<Alt+Delete>组合键在选区中填充前景色。取消选区后为当前图层添加图层蒙版，然后使用“渐变”工具在蒙版中拉出从“黑”到“白”的线性渐变，如图 6-101 所示。

图 6-101　在图层蒙版中拉出线性渐变

⑯ 使用“椭圆选框”工具创建如图 6-102 所示的椭圆选区，然后使用“渐变”工具在蒙版中自上向下拉出从“黑”到“白”的线性渐变，取消选区后得到如图 6-103 所示的效果。

图 6-102　创建椭圆选区

图 6-103　“财富宝贝”标志效果

⑰ 新建“图层 6”，按下<Ctrl+Shift+Alt+E>组合键将所有的可见图层合并复制到该图层。最后将图像文件保存为“财富宝贝标志.psd”文件。

2．设计名片

⑱ 新建一个大小为 90mm×55mm，分辨率为 300dpi，CMYK 颜色模式，背景内容为白色的图像文件。按下<Ctrl+R>组合键显示标尺，然后拖出四条参考线，分别放在距离图像边界 3mm 的位置（限定文字与裁切边界的距离），如图 6-104 所示。

⑲ 新建“组 1”，打开“财富宝贝标志.psd”文件，将“图层 6”拖入到“普通版名片.psd”文件中并放置在合适的位置，如图 6-105 所示。

图 6-104　拖出参考线

图 6-105　导入公司标志

⑳ 将“财富宝贝标志.psd”文件中的“铜钱”图层组复制到设计文件中，然后将图层组

的“不透明度”调整为“60%”。复制“铜钱”图层组并调整其不透明度得到另一枚铜钱，如图 6-106 所示。

㉑ 使用“横排文字”工具 T 输入点文字——“经理：”和“王亚男”（字体颜色为“K：100”，字体分别为“汉仪柏青体简”和“方正黄草简体”，大小分别为 20 点和 40 点，文本层混合模式设置为“正片叠底”，如图 6-107 所示。

图 6-106　制作两枚铜钱

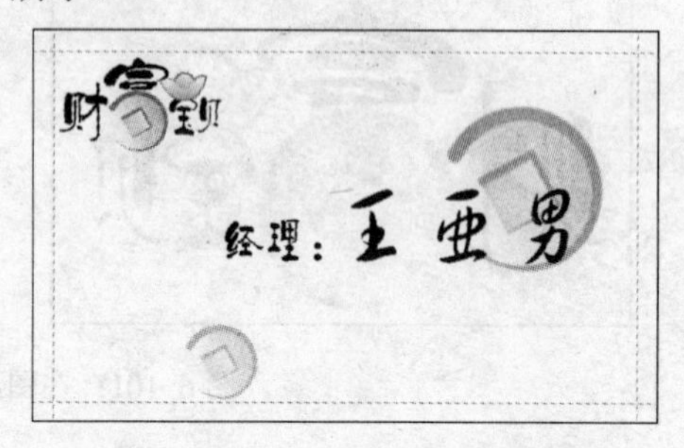

图 6-107　输入点文字

㉒ 输入客户的地址、电话、传真、手机和 Email 信息（字体为“汉仪南宫体简”，大小为 7 点，颜色为“K：100”，文本层混合模式设置为“正片叠底”），如图 6-108 所示。

㉓ 输入“诚交天下朋友”，字体设置为“汉仪蝶语体简”，大小为 8 点，颜色为“K：100”，文本层混合模式设置为“正片叠底”，如图 6-109 所示。

图 6-108　输入段落文字

图 6-109　名片正面的效果

㉔ 将图像文件以“名片正面”的名称保存为 PSD 格式。删除“组 1”，然后新建图层组，接着切换到“财富宝贝标志.psd”文件，将该文件中的“图层 6”复制到设计文件中，如图 6-110 所示。

㉕ 将“财富宝贝标志.psd”文件中的“元宝”图层组复制到设计文件中，调整元宝的大小和位置，然后将该图层的“不透明度”调整为“60%”。复制“铜钱”图层组并调整其不透明度得到另外两枚铜钱，如图 6-111 所示。

图 6-110　导入公司标志

图 6-111　制作三枚元宝

㉖ 使用“横排文字”工具 输入文字 “古玩店”，字体设置为“汉仪萝卜体简”，大小为12点，颜色为“M：100，Y：100，K：15”，如图6-112所示。

㉗ 输入点文字——“经过太白南路的时候进来看看！”、“这里有别人的宝贝和您的财富！”（字体为“汉仪南宫体简”，大小分别为12点和13点，颜色为“K：100”，文本层混合模式设置为“正片叠底”），如图6-113所示。

图6-112　输入点文字

图6-113　名片反面的效果

㉘ 将图像文件以“名片反面”的名称保存为PSD格式。

6.6　综合实例——彩虹城广告

范例文件：光盘→实例素材文件→第6章→6.6

❶ 将背景色设置为“C：80，M：57，Y：93，K：30”，前景色设置为“C：65，M：20，Y：100”，然后新建一个173mm×225mm，300dpi，CMYK颜色模式，背景内容为背景色的图像文件，如图6-114所示。

❷ 使用“矩形选框”工具 在图像的中上部创建矩形选区，然后按下<Alt+Delete>组合键在选区内填充前景色，接着将前景色修改为“C：15，M：10，Y：25”，再在图像的下方创建矩形选区，按下<Alt+Delete>组合键在选区内填充前景色，如图6-115所示。

❸ 按下<Ctrl+O>组合键打开“打开”对话框，打开光盘文件夹中的“树林.jpg”文件，然后使用“移动”工具 将其复制到设计文件中，缩放至合适大小，放置在合适位置，得到“图层1”，如图6-116所示。

图6-114　新建图像文件

图6-115　制作设计背景

图6-116　导入树林图片

❹ 单击“图层”面板下方的“添加图层蒙版”按钮 为当前图层添加图层蒙版，然后使用“渐变”工具 在图像下部拉出“黑，白”线性渐变，使图像和背景能够良好的过渡，如图 6-117 所示。图层蒙版的状态如图 6-118 所示。

图 6-117 添加图层蒙版

图 6-118 图层蒙版的状态

❺ 将前景色修改为白色，然后使用“钢笔”工具 创建如图 6-119 所示的形状，制作出卷叶照片的效果，得到“形状 1”。

❻ 导入光盘文件夹中的“楼盘.jpg”文件，得到“图层 2”，如图 6-120 所示。

❼ 按下<Ctrl+T>组合键进入自由变换状态，移动图像，使图像的右上角和“形状 1”的右上角对齐（留出一定距离作为照片的白边），然后将旋转中心移动至图像的右上角，将图像逆时针旋转一定角度。保持自由变换状态，接着选择“编辑”→“变换”→“变形”菜单项进入变形状态，对图像进行变形，得到如图 6-121 所示的效果。

小提示：

旋转中心是图像进入自由变换状态后，图像正中出现的 标志，对图像进行旋转变换时，旋转中心将确定旋转操作的中心点。

图 6-119 绘制形状

图 6-120 导入楼盘图片

图 6-121 对图像进行“变形”

❽ 使用“钢笔”工具 创建闭合路径框选“图层 2”左下方多余的像素，然后按下

<Ctrl+Enter>组合键将路径转换为选区，按下<Delete>键删除选区内的图像，得到如图 6-122 所示的卷曲的照片效果。

❾ 使用“钢笔”工具创建如图 6-123 所示的形状，作为照片卷起的一角，然后选择“图层”→“栅格化”→“形状”菜单项将形状层转换为普通层。

❿ 在当前图层中使用“画笔”工具和“加深”工具绘制出照片的立体效果，如图 6-124 所示。

图 6-122 删除选区图像

图 6-123 创建形状层

图 6-124 绘制照片卷角

⓫ 新建一个图层，放置在形状层的下层，然后将前景色设置为墨绿色，选择“画笔”工具，使用柔角画笔绘制出照片的投影效果，如图 6-125 所示。

⓬ 打开光盘文件夹中的“地图.tif”文件，如图 6-126 所示。

⓭ 将“地图.psd”文件复制到设计文件中，缩放至合适大小，放置在图像的右下方，接着导入光盘文件夹中的“彩虹城标志.tif”文件，如图 6-127 所示。

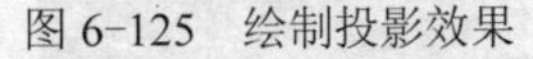

图 6-125 绘制投影效果

图 6-126 彩虹城地图素材

图 6-127 导入素材图片

⓮ 选择“横排文字”工具，使用“文鼎 CS 中宋”字体，在图像中输入“彩虹城”、“高档住宅区”字样，字体颜色设置为“Y：20”，如图 6-128 所示。

⓯ 使用“方正细黑简体”字体，在图像中输入“植物园、玉洁湖珠联璧合，荡漾心波。”、“380，000 平方米广袤的生态植物……”字样，如图 6-129 所示。

图 6-128 输入标题文字

图 6-129 输入广告词

⑯ 使用“Jokerman”字体，在图像中输入“VIP”，字体颜色设置为“C：75，M：60，Y：90，K：25”，如图 6-130 所示。

⑰ 使用“文鼎 CS 中宋”字体，在图像中输入“卡获 3.6%额外优惠仅剩 3 天！”，将“3.6%”设置为喜欢的英文字体，字体颜色修改为“C：55，M：95，Y：100，K：40”，如图 6-131 所示。

图 6-130 输入“VIP”字样

图 6-131 输入广告正文

⑱ 使用“宋体”字体，在图像中输入段落文本——“11 月 26 日盛大开盘●主题样板房全面开放●新老业主大型联谊，现场抽取大奖●所有到场客户尽品美食并有意外惊喜”，字体颜色设置为“C：45，M：85，Y：100，K：15”，输入其他楼盘介绍文字和广告主相关信息（参加光盘文件夹中的“广告文案.txt”文件），如图 6-132 所示。

⑲ 将图像文件保存为 PSD 格式，最终设计效果如图 6-133 所示。

图 6-132 输入广告正文和广告主相关信息

图 6-133 最终设计效果

6.7 练习题

1．填空题

① 选择________菜单项可以对当前图层执行“变形”操作，在图像上创建________，通过边界上的角点、控制轴和网格线来调整图像的外形，以达到各种不规则的扭曲效果，弥补“自由变换”操作的不足。

② 对于各种中文字体而言，________字体能够营造一种古朴典雅的气氛；________体比较适合男性产品和重大新闻；________体则适合女性产品和生活话题；________体主要在严肃的场合使用。

③ 单击✓按钮，或者按下数字键盘上的________键，或者按下主键盘上的________键即可完成输入；单击⊘按钮或者按下________键则可取消输入。

④ 常用的文字造型方法有________、________、________、________和________。

⑤ 平面广告设计作品中的广告文字主要包括________、________和________，文字的搭配手法主要有________、________、________和________等类型。

⑥ 平面广告设计作品中广告文字应用的主要原则有________、________和________。

2．操作题

① 购买一些常见的中文系列字体，如文鼎、汉仪、华文和方正等，并将它们安装在系统（“C:\Windows\Fonts”文件夹）中。

② 打开 Photoshop CS4 应用软件，然后新建一个图像文件，选择一种文本工具，在工具栏中的“设置字体系列”下拉列表中预览各种字体的效果。

第7章　图片的处理

07

学习要点：

- 混合模式的使用
- 图片的获得
- 图片内容的选取
- 图片的色彩处理

案例数量：

- 3个行动实例，1个综合实例

内容总览：

学习平面广告设计要从临摹别人的作品开始——设想类似的客户需求，挑选相似的素材图像，构建类似的风格和意境。在临摹优秀作品的时候，图片的选择和处理就显得尤其重要，本章将为大家讲述Photoshop中一些常用的图像处理方法。

7.1　知识充电——混合模式

范例文件：光盘→实例素材文件→第7章→7.1

下面将通过一个具体实例来了解一下设置图层混合模式的作用。

❶ 打开光盘文件夹中的“湖边风景.jpg”文件，图像中的景色很美，只是略显昏暗，如图7-1所示。

❷ 在“图层”面板中将图像背景层拖动到面板下方的“创建新图层”按钮上将其复制一份，得到“背景副本”，然后在“混合模式”下拉列表中选中“滤色”选项，此时图像的颜色要明亮许多，如图7-2所示。

图 7-1　打开素材文件

图 7-2　设置“滤色”混合模式

❸ 如果想要让图像中天空的颜色更加自然一些，还可以添加一个“叠加”图层。单击“图层”面板下方的“创建新的填充或调整图层”按钮 打开一个下拉菜单，然后在菜单中选择“渐变”选项打开“渐变填充”对话框，在该对话框中完成设置以后单击对话框上方的“渐变编辑条”打开“渐变编辑器”设置渐变颜色并单击 确定 按钮，如图 7-3 所示。

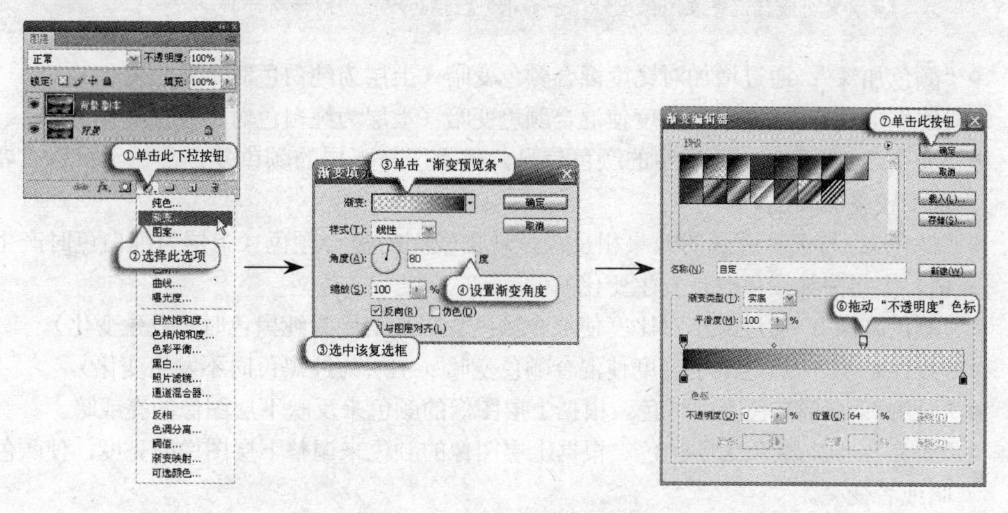

图 7-3 创建渐变填充图层

❹ 此时“图层”面板中出现一个新的调整层——“渐变填充 1”，将该图层的“混合模式”设置为“叠加”，图像的色彩变得更加柔和，如图 7-4 所示。

图 7-4 设置“叠加”混合模式

图层的混合模式决定了当前图层或者图层组中图像的颜色以何种计算方式与下层或者下方图层组的图像进行融合，更暗、更亮、更灰或者更鲜艳。使用不同的混合模式可以创建各种不同的图层堆叠效果。

Photoshop CS4 为用户提供了 25 种混合模式，它们的作用效果分别如下。

- “正常”：系统默认的混合模式，上层图像的颜色盖住下层图像的颜色。
- “溶解”：使用上层或者下层图像中的随机点替代图像中原有半透明的像素。上层图像的不透明度越小，图层上的像素消失的越多。
- “变暗”：查看每个通道中的颜色信息，显示下层或者上层中较暗的颜色。
- “正片叠底”：查看每个通道中的颜色信息，将上层与下层的颜色复合，呈现较暗的复合颜色（上层为纯黑色时产生黑色，上层为纯白色时不发生变化）。

"正片叠底"模式主要适用于哪几种情况？

① 需要加强曝光过度的影像浓度时。

② 需要保留上层的暗色部分，而将白色部分舍弃时。

③ 需要将黑白线稿混合在图像上时（例如根据扫描的线稿绘制插画时）。

- "颜色加深"：通过增加对比度混合颜色变暗（上层为纯白色时不发生变化）。
- "线性加深"：通过减小亮度使混合颜色变暗（上层为纯白色时不发生变化）。
- "变亮"：查看每个通道中的颜色信息，将上层与下层的颜色复合，显示下层或者上层中较亮的颜色。
- "滤色"：与正片叠底的效果相反，呈现出较亮的复合颜色（上层为纯白色时产生白色，上层为纯黑色时不发生变化）。
- "颜色减淡"：通过减小对比度使混合颜色变暗（上层为纯黑色时不发生变化）。
- "线性减淡"：通过减小亮度使混合颜色变暗（上层为纯黑色时不发生变化）。
- "叠加"：50%灰色为中性色。根据上层图像的颜色来反映下层图像的亮或暗。
- "柔光"：50%灰色为中性色。根据上层图像的颜色来调整下层图像的亮度，使颜色变暗或者变亮。
- "强光"：50%灰色为中性色。根据下层图像的颜色来调整上层图像的亮度。这对于向图像添加暗调非常有用。
- "亮光"：50%灰色为中性色。根据下层图像的颜色来调整上层图像的对比度。
- "线性光"：50%灰色为中性色。根据下层图像的颜色来调整上层图像的亮度。
- "点光"：50%灰色为中性色。根据下层图像的颜色来替换上层图像的颜色。这对于向图像添加特殊效果非常有用。
- "实色混合"：该模式制作了一个多色调分色的图片，由下面 8 个颜色组成：红、绿、蓝、青、洋红、黄、黑和白。显示颜色是下层颜色和上层颜色亮度的乘积。
- "差值"：查看每个通道中的颜色信息，用上下层图像中较大的亮度值减去较小的亮度值。上层颜色为白色时下层图像反相，上层颜色为黑色时则下层图像不发生变化。
- "排除"：创建与"差值"模式相似但对比度更低的效果。
- "色相"：根据下层图像的亮度、对比度以及上层图像的色相来确定显示颜色。
- "饱和度"：根据下层图像的亮度、色相以及上层图像的饱和度确定显示颜色。
- "颜色"：根据下层图像的亮度以及上层图像的色相、饱和度确定显示颜色。

小提示：

① "叠加"模式适用于当用户希望上层图像的亮部和暗部均匀地融合至下层时。

② "柔光"模式适用于当用户希望上层的图像均匀、半透明地融合至下层，得到比"叠加"模式淡一些的效果时。

③ "颜色"模式适用于需要为单色或者黑白图像上色或者给彩色图像着色时。

- "亮度"：根据下层图像的色相、饱和度以及上层图像的亮度来确定显示颜色，创建与"颜色"模式相反的效果。
- "亮色"：比较上下两层图像的亮度，将上下两层中较亮的像素显示在上层，较暗的像素衬在下层。

- “暗色”：比较上下两层图像的亮度，将上下两层中较暗的像素显示在上层，较亮的像素衬在下层。

7.2 图片的获得

平面广告设计中离不开图片素材，而这些图片素材是从何而来的呢，学习完本节的内容以后，相信大家都会找到答案了。

7.2.1 图片素材的来源

在平面广告设计中使用的图片素材主要来自于以下几种渠道。

1．设计者拍摄

有很多优秀的平面广告设计师同时也是摄影师，他们捕捉生活中的美好时刻，记录大自然的精彩瞬间，既积累了素材、开阔了视野，也陶冶了情操。通过亲自动手拍摄得到的图片素材是绝对原创和个性的东西，也是一名平面广告人欣赏能力的重要体现。

2．广告主提供

细心的广告主在定做平面广告之前会向设计者提供一些企业证书、厂房照片、产品照片、员工相片和以前制作的宣传单页、海报、产品包装等素材，有时候也会提供一些电子文档。这些素材都是平面广告中必须使用的，无论你怎样排版，怎样构图，客户的要求都是首先应该满足的，客户提供的信息才是最有价值的信息。

3．商业图库

在各大书店都可以见到厚厚的商业图库出售，一般都是将一本目录导读和多片素材光盘包装在一起的。有PSD格式的广告设计模板素材，也有JPG和TIFF格式的各类图片素材，这些素材画面清晰，分辨率较大。商业图库是平面广告设计人员必备的设计工具之一。

4．网络下载

互联网上的资源是非常丰富的，设计者可以从互联网上下载一些素材图像，但是需要注意的是，有一些分辨率较小（例如 72dpi）的图片是不适于印刷输出的，因为印刷输出要求的图片分辨率起码要达到 300dpi。除非图像的尺寸很大，否则从网上下载的素材图像是无法满足设计需求的。

5．Photoshop 艺术合成

Photoshop 是平面广告人的秘密武器，使用 Photoshop 系统中提供的滤镜、外挂滤镜、蒙版和通道对素材图像进行加工处理、艺术合成，就可以制作出各式各样丰富多彩的底图效果。这些底图也成为了平面广告人良好的设计素材。

6．设计者绘制

设计者亲自动手绘制的图片包括用纸笔绘制和用 Photoshop、鼠标或者数位板绘制两种形式。手绘风格的 POP 广告从开始流行以来就一直很受欢迎，而在平面广告设计作品中融入手绘的元素也是一种比较时尚的表现手法。

7.2.2 图片的扫描

广告主提供的实物图片素材需要通过扫描，将其转换为数码图片的形式，才可以供平面

广告设计人员使用。下面就来学习一下扫描图片的方法。

首先购买扫描仪（或者带有扫描功能的一体机），将扫描仪与打印机连接在一起，然后按照说明书安装驱动程序，再次启动 Photoshop CS4 应用程序时，就可以看到“文件”→“导入”子菜单中的扫描程序启动菜单项，如图 7-5 所示。下面就以 Cano scan 3000ex 为例，介绍扫描仪的使用方法。

❶ 将待扫描的页面放在扫描仪的玻璃板上，保证文档盖关闭良好，然后选择“文件”→“导入”→“Cano Scan 3000/3000F…”菜单项打开如图 7-6 所示的窗口。

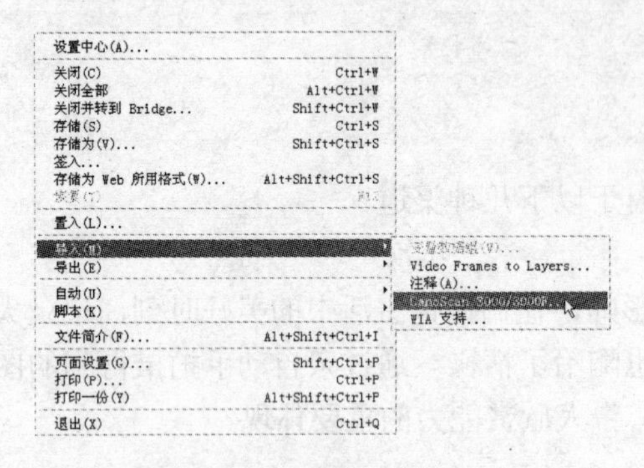

图 7-5　启动扫描仪程序

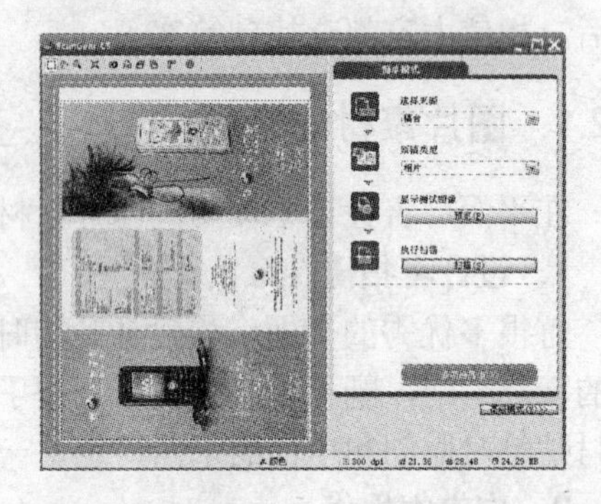

图 7-6　“ScanGear CS”对话框

❷ 单击 高级模式(V)>> 按钮切换到高级模式，如图 7-7 所示。单击 预览(P) 按钮预览玻璃板上的图像，然后在右侧的“主要”选项卡中设置图像扫描的“色彩模式”、“输出分辨率”的选项。

小提示：

在“色彩模式”下拉列表中有“黑白”、“灰度”、“颜色”和“文本增强”4 个选项；在“输出分辨率”文本框中可以输入需要的扫描分辨率数值。

❸ 切换到“设置”选项卡，完成过滤器的相关选项设置，如图 7-8 所示。

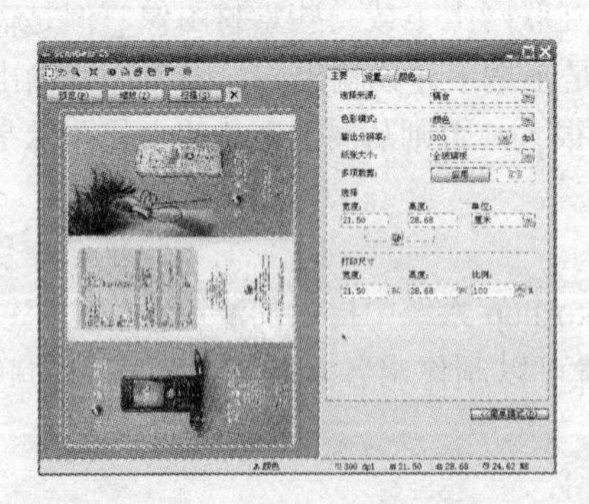

图 7-7　选择“主要”选项卡

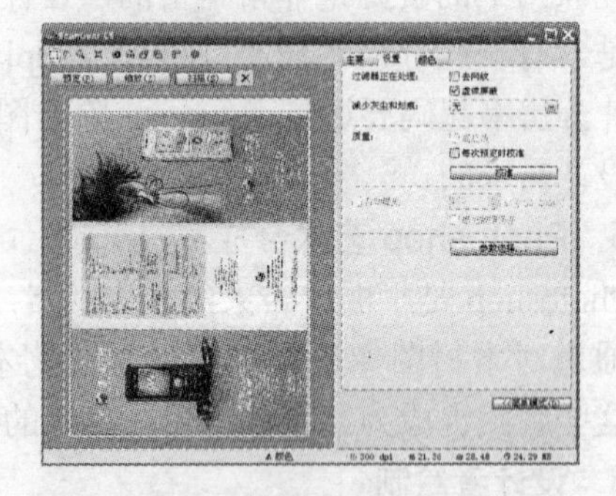

图 7-8　切换到“设置”选项卡

小提示：

在减少灰尘和划痕的同时，也会损失图像的颜色信息，影响图像的清晰度，所以该选项应该谨慎设置，也可以在图像扫描完成后使用 Photoshop 进行相关处理。

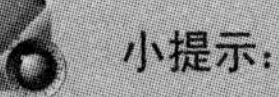

❹ 如果需要对扫描的图像进行颜色的调整，可以切换到“颜色”选项卡，完成相关的曲线调整，如图 7-9 所示。

❺ 最后，单击 扫描(S) 按钮，稍等片刻即可得到如图 7-10 所示的图像文件，这时还需要关闭扫描程序窗口才可以在 Photoshop 中继续工作。

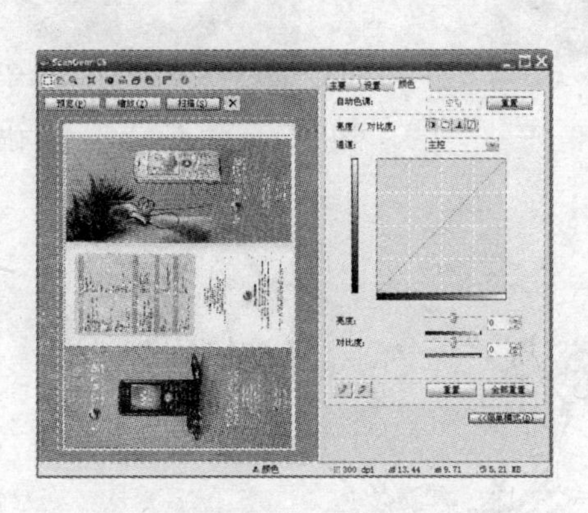

图 7-9 切换到“颜色”选项卡

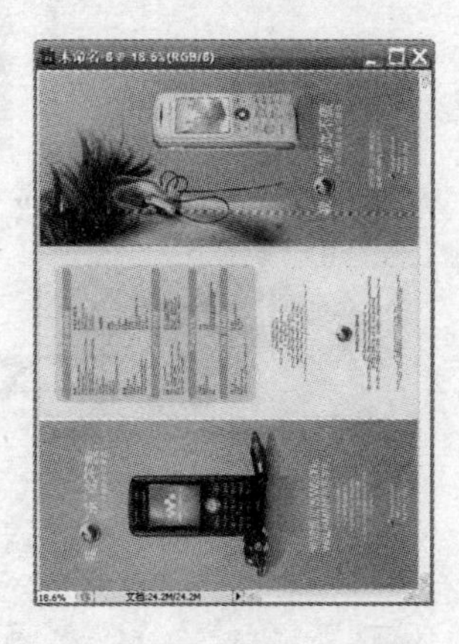

图 7-10 扫描后的图像

1. 扫描照片

在扫描照片的时候，需要在“设置”选项卡中选中“虚像屏蔽”复选框，以得到图像清晰、颜色鲜艳的图像。如图 7-11 和图 7-12 所示分别为选中“虚像屏蔽”复选框与取消选中该复选框时所得到的扫描效果。

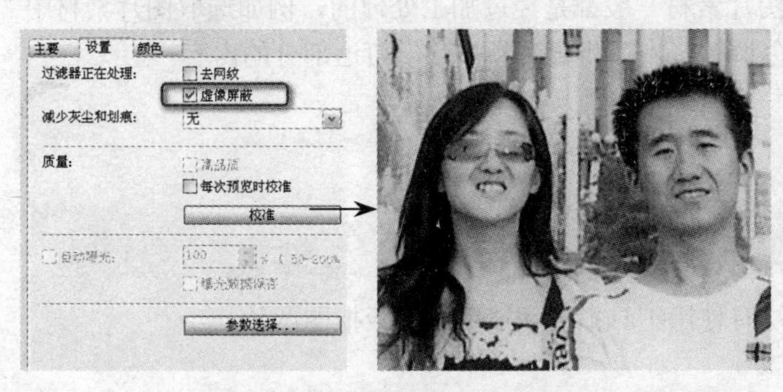

图 7-11 选中“虚像屏蔽”复选框后的扫描图像

图 7-12 未经虚像屏蔽的扫描图像

2. 扫描印刷稿

在扫描印刷稿的时候，需要在“设置”选项卡中选中“去网纹”复选框，以得到平滑和清晰的图像。如图 7-13 和图 7-14 所示分别为选中“去网纹”复选框与取消选中该复选框所得到的扫描效果。

3. 扫描草图

草图一般只是一个框架或者版式小样，扫描草图可以按照扫描照片的方法进行，但是分辨率设置可以适当小一些，扫描照片的分辨率一般在 600dpi，扫描草图在 300dpi 就可以了。

4. 扫描线稿

扫描线稿需要在“主要”选项卡中的“色彩模式”下拉列表中选中“灰度”选项，这样一来，得到的扫描线稿就是灰度颜色了，如图 7-15 所示。

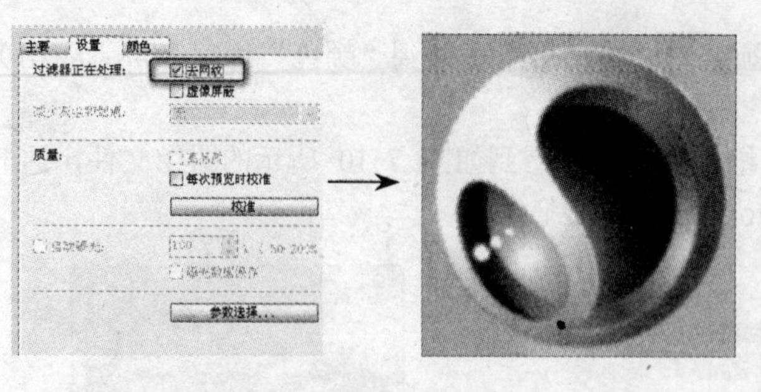

图 7-13 选中“去网纹”复选框后扫描效果

图 7-14 未去除网纹的扫描效果

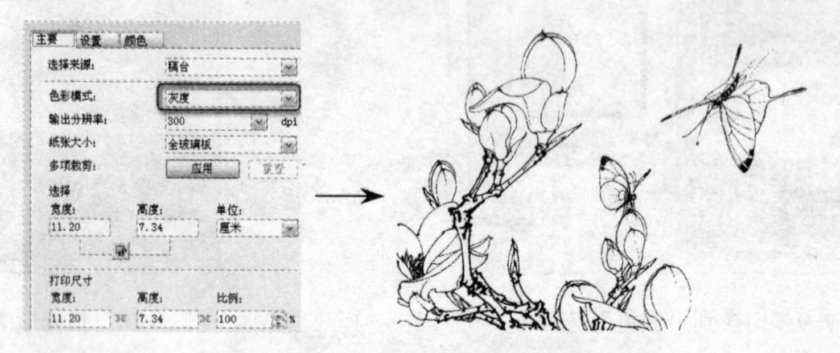

图 7-15 扫描的的灰色线稿图像

7.3 图片的处理

在平面广告设计作品中看到的图片素材一般都是经过加工处理的，例如选取图片素材中某一部分图像，调整图像的色彩和色调等，本节将要带领大家学习这部分的内容。

7.3.1 行动实例：抠图

范例文件：光盘→实例素材文件→第 7 章→7.3.1

平面广告设计者常用的抠图手法有使用工具抠图和通道和蒙版抠图两种。

1. 工具抠图

能够创建选区的工具有很多，而平面广告设计者用来抠取图像的工具通常只有“多边形套索”工具、“磁性套索”工具和“钢笔”工具。

❶“多边形套索”工具：主要适用于抠取对于边缘为多边形或者较为平直的图像，如图 7-16 所示。

图 7-16 使用“多边形套索”工具

❷“磁性套索”工具：主要适用于抠取边缘清晰而且较为平滑的图像，如图 7-17所示。

图 7-17 使用“磁性套索”工具抠图

❸“钢笔”工具：“钢笔”工具是抠取图像的首选工具，只要是边缘较为平滑，背景稍微复杂一些的图像也可以使用“钢笔”工具进行抠取，如图 7-18 所示。

图 7-18 使用“钢笔”工具抠图

2．通道和蒙版抠图

使用通道和蒙版可以抠取边缘较为复杂的图像，例如凌乱的头发和半透明的婚纱。

❶ 打开光盘文件夹中的“长发女.jpg.”文件（该文件为 RGB 颜色模式），然后使用“色板”面板将前景色设置为 RGB 红色，背景色设置为 RGB 绿色，如图 7-19 所示。

❷ 将背景层复制一份，然后按下<Ctrl+I>组合键对“背景副本”层执行“反相”操作，如图 7-20 所示。

图 7-19 打开素材图像

图 7-20 将图层“反相”

❸ 打开“通道”面板，按住<Ctrl>键不放单击红通道，将其载入选区，然后按下

<Ctrl+Shift+Alt+N>组合键新建一个图层，接着按下<Alt+Delete>组合键在选区内填充前景色，如图 7-21 所示。

❹ 在“图层”面板中取消当前图层的显示，然后新建一个图层，接着切换到“通道”面板将绿通道载入选区，再按下<Ctrl+Delete>组合键在选区内填充背景色，如图 7-22 所示。

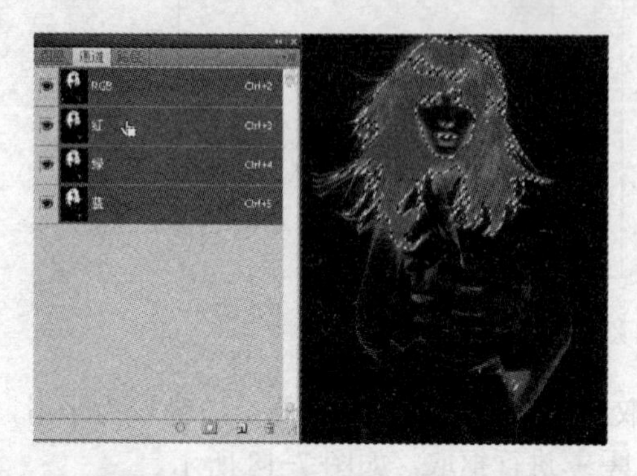

图 7-21 在红通道选区内填充红色

图 7-22 在绿通道选区内填充绿色

❺ 在“图层”面板中取消当前图层的显示状态，新建一个图层，然后将前景色改为 RGB 蓝色，接着切换到“通道”面板中将蓝通道载入选区，再按下<Alt+Delete>组合键在选区内填充前景色，如图 7-23 所示。

❻ 按下<Ctrl+D>组合键取消选择，然后取消“背景副本”层的显示状态，显示上面 3 个图层并将它们的“混合模式”都设置为“滤色”，如图 7-24 所示。

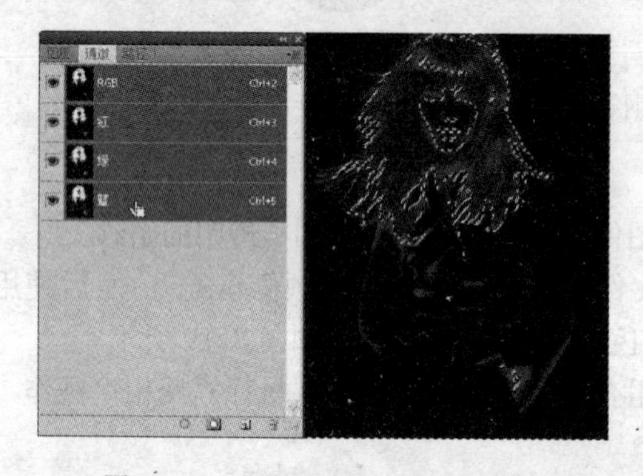

图 7-23 在蓝通道选区内填充蓝色

图 7-24 设置“滤色”混合模式

❼ 选中上面 3 个图层，然后按下<Ctrl+Alt+E>组合键将所有选中的图层合并复制到最上层，接着按下<Ctrl+I>组合键执行“反相”操作，如图 7-25 所示。

❽ 将前景色设置为“蜡笔黄”色，然后新建一个图层放在“背景副本”层上层，接着按下<Alt+Delete>组合键在选区内填充前景色。隐藏中间的 3 个图层，得到如图 7-26 所示的效果。

❾ 将背景层复制一份，然后按下<Ctrl+Shift+]>组合键将“背景副本 2”层置为最上层，接着使用“钢笔”工具创建路径圈选人物的主题部分，并按下<Ctrl+Enter>组合键将路径转换为选区，使用“多边形套索”工具按住<Alt>键减选手臂与身体之间的部分，如图 7-27 所示。

❿ 按下“图层”面板下方的“添加图层蒙版”按钮为当前图层添加图层蒙版，然后

删除未显示的所有图层，如图 7-28 所示。

图 7-25　合并复制选中的图层

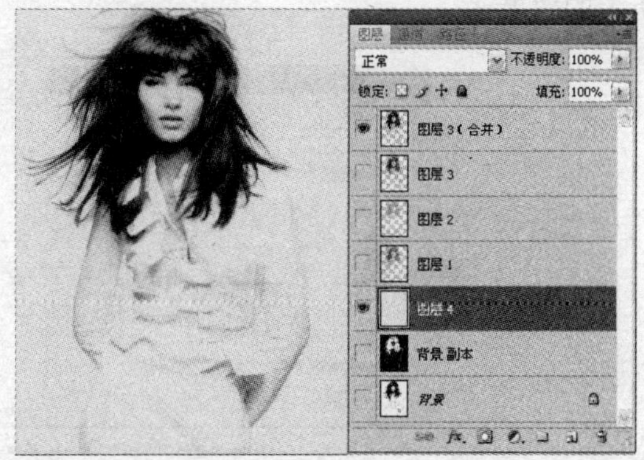

图 7-26　在图层中填充蜡笔黄色

⓫ 选中上层的两个图层，然后按下<Ctrl+E>组合键将它们合并为一个图层，接着选中作为背景的“图层 4”，按下<Ctrl+U>组合键打开“色相/饱和度”对话框，调整该图层的颜色，检查抠图效果，如图 7-29 所示。

图 7-27　创建闭合路径　　图 7-28　抠出完整图像　　图 7-29　调整背景颜色

⓬ 打开光盘文件夹中的“三妹.jpg”文件，将文件另存为 PSD 格式，如图 7-30 所示。

⓭ 打开“通道”面板，选中绿通道（该通道最能反映图像的色阶情况），如图 7-31 所示。

图 7-30　打开素材图像

图 7-31　绿通道中的图像

⓮ 将绿通道复制一份，然后按下<Ctrl+L>组合键打开“色阶”对话框，将黑色滑块调

整到 50，白色滑块调整到 200，设置图像的黑场和白场，单击 确定 按钮得到如图 7-32 所示的效果。

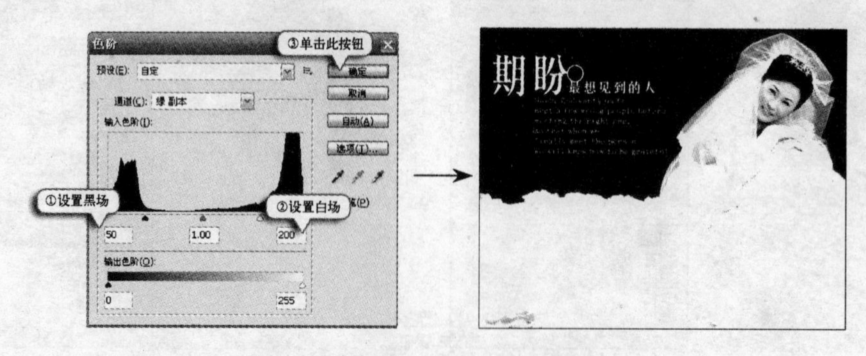

图 7-32 调整“绿副本”通道色阶

⑮ 使用“橡皮擦”工具擦除人物以外的文字，如图 7-33 所示。

⑯ 将“绿副本”通道载入选区，然后选中 RGB 复合通道，切换到“图层”面板，选中背景层，按下<Ctrl+J>组合键通过复制选区图像创建“图层 1”，如图 7-34 所示。

图 7-33 使用橡皮擦擦拭

图 7-34 新建通过拷贝的图层

⑰ 隐藏“图层 1”，使用“钢笔”工具创建闭合路径选取人物，接着选中并显示“图层 1”，单击“图层”面板下方的“添加图层蒙版”按钮为该图层添加图层蒙版，如图 7-35 所示。

⑱ 将前景色设置为“黑红”色，然后新建一个图层（“图层 2”），放置在背景层的上层。接着按下<Alt+Delete>组合键填充前景色，如图 7-36 所示。

图 7-35 选取人物部分

图 7-36 添加图层蒙版

⑲ 将背景层复制一份，得到“背景副本”，将该层置为最上层。载入图层蒙版选区，然后为该图层添加同样的图层蒙版，如图 7-37 所示。

⑳ 选择“橡皮擦”工具，圆角画笔，将“硬度”调整为“50%”，在婚纱上带有原背景色的部分图像上作用，擦去背景色。然后将“不透明度”调小一些，然后在婚纱及人物上做细致的处理，得到如图 7-38 所示的效果。

图 7-37 新建图层并填充颜色

图 7-38 为“背景副本”层添加蒙版

㉑ 此时图层蒙版中的图像如图 7-39 所示。

㉒ 选中“图层 1”，然后按住<Ctrl>键单击“背景副本”的图层蒙版缩览图调出选区，按下<Ctrl+Shift+I>组合键反选，接着单击“调整”面板中的“创建新的色相/饱和度调整图层”按钮创建调整层，将图像的饱和度调整为“-100”，如图 7-40 所示。

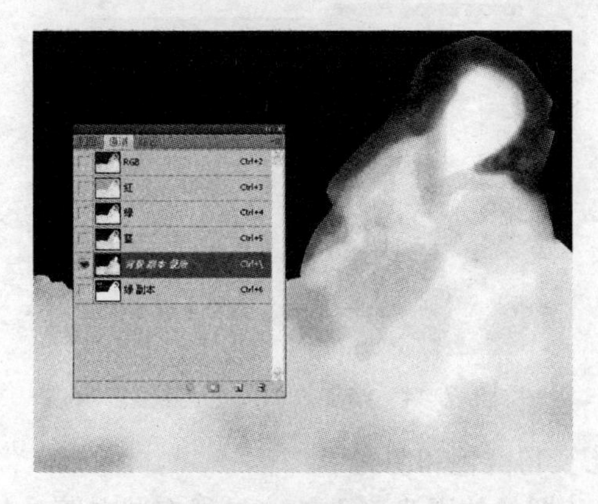

图 7-39 图层蒙版中的图像

图 7-40 创建“色相/饱和度”调整层

㉓ 按下<Ctrl+Alt+G>组合键将当前层与下层创建剪贴组，然后在“图层”面板中选中上方 3 个图层，然后将它们拖动到面板下方的“创建新组”按钮上创建“组 1”，如图 7-41 所示。

㉔ 选中“图层 2”，按下<Ctrl+U>组合键打开“色相/饱和度”对话框，调整“图层 2”的颜色，检查抠图效果，如图 7-42 所示。如果对抠图效果满意的话，就可以将抠出的人物图像应用到其他的设计作品中了。

图 7-41 创建图层组

图 7-42 完成抠图操作

7.3.2 行动实例：图片颜色的处理

范例文件：光盘→实例素材文件→第 7 章→7.3.2

当平面广告设计者对图片素材的色彩和色调不太满意时，可以使用 Photoshop CS4 的图像调整功能结合使用图层的“混合模式”来进行处理。

❶ 打开光盘文件夹中的“沙漠.jpg”文件，图像的颜色有些发暗，如图 7-43 所示。

❷ 在“调整”面板上单击“创建新的曲线调整图层”按钮 为图像添加“曲线”调整层，在曲线上单击并拖动鼠标添加节点（共添加 3 个节点），预览图像的颜色，直到得到满意的效果，如图 7-44 所示。

图 7-43 打开素材文件

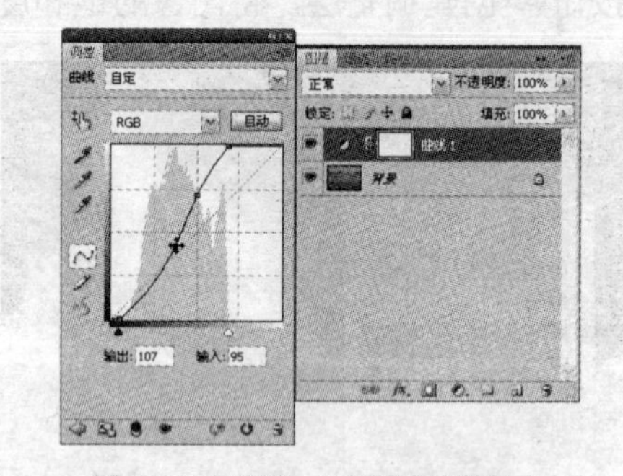

图 7-44 添加“曲线”调整层

❸ 此时图像效果如图 7-45 所示，图像的色彩变得鲜艳和明亮了。

❹ 打开光盘文件夹中的“海浪.jpg”文件，该图像的曝光度不够，显得有些灰暗，如图 7-46 所示。

图 7-45 调整曲线后的效果

图 7-46 打开素材文件

提示：

晴朗的天空下，风平浪静的海面才是湛蓝色，大风大浪的海面实际上是灰色的。需要对海浪的照片进行颜色处理才能得到漂亮的图片。

❺ 在“调整”面板上单击“创建新的曝光度调整图层”按钮为图像添加“曝光度”调整层，如图7-47所示。图像的曝光度增加了，但是还有些偏色。

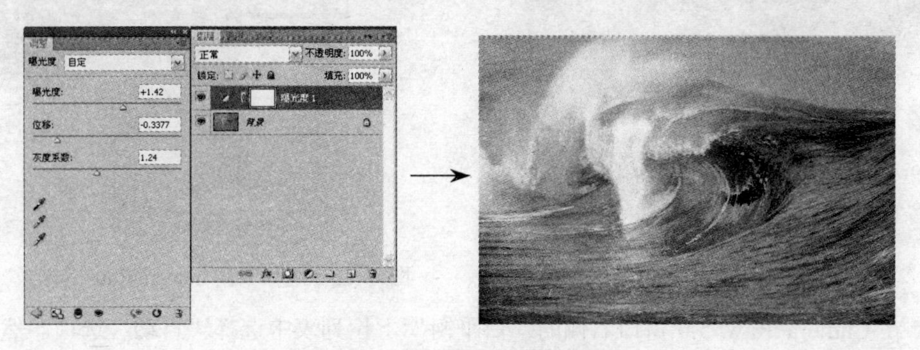

图 7-47 添加“曝光度”调整层

❻ 使用“调整”面板为图像添加“色彩平衡”调整层，如图7-48所示。这时的海浪效果就比较令人满意了。

图 7-48 添加“色彩平衡”调整层

❼ 打开光盘文件夹中的“冰山.jpg”文件，图像的颜色不够明快，如图7-49所示。

❽ 使用“调整”面板为图像添加“色阶”调整层，分别调整红、绿、蓝通道的色阶（该图像为RGB颜色模式），如图7-50所示。

图 7-49 打开素材图像

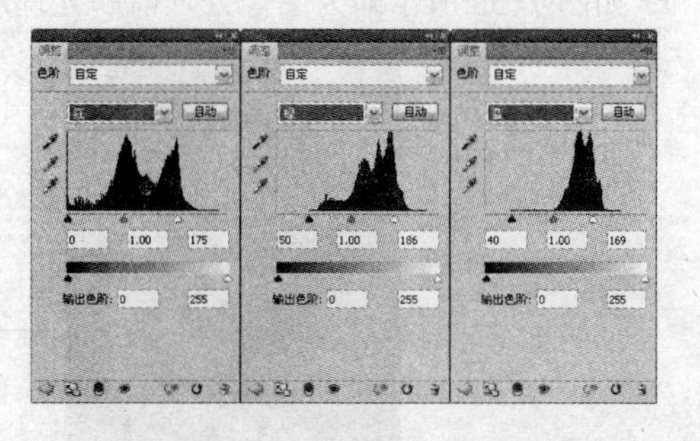

图 7-50 添加“色阶”调整层

9 此时图像效果如图 7-51 所示，图像中的天空变得蔚蓝，冰山变成雪白，冰河显得特别的澄清。

10 单击 Photoshop 应用程序标题栏中的 Br 启动 Adobe Bridge，在 Bridge 中选择光盘文件夹中的“卷发女.jpg”文件，然后选择“文件”→“在 CameraRaw 中打开”菜单项，打开 Camera Raw 对图像进行各种专业的色彩调整，如图 7-52 所示。

图 7-51　最终图像效果

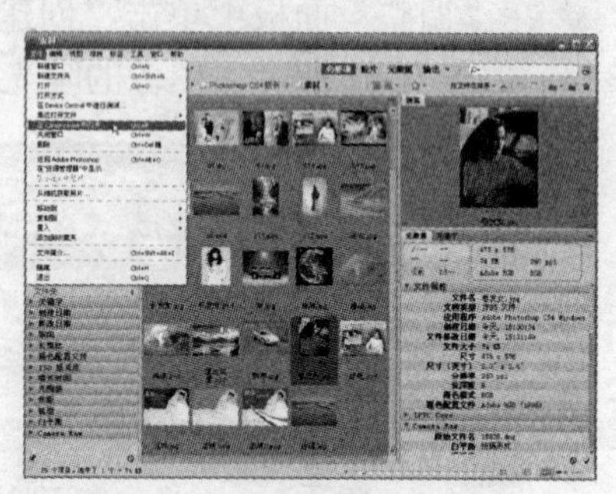

图 7-52　选择“在 Camera Raw 中打开”菜单项

11 在 Camera Raw 5.0 窗口右侧的“白平衡”下拉列表中选择“自动”选项，然后单击“自动”文字链接以跟踪该链接，接着单击 完成 按钮关闭 Camera Raw 5.0，如图 7-53 所示。

12 如果想要将修改后文件保存为其他文件，可以单击 Camera Raw 5.0 窗口左下方的 存储图像... 按钮打开如图 7-54 所示的“存储图像”对话框，在该对话框中完成设置后单击 存储 按钮即可。

图 7-53　使用 Camera Raw 5.0 处理图像

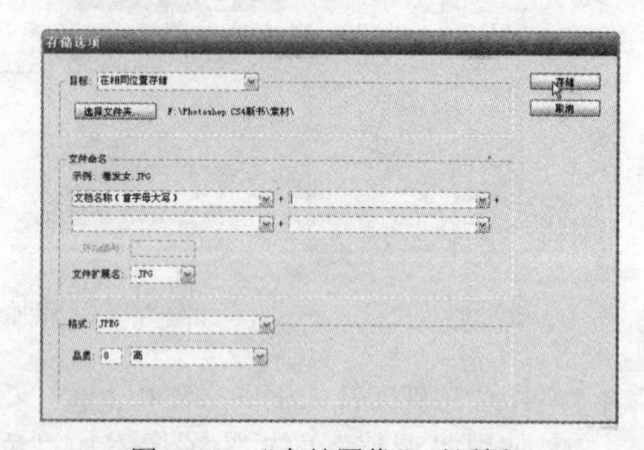

图 7-54　“存储图像”对话框

13 如图 7-55 所示即为图像处理前和处理后的效果比较。

图 7-55　图像处理前后

7.4 综合实例——生日贺卡

范例文件：光盘→实例素材文件→第 7 章→7.4

1. 贺卡内页的设计

❶ 新建一个 21.6cm×23.6cm，300dpi，CMYK 颜色模式，背景内容为白色的图像文件。按下<Ctrl+R>组合键显示标尺，然后放大图像的显示比例，从水平标尺和垂直标尺中拖出参考线，放置在距离图像边界各 3mm 处。在图像的正中拖出水平参考线，然后在它上方和下方各 2cm 处拖出两条参考线，如图 7-56 所示。

❷ 将前景色设置为“M：67，Y：100”，然后新建“图层 1”，使用“矩形选框”工具沿正中的参考线创建矩形选区，接着在选区内填充前景色，如图 7-57 所示。

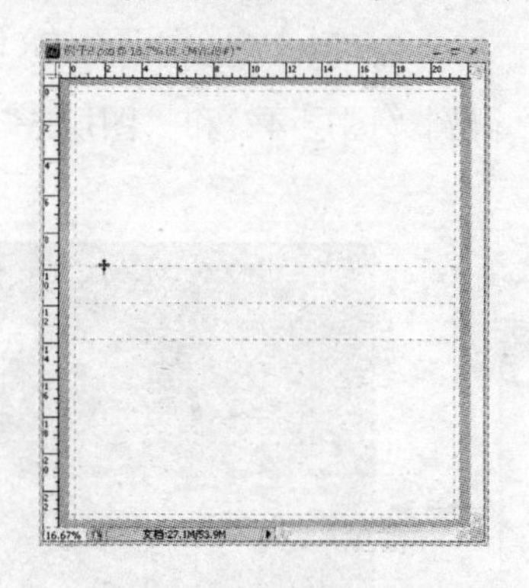

图 7-56 拖出参考线

图 7-57 填充前景色

❸ 导入光盘文件夹中的“红酒鲜花.jpg”文件，得到“图层 2”，将其移动到图像的上部，然后按住<Ctrl>键单击“图层 1”缩览图将其载入选区，并按下<Delete>键删除选区内的图像，如图 7-58 所示。

❹ 使用“钢笔”工具创建路径，框选其中一个花朵，然后按下<Ctrl+Enter>组合键将路径载入选区，接着按下<Ctrl+J>组合键通过复制选区图像创建“图层 3”，按下<Ctrl+T>组合键对图像进行自由变换，旋转一定的角度，如图 7-59 所示。

图 7-58 导入素材图像

图 7-59 复制一个花朵

❺ 将当前图层复制一份，然后将“图层 3 副本”移动到下层，选择“图像”→“变换”→“水平翻转”菜单项对图像进行水平翻转，然后使用“移动”工具将其移动到合适位置，在“图层”面板中将该图层的不透明度设置为“60%”，如图 7-60 所示。

❻ 打开光盘文件夹中的“单色花草.jpg”文件，如图 7-61 所示。

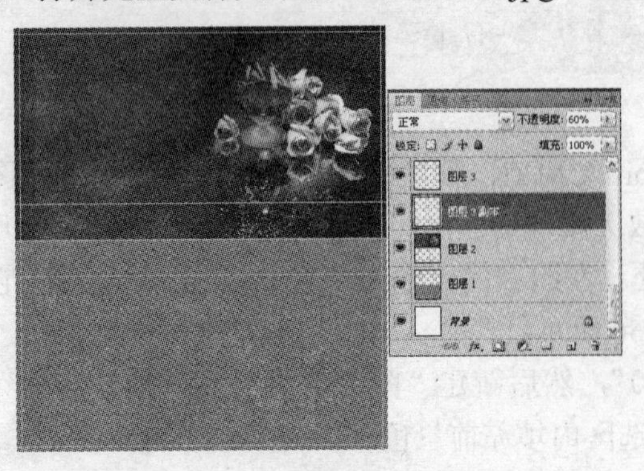

图 7-60　制作花朵的投影效果

图 7-61　打开素材文件

❼ 选取图像中合适的部分，放置在设计文件中，得到“图层 4”和“图层 5”，然后调整它们的“色相/饱和度”，如图 7-62 所示。

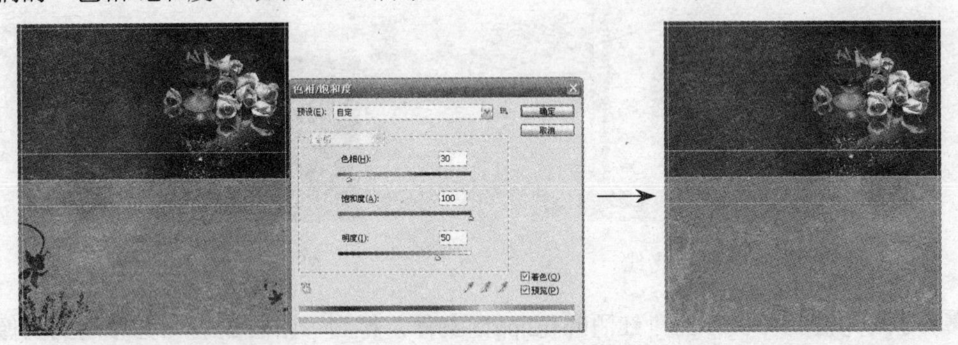

图 7-62　调整图像的色相/饱和度

❽ 导入光盘文件夹中的“花边.tif”文件，如图 7-63 所示。将其复制多份并排列好，调整它们的“色相/饱和度”，使其显示较为鲜艳的黄色，如图 7-64 所示。

❾ 导入光盘文件夹中的“光芒.tif”和“牡丹.tif”文件，将它们放置在合适的位置，如图 7-65 所示。

图 7-63　打开素材文件

图 7-64　制作花边

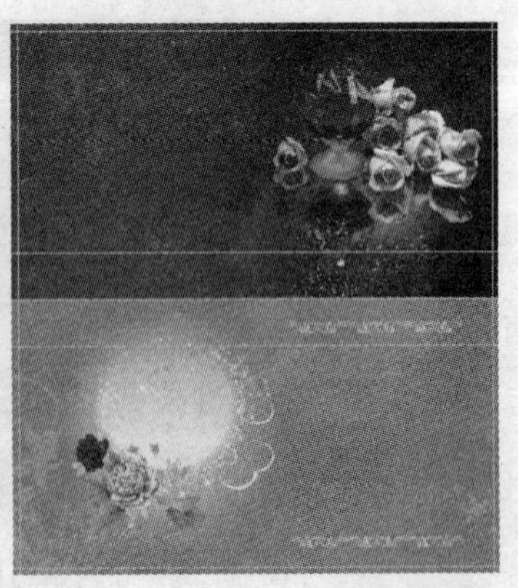

图 7-65　导入素材文件

⑩ 打开光盘文件夹中的“蛋糕.jpg”文件。使用“钢笔”工具抠取蛋糕图像，复制到设计文件中，缩放至合适大小并贴紧参考线放好，如图 7-66 所示。

⑪ 使用“椭圆选框”工具，按住<Shift>键创建圆形选区，使其能够刚好将蛋糕图像框住。按住<Shift>键将选区移动到图像上方的参考线处，然后新建图层，填充白色，然后按下<Ctrl+D>组合键取消选区，如图 7-67 所示。

⑫ 单击“图层”面板下方的“添加图层样式”按钮 fx 打开一个菜单，再在该菜单中选择“内阴影”选项，为当前图层添加“内阴影”样式（角度设置为 120°），得到如图 7-68 所示的效果。

图 7-66 导入素材图像

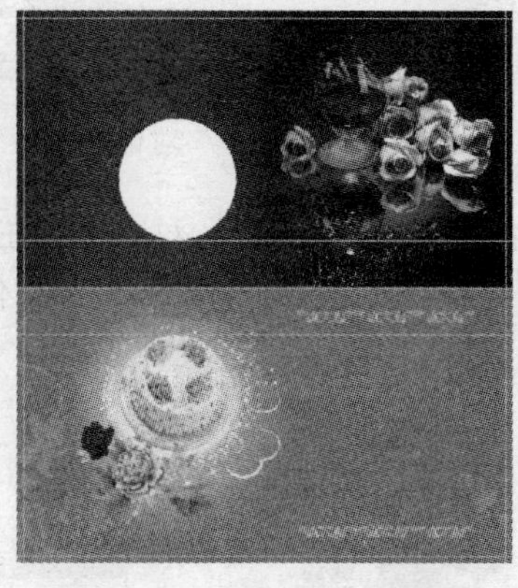

图 7-67 设计贺卡的孔洞

图 7-68 添加“内阴影”样式

⑬ 使用“钢笔”工具在图像上方绘制如图 7-69 所示的闭合路径，然后将其路径转换为选区，接着新建一个图层，在选区内填充白色，如图 7-70 所示。

⑭ 使用“横排文字”工具 T 输入客户名称以及祝福的话语，将图像保存为“生日贺卡内页.psd”文件，如图 7-71 所示。

图 7-69 创建闭合路径

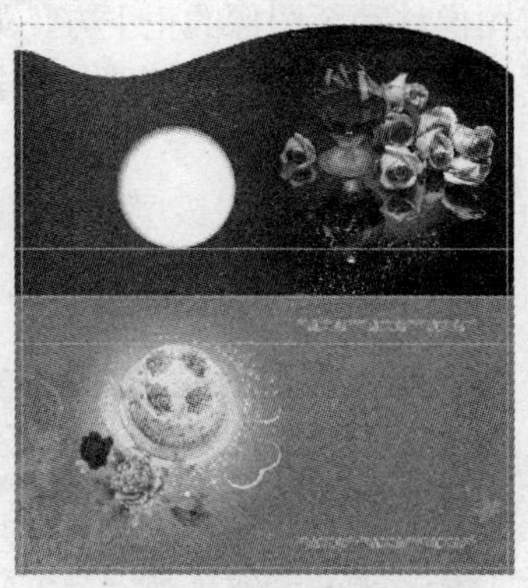

图 7-70 设计贺卡的边界效果

图 7-71 内页的设计效果

2. 贺卡外页的设计

⑮ 按下<Ctrl+N>组合键打开“新建”对话框，在“预设”下拉列表中选中刚才的设计文件，创建同样设置的图像文件，如图 7-72 所示。

⑯ 新建的图像文件将会和“生日贺卡内页.psd”文件同样大小，具有同样的分辨率和同样的颜色模式，而且拥有同样的参考线，如图 7-73 所示。切换到“生日贺卡内页.psd”文

件，在“图层”面板中的“图层 2”上右击打开快捷菜单，然后在菜单中选择“复制图层”菜单项，如图 7-74 所示。

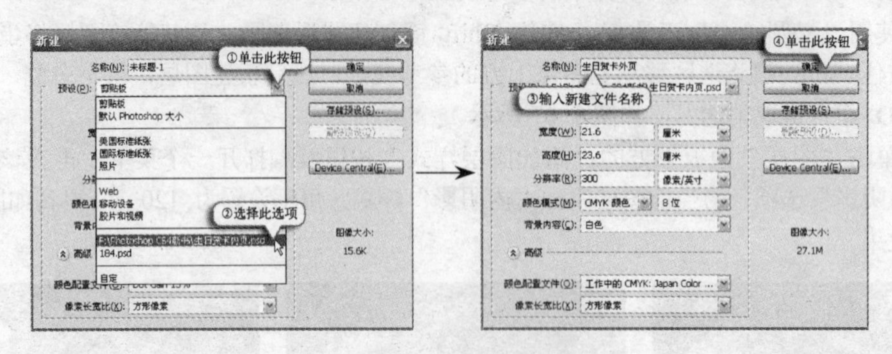

图 7-72 “新建”对话框

⑰ 此时将弹出如图 7-75 所示的“复制图层”对话框，在“文档”下拉列表中选中“生日贺卡外页”选项，然后单击按钮将“图层 2”复制到设计文件中。

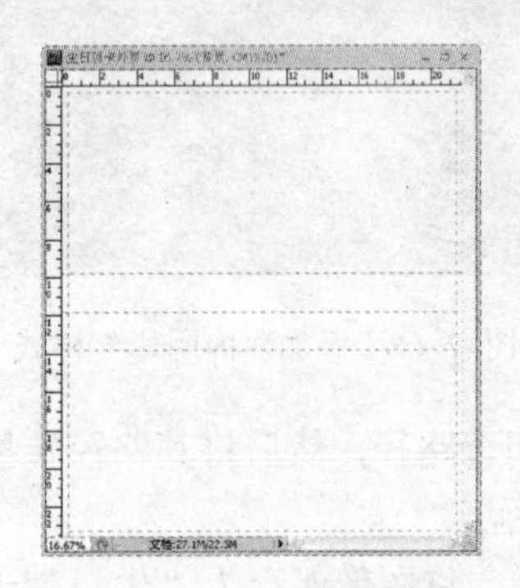

图 7-73 新建的图像文件

图 7-74 复制图层

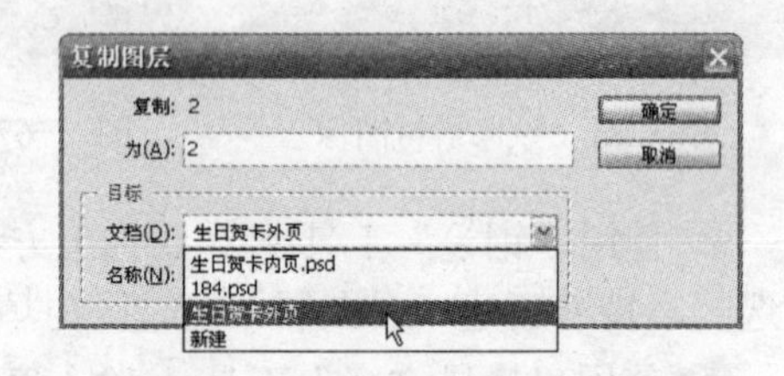

图 7-75 “复制图层”对话框

⑱ 使用“移动”工具将图像移动至图像的正下方，如图 7-76 所示。

⑲ 单击工具箱中的“设置前景色”颜色框打开“拾色器”对话框，在图像左侧吸取颜色作为前景色，如图 7-77 所示。

⑳ 选中背景层，按下<Alt+Delete>组合键在该层中填充前景色，如图 7-78 所示。

图 7-76 移动图像

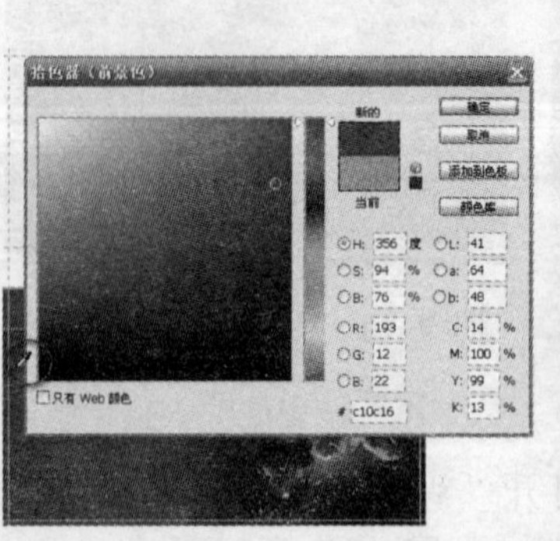

图 7-77 设置前景色

图 7-78 填充前景色

㉑ 切换到“生日贺卡内页.psd”文件，将填充颜色为白色的两个图层复制到设计文件

中，如图 7-79 所示。

㉒ 选中上层的图层，选择“图像”→“变换”→“垂直翻转”菜单项对图像进行变换，接着使用“移动”工具将该图层移动到图像的最下方。按住<Shift>键不放将下层的图像向下移动，贴紧下方的参考线，如图 7-80 所示。

㉓ 将设计文件保存为 PSD 格式。如图 7-81 所示为贺卡的立体效果。

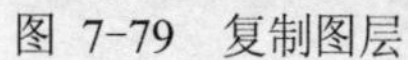

图 7-79 复制图层

图 7-80 外页的设计效果

图 7-81 贺卡的立体效果

7.5 练习题

1. 填空题

① 在平面广告设计中使用的图片素材主要来自于________、________、________、________、________和________以下几种渠道。

② “正片叠底”模式主要适用于________。

③ “叠加”模式适用于________。

④ “柔光”模式适用于________。

⑤ “颜色”模式适用于________。

2. 选择题

① 扫描印刷稿时，要设置过滤器处理________；扫描照片时，要设置过滤器处理________；扫描线稿时，要选中________色彩模式。

A．虚像屏蔽　　B．去网纹

C．RGB　　D．灰度

② 平面广告设计者用来抠取图像的工具通常有________。

A．“魔棒”工具　　B．“椭圆选框”工具

C．“多边形套索”工具　　D．“磁性套索”工具

E．“画笔”工具　　F．“钢笔”工具

第3篇

精彩案例与技法总结

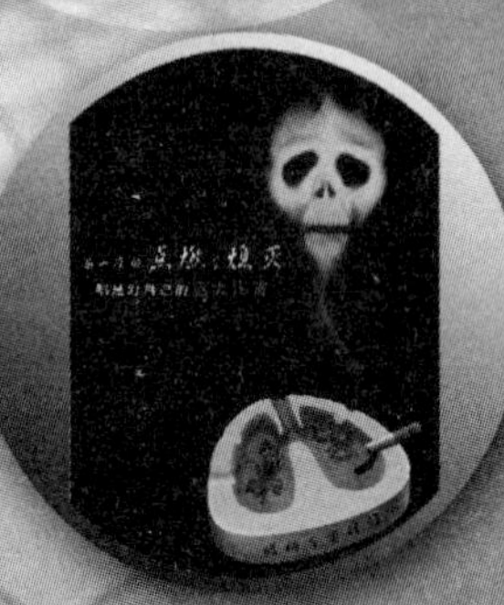

第 8 章　热门题材广告设计实例

08

学习要点：

- 房地产广告设计
- 化妆品广告设计
- 酒类广告设计
- 汽车广告设计
- 手机广告设计
- 影视广告设计
- 公益广告设计

案例数量：

- 2 个行动实例，7 个综合实例

内容总览：

近年来，随着人们生活水平的提高，商业广告的宣传力度也越来越大，尤其是一些热门题材的平面广告层出不穷，争奇斗艳。本章将通过几个具体设计实例，学习房地产、化妆品、汽车、手机、酒类、影视和公益等热门题材平面广告的设计方法和设计技巧。

8.1　知识充电——滤镜

范例文件：光盘→实例素材文件→第 8 章→8.1

在 Photoshop 中，滤镜就如同覆盖在图像上的透明“镜片”，透过不同类型的镜片可以看到不同的效果。通过使用功能强大的“滤镜”，平面广告设计者可以创作出各式各样特殊的艺术效果。“想象力有多丰富，Photoshop 滤镜效果就有多丰富”真是一点都不夸张。

Photoshop CS4 中所有的内部滤镜都分类存放于“滤镜”文件夹——Photoshop CS4 软件安装目录下的“Plug-ing\Filters”文件夹中（例如“F:\Program Files\Adobe\Adobe Photoshop CS3\Plug-Ins\Filters”）。

后期安装的外挂滤镜需要设置路径方可使用。单击“编辑”→“首选项”→“增效工具”菜单命令，在打开的“首选项”对话框中设置外挂滤境的路径，如图 8-1 所示。

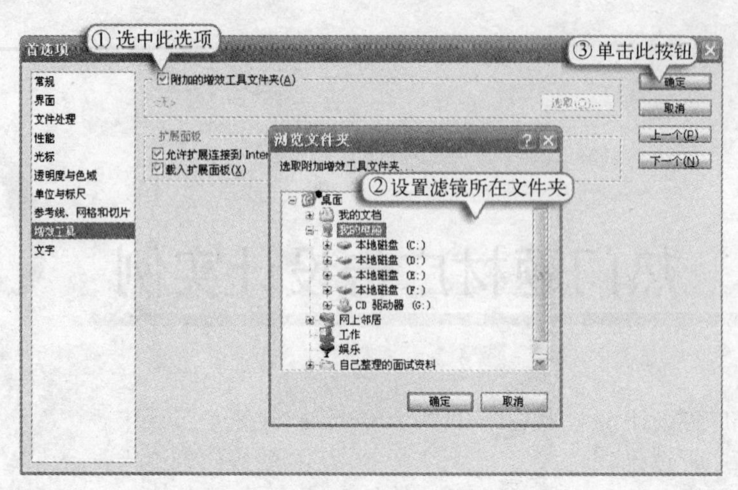

图 8-1 设置外挂滤镜文件夹

8.1.1 行动实例：内部滤镜

Photoshop CS4 为用户提供了 13 个滤镜组，另外还有“消失点”滤镜和“液化”滤镜，所有的滤镜加起来有 100 种之多，用户可以通过选择“滤镜”菜单来使用这些滤镜，如图 8-2 所示。Photoshop CS4 还将“风格化”、“画笔描边”、“扭曲”、“素描”、“纹理”和“艺术效果”滤镜合成一个滤镜库，方便用户应用到图像应用和更换滤镜效果，如图 8-3 所示。

小技巧：

① 按下<Esc>键可取消当前滤镜的应用；按下<Ctrl+Z>组合键可还原或者重做滤镜操作。

② 应用上一次使用过的滤镜按下<Ctrl+F>组合键；按下<Ctrl+Alt+F>组合键，上一次使用滤镜的设置对话框将会弹出（假如有设置对话框的话）。

图 8-2 “滤镜”菜单

图 8-3 “滤镜库”对话框

❶ 新建一个 A4 大小，分辨率为 100dpi，CMYK 颜色模式，背景内容为白色的图像文件，如图 8-4 所示。

❷ 将前景色设置为“C：100，M：80”，背景色设置为黑色（不做特殊说明的话，本书中的“黑色”均代表默认的四色黑），然后选择“滤镜”→“渲染”→“纤维”菜单命令打

开“纤维”对话框。将“差异”设置为“16.0”，“强度”设置为“2.0”并单击确定按钮，如图 8-5 所示。

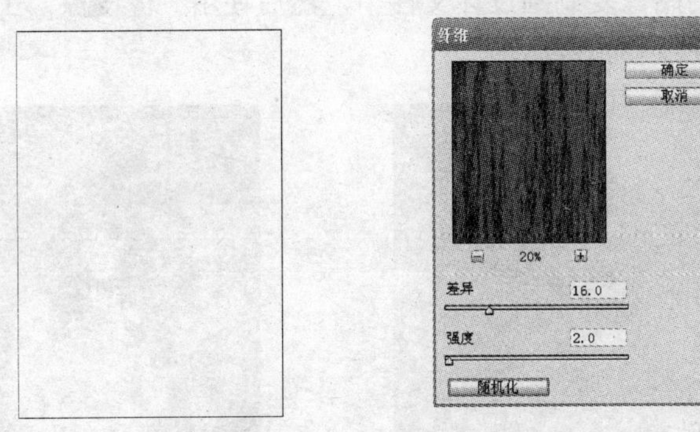
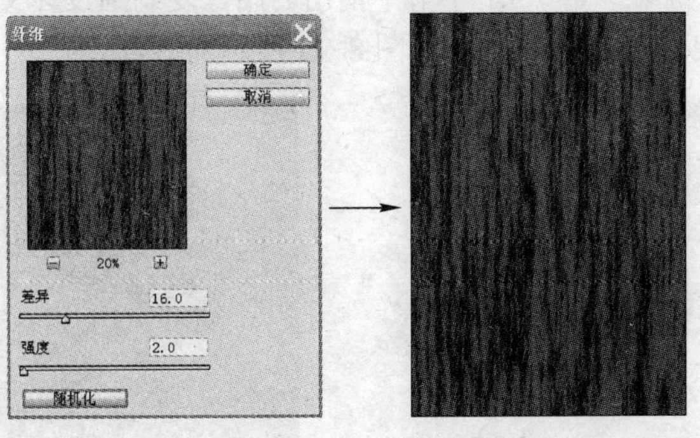

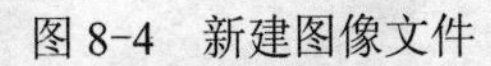

图 8-4　新建图像文件　　　　图 8-5　使用“纤维”滤镜

❸ 选择“滤镜”→“风格化”→“凸出”菜单命令打开“凸出”对话框，完成相关设置后单击确定按钮，如图 8-6 所示。

❹ 新建一个图层，然后将前景色设置为“R：255，G：255，B：100”颜色，接着选择“画笔”工具，选择尖角画笔，随意绘制如图 8-7 所示的图像。

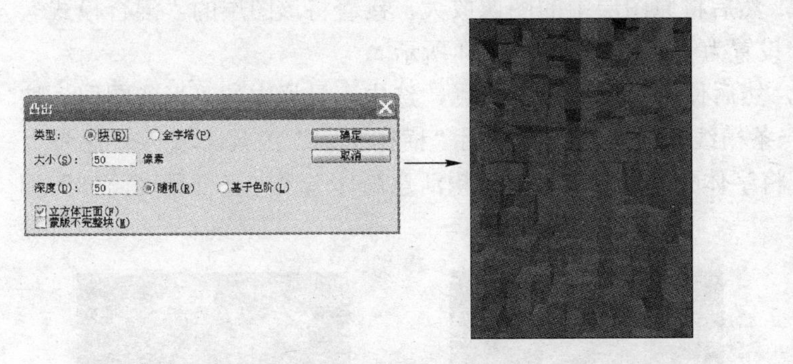

图 8-6　使用“凸出”滤镜　　　　图 8-7　使用“画笔”工具绘制

❺ 选择“滤镜”→“像素化”→“马赛克”菜单命令打开“马赛克”对话框，将“单元格大小”设置为“40”方格并单击确定按钮，如图 8-8 所示。

❻ 将前景色修改为“C：50，M：45，Y：85，K：60”，然后使用“画笔”工具随意绘制如图 8-9 所示的图像。

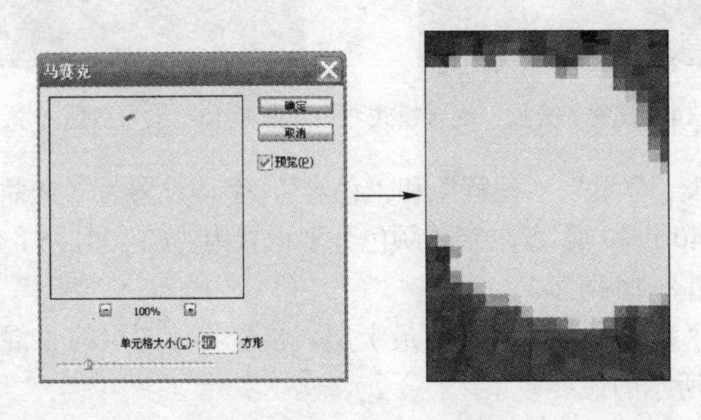

图 8-8　使用“马赛克”滤镜　　　　图 8-9　使用“画笔”工具绘制

❼ 选择两次“滤镜”→“风格化”→“凸出”滤镜，得到如图8-10所示的效果。

❽ 将当前图层的“混合模式”设置为“叠加”，如图8-11所示。

❾ 将第7章7.3.1小节中抠出的图像复制到设计文件中，然后使用“橡皮擦”工具对图层蒙版进行处理，得到如图8-12所示的融合效果。

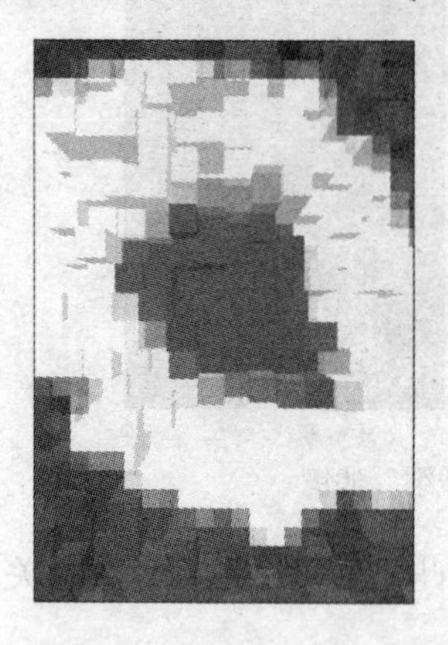

图8-10 使用“凸出”滤镜

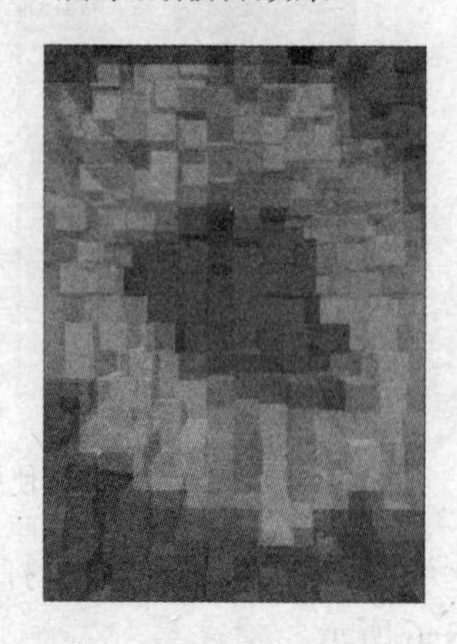

图8-11 设置“叠加”混合模式

图8-12 处理图层蒙版

❿ 此时图层蒙版中的图像效果如图8-13所示。

⓫ 将当前图层复制一份，然后将原图层中的图像放大，接着将该图层的“混合模式”设置为“叠加”，“不透明度”设置为“90%”，如图8-14所示。

⓬ 将前景色修改为白色，然后使用“矩形”工具，选中工具栏中的“形状图层”按钮，在图像的右上方绘制一条横线和一条竖线。使用“横排文字”工具输入“思考”、“女人”和“Think About”，将字体分别设置为“方正粗活意简体”、“方正细珊瑚简体”和“Tahoma”，如图8-15所示。

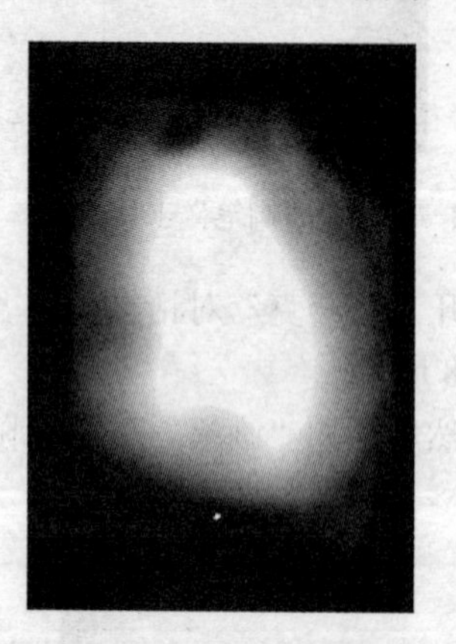

图8-13 图层蒙版中的图像

图8-14 设置“叠加”混合模式

图8-15 输入白色文字

⓭ 使用“横排文字”工具输入“尊重”、“理解”和“包容”，字体设置为“文鼎海报体繁”，字体大小分别设置为50点、40点和45点，字体颜色分别设置为“C：50，Y：30”、“C：76”和“C：75，Y：80”，如图8-16所示。

⓮ 将背景层复制一份，然后将“背景副本”层置为最上层，接着将该图层的“混合模式”设置为“柔光”，得到如图8-17所示的最终效果。

⓯ 如果将背景层反相，然后适当调整文字的颜色可以得到另一种风格的图像效果，如

图 8-18 所示。

图 8-16 输入彩色文字

图 8-17 最终图像效果

图 8-18 将背景反相

8.1.2 行动实例：外挂滤镜

在 Photoshop 中除了可以使用系统自带的滤镜之外，还允许安装并使用其他厂家提供的滤镜，这些滤镜被称作 Photoshop 外挂滤镜。常见的外挂滤镜有 KPT、AlienSkin、Asiva、AutoFX、Flaming、Kodak 和 Ulead 等系列滤镜。

不同的外挂滤镜的安装方法各不相同，一般情况下可以按照下面的两种方法来安装。

1）启动安装程序：有一些外挂滤镜带有安装程序（例如名为“Setup.exe”的文件），双击安装程序然后根据对话框的提示进行安装。安装完成后，在 Photoshop“首选项”对话框中设置增效工具的路径即可。

2）复制滤镜文件：还有一些外挂滤镜不提供安装程序，而只是一些滤镜文件，此时用户可以在网上搜索并下载下来。如果是 Rar 或者 Zip 格式的压缩文件，还需要将其解压缩并释放到硬盘中，接着在 Photoshop“首选项”对话框中设置增效工具的路径即可。

下面我们将使用 KPT 外挂滤镜中的滤镜制作一个闪电效果。

❶ 将增效工具的路径指向 KPT 外挂滤镜的文件夹，然后重新启动 Photoshop CS4 应用程序，可以看到“滤镜”菜单中出现了 KPT 子菜单，如图 8-19 所示。

❷ 打开光盘文件夹中的“轿车.jpg”文件，如图 8-20 所示。

图 8-19 “KPT effects”子菜单

图 8-20 打开素材文件

❸ 选择“滤镜”→“KPT effects”→“KPT Lightning”菜单命令，进入到如图 8-21 所

示的“KPT LIGHTNING”滤镜界面。

④ 单击界面左下方的按钮打开闪电样式列表，从中选择一种样式，然后单击按钮关闭样式列表，如图 8-22 所示。

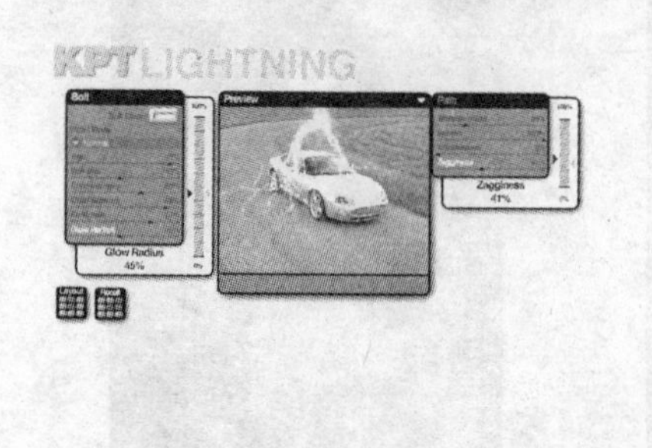

图 8-21 “KPT LIGHTNING”滤镜界面

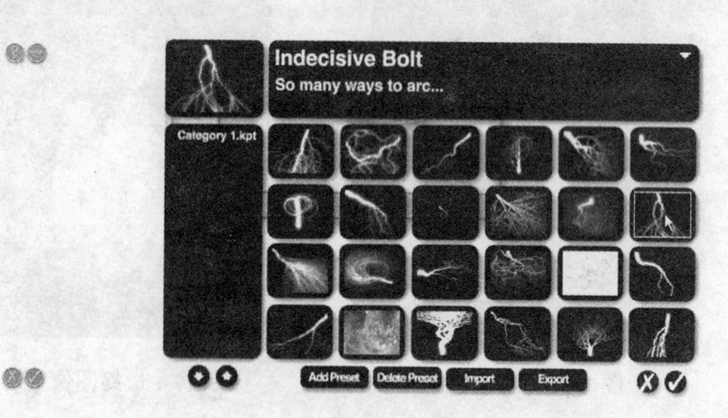

图 8-22 选择“Indecisive Bolt”样式

⑤ 在“Bolt”面板中完成如图 8-23 所示的设置，拖动“Age”滑块可以调节闪电的强度，“Bolt size”滑块可以调节闪电的粗细，“Chlid Intensity”滑块可以调节闪电末梢的强度，“Chlid Subtract”滑块可以调节闪电末梢的数量。另外，还可以拖动“Forkiness”滑块调整闪电分支的数量，拖动“Glow Radius”滑块调整闪电的光照半径。

⑥ 在“Path”面板中拖动“Spread”滑块调整闪电分支的角度，拖动“Wanderness”滑块调整闪电偏离指定方向的程度，拖动“Zagginess”滑块调整闪电的波折程度，如图 8-24 所示。

⑦ 得到满意的闪电效果后，单击界面右下角的按钮，得到如图 8-25 所示的效果。

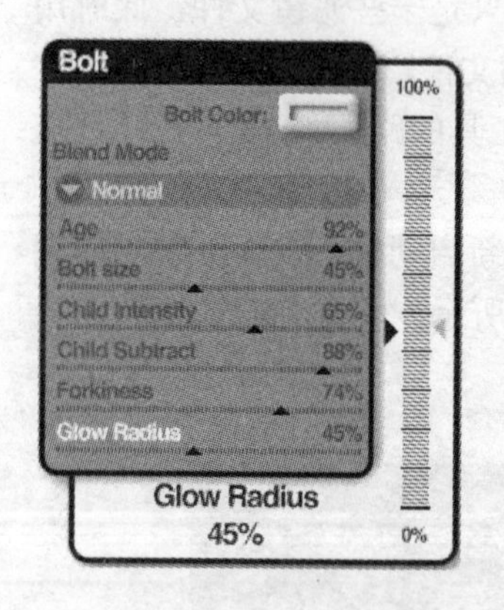

图 8-23 “Bolt”面板

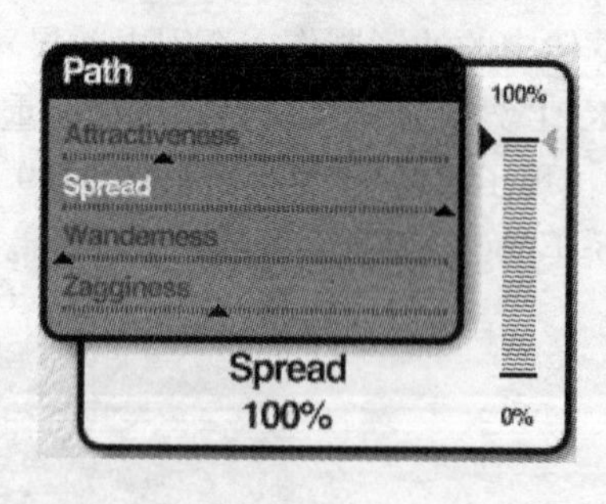

图 8-24 “Path”面板

图 8-25 “KPT Lightning”滤镜效果

8.2 房地产广告

时下房地产广告真可谓无孔不入，2008 年在各类广告中，房地产广告的投放量仍位居第一，房地产广告的经营额同比增长 28%，创历史新高。房地产广告数量之多，内容之丰富，令人叹为观止。

8.2.1 房地产广告的诉求点

虽然房地产广告多得让人眼花缭乱，但是总结绝大多数房地产广告，其诉求点不外乎以下几种。

1. 地段

地段就是指楼盘所在的地理位置，它对于开发商和购房者都具有非常重要的意义。因此对于一处在地段上有优势的房地产而言，在设计广告时，其诉求点自然要侧重于“地段”这一方面，突出显示其繁华程度，交通便利等方面的内容。图 8-26 中所示的房地产广告均以地段作为主要诉求点。

图 8-26　以地段为主要诉求点的广告

2. 环境

随着人们生活观念的改变，越来越多的城市居民开始重视生活环境及自身的健康问题，楼盘的周围生态环境、绿色覆盖率、通风性以及房屋密度等问题成为了人们在购房时关注的焦点问题。图 8-27 所示的房地产广告均以环境作为主要诉求点。

图 8-27　以环境为主要诉求点的广告

3. 户型

房地产的户型决定了房屋的建筑面积、容积率、布局以及房屋的大致价位。当房地产在地段和环境上没有特殊优势的时候，房地产商可以通过合理的房地产户型来吸引消费者购买，这时，就要在房地产广告上突出房地产的优势户型，比如全家福大户型、温馨小户型和白领单身户型等。图 8-28 中所示的房地产广告均以户型作为主要诉求点。

图 8-28　以户型为主要诉求点的广告

4. 价格

价格也是消费者在购房时比较看重的，当房地产广告中出现一些促销政策，比如“优惠”、“国庆期间 9.8 折”等字样并且有很多赠送政策的时候，会在很大程度上吸引消费者的眼球，增加销量。如图 8-29 所示的房地产广告均以价格作为主要诉求点。

图 8-29　以价格为主要诉求点的广告

在一些幅面较大的广告中，画面中融入了两个或者两个以上的诉求点，使消费者对该房地产有一个较为全面的认识，如图 8-30 所示。

图 8-30　融入多个诉求点的广告

8.2.2 广告案例——“中国风”地产系列 DM

范例文件：光盘→实例素材文件→第 8 章→8.2.2

本小节将为大家展示一套系列 DM 的设计方法，最终效果如图 8-31~图 8-34 所示。

小提示：

系列广告的特点是：内容密切相关；风格和谐一致；结构相近或相似。

“DM”是直邮广告的意思，在第 2 章 2.2.1 小节中有它的定义。

图 8-31 “向往江南”

图 8-32 “给你绿色”

图 8-33 “走近花丛”

图 8-34 “送你健康”

1. 确定主题

本系列广告是为“好如适”家园设计制作的，该系列广告以“环境”为主要诉求点，突出“好如适”家园依林、傍水、有花园和健身广场的环境特点，因此将 4 幅广告的主题定义为“向往江南”、“给你绿色”、“走进花丛”和“送你健康”。

2. 准备素材

准备关于“好如适”家园的相关广告材料，收集关于江南水乡、树林、花朵和健身场景的图片。

3. 构思

本系列广告将以“中国风”为主要风格，将标题文字制作成书法字的效果，背景配以泼墨效果的花朵或者图形，将“向往江南”、“给你绿色”、“走进花丛”和“送你健康”4 幅广告的主题色调分别定为蓝黑色、墨绿色、暗红色和橙色。

4. 开始创作

1）制作水墨画效果

❶ 按下<Ctrl+N>组合键新建一个 800×600 像素，分辨率为 300dpi，CMYK 颜色模式，

背景内容为白色的图像文件，然后将图像文件以“向往江南”的文件名保存为 PSD 格式，如图 8-35 所示。

❷ 单击工具箱中的“设置前景色”颜色框，将前景色设置为“C：90，M：60，Y：60，K：30”，然后选择“矩形”工具，按下工具栏中的“形状图层”按钮，接着在图像的上方和下方各绘制一个矩形，如图 8-36 所示。

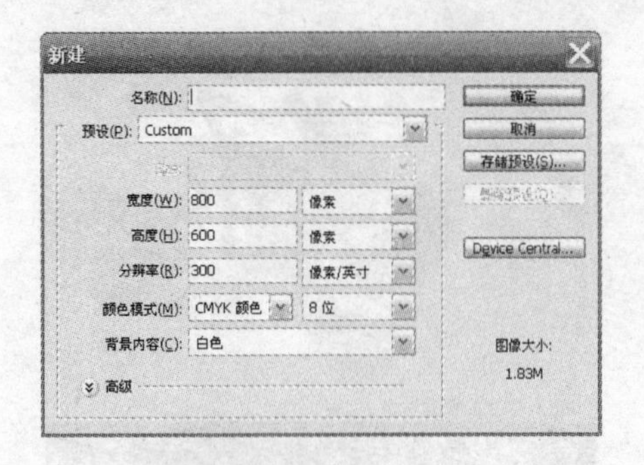

图 8-35 “新建”对话框

图 8-36 绘制两个矩形

❸ 选择“画笔”工具，然后在“画笔”面板中选择“粗边圆形钢笔”画笔。选中面板左侧的“形状动态”选项打开设置窗口。在“控制”下拉列表框中选择“渐隐”选项并将参数设置为“100”，再将“最小直径”设置为“0%”，如图 8-37 所示。

❹ 将“画笔大小”设置为“200”，“不透明度”设置为“50%”，然后将前景色设置为“C：100，M：60，Y：45，K：10”。按下<Ctrl+Shift+Alt+N>组合键新建一个图层，然后在图像中自左向右绘制出一个花瓣，接着使用同样的方法从外向内绘制出其他的花瓣，如图 8-38 所示。

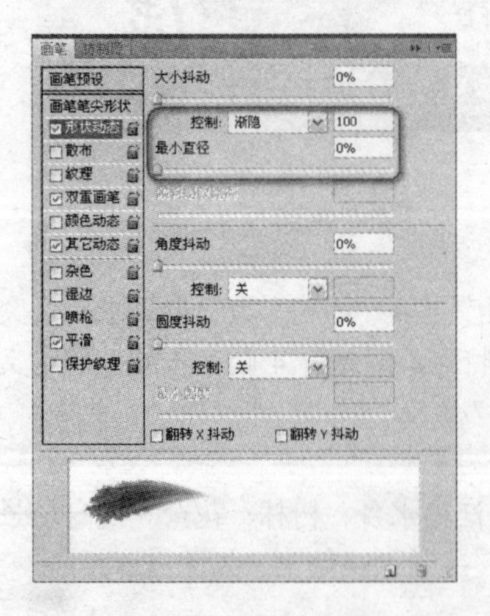

图 8-37 “画笔”面板

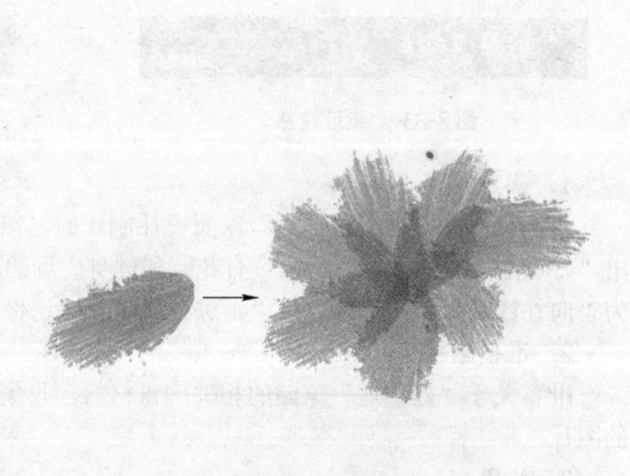

图 8-38 绘制花瓣

❺ 将绘制好的花瓣图层复制一份，然后对副本图层选择“滤镜”→“模糊”→“高斯模糊”菜单项，模糊“半径”设置为 5 像素，如图 8-39 所示。

❻ 按下<Ctrl+E>组合键向下合并图层，然后按住<Ctrl>键单击当前图层缩览图载入图层选区，接着使用“模糊”工具对选区图像进行适当模糊。然后，使用同样的方法在图像中的其他位置制作一些墨迹，如图 8-40 所示。

图 8-39 执行“高斯模糊”滤镜

图 8-40 制作水墨画效果

❼ 打开光盘文件夹中的“江南.jpg”文件，然后按下<Ctrl+Shift+U>组合键对图像进行去色。将背景层复制一份，然后隐藏“背景副本”层并选中背景层。选择“滤镜”→“画笔描边”→“烟灰墨”菜单命令打开“烟灰墨”对话框，将“描边宽度”设置为“10”，“描边压力”设置为“2”，“对比度”设置为“16”，单击 确定 按钮执行“烟灰墨”滤镜，得到如图 8-41 所示的效果。

图 8-41 执行“烟灰墨”滤镜

❽ 显示“背景副本”层，然后将该图层的“混合模式”设置为“变亮”，接着对该图层执行“滤镜”→“杂色”→“蒙尘与划痕”滤镜，按照图 8-42 中所示进行设置。

图 8-42 执行“蒙尘与划痕”滤镜

❾ 使用“磁性套索”工具选中水域的部分，再对该区域执行“高斯模糊”滤镜，模糊“半径”设置为 5 像素，如图 8-43 所示。

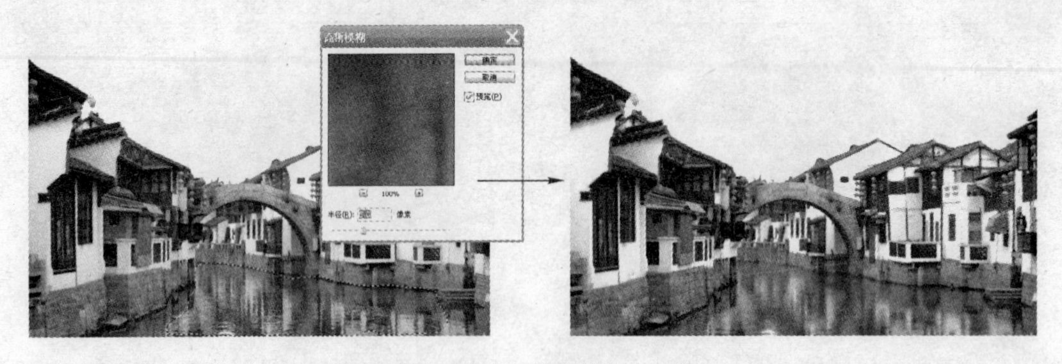

图 8-43 执行“高斯模糊”滤镜

⑩ 使用“裁剪”工具选取左侧部分的图像，然后按下<Enter>键进行裁切，接着选择“图像”→“旋转画布”→“水平翻转画布”菜单项对画布进行翻转，如图 8-44 所示。

图 8-44 裁切和翻转图像

⑪ 按下<Ctrl+Shift+E>组合键合并可见图层，然后将合并后的图像复制到“向往江南.psd”文件中并调整图像的大小和位置。为该图层添加蒙版并使用“橡皮擦”工具处理蒙版图像，再将该图层的“混合模式”设置为“正片叠底”，得到如图 8-45 所示的效果。

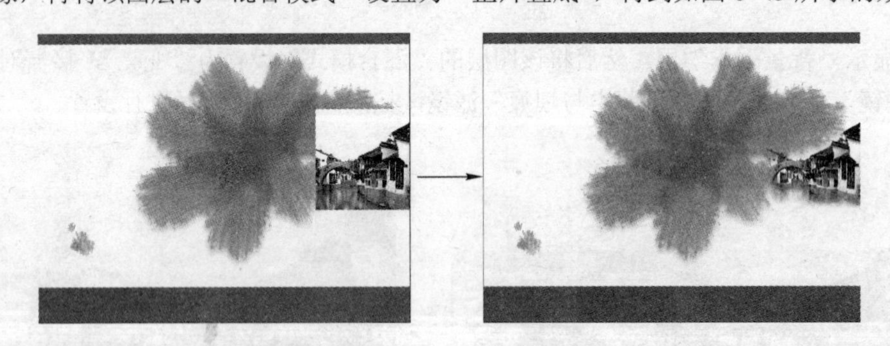

图 8-45 处理导入的图像

2）制作书法字效果

⑫ 在英文输入状态下按下<X>键切换前景色和背景色，然后将前景色设置为“C：90，M：85，Y：60，K：40”。使用“横排文字”工具输入“江”字，字体设置为“方正黄草简体”，字体大小设置为 96 点，如图 8-46 所示。

⑬ 将文本层栅格化，然后载入该图层选区，接着按下<Shift+F6>组合键打开“羽化”对话框，将选区羽化 6 像素。按下<Ctrl+Shift+I>组合键反选选区并按下<Delete>键删除选区内容，得到如图 8-47 所示的效果。

图 8-46 输入文字

图 8-47 删除选区图像

⑭ 按下<Ctrl+D>组合键取消选择，然后按照图 8-48 中所示的设置对当前图层执行“滤镜”→“锐化”→“USM 锐化”滤镜。

⑮ 按照图 8-49 中所示的设置执行“滤镜”→“风格化”→“扩散”滤镜。

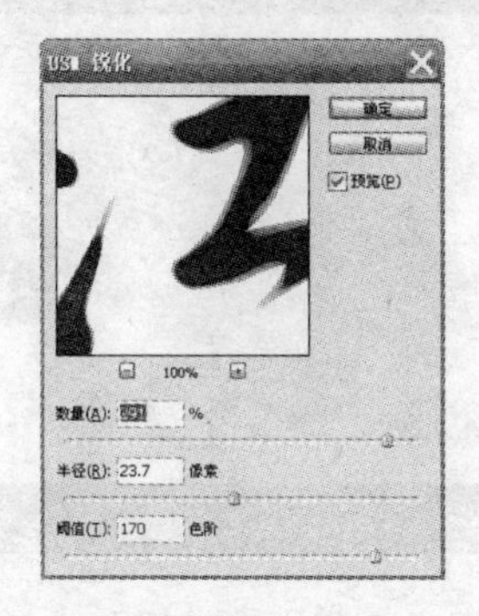

图 8-48 执行“USM 锐化”滤镜

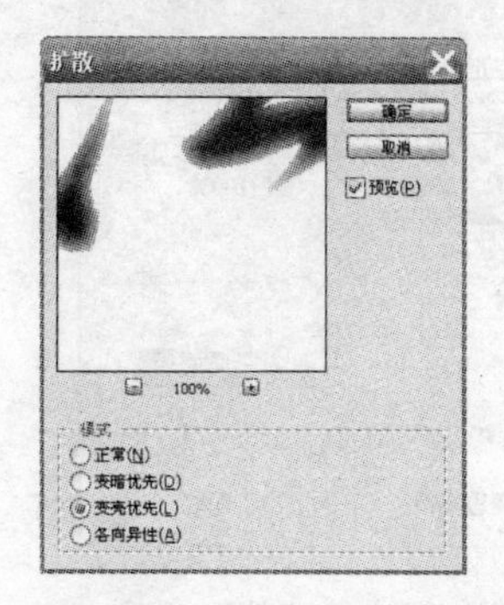

图 8-49 执行“扩散”滤镜

⑯ 将当前图层复制一份，然后对副本图层执行两次“滤镜”→“模糊”→“模糊”滤镜，这样一来，“江”字的毛笔字效果就比较逼真了，如图 8-50 所示。

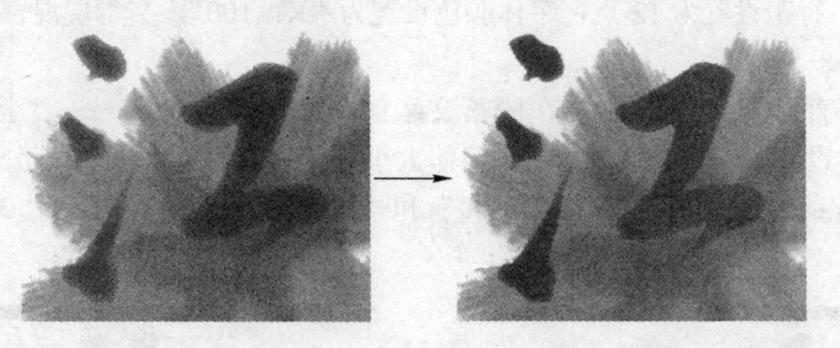

图 8-50 执行“模糊”滤镜

3）输入其他文字

⑰ 输入“南”字，字体大小设置为 45 点。输入“向”字，字体颜色设置为白色，字体大小设置为 18 点。输入“往”字，字体颜色设置为白色，字体大小设置为 14.5 点，如图 8-51 所示。

⑱ 选择“椭圆”工具、选中工具栏中的“形状图层”按钮，在图像中绘制一个圆形。将该形状层的“填充”设置为“0%”，接着为该图层添加“描边”样式（描边大小设置为 4 像素，描边颜色设置为白色），如图 8-52 所示。

图 8-51　输入文字

图 8-52　绘制椭圆

⑲ 挑选一首江南题材的小诗，然后使用“直排文字”工具 T 按照图 8-53 中的设置在图像的右下方输入段落文字，如图 8-54 所示。

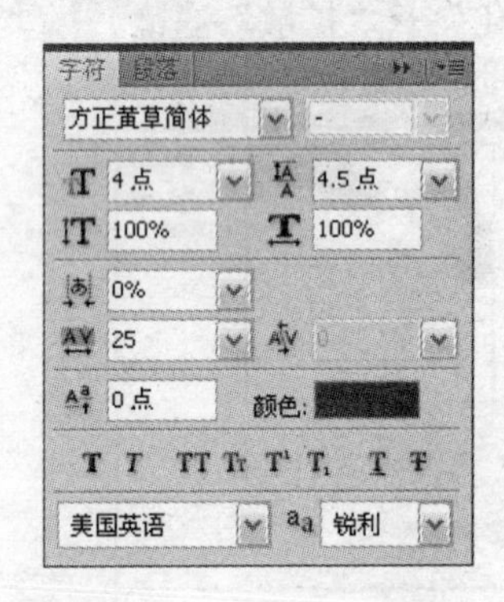

图 8-53　“字符”面板

图 8-54　输入段落文字

⑳ 使用“直排文字”工具 T 在图像的左侧输入段落文字——“右下角的电话。（换行）好如适家园的主人。（换行）栖息于水乡私诗情画意。”，字体设置为“文鼎书宋简”，字体大小设置为 4 点，行距设置为 12 点，字体颜色设置为“K：100”，文本层混合模式设置为“正片叠底”，如图 8-55 所示。

㉑ 使用“直排文字”工具 T 在段落文字的行间输入点文字——“拨打”、“成为”、“拥有”，字体设置为“文鼎习字体”，字体大小设置为 8 点，字体颜色分别设置为“C：70，M：15，Y：45”、“M：50，Y：100”和“M：100，Y：100，K：30”，如图 8-56 所示。

图 8-55　输入段落文字

图 8-56　输入点文字

㉒ 使用“横排文字”工具 T 在图像的左下方输入点文字——“盛大开盘”和“现房销售！！！”，字体设置为“文鼎大标宋简”，字体大小分别设置为 8.5 点和 6 点，字体颜色分别设置为“C：20，M：100，Y：100”和“C：80，M：60，Y：45”，如图 8-57 所示。

㉓ 在图像的下方输入点文字——“火爆登场”和“全场 折优惠”，字体大小设置为 6 点，字体颜色设置为白色，字体分别设置为“经典繁古印”和“文鼎大标宋简”。接着输入点文字——“咨询电话：2998320　15866060638”和“9.7”（“9”的字体稍大一些），字体分别设置为“文鼎 CS 中黑”和“Goudy Stout”，字体大小分别设置为 8.5 点和 4.5 点，字体颜色分别设置为白色和“C：50，M：30，Y：20”，并保存图像文件，得到如图 8-58 所示的最终效果。

图 8-57　输入横排文字

图 8-58　最终图像效果

4）设计“给你绿色”DM 单

㉔ 以“向往江南.psd”文件的设置新建图像文件，然后将图像文件以“给你绿色”的文件名保存为 PSD 格式。将前景色设置为“C：90，M：60，Y：60，K：30”，然后使用“矩形”工具在图像的上方和下方各绘制一个矩形，如图 8-59 所示。

㉕ 将前景色修改为“C：90，M：70，Y：87，K：10”，然后新建一个图层，选择“画笔”工具，将“画笔大小”设置为“150”，“不透明度”设置为“60%”，在图像中绘制出 5 个花瓣。使用步骤❺ 和步骤❻ 中介绍的方法制作水墨画效果，如图 8-60 所示。

图 8-59　绘制矩形

图 8-60　制作水墨画效果

㉖ 新建一个图层，然后将画笔调小，沿花瓣的中心绘制线条，接着将该图层的“混合模式”设置为“正片叠底”，如图 8-61 所示。

㉗ 将前景色设置为“C：90、M：70、Y：80、K：60”，然后使用“横排文字”工具T.在图像中输入“绿”字和“色”字，接着使用步骤⑭、步骤⑮和步骤⑯中介绍的方法为“绿”字制作毛笔字效果，如图 8-62 所示。

图 8-61　绘制叶脉

图 8-62　制作毛笔字效果

㉘ 导入光盘文件夹中的“树林.jpg”文件，将其放置在右侧合适的位置，单击“图层”面板下方的“添加图层蒙版”按钮为该图层添加蒙版，然后利用图层蒙版对图层的边缘进行模糊处理，如图 8-63 所示。

㉙ 将“向往江南.psd”文件中的文字复制到“给你绿色.psd”文件中，然后对文字进行适当调整和修改并保存文件，得到如图 8-64 所示的最终效果。

图 8-63　处理素材图像

图 8-64　输入其他文字

5）设计“走近花丛”DM 单

㉚ 以“向往江南.psd”文件的设置新建图像文件，然后将图像文件以“走近花丛”的文件名保存为 PSD 格式。将前景色修改为“C：20，M：100，Y：96，K：30”，然后新建一个图层。

㉛ 选择“画笔”工具选中“画笔”面板左侧的“形状动态”选项打开设置窗口，在“控制”下拉列表框中选择“渐隐”选项并将参数设置为“80”，“不透明度”设置为“60%”，调整画笔大小在图像中绘制 4 朵五瓣花。使用步骤⑤和步骤⑥中介绍的方法制作水墨画效果，如图 8-65 所示。

㉜ 将背景层上层的两个图层载入选区，然后选择“选择”→“修改”→“收缩”菜单命令将选区收缩 10 像素，如图 8-66 所示。

图 8-65 制作水墨画效果

图 8-66 收缩选区

㉝ 将背景色修改为黑色，然后新建一个图层，按下<Ctrl+Delete>组合键在选区中填充背景色，如图 8-67 所示。

㉞ 导入光盘文件夹中的“鲜花.jpg”文件，然后将该图像与下层创建剪贴组蒙版，如图 8-68 所示。

图 8-67 填充黑色

图 8-68 导入素材图像

㉟ 将前景色修改为白色，然后新建一个图层，使用圆角画笔在图像中绘制，如图 8-69 所示。

㊱ 将所有组成花朵的图层编组，然后将图层组复制一份，将副本组放置在合适的位置，如图 8-70 所示。

图 8-69 使用白色绘制

图 8-70 复制图层组

㊲ 将前景色修改为“C：65，M：100，Y：55，K：25”，然后使用“矩形”工具▭创建形状层，绘制如图 8-71 所示的矩形。

㊳ 将前景色设置为“C：75、M：85、Y：95、K：70”，然后使用“横排文字”工具T.在图像中输入“花”字和“丛”字，接着使用步骤⑭、步骤⑮和步骤⑯中介绍的方法为“花”和“丛”字制作毛笔字效果。将“向往江南.psd”文件中的文字复制到“走近花丛.psd”文件中，然后对文字进行适当调整和修改，得到如图 8-72 所示的最终效果。

图 8-71　绘制矩形

图 8-72　输入其他文字

6）设计“送你健康”DM 单

㊴ 打开光盘文件夹中的“老人 1.jpg”文件，然后选择“图像”→“复制”菜单命令打开“复制图像”对话框，单击 确定 按钮将图像文件复制一份，如图 8-73 所示。

㊵ 使用“仿制图章”工具和“修复画笔”工具得到如图 8-74 所示的草坪，然后将图像文件保存为“草坪.jpg”。

图 8-73　老年人图像素材

图 8-74　制作草坪图像

㊶ 以“向往江南.psd”文件的设置新建图像文件，将图像文件以“走近花丛”的文件名保存为 PSD 格式。将前景色修改为“C：45，M：90，Y：100”，然后使用“矩形”工具绘制如图 8-75 所示的矩形。

㊷ 新建一个图层，然后将图层名称修改为“螺旋”，接着选择“画笔”工具，选择“半湿描油彩笔”预设画笔，再在画笔面板中完成如图 8-76 所示的设置并保存该画笔。

图 8-75 绘制矩形

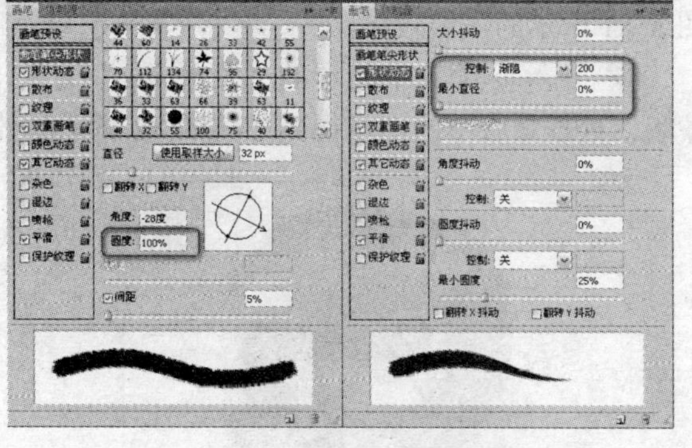

图 8-76 修改画笔设置

㊸ 将前景色修改为“M：62，Y：83”，选择“画笔”工具，使用合适的画笔大小，在图像中绘制出如图 8-77 所示的螺旋形状。

㊹ 选择“加深”工具，然后使用新定义的画笔对图像的中间调进行处理，如图 8-78 所示。

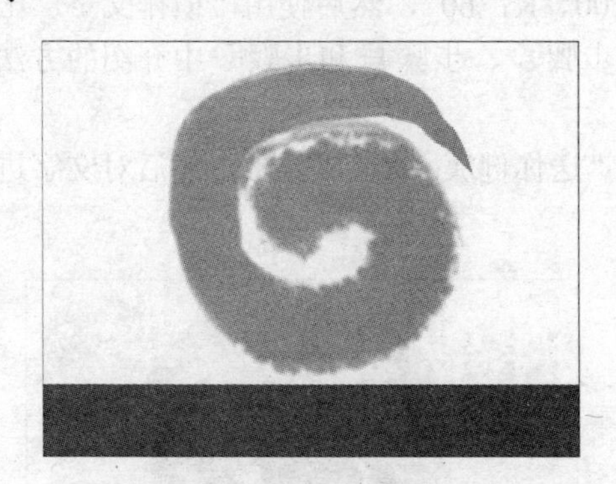

图 8-77 绘制螺旋形

图 8-78 使用“加深”工具

㊺ 将“螺旋”层复制两份，然后将两个副本图层的“不透明度”分别设置为“80%”和“40%”，并对它们进行缩放和旋转，得到如图 8-79 所示的效果。

㊻ 导入光盘文件夹中的“老人 1.jpg”、“老人 2.jpg”和“孩子.jpg”文件，然后将得到的 3 个图层排列在“螺旋”层的上层，接着将它们放置在合适位置并与“螺旋”层创建剪贴组蒙版（“螺旋”图层作为基底图层），如图 8-80 所示。

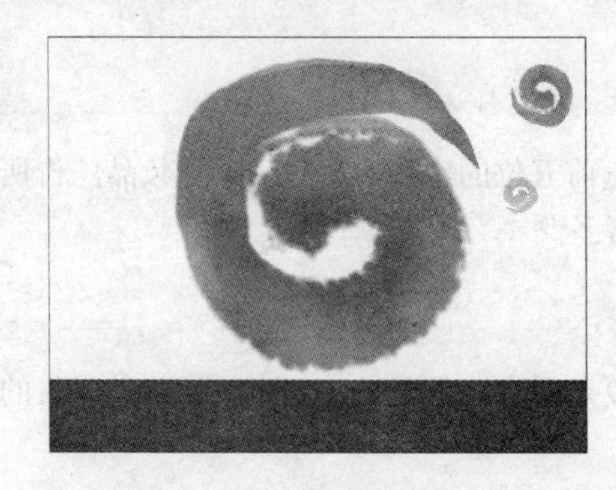

图 8-79 复制螺旋形

图 8-80 创建剪贴组蒙版

㊼ 分别为导入的素材图像添加图层蒙版并使用“画笔”工具处理蒙版图像，得到如

图 8-81 所示的图像效果。

48 导入步骤40中处理的“草坪.jpg”文件，接着将其加入剪贴组并为该图层添加图层蒙版，处理蒙版中的图像得到如图 8-82 所示的效果。

图 8-81 添加图层蒙版

图 8-82 将草坪融合在一起

49 将前景色设置为“C：67、M：86、Y：100、K：60”，然后使用“横排文字”工具 T 在图像中输入“健”字和“康”字，接着使用步骤14、步骤15和步骤16中介绍的方法为“健”字制作毛笔字效果，如图 8-83 所示。

50 将“向往江南.psd”文件中的文字复制到“送你健康.psd”文件中，然后对文字进行适当调整和修改，得到如图 8-84 所示的最终效果。

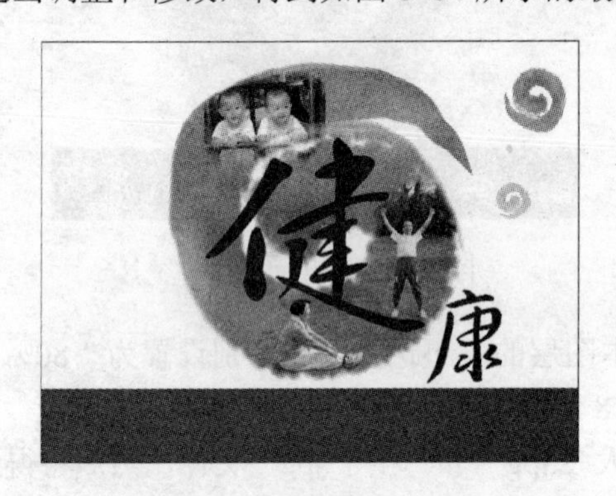

图 8-83 制作毛笔字效果

图 8-84 最终图像效果

8.3 化妆品广告

化妆品广告也是 2008 年各类广告中，投放量前五位的广告题材之一。化妆品广告所涉及到的产品范围广泛，品牌也很多，因此内容丰富多变。

8.3.1 化妆品广告的表现类型

化妆品广告的种类繁多，广告的设计形式也复杂多变，但是总结起来，化妆品广告的创意表现类型主要有以下几种。

1．偶像型

近年来，越来越多的广告找明星代言，希望借助明星的影响力来达到增加销售量的目的，尤其是化妆品广告，更需要人气高的男女明星来增强产品的吸引力和诱惑力。如图 8-85 所示即为偶像型的化妆品广告。

图 8-85　偶像型化妆品广告

2. 性感型

此类广告在画面中往往以女性优美的身材和性感的脸庞等吸引消费者的目光，通过赏心悦目的视觉效果来引发消费者对于广告产品的美好联想。如图 8-86 所示即为性感型的化妆品广告。

图 8-86　性感型化妆品广告

3. 产品展示型

在有些化妆品广告的画面中，常常直接展示化妆品本身或者展示其使用效果，这就是产品展示型的化妆品广告，如图 8-87 所示。这类广告可以使消费者更加直观地了解化妆品的使用效果。

图 8-87　产品展示型化妆品广告

4. 创意型

创意型的化妆品广告主要以其独特的创意展示产品与众不同的特质，吸引消费者的目光，如图 8-88 所示。

图 8-88 创意性化妆品广告

8.3.2 广告案例——慧妍彩妆广告

范例文件：光盘→实例素材文件→第 8 章→8.3.2

本小节将为大家展示慧妍彩妆广告的设计方法，最终效果如图 8-89 所示。

图 8-89 广告最终效果

1. 主题与构思

本则广告的主题为“涂画多彩人生”，通过模特背景、头发以及衣服上的多样色彩来表现，突出主题。作品使用弧形的框架分割人物图片和文字内容，并使用化妆品图片加以过渡和衔接，显得比较别致。

2. 开始创作

❶ 将背景色设置为“R：178，G：88，B：105”，然后新建一个 600×430 像素，RGB 颜色模式，分辨率为 100dpi，背景内容为背景色的图像文件，如图 8-90 所示。

❷ 选择“椭圆”工具，单击工具栏中的“形状图层”按钮，在图像中创建一个形状层，得到“形状 1”，然后将形状层的填充颜色设置为“R：242，G：193”，使用“钢笔”

工具对路径进行一定的修改，如图 8-91 所示。

图 8-90　新建图像文件

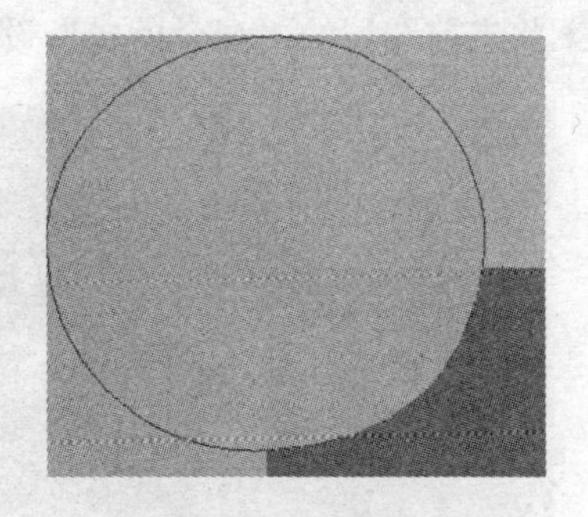

图 8-91　绘制形状

❸ 将“形状 1”复制一份，然后将得到的“形状 1 副本”放在背景层的上层，使用“钢笔”工具修改路径的形状，如图 8-92 所示。

❹ 使用“路径选择”工具选中图像中的路径，然后在工具栏中单击“从形状区域中减去”按钮，将矢量蒙版反相，然后将形状层的填充颜色修改为“R：120，G：10，B：85”，如图 8-93 所示。

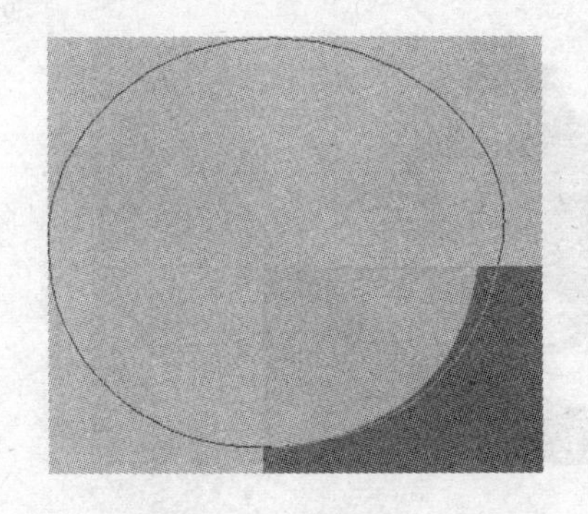

图 8-92　修改形状

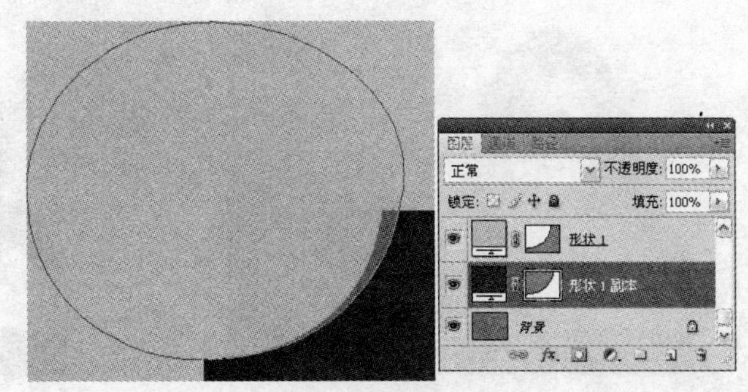

图 8-93　将矢量蒙版取反

❺ 导入光盘文件夹中的“长发女.jpg”文件，将图像缩放至合适大小，得到“图层 1”，如图 8-94 所示。

❻ 按下<Ctrl+Shift+]>组合键将导入图像的图层放置在最上层，然后按下<Ctrl+Alt+G>组合键与下层“形状 1”创建剪贴组，如图 8-95 所示。

图 8-94　导入素材文件

图 8-95　创建剪贴组

❼ 新建“图层 2”，系统自动将其加入剪贴组中。选择“画笔”工具，使用各种鲜艳

的颜色绘制出一些柔和的彩色斑点，如图 8-96 所示。

❽ 将当前图层的“混合模式”设置为“颜色”，得到如图 8-97 所示的效果。

图 8-96　绘制色彩的斑点

图 8-97　设置“颜色”混合模式

❾ 使用“横排文字”工具 T. 输入段落文本，字体颜色设置为“R：228，G：115，B：115”，如图 8-98 所示。

❿ 将文本层放置在“形状 1 副本”层的上层，按下<Ctrl+Alt+G>组合键与下层创建剪贴组，如图 8-99 所示。

图 8-98　输入广告正文

图 8-99　创建剪贴组

⓫ 将文本层复制一份，取消其剪贴组编组，然后将副本图层放置在“形状 1”上层，与该图层创建剪贴组，为该图层添加“渐变叠加”样式（使用“透明彩虹渐变”），如图 8-100 所示。

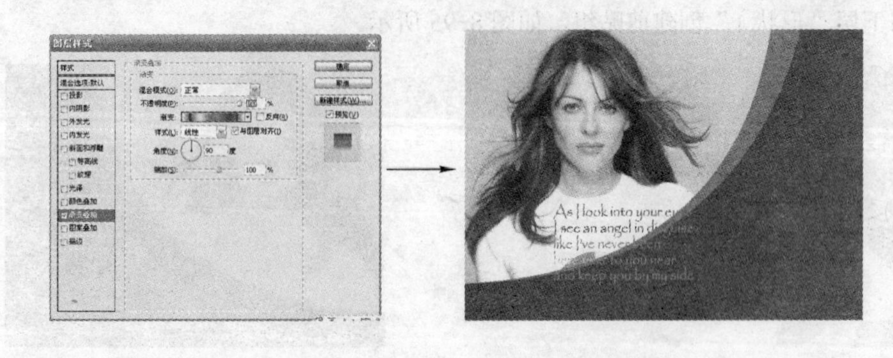

图 8-100　添加“渐变叠加”样式

⓬ 使用“横排文字”工具 T. 输入段落文本，将文本颜色设置为“R：228，G：115，

B：115”，如图 8-101 所示。

⑬ 输入点文本——“慧妍——”，使用“文鼎海报体”字体，文本颜色设置为白色，然后输入“涂画多彩人生”，将字体设置为“文鼎广告体”。在图像的右上方输入点文本“Marry OR Maliya”，使用合适的英文字体，如图 8-102 所示。

图 8-101　输入广告正文

图 8-102　输入广告词

⑭ 导入光盘文件夹中的“化妆品.jpg”文件，将其放置在合适的位置并进行适当的变换，得到“图层 3”，如图 8-103 所示。

⑮ 选择“钢笔”工具，在工具栏中单击“路径”按钮，接着沿图中的化妆品创建闭合路径，按下<Ctrl>键单击“图层”面板下方的“添加矢量蒙版”按钮为“图层 3”添加矢量蒙版，如图 8-104 所示。

图 8-103　导入素材图像

图 8-104　抠取图像

⑯ 双击“图层 2”缩览图，打开“图层样式”对话框，为其添加如图 8-105 所示的“投影”样式，得到如图 8-106 所示的最终效果。

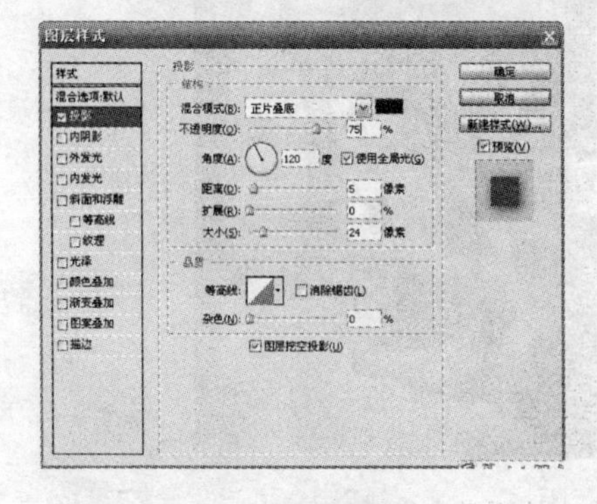

图 8-105　添加“投影”样式

图 8-106　慧妍化妆品广告最终效果

8.4 酒类广告

在各类广告中，酒类广告的投放量也曾称霸一时，各种酒类广告占据了各大电视台的黄金时间。近年来，酒类企业的电视广告投放有所收敛，酒类广告开始向其他媒体延伸，注重通过各类展会树立和提升品牌形象。

8.4.1 酒类广告的诉求点

虽然各类酒的品牌层出不穷，酒类广告的风格也不断变幻，但是酒类广告的主要诉求主题不外乎酒的品味、酒的情感、酒的气质和酒的口感等几种类型，很长一段时间都没有太大的变化。

1. 品味

所有的商品都有档次和品位的区别，而酒类商品更加注重这方面的内容，因此就出现了定位于工薪阶层和定位于高端人士的酒等区别。图 8-107 所示的酒类广告就是以品位为主要诉求点的。

图 8-107　以品位为主要诉求点的酒类广告

2. 情感

古今中外，千百年来酒类已成为人们交流感情、寄托情感的载体，人们对酒类产品的消费更注重精神上的享受，因此，许多酒类广告就从情感上下功夫。图 8-108 所示的酒类广告就是以情感为主要诉求点。

图 8-108　以情感为主要诉求点的酒类广告

3. 气质

气质也是酒类广告的一个重要的诉求点，有些酒类标榜的是女人高雅的气质，有些广告则是以男人粗犷的气质为主。图 8-109 所示的酒类广告就是以气质为主要诉求点。

图 8-109　以气质为主要诉求点的酒类广告

4. 口感

也有一些酒类产品以其独特的口感为卖点，这些酒的广告自然就应该将其诉求点放在口感方面。图 8-110 所示的酒类广告就是以口感为主要诉求点。

图 8-110　以口感为主要诉求点的酒类广告

小提示：

左侧广告的广告词为“Tempted?”（想尝尝吗？），以盘曲在酒瓶上的毒蛇暗示其口感的浓烈；右侧广告则显示其果味的鲜美口感。

8.4.2　广告案例——孔府宴酒广告

范例文件：光盘→实例素材文件→第 8 章→8.4.2

本小节将为大家展示孔府宴酒广告的设计方法，最终效果如图 8-111 所示。

图 8-111 孔府宴酒广告

1．主题与构思

本则广告的主题为“喝孔府宴酒，做天下文章”。作品以红色和橙色为主色调，背景是晨曦中的远山效果，通过造型独特的产品包装和素材图像的巧妙融合来制作出孔夫子驱车前行的画面，表现出孔府宴酒源远流长的酒文化，使产品品牌深入人心。

2．开始创作

❶ 首先，新建一个大小为 38cm×28cm，分辨率为 300dpi，背景内容为白色的图像文件。然后将前景色和背景色分别设置为“C：20，M：85，Y：100”和“M：40，Y：60”。

❷ 2）选择“图层”→“新建填充图层”→“渐变”菜单命令，打开如图 8-112 所示的“新建图层”对话框，接着单击 确定 按钮打开“渐变填充”对话框。在“渐变”下拉列表中选择“前景色到背景色”选项，如图 8-113 所示。

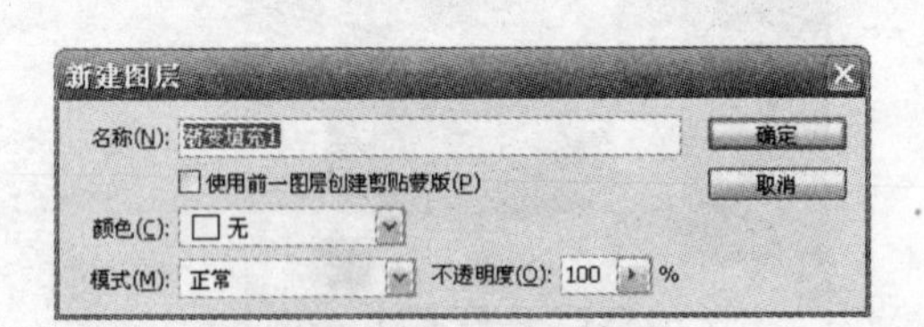

图 8-112 “新建图层”对话框

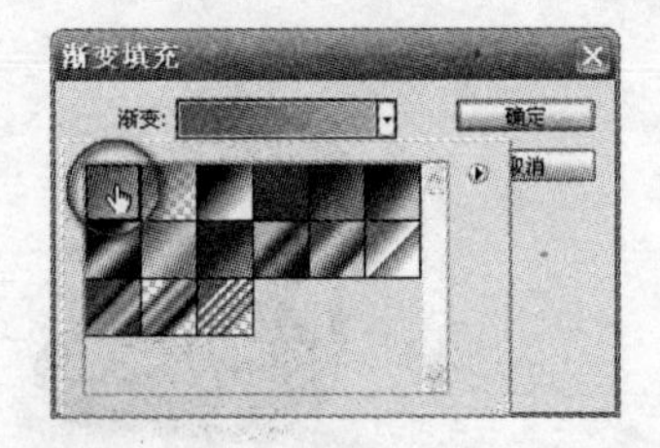

图 8-113 “渐变填充”对话框

❸ 将“角度”设置为“-40”度，如图 8-114 所示。然后单击 确定 按钮得到“渐变填充 1”图层，如图 8-115 所示。

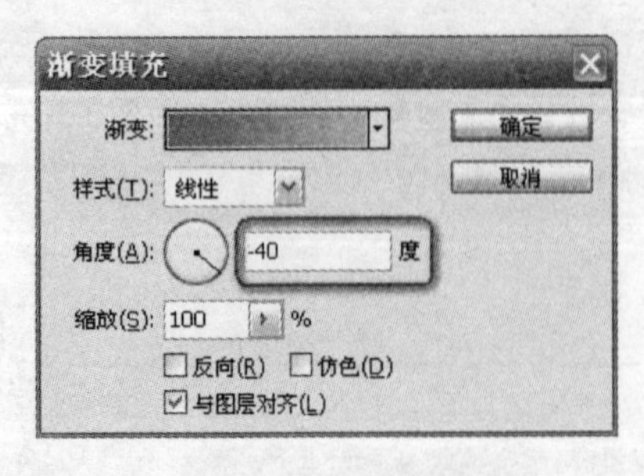

图 8-114 角度设置

图 8-115 添加渐变填充层后的图像效果

❹ 打开光盘文件夹中的“酒瓶.psd”和“酒盒.psd”文件，使用“移动”工具将它们复制到设计文件中，放置在合适的位置，得到“图层 1”和“图层 2”，如图 8-116 所示。

❺ 在英文输入状态下按下<D>键使用默认的前景色和背景色。按住<Ctrl>键同时单击“图层 1”缩览图载入该图层选区，然后按下<Ctrl+Shift+Alt+N>组合键新建“图层 3”，接着按下< Alt+Delete>组合键在选区内填充前景色（黑色），最后按下<Ctrl+D>组合键取消选区，如图 8-117 所示。

图 8-116 导入素材图像

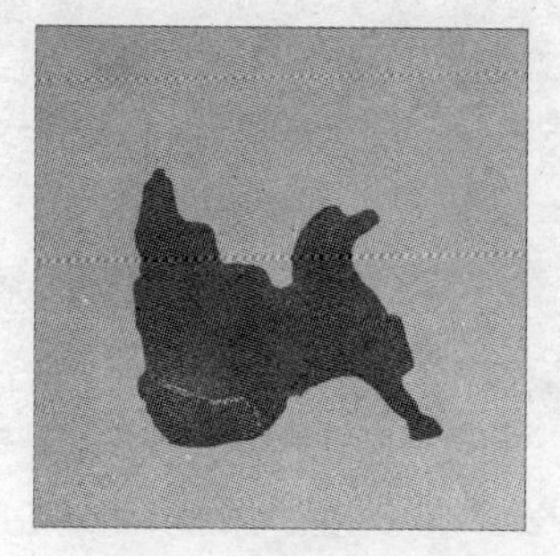

图 8-117 在选区内填充黑色

❻ 选择“滤镜”→“模糊”→“高斯模糊”菜单命令执行“高斯模糊”滤镜功能，如图 8-118 所示。

❼ 将“图层 3”下移一层，按下<Ctrl+T>组合键对该图层进行自由变换，得到酒瓶的投影，如图 8-119 所示。

❽ 使用同样的方法为“酒盒”制作投影效果，并使用“橡皮擦”工具 对影子右侧进行淡化处理，如图 8-120 所示。

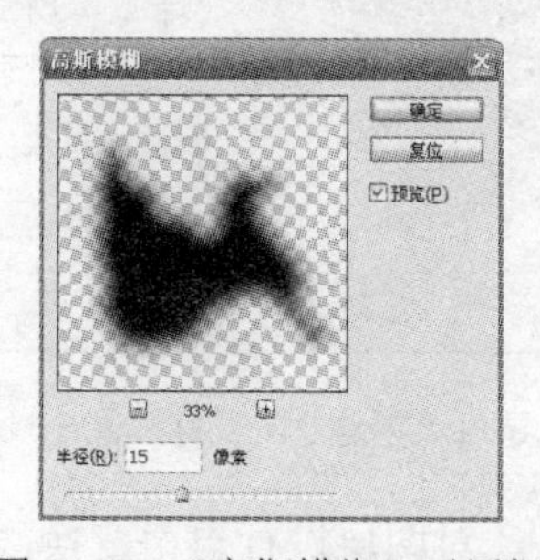

图 8-118 “高斯模糊”对话框

图 8-119 制作酒瓶的投影

图 8-120 制作酒盒的投影

❾ 选择“渐变填充 1”图层，然后打开光盘文件夹中的“远山.jpg”文件（如图 8-121 所示），将该图像复制到设计文件中，得到“图层 5”。按下<Ctrl+T>组合键进入自由变换状态，在保持图像宽高比的前提下，将图像宽度调整为画布宽度，然后将该图层的混合模式设置为“叠加”，“不透明度”设置为“70%”，如图 8-122 所示。

图 8-121 “远山”素材图像

图 8-122 调整图层的显示效果

⑩ 单击“图层”面板下方的“添加图层蒙版”按钮，为当前图层添加图层蒙版，接着使用“橡皮擦”工具对蒙版进行处理，得到如图 8-123 所示的效果。图层蒙版中的效果如图 8-124 所示。

图 8-123 添加并处理图层蒙版

图 8-124 图层蒙版中的效果

⑪ 导入光盘文件夹中的“墨迹 1.jpg”文件，得到“图层 6”。对图层进行自由变换，然后将图层混合模式设置为“线性加深”，如图 8-125 所示。

⑫ 导入光盘文件夹中的“墨迹 2.jpg”文件，得到“图层 7”。对图层进行自由变换，然后将图层混合模式设置为“线性加深”，“不透明度”设置为“20%”，如图 8-126 所示。

图 8-125 导入“墨迹 1”素材图像

图 8-126 导入“墨迹 2”素材图像

⑬ 导入光盘文件夹中的“墨迹 3.jpg”文件，得到“图层 8”。对图层进行自由变换，然后将图层混合模式设置为“线性加深”，“不透明度”设置为“60%”，接着为该图层添加图层蒙版并处理蒙版中的图像，如图 8-127 所示。图层蒙版中的效果如图 8-128 所示。

图 8-127 导入素材图像并为其添加图层蒙版

图 8-128 图层蒙版中的效果

⑭ 导入光盘文件夹中的“纹饰.jpg”文件，得到“图层 9”。对图层进行自由变换，然后将图层混合模式设置为“点光”，“不透明度”设置为“80%”，如图 8-129 所示。

⑮ 在“图层”面板中“图层2”左侧的眼睛图标上单击鼠标右键打开快捷菜单，然后在菜单中选择“显示/隐藏所有其他图层”选项，如图8-130所示。切换到“通道”面板中，将对比度较为鲜明的“黑色”通道复制一份，得到“黑色 副本”通道，如图8-131所示。

图8-129 导入“纹饰”素材图像

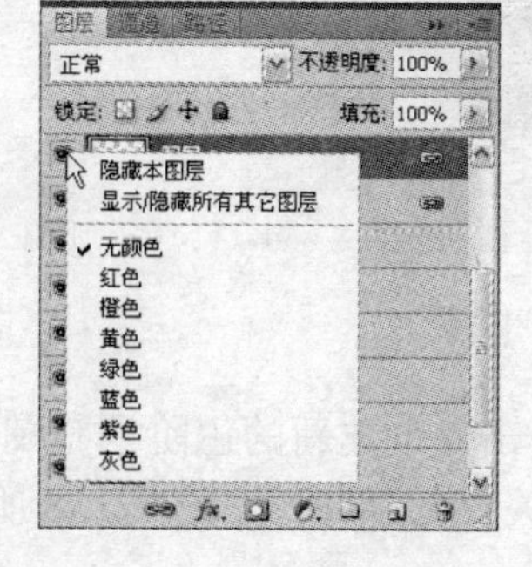

图8-130 仅显示“图层2”

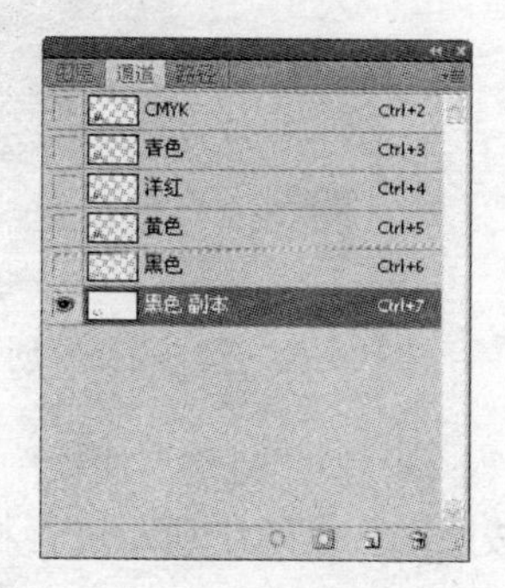

图8-131 复制“黑色”通道

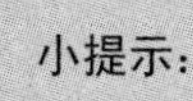

小提示：

为了制作酒瓶上的亮光，我们需要利用一个对比度鲜明的通道来创建选区。本例中“黑色”通道较为适合。

⑯ 按照图8-132中所示的设置调整“黑色 副本”通道的色阶，然后按下<Ctrl>键同时单击“黑色 副本”通道缩览图将其载入选区，接着切换到“图层”面板，新建“图层10”，在选区中填充背景色（白色），得到如图8-133所示的效果。

⑰ 按下<Ctrl+D>组合键为当前图层添加图层蒙版，然后使用“橡皮擦”工具处理蒙版中的图像，接着将图层不透明度修改为“30%”，得到如图8-134所示的效果。

图8-132 “色阶”对话框

图8-133 在选区中填充白色

图8-134 修改图层显示效果

⑱ 新建“图层11”，然后选择“钢笔”工具，在工具栏中单击“路径”按钮，接着在图像中创建闭合路径，如图8-135所示。

⑲ 按下<Ctrl+Enter>组合键将路径转换为选区，使用“渐变”工具在选区内填充“前景色到透明”的线性渐变，然后按下<Ctrl+D>组合键取消选区，得到如图8-136所示的图像效果。

图 8-135　创建闭合路径　　　　图 8-136　在选区内填充线性渐变

⑳ 在“调整”面板中单击“创建新的色阶调整图层”按钮为图像添加色阶调整层，按照图 8-137 中所示进行相关设置，得到如图 8-138 所示的图像效果。

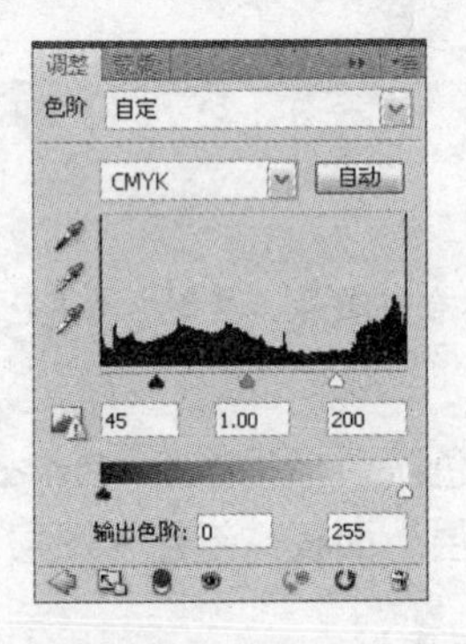

图 8-137　添加“色阶”调整层　　　　图 8-138　添加调整层后的图像效果

㉑ 在“调整”面板中单击“创建新的曲线调整图层”按钮为图像添加曲线调整层，然后按照图 8-139 中所示调整各个通道曲线参数，得到如图 8-140 所示的图像效果。

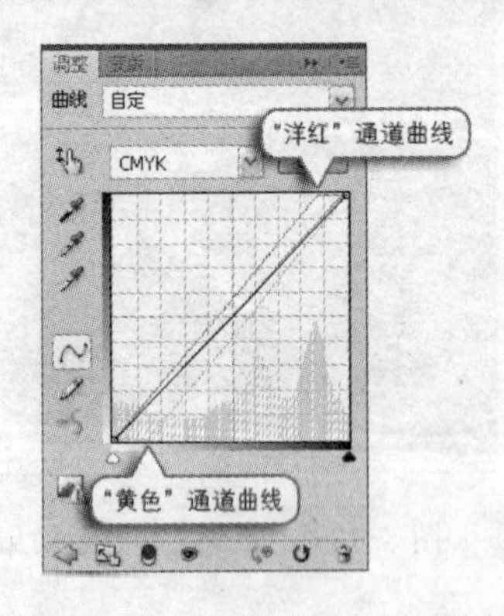

图 8-139　添加“曲线”调整层　　　　图 8-140　添加调整层后的图像效果

小提示：

在“调整”面板的左上方有一个“通道”下拉列表，该下拉列表中具有各个颜色通道选项，选择这些选项可以对图像的不同通道进行颜色调整。

㉒ 按下<Ctrl>键同时单击“图层 2”缩览图，接着按下<Ctrl+Shift>组合键并单击“图层 3”缩览图，加选该图层选区，然后选中曲线调整层的蒙版，在选区内填充黑色，按下<Ctrl+D>组合键取消选区后再按下<Ctrl+I>组合键将蒙版中的图像反相，得到如图 8-141 所示的效果。图层蒙版中的效果如图 8-142 所示。

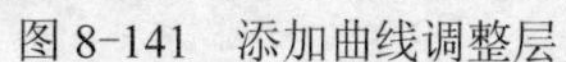

图 8-141 添加曲线调整层

图 8-142 图层蒙版中的效果

㉓ 使用“横排文字”工具 T 输入“喝孔府宴酒做天下文章”，按照如图 8-143 所示完成字体设置（字体颜色设置为白色），得到如图 8-144 所示的效果。

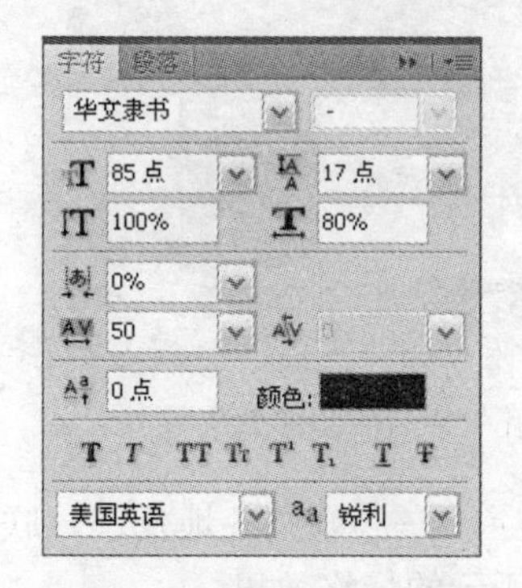

图 8-143 “字符”面板

图 8-144 输入横排文字

㉔ 将“喝”字的字体修改为“超世纪粗行书”，然后按照图 8-145 中所示完成字体设置，得到如图 8-146 所示的效果。

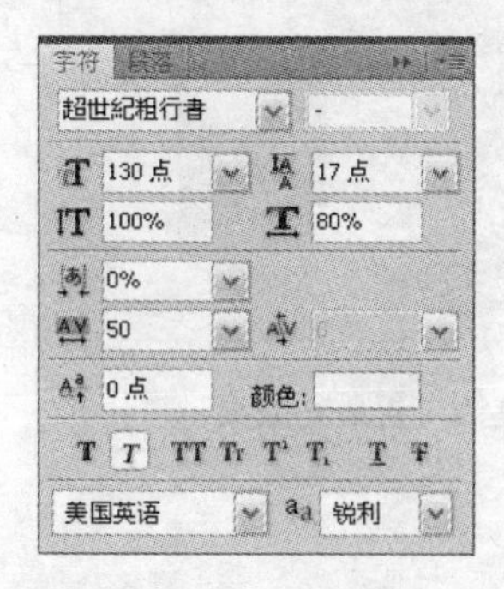

图 8-145 修改“喝”字属性

图 8-146 修改“喝”字后的图像效果

㉕ 使用“横排文字”工具 T 输入段落文本，按照图 8-147 中所示完成字体设置（字体颜色设置为“Y：50”），然后通过在段落中适当的位置添加空格和换行，调整段落文本的形

状，如图 8-148 所示。

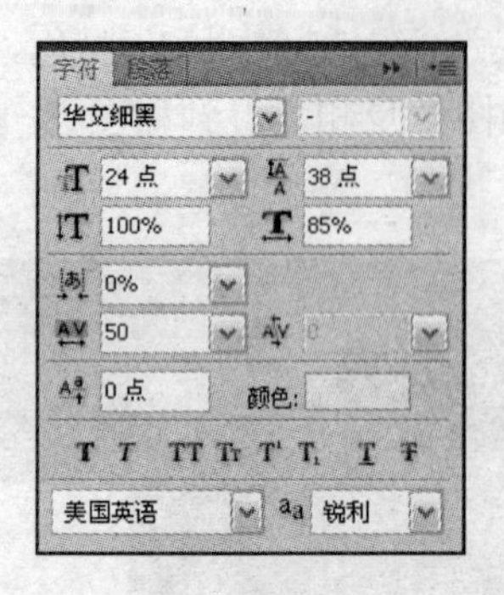

图 8-147　修改段落文字属性

图 8-148　输入段落文本后的图像效果

㉖ 按照图 8-149 中所示的设置在段落文本的左侧输入“孔”字，得到如图 8-150 所示的效果。

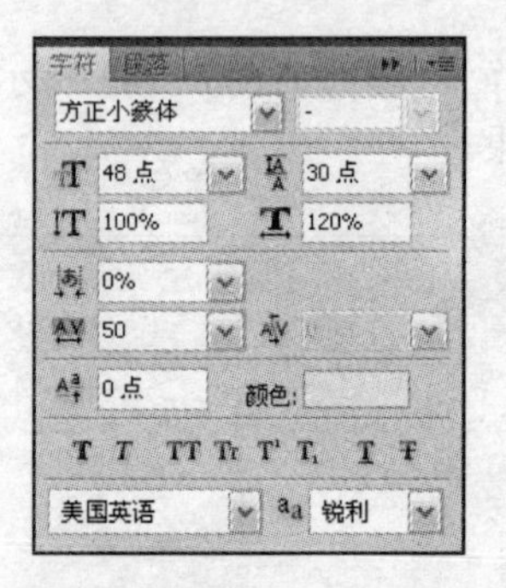

图 8-149　修改“孔”字属性

图 8-150　输入“孔”字后的图像效果

㉗ 按照图 8-151 中所示的设置在图像的右下角输入点文字——“诚招各地代理！联系电话：0537-212345678 联系人：某某先生”，得到如图 8-152 所示的最终效果。

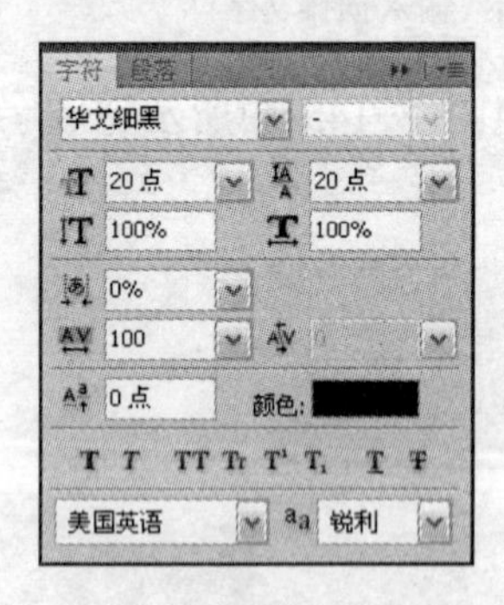

图 8-151　修改点文字属性

图 8-152　孔府宴酒广告最终效果

8.5　汽车广告

近年来，汽车业媒体广告的投放量急剧增长，据国家工商总局统计，2008 年汽车广告投放量超过 138 亿元，增长 16%。

8.5.1 汽车广告的诉求点

虽然汽车广告的类型不同，但是汽车广告也有一些固定的诉求点，从这些诉求点出发能够较快地找到创意点。汽车广告的主要诉求点有以下几种。

1．品牌

汽车的品牌形象是众多影响消费者选购的因素中，最为重要的一个。当消费者不真正了解汽车的各项性能及零件的优劣时，就会考虑到汽车品牌的影响，并由汽车品牌在心目中形成的固定影响左右其购买行为。图 8-153 中所示的汽车广告就是以品牌为主要诉求点。

图 8-153 以品牌为主要诉求点的汽车广告

小提示：

左侧广告在画面右下方显示品牌标志；右侧广告在灯泡图样的内部显示品牌标志。

2．性能

“物有所值”被 1/3 以上的消费者作为购车选择的首要考虑因素。当产品价格和品牌效应不相上下时，性能则成为商家广告的诉求点。如果某款汽车的某种性能非常卓越，在设计广告的过程中也应该侧重于这方面的表现。图 8-154 中所示的汽车广告就是以性能为主要诉求点。

小提示：

左侧广告以汽车的“卫星跟踪”功能为主要诉求点，说明独特的事物无论走到哪里都能吸引人的眼球，就像汽车穿上的花斑点的外衣一样；右侧广告以汽车的“自动挡”功能为主要诉求点，广告文字为“轻松，灵动而至”。

图 8-154 以性能为主要诉求点的汽车广告

3．外形

外形也是汽车产品吸引消费者购买的一个重要因素，时尚、美观的外形往往更能抓住消费者的心。图 8-155 中所示的汽车广告就是以外形为主要诉求点。

图 8-155　以外形为主要诉求点的汽车广告

小提示：

左侧广告的含义是奔驰敞篷车太漂亮了，很多车友都忍不住驻足观赏；右侧广告则是使用深蓝色的背景衬托悍马越野车的帅气。

4．情感

以情感为诉求点的广告更容易打动消费者，并使其对广告的内容产生共鸣，从而带动其消费行为。图 8-156 所示的汽车广告就是以情感为主要诉求点。

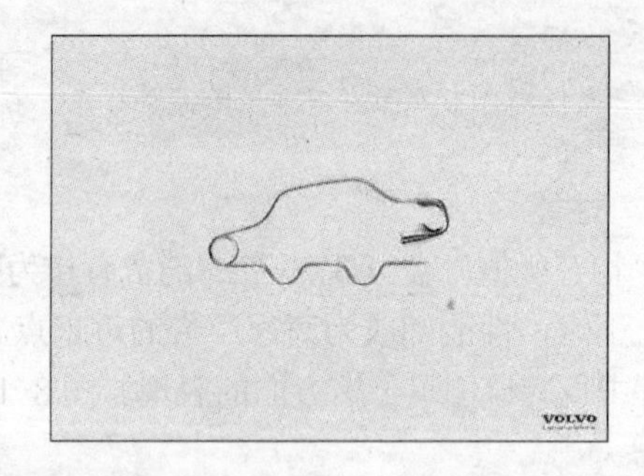

图 8-156　以情感为主要诉求点的汽车广告

小技巧：

左侧广告中，野外游玩的的情侣幕天席地，却将爱车停放在帐篷中，保护起来；右侧广告的标题为“除了你我什么也不想要”，连安全别针都折成了汽车的形状。

8.5.2　广告案例——飞越汽车广告

范例文件：光盘→实例素材文件→第 8 章→8.5.2

本节将为大家展示一则汽车广告的设计制作方法，最终效果如图 8-157 所示。

图 8-157 飞越汽车广告

1. 主题与构思

本则广告的主题为“打造车上 e 生活”。作品以环形立交桥图像为基础，重新嫁接图像，巧妙地将其处理成为字母 e 的造型，从而达到突出广告主题的目的。

本则广告的设计重点就是将一段公路图像嫁接到立交桥图像中。在制作过程中，需要使用大量的图层蒙版对图像进行融合，然后再使用多种调整图层使立交桥、公路以及汽车图像的色调相匹配。

2. 开始创作

1）延伸公路

❶ 将背景色设置为黑色，然后新建一个图像文件，具体设置如图 8-158 所示。

❷ 打开光盘文件夹中的“立交桥.jpg”文件，使用“移动”工具将图像复制到正在设计的文件中，放置在合适的位置，如图 8-159 所示。

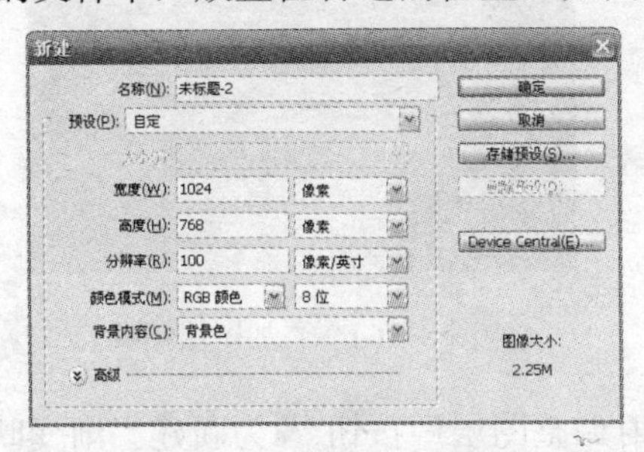

图 8-158 “新建”对话框

图 8-159 导入素材图像

❸ 单击“调整”面板中的“创建新的色阶调整图层”按钮，新建一个色阶调整层，如图 8-160 所示。

图 8-160 添加“色阶”调整层

❹ 打开光盘文件夹中的“条纹.tif”文件，将图像移动到正在设计的文件中，得到“图层 2”，如图 8-161 所示。

❺ 选择“编辑”→“变换”→“变形”菜单项进入变形状态，对图像进行如图 8-162 所示的变形操作。

图 8-161 导入素材图像

图 8-162 对图像进行变形操作

❻ 选择“钢笔”工具，单击工具栏中的“路径”按钮，创建如图 8-163 所示的闭合路径。

❼ 按下<Ctrl+Enter>组合键将其转换为选区，按下<Shift+F6>组合键打开“羽化”对话框，将选区羽化 2 像素，接着单击“图层”面板下方的“添加图层蒙版”按钮为“图层 2”添加图层蒙版，得到如图 8-164 所示的效果。

图 8-163 创建闭合路径

图 8-164 添加图层蒙版

❽ 在“调整”面板上单击“创建新的渐变映射调整图层”按钮为新建“渐变映射”调整层，具体设置如图 8-165 所示（映射所使用的渐变为从颜色值为“R：120，G：45，B：30”到“R：220，G：120，B：15”）。

❾ 按下<Ctrl+Alt+G>组合键与下层创建剪贴组，得到如图 8-166 所示的效果。

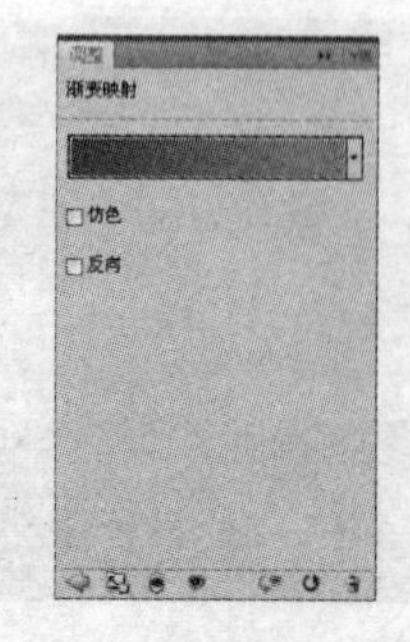

图 8-165 添加“渐变映射”调整层

图 8-166 创建剪贴组

⑩ 打开光盘文件夹中的“公路.jpg”文件，将其复制到正在设计的文件中，放置在合适位置，使其与立交桥的走向基本吻合，得到“图层 3”，如图 8-167 所示。

⑪ 按下<Ctrl>键单击“图层 2”缩览图将其载入选区，然后按下<Shift+F6>组合键打开“羽化”对话框将选区羽化 5 像素。单击“图层”面板下方的“添加图层蒙版”按钮为“图层 3”添加图层蒙版，得到如图 8-168 所示的效果。

图 8-167 导入素材图像

图 8-168 添加图层蒙版

⑫ 使用“画笔”工具在图层蒙版上作用，将部分图像减淡，如图 8-169 所示，图层蒙版状态如图 8-170 所示。

图 8-169 处理图层蒙版

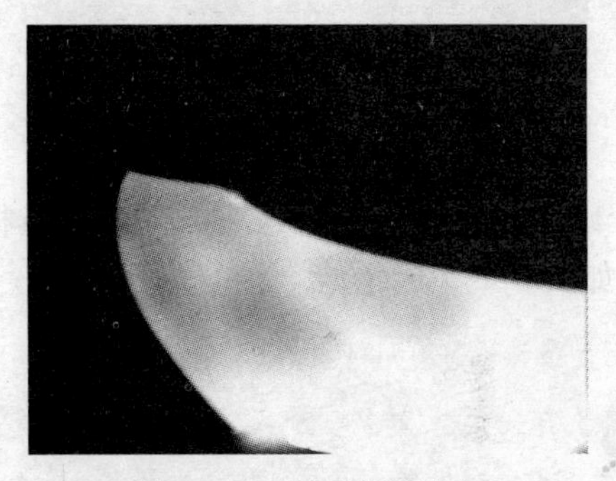

图 8-170 图层蒙版状态

⑬ 在“图层”面板中按下<Alt>键拖动“渐变映射 1”到所有图层上方，得到“渐变映射 1 副本”，按下<Ctrl+Alt+G>组合键将当前图层加入建剪贴组，如图 8-171 所示。

⑭ 将前景色设置为“R：255，G：210”，然后新建“图层 4”，在该层中填充前景色，接着按下<Ctrl>键单击“图层 2”缩览图将其载入选区，然后为当前层添加图层蒙版，如图 8-172 所示。

图 8-171 将“渐变映射”图层加入剪贴组

图 8-172 添加图层蒙版

⑮ 按住<Alt>键单击“图层 4”的蒙版缩览图，然后按住<Alt>键不放选择“滤镜”→“渲染”→“分层云彩”菜单项，再按下<Ctrl+I>组合键进行反相，如图 8-173 所示。

小技巧：

按住<Alt>键执行“分层云彩”命令，可以得到比正常执行“分层云彩”命令时对比度更佳的云彩效果。

⑯ 单击“图层4”缩览图回到图像编辑状态，将当前图层的混合模式设置为“叠加”，如图 8-174 所示。

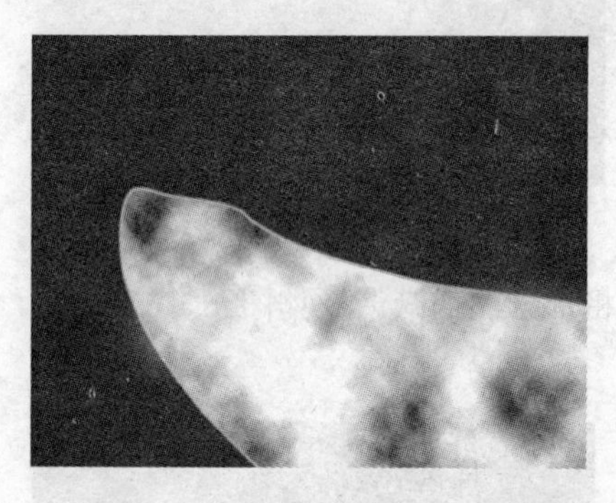

图 8-173 执行“分层云彩”滤镜并反相

图 8-174 设置“叠加”混合模式

⑰ 选择“钢笔”工具，单击工具栏中的“路径”按钮，从下到上创建一条开放路径，如图 8-175 所示。

小提示：

为了确保下面进行的描边操作是从下到上进行，产生具有一定透视效果的线条，此处一定要在图像下方创建第一个锚点。然后向上绘制路径。

⑱ 新建“图层5”，然后选择“画笔”工具，在工具栏中将“不透明度”设置为 50%，在“画笔”面板中完成如图 8-176 所示的设置。

图 8-175 绘制开放路径

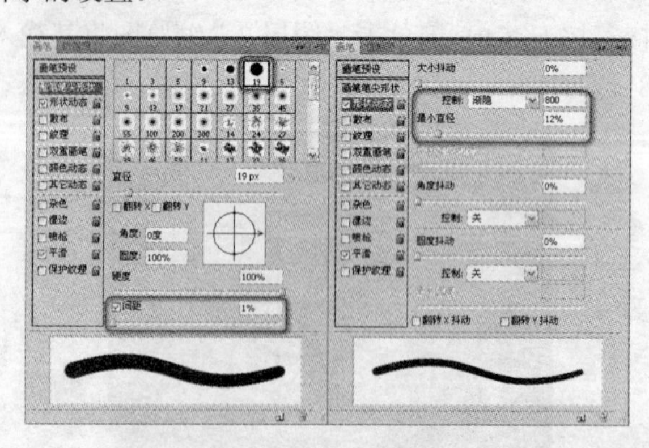

图 8-176 设置画笔

⑲ 按下<Enter>键对路径进行描边，然后在“路径”面板空白处单击，取消路径显示，如图 8-177 所示。

⑳ 为当前图层添加图层蒙版，然后选择“画笔”工具，使用黑色在白线上涂抹，得到如图 8-178 所示的效果。

图 8-177 描边路径

图 8-178 处理图层蒙版

㉑ 选择“滤镜”→“模糊”→“高斯模糊”菜单项，将模糊“半径”设置为 6 像素，得到如图 8-179 所示的效果。

㉒ 将前景色设置为“R：255，G：205，B：125”，使用同样的方法绘制另外一条线，得到“图层 6”，如图 8-180 所示。

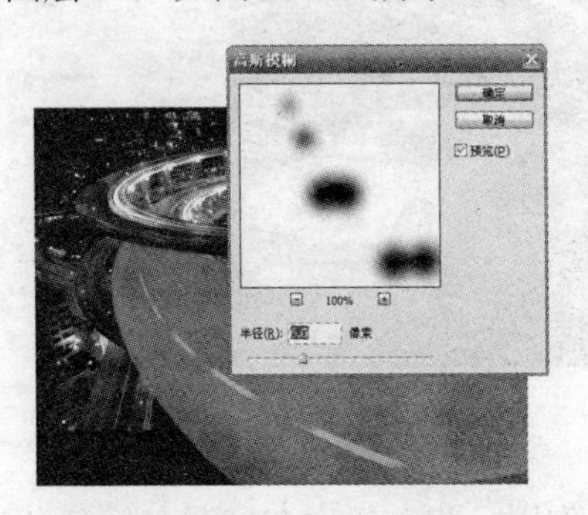
图 8-179 执行“高斯模糊”滤镜

图 8-180 绘制另一条白线

㉓ 新建“图层 7”，在该图层中填充黑色，然后将图层的混合模式设置为“柔光”，接着为该图层添加图层蒙版，选择“画笔”工具，使用黑色在蒙版上涂抹，突出显示桥下有灯光的地方，如图 8-181 所示。图层蒙版中的图像如图 8-182 所示。

图 8-181 加深立交桥以外的景物

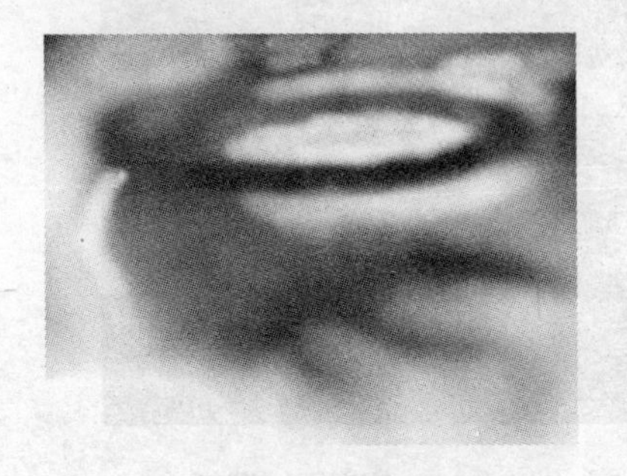
图 8-182 图层蒙版状态

㉔ 将“图层 7”复制一份，将该图层的“混合模式”修改为“正常”。选中该图层蒙版

的缩览图，选择“画笔”工具 在蒙版中作用，将不需要的景物隐藏，如图 8-183 所示。图层蒙版中的图像如图 8-184 所示。

图 8-183　隐藏不需要的景物

图 8-184　图层蒙版的状态

2）加入汽车图片

㉕ 打开光盘文件夹中的“汽车.psd”文件，将图像移动到立交桥延伸出来的部分上，得到“图层 8”，如图 8-185 所示。

㉖ 使用“调整”面板为图像添加“色相/饱和度”调整层，然后按下<Ctrl+Alt+G>组合键将该图层与下层图像创建剪贴组，如图 8-186 所示。

图 8-185　导入素材图像

图 8-186　调整汽车的颜色

㉗ 使用“画笔”工具 在调整层的图层蒙版中作用，将车轮、车窗和车灯等多余的像素隐藏，如图 8-187 所示。

㉘ 使用“调整”面板为图像添加“曝光度”调整层，然后按下<Ctrl+Alt+G>组合键将该图层加入剪贴组，如图 8-188 所示。

图 8-187　处理图层蒙版

图 8-188　调整曝光度

㉙ 新建“图层 9”，放在“图层 8”下层，然后选择“画笔”工具 ，使用黑色绘制出

汽车的投影，如图 8-189 所示。

㉚ 选中“图层 1”，使用“钢笔”工具 抠取立交桥上的亮光部分，如图 8-190 所示。按下<Ctrl+Enter>组合键转换为选区，然后按下<Ctrl+J>组合键通过复制选区图像创建“图层 10”，按下<Ctrl+Shift+]>组合键将该图层放置在最上层。

图 8-189 绘制汽车投影

图 8-190 创建闭合路径

㉛ 选择“编辑”→“变换”→“垂直翻转”菜单项，对图像进行垂直翻转，然后按下<Ctrl+T>组合键对图像进行自由变换，并按下<Enter>键完成变换操作，如图 8-191 所示。

㉜ 将当前图层的混合模式设置为“亮度”，然后为当前图层添加图层蒙版并使用“画笔”工具 处理蒙版图像，得到如图 8-192 所示的效果。

图 8-191 对图像进行自由变换

图 8-192 绘制汽车尾部的亮线

㉝ 将“图层 10”复制多份，按照步骤㉗和步骤㉘中所使用的方法，分别调整其位置、形状及蒙版状态，制作公路上的亮光效果，如图 8-193 所示。

㉞ 选择“直线”工具 ，然后在工具栏上选中“形状图层”按钮 ，将“粗细”设置为 2 像素，使用白色在图像下方绘制一条直线，如图 8-194 所示。

图 8-193 制作亮光效果

图 8-194 绘制直线

3）完成其他设计

35 新建“图层9”，使用“椭圆选框”工具 在图像右下方创建选区，使其与直线相交，选择“编辑”→“描边”菜单项，打开“描边”对话框为选区描边 2 像素，如图 8-195 所示。

36 按下<Ctrl+D>组合键取消选区，然后导入光盘文件夹中的“汽车标志.tif”文件，放置在图像的右下方，缩放至合适大小，如图 8-196 所示。

37 将前景色设置为“R：255”，使用“横排文字”工具 在汽车标志的下方输入“飞越汽车”，如图 8-197 所示。

图 8-195 对椭圆选区进行描边

图 8-196 导入汽车标志

图 8-197 输入文字

38 将前景色修改为白色，使用“横排文字”工具 ，选择合适的字体和字号，在图像上方和底部输入文字，得到如图 8-198 所示的最终效果。

图 8-198 飞越汽车广告最后效果

8.6 手机广告

手机广告虽然没有房地产广告、汽车广告的总体投放量高，但是随着手机用户普及率的逐渐提高，各式各样的手机广告也不断涌现，常见的有壁纸广告、报纸广告、杂志广告、宣传单页和折页等。

8.6.1 手机广告的表现类型

手机广告的表现类型并不是很多，主要有以下几种。

1. 偶像型

各类广告都可以使用明星代言，手机广告也不例外。根据手机的外形和使用人群选择合适的明星代言，不仅可以为产品赋予“明星”气质，而且可以博得消费者的信赖和认可。如图 8-199 所示即为偶像型的手机广告。

图 8-199 偶像型的手机广告

2．产品展示型

产品展示型的手机广告也有其优点，那就是直观、清晰，主题明确。画面中的主角是手机本身，周围配以广告文字和产品的各角度图片，对手机的功能和特色进行进一步地介绍，如图 8-200 所示。

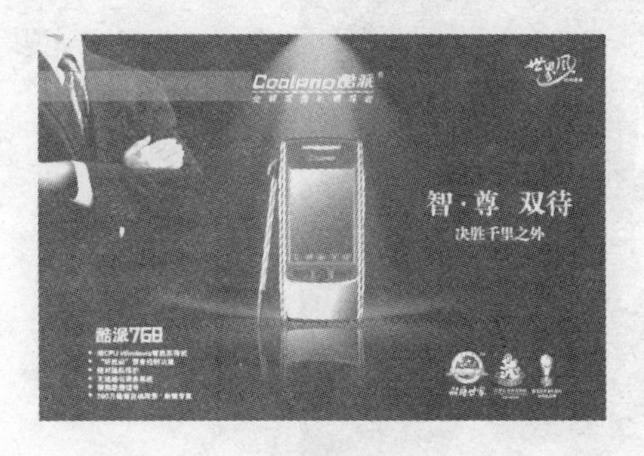

图 8-200 产品展示型的手机广告

3．情感型

手机本来就是用来联络感情的，情感型的手机广告就是在这一点上做文章。在画面中除了手机产品以外，通常还有一对情侣或者一群好友，通过他们的爱情或者友情来感染消费者，和消费者产生共鸣，如图 8-201 所示。

图 8-201 情感型的手机广告

4．创意型

创意型的手机广告并不是很多，如果掌握不了“创意”的“度”，就有可能喧宾夺主，使消费者搞不清楚设计者的意图。图 8-202 所示即为比较成功的创意型手机广告。

图 8-202　创意型手机广告

8.6.2　广告案例——诺雅丽手机广告

本小节将为大家展示一则手机广告的设计制作方法，最终效果如图 8-203 所示。

范例文件： 光盘→实例素材文件→第 8 章→8.6.2

图 8-203　诺雅丽手机广告

1．主题与构思

本则广告的主题为“纤巧 优雅 时尚 女人味”，设计特点为动感、炫彩和时尚。作品使用较暗的背景与模特白色的服装形成对比，深蓝色的光点与红色的手机形成对比，整个设计作品中充满了动感和柔美。

本则广告的设计重点是利用手机和模特在姿态上的相似点，将产品图像进行排列、造型，利用光点和炫彩的亮线表现出来。在设计过程中，需要为主题文字制作动感的金属效果并为模特制作动感特效，其他广告文字分别以一个竖条和一个横块表现，字体颜色使用手机图像中的红色和白色。

2．开始创作

❶ 将背景色设置为“C：100，M：96，Y：50，K：70”，然后新建一个大小为 216×291mm（16 开加上各边的 3mm 出血），分辨率为 300dpi，CMYK 颜色模式、背景内容为背景色的图像文件。按下<Ctrl+R>组合键显示标尺，然后放大显示图像，在距离图像边界 3mm 的位置拖出 4 条参考线，在图像正中拖出一条垂直参考线，如图 8-204 所示。

什么叫出血？

出血是一个印刷术语，是指在设计文件中，为了最终的印刷输出产品的裁切需要而保留的页面位置。

❷ 导入光盘文件夹中的“模特.jpg”文件，得到“图层 1”，将图像缩放并放置在合适的位置，如图 8-205 所示。

❸ 使用“仿制图章”工具处理下方的图像，使地板的图案延伸至图像的最左侧，如图 8-206 所示。

图 8-204 新建图像文件

图 8-205 导入素材图像

图 8-206 修补左下方的图像

❹ 按住<Alt>键不放，使用“仿制图章”工具在模特的右手上单击取样，然后在模特图像的左侧进行多次涂抹，得到多个人影效果，如图 8-207 所示。

❺ 单击“图层”面板下方的“添加图层蒙版”按钮为当前图层添加图层蒙版，然后使用“橡皮擦”工具处理蒙版图像，得到如图 8-208 所示的效果。

❻ 此时，图层蒙版的状态如图 8-209 所示。

练一练：

在“历史记录”面板中合适的步骤左侧小方框上单击，指定“历史记录画笔”工具所能作用到的终止状态，然后使用“历史记录”画笔修复模特背后的灯光。

图 8-207 制作模特的重影

图 8-208 处理图层蒙版

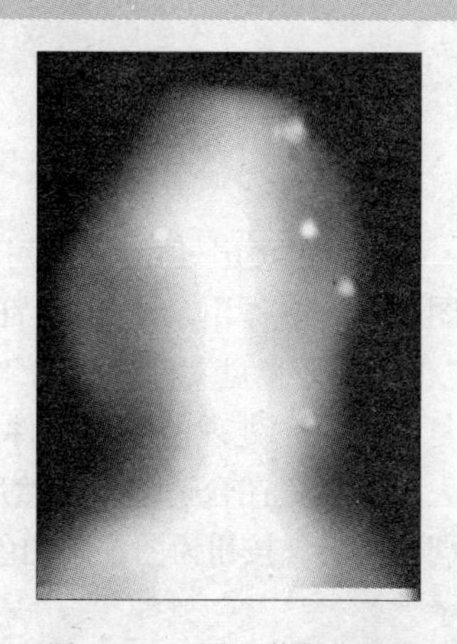

图 8-209 图层蒙版的状态

❼ 选中当前图层的缩览图，然后在“调整”面板中单击“创建新的色阶调整图层”按钮添加色阶调整图层，得到“色阶 1”，调整图像的色阶，使图像的对比度稍微增强一些，如图 8-210 所示。

图 8-210 调整图像的“色阶”

❽ 使用“加深”工具对模特周围的中间调进行加深处理，然后在“调整”面板中单击“创建新的亮度/对比度调整图层”按钮，得到“亮度/对比度 1”，如图 8-211 所示。

图 8-211 调整图像的“亮度/对比度”

❾ 按下<Ctrl+I>组合键对调整图层的蒙版进行反相操作，然后使用“橡皮擦”工具在图层蒙版中作用，增加模特的亮度，此时图层蒙版的状态如图 8-212 所示。

❿ 打开光盘文件夹中的“手机 1.psd”、“手机 2.psd”和“手机 3.psd”文件，将 3 个图像复制到刚才处理的图像文件中，得到“图层 2”、“图层 3”和“图层 4”，将它们缩放至合适大小并放置在合适位置，然后将 3 个图层载入选区，单击“调整”面板中的“创建新的色阶调整图层”按钮为图像添加色阶调整层，如图 8-213 所示。该层的图层蒙版状态如图 8-214 所示。

小技巧：

将多个图层载入选区时，可以先按住<Ctrl>键单击图层缩览图载入一个图层选区，然后按住<Ctrl+Shift>组合键单击其他图层的缩览图进行加选。

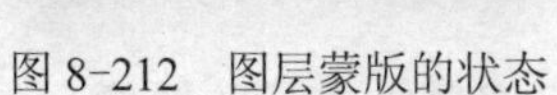

图 8-212　图层蒙版的状态

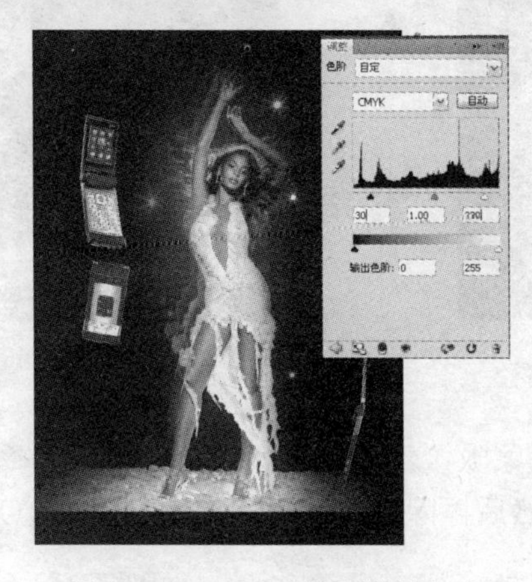

图 8-213　调整手机图像的色阶

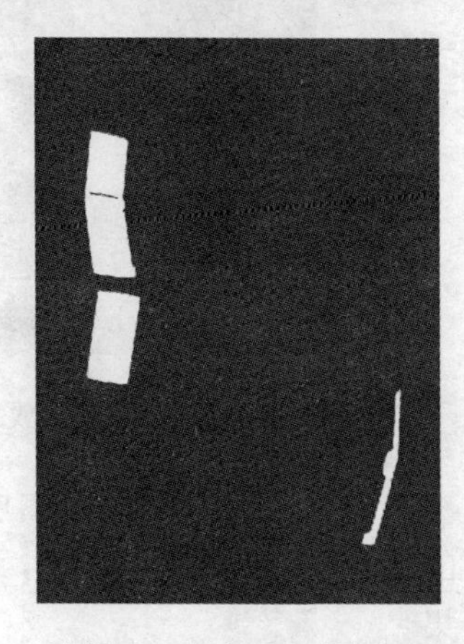

图 8-214　色阶层蒙版状态

⑪ 分别为 3 个手机图像的图层添加“外发光”样式和“内发光”样式（发光颜色设置为“C：100，M：80，Y：20，K：30”），如图 8-215 所示。

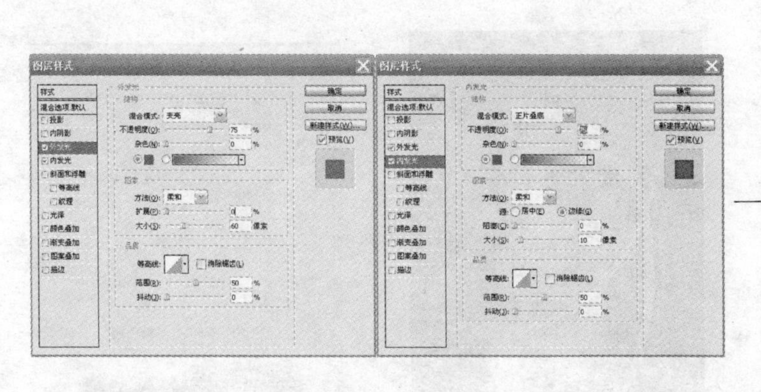

图 8-215　添加图层样式

小提示：

调整图像色阶以及为图层添加“内发光”样式的操作都是为了使素材图像更好地融入到设计作品的背景中。

⑫ 使用“钢笔”工具绘制如图 8-216 所示的路径，然后保存该路径。

⑬ 将前景色设置为白色，然后选择“画笔”工具，“尖角 25”画笔，接着按下<Ctrl+Shift+Alt+N>组合键新建图层，再按住<Alt>键不放单击“路径”面板下方的“用画笔描边路径”按钮打开“描边路径”对话框，选中“模拟压力”复选框并单击 确定 按钮，如图 8-217 所示。

图 8-216 绘制开放路径

图 8-217 对路径进行描边

⑭ 为当前图层添加图层蒙版，然后使用“橡皮擦”工具对蒙版进行处理（对图像中的部分像素进行淡化处理，然后擦除遮盖手机图像上方的部分），得到如图 8-218 所示的效果。

⑮ 导入一幅喜欢的图片，对其进行自由变换操作，制作手机屏幕中显示的图像，如图 8-219 所示。

⑯ 按下<Ctrl+Shift+Alt+N>组合键新建图层，然后将前景色修改为“M：40，Y：90”，接着选择“画笔”工具，选择柔角画笔，将画笔大小调整为 150 像素，再完成图 8-220 中所示的设置。

图 8-218 处理图层蒙版

图 8-219 手机屏幕中的图像

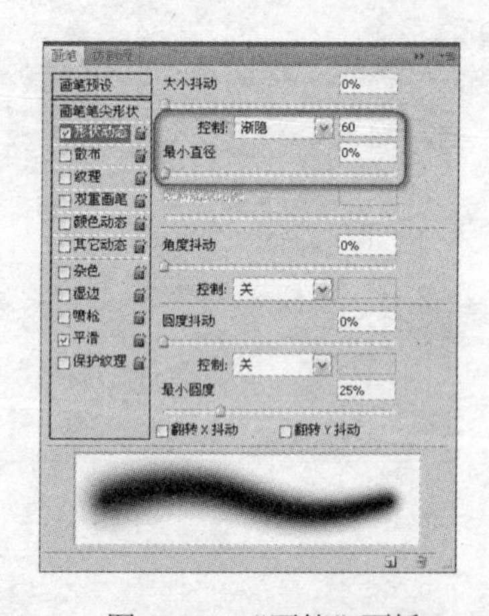

图 8-220 “画笔”面板

⑰ 使用“路径选择”工具选中左下方的路径，然后按住<Alt>键不放单击“路径”面板下方的“用画笔描边路径”按钮打开“描边路径”对话框，取消“模拟压力”复选框的选中状态，接着单击 确定 按钮得到如图 8-221 所示的效果。

小提示：

“模拟压力”的描边效果是开放路径两端细中间粗的描边效果；“渐隐”的描边效果是起点粗，终点“渐隐”的效果。

⑱ 为该图层添加图层蒙版并对蒙版进行处理，然后将当前图层的混合模式设置为“颜色减淡”，如图 8-222 所示。

⑲ 新建一个图层，然后将前景色修改为“C：90”，接着选择“画笔”工具并完成如图 8-223 所示的画笔设置。

图 8-221　对路径进行描边

图 8-222　设置图层混合模式

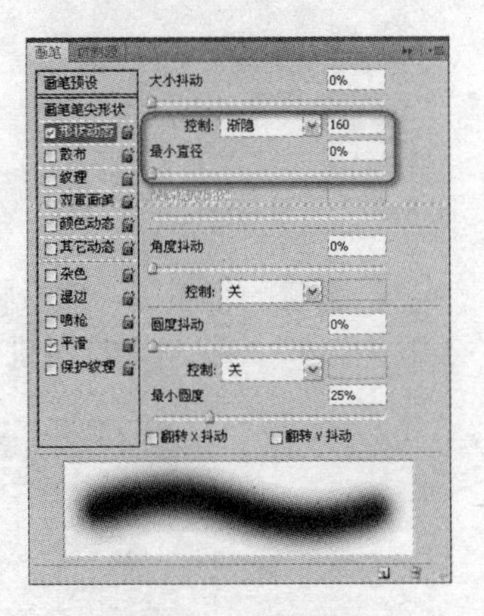

图 8-223　“画笔”面板

⑳ 使用“路径选择”工具选中左上方的路径，单击“用画笔描边路径”按钮对路径进行描边，然后为当前图层添加图层蒙版并对其进行处理，接着将当前图层的混合模式设置为“颜色减淡”，如图 8-224 所示。

㉑ 将前景色修改为“M：80”，然后按下<Ctrl+Shift+Alt+N>组合键新建一个图层，完成如图 8-225 所示的画笔设置。

㉒ 使用“路径选择”工具选中右下方的路径，在“路径”面板中单击“用画笔描边路径”按钮对路径进行描边，然后为当前图层添加图层蒙版，处理图层蒙版后得到如图 8-226 所示的效果。

图 8-224　对路径进行描边

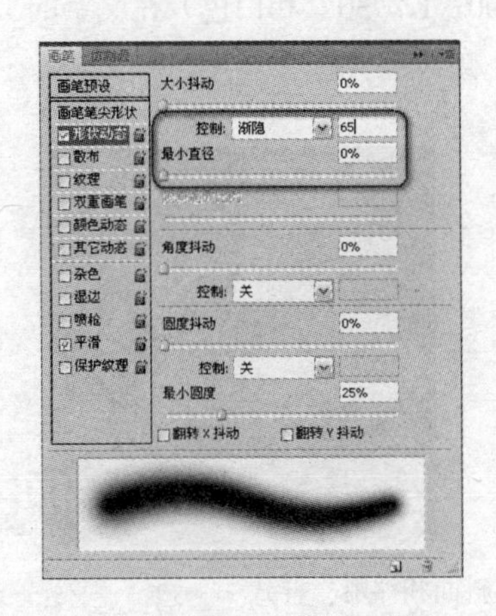

图 8-225　“画笔”面板

图 8-226　对路径进行描边

㉓ 使用“横排文字”工具在图像的右上方输入点文字——“诺雅丽”和“X76”（字体设置分别如图 8-227 和图 8-228 所示），得到如图 8-229 所示的效果。

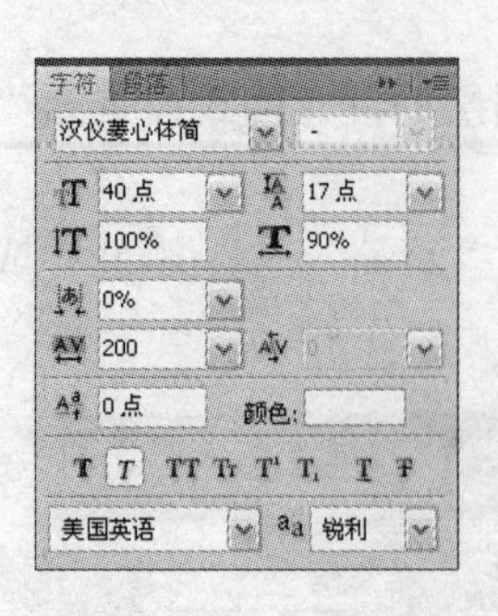

图 8-227 “诺雅丽”字符设置

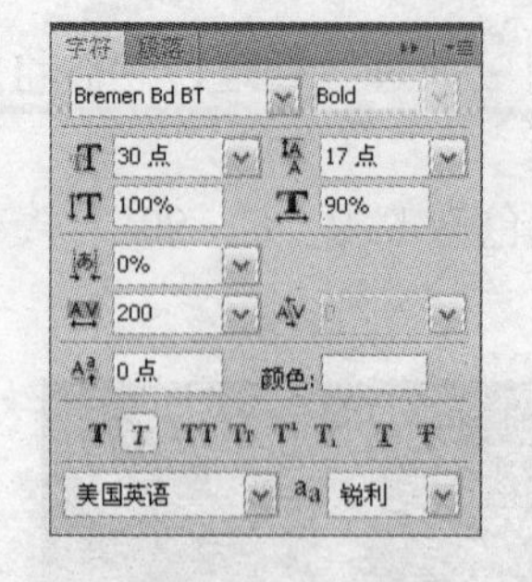

图 8-228 “X76”字符设置

图 8-229 文字效果

㉔ 新建一个图层，然后将两个文本层载入选区，接着选择“编辑”→“描边”菜单项打开“描边”对话框对选区进行描边，如图 8-230 所示。

图 8-230 描边选区

㉕ 将当前图层的“填充”设置为“0%”，然后为当前图层添加“斜面和浮雕”样式，如图 8-231 所示。

㉖ 新建一个图层，选择“画笔”工具，使用 4 种颜色（“Y：100”、“M：50，Y：100”、“C：25，M：50，Y：100，K：30”和白色）在文字的上方绘制彩色的线条，如图 8-232 所示。

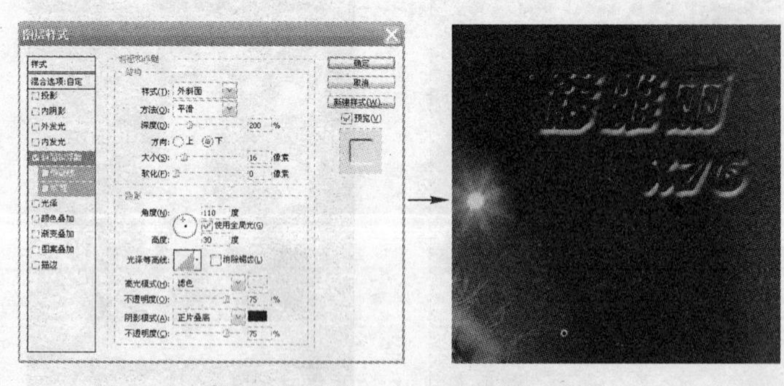

图 8-231 添加“斜面和浮雕”样式

图 8-232 绘制彩色条纹

㉗ 将两个文本层载入选区，然后单击图层面板下方的“添加图层蒙版”按钮为当前图层添加蒙版，如图 8-233 所示。

㉘ 使用“横排文字”工具输入点文字——“•纤巧•优雅•时尚•女人味•”（字体设置如图 8-234 所示），如图 8-235 所示。

图 8-233 添加图层蒙版

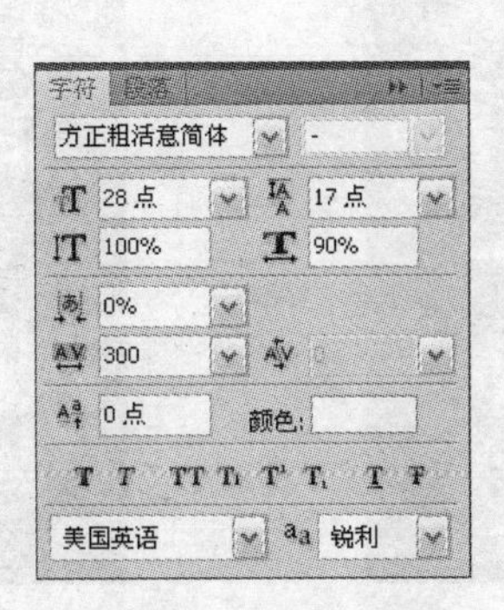

图 8-234 “字符”面板

图 8-235 在图像下方输入文字

㉙ 新建一个图层，然后使用步骤㉗中所示的方法在文字的上方绘制彩色的线条，如图 8-236 所示。

㉚ 按下<Ctrl+Alt+G>组合键将当前图层与下层创建剪贴组蒙版，如图 8-237 所示。

㉛ 使用“直排文字”工具和“横排文字”工具输入其他文字（字体颜色分别为白色和“M：100，Y：70”颜色），得到如图 8-238 所示的最终效果。

图 8-236 绘制彩色线条

图 8-237 创建剪贴组

图 8-238 诺雅丽手机广告最终效果

8.7 影视广告

影视广告也是近年来较为热门的平面广告设计题材，多以海报的形式出现，也有一些壁纸广告、画册等。

8.7.1 影视广告的表现类型

影视广告存在多种类型，如果按有无人物来划分的话，可以分为人物型和无人物型两种；如果按照其表现形式来划分，可以分为人物型、文字型、情景型和主体型等。

1. 人物型

人物型影视广告的画面主体是影视作品中的男女主角，以他们的特写或者全身为主题进行设计，如图 8-239 所示。

图 8-239　人物型的影视广告

2. 文字型

文字型广告适合于大制作和大场景的影视作品，这些影视作品中的角色很多，不适合在广告画面中全部出现，因此使用影视作品的名称作为主要设计元素，通过各种文字效果来展示影视作品的主题，如图 8-240 所示。

图 8-240　文字型影视广告

3. 情景型

情景型的影视广告通过画面中的一个或者多个剧中情景来吸引观众的目光，将观众带入剧情中去，从而达到一定的宣传效果，如图 8-241 所示。

图 8-241　情景型影视广告

4. 主题型

主题型的影视广告通常会在画面中出现一些激烈的矛盾或者耐人寻味的图片，通过这些图片来表达影视作品的主题思想，起到很好的宣传作用，如图 8-242 所示。

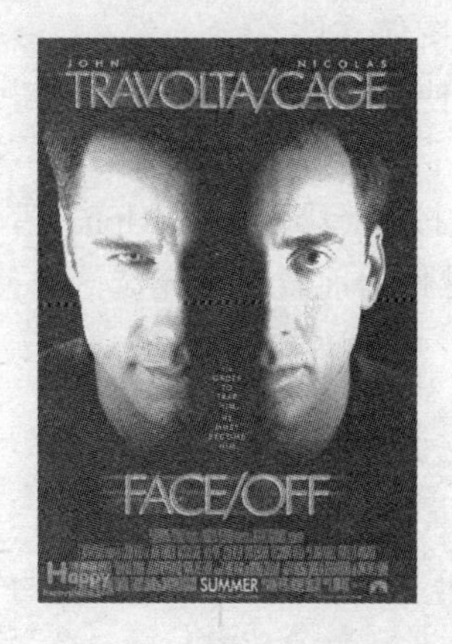

图 8-242 主题型影视广告

8.7.2 广告案例——灌篮高手电影广告

本小节将为大家展示一则影视广告的设计制作方法，最终效果如图 8-243 所示。

范例文件：光盘→实例素材文件→第 8 章→8.7.2

图 8-243 灌篮高手电影广告

1. 主题与构思

本则广告的主题为“Yeah！Bring It On”，是一则为曾经风靡一时的卡通片——灌篮高手的电影版设计的海报，整个作品风格也很“卡通”，很时尚，很有层次感。

本则广告以人物灌篮的动作为主题图片，利用多层倾斜的文字拉出空间层次感，造成人物跨入真实世界的错觉，勾起观众的无限联想。作品右上方的 Q 版人物用来平衡画面的重心，亦能使观众开心一笑。

2．开始创作

❶ 在英文输入状态下按下<D>键使用默认的前景和背景色，然后按下<X>键切换前景和背景色，接着按下<Ctrl+N>组合键打开“新建”对话框，按照图 8-244 中所示完成设置，并单击 确定 按钮，新建一个背景内容为黑色的图像文件。

❷ 导入光盘文件夹中的“纹理.jpg”文件，使用“移动”工具将其放置在合适的位置，得到“图层 1”，如图 8-245 所示。

❸ 在“通道”面板下方单击“创建新通道”按钮得到“Alpha1”，使用“多边形套索”工具创建选区，然后按下<Alt+Delete>组合键使用前景色填充选区，接着按下<Ctrl+D>组合键取消选择，得到如图 8-246 所示的效果。

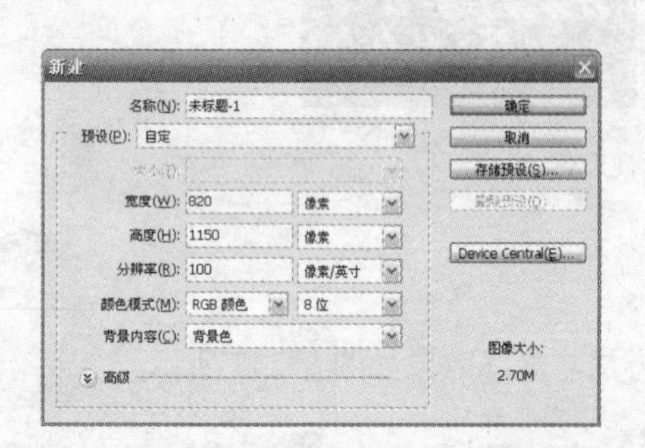

图 8-244 “新建”对话框

图 8-245 导入素材图像

图 8-246 处理 Alpha 通道

想一想：

为什么 Alpha 通道可以像普通层一样，执行各种滤镜操作？

❹ 选择“滤镜”→“模糊”→“高斯模糊”菜单项，在弹出的“高斯模糊”对话框中将“半径”设置为 20 像素，单击 确定 按钮执行滤镜，如图 8-247 所示。

❺ 选择“滤镜”→“像素化”→“彩色半调”菜单项，打开“彩色半调”对话框，按照图 8-248 中所示完成设置后单击 确定 按钮，得到如图 8-249 所示的效果。

图 8-247 执行“高斯模糊”滤镜

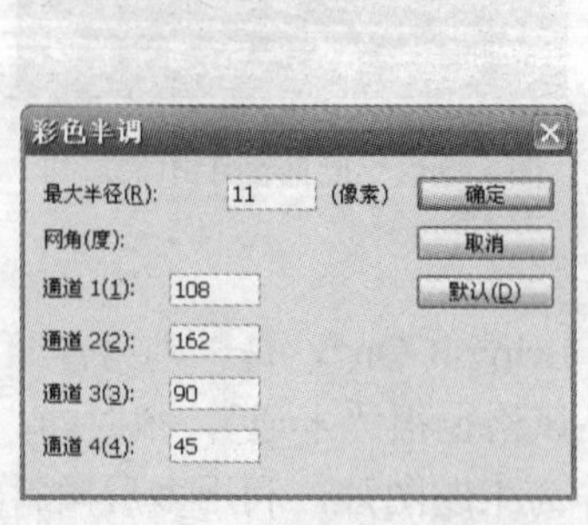

图 8-248 “彩色半调”对话框

图 8-249 “彩色半调”滤镜效果

❻ 按下<Ctrl>键单击“Alpha1”的通道缩览图将其载入选区，然后单击 RGB 通道显示图像，接着切换到“图层”面板，选中“图层 1”，单击“添加图层蒙版”按钮 ，为其添加图层蒙版，如图 8-250 所示。

❼ 在“调整”面板中单击“创建新的色彩平衡调整图层”按钮 为图像添加“色彩平衡”调整层，如图 8-251 所示。

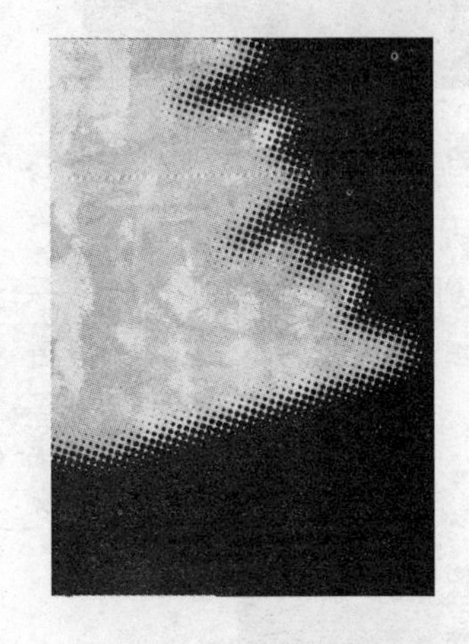

图 8-250 添加图层蒙版

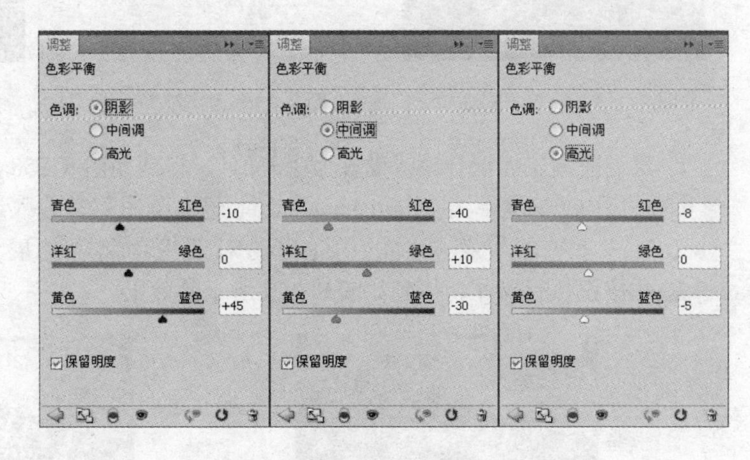

图 8-251 添加“色彩平衡”调整层

❽ 按下<Ctrl+Alt+G>组合键将当前图层与下层创建剪贴组，如图 8-252 所示。

❾ 导入光盘文件夹中的“剧照.jpg”文件，放置在合适位置，得到“图层 2”，如图 8-253 所示。

❿ 将“图层 2”的混合模式设置为“深色”，得到如图 8-254 所示的效果。

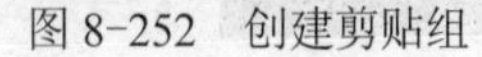

图 8-252 创建剪贴组

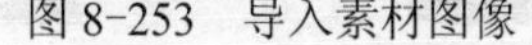

图 8-253 导入素材图像

图 8-254 设置“深色”混合模式

⓫ 选择“横排文字”工具 T，在图像下方输入文字“hard shot”（字体颜色设置为“R：230，G：255，B：240”），如图 8-255 所示。字体设置如图 8-256 所示。

⓬ 按下<Ctrl+T>组合键对文本进行自由变换，逆时针旋转 15° 左右，使其和彩色半调效果的点状效果基本平行，得到如图 8-257 所示的效果。

图 8-255　输入“hard shot”

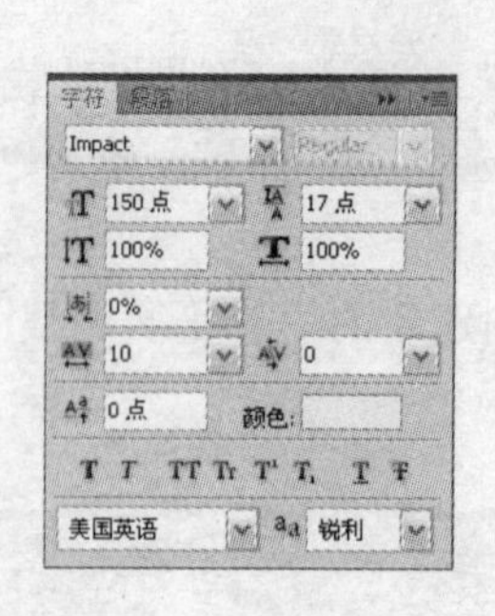

图 8-256　“字符”面板

图 8-257　对文本进行旋转

⑬ 将当前图层的混合模式设置为“差值”，得到如图 8-258 所示的效果。

⑭ 按下<Ctrl>键单击“hard shot”文本层缩览图将其载入选区，然后选择“选择”→“修改”→“扩展”菜单项，在弹出的对话框中将“扩展量”设置为 6 像素，单击 确定 按钮执行操作，得到如图 8-259 所示的效果。

图 8-257　设置“差值”混合模式

图 8-258　将选区扩展 6 像素

⑮ 单击“图层”面板下方的“新建图层”按钮 新建一个图层，放在文本层的下层，得到“图层 3”，然后按下<Alt+Delete>组合键使用白色的前景色填充选区，接着按下<Ctrl+D>组合键取消选区，如图 8-259 所示。

⑯ 将当前图层的混合模式设置为“差值”，得到如图 8-260 所示的效果。

图 8-259　填充选区

图 8-260　设置“差值”混合模式

⑰ 导入光盘文件夹中的“篮球.psd”文件，将其放置在合适的位置，得到“图层 4”，如图 8-261 所示。

⑱ 按下<Ctrl>键单击“图层 3”缩览图将其载入选区，然后按住<Alt>键单击“图层”面板下方的“添加图层蒙版”按钮 为当前层添加反选的图层蒙版，得到如图 8-262 所示的效果。

图 8-261 导入素材图像

图 8-262 为图层添加图层蒙版

⑲ 将前景色设置为黑色，然后使用“横排文字”工具 T 输入“SLAM DUNK”，如图 8-263 所示。字体设置如图 8-264 所示。

⑳ 分别选中“S”字和“D”字，将它们的字体大小修改为 170 点，如图 8-265 所示。

图 8-263 输入“SLAM DUNK”

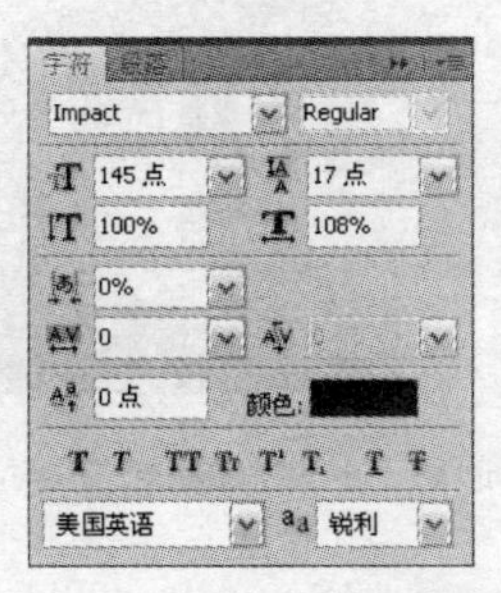

图 8-264 “字符”面板

图 8-265 修改字体大小

㉑ 为文本层添加“描边”样式，如图 8-266 所示。

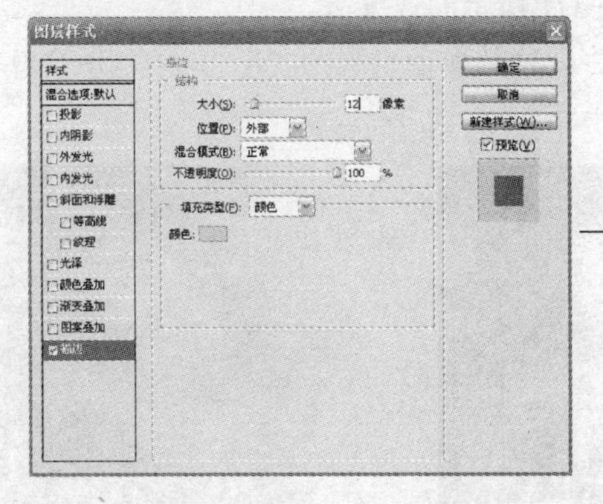

图 8-266 添加“描边”样式

㉒ 导入光盘文件夹中的“褶皱纸.psd”文件，放置在合适位置，得到“图层 5”，如图 8-267 所示。

㉓ 将“图层 5”的混合模式设置为“点光”，然后按下<Ctrl+Alt+G>组合键将当前层与下层创建剪贴组，得到如图 8-268 所示的效果。

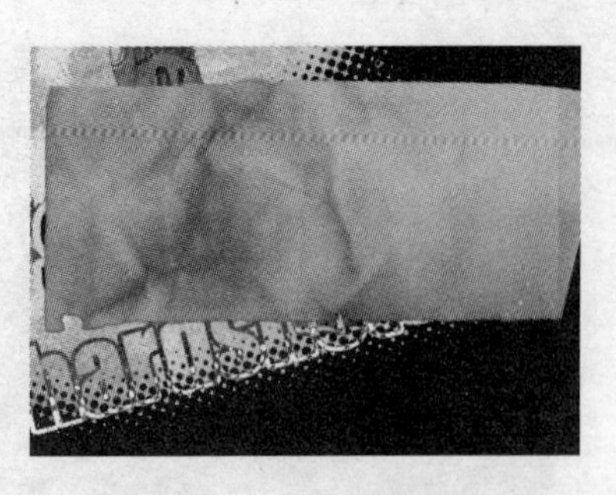

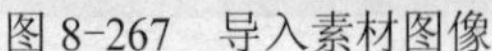
图 8-267　导入素材图像

图 8-268　创建剪贴组

㉔ 单击“调整”面板中的“创建新的色相/饱和度调整图层”按钮为图像添加“色相/饱和度”调整层，按下<Ctrl+Alt+G>组合键将当前层加入剪贴组，如图 8-269 所示。

图 8-269　调整“色相/饱和度”并加入剪贴组

㉕ 将剪贴组中的图层全部选中，然后单击“图层”面板下方的“链接图层”按钮，将它们链接起来，如图 8-270 所示。

㉖ 按下<Ctrl+T>组合键对链接图层进行自由变换，向下移动并且逆时针旋转 14°左右，按下<Enter>键确认变换操作，得到如图 8-271 所示的效果。

㉗ 使用“横排文字”工具输入其他文字，字体颜色设置为“R：200，G：240，B：215”，如图 8-272 所示。

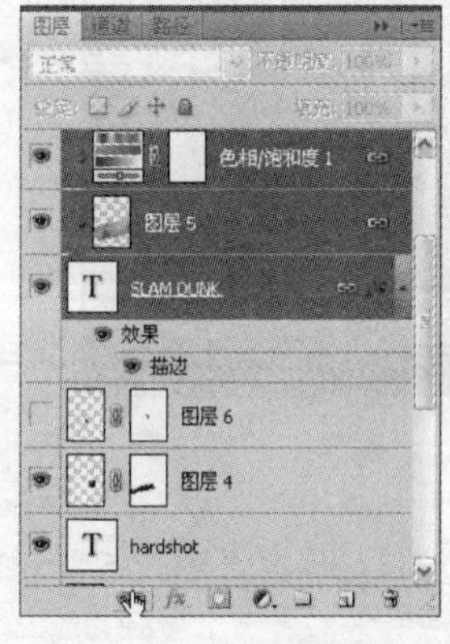

图 8-270　链接剪贴组中的图层

图 8-271　自由变换

图 8-272　输入其他文字

㉘ 将“图层 2”复制一份，将副本图层排列在“图层 4”上层，然后使用“多边形套索”工具选取人物的左脚部分，接着单击“图层”面板下方的“添加图层蒙版”按钮得

到人物脚部的图像，如图 8-273 所示。

㉙ 导入光盘文件夹中的“Q 版人物.psd”文件，放置在图像的右上方，得到“图层 6”，如图 8-274 所示。

㉚ 将“图层 6”的不透明度设置为 90%，得到如图 8-275 所示最终效果。

图 8-273 复制人物的左脚

图 8-274 导入素材图像

图 8-275 电影广告最终效果

8.8 公益广告

公益广告比其他题材的广告更加需要新颖的创意和独特的表现手法，只要有精妙的构思，剩下的工作就会变得相对简单；而如果在毫无灵感的情况下就开始设计，那就将会使作品有始无终，离题万里；是非常不负责任的做法。

8.8.1 公益广告的表现类型

公益广告常常使用较为犀利的手法来反映一些残酷的现实，或者使用委婉的口吻来对人们进行劝说和警告，抑或使用一些简单的口号来提醒人们注意。我们可以将公益广告的主要表现类型归纳为以下几种。

1. 劝说型

劝说型公益广告的广告词措辞比较温和，循循善诱，容易引起观众的共鸣，如图 8-276 所示。

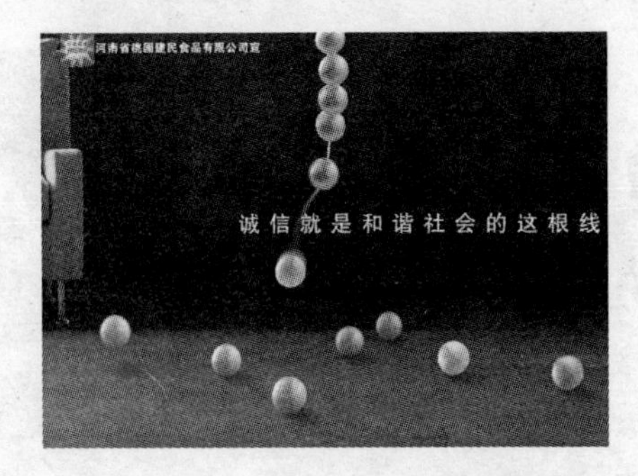

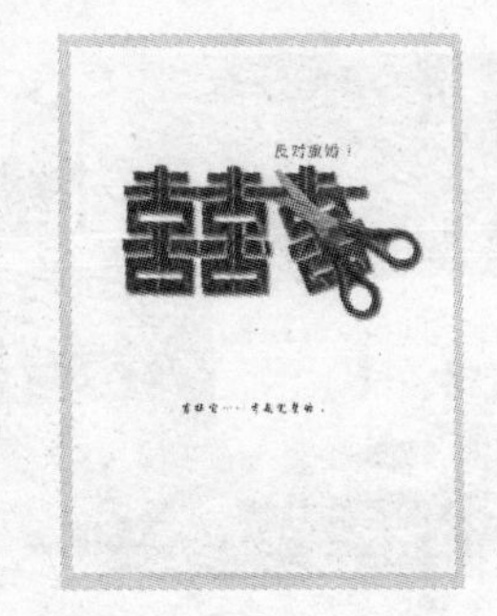

图 8-276 劝说型公益广告

2. 警示型

警示型的公益广告会在画面中暗示一种严重的后果，引起观众的反思，从而起到一定的宣传教育作用，如图 8-277 所示。

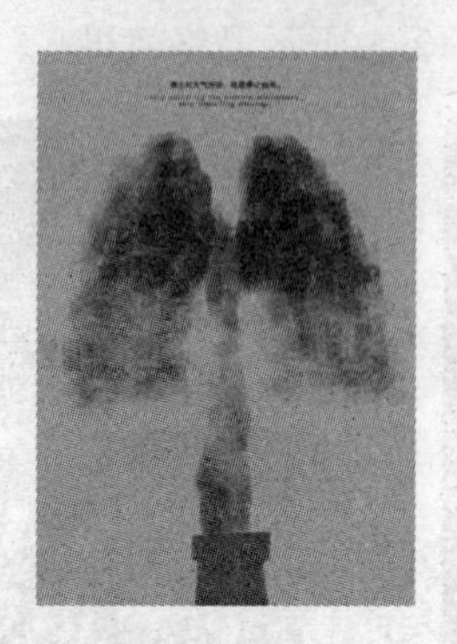

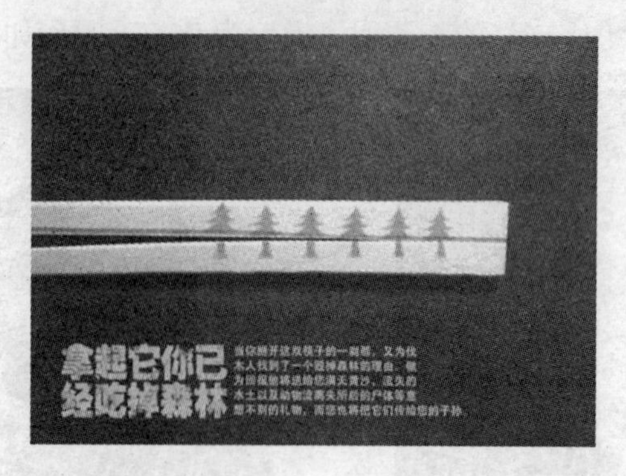

图 8-277 警示型公益广告

3. 口号型

口号型公益广告会在画面中以宣传口号的形式劝导人们保护环境、远离毒品和珍惜生命等，如图 8-278 所示。

图 8-278 口号型公益广告

8.8.2 广告案例——戒烟公益广告

戒烟广告是一种比较常见的公益广告，重要目的是为了警告、暗示吸烟者吸烟有害自己和他人的健康，劝说或者间接劝说他们戒烟，如图 8-279～图 8-282 所示。

图 8-279 需要来根么？

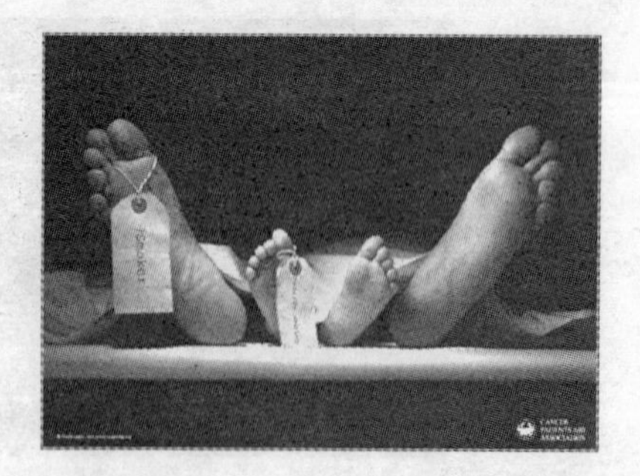

图 8-280 烟民和间接烟民

图 8-281 吸烟室和墓穴

图 8-282 吻一个烟民的感觉

戒烟广告的表现形式多样，限制较少，能够将戒烟广告做成什么样子，有多大的影响力就要看设计者的想象力有多么丰富了。

本小节将为大家展示一则戒烟广告的设计制作方法，最终效果如图 8-283 所示。

范例文件：光盘→实例素材文件→第 8 章→8.8.2

图 8-283 戒烟广告

1. 主题与构思

本则广告为一则警示型的戒烟公益广告，主题为“每一次的点燃与熄灭都是对自己的巨大伤害”。设计特点为联想丰富、构思巧妙。

本则广告的设计重点是将烟灰缸的内部绘制成人体肺部的形状，香烟燃烧的烟雾通过液化滤镜制作成一个白色骷髅的形状，从而符合“每一次点燃与熄灭都是对自己的巨大伤害”这一主题，起到很好的警示作用。

2. 开始创作

1）绘制烟灰缸

❶ 新建一个大小为 1000×1800 像素，分辨率为 200dpi，CMYK 颜色模式，背景内容为白色的图像文件，然后按下<Ctrl+I>组合键将背景层反相。按下<Ctrl+Shift+Alt+N>组合键新

建一个图层，得到“图层 1”，然后使用“画笔”工具，使用白色绘制如图 8-284 所示的草图。

② 选择“钢笔”工具，按下工具栏中的“路径”按钮，在图像下方创建如图 8-285 所示的两条闭合路径，做出烟灰缸顶面和侧面。

③ 新建 3 个图层组，然后将它们分别命名为“骷髅”、“香烟”和“烟灰缸”，如图 8-286 所示。

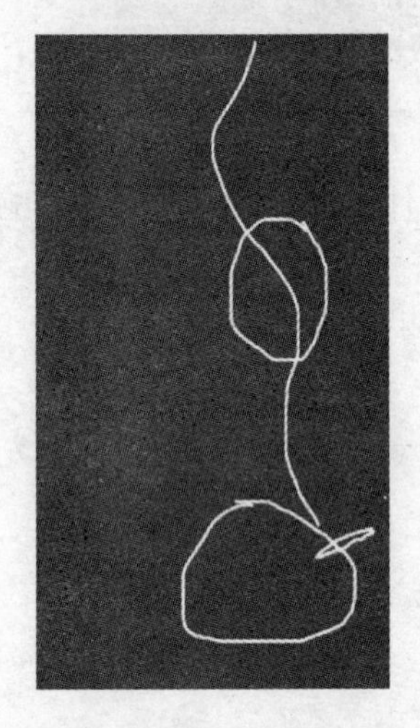

图 8-284　绘制草图

图 8-285　创建闭合路径

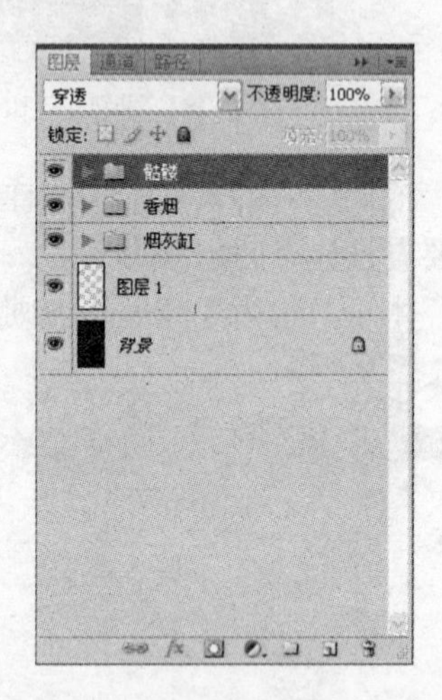

图 8-286　创建图层组

④ 选中“烟灰缸”图层组，按下<Ctrl+Shift+Alt+N>组合键在该图层组中新建“图层 2”，然后将前景色修改为“C：50，M：60，Y：73”，使用“路径选择”工具选中下方的路径，接着单击“路径”面板下方的“将路径作为选区载入”按钮载入选区，再按下<Alt+Delete>组合键在选区中填充前景色，如图 8-287 所示。

⑤ 将前景色修改为“M：20，Y：45”，然后在“路径”面板中选中工作路径，使用“路径选择”工具选中上方的路径，接着将路径作为选区载入。新建“图层 3”，按下<Alt+Delete>组合键在选区中填充前景色，如图 8-288 所示。

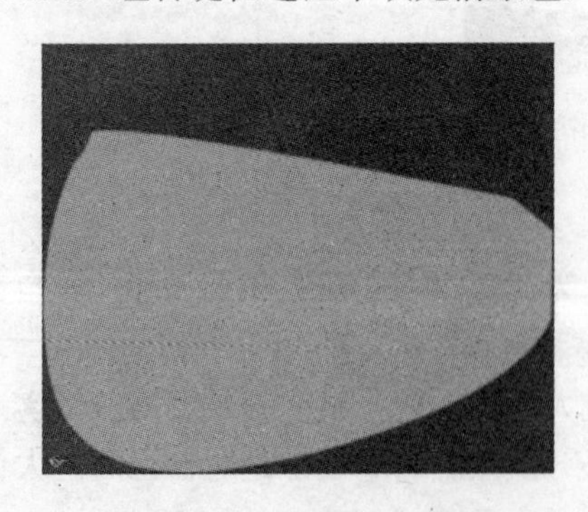

图 8-287　制作烟灰缸侧面

图 8-288　制作烟灰缸顶面

⑥ 将前景色修改为“M：50，Y：55”，然后使用“钢笔”工具创建闭合路径，接着按下<Ctrl+Enter>组合键将路径转换为选区，接着新建“图层 4”，再在选区中填充前景色，如图 8-289 所示。

❼ 使用“橡皮擦”工具擦除“图层3”和“图层4”中多余的像素，制作出5个烟卡的效果，如图8-290所示。

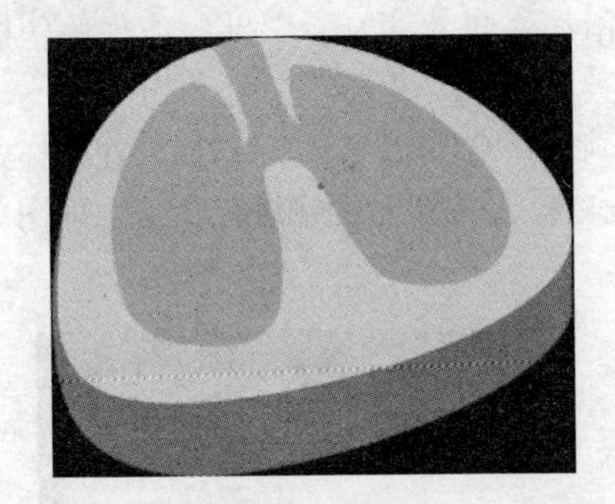

图8-289 绘制肺的形状

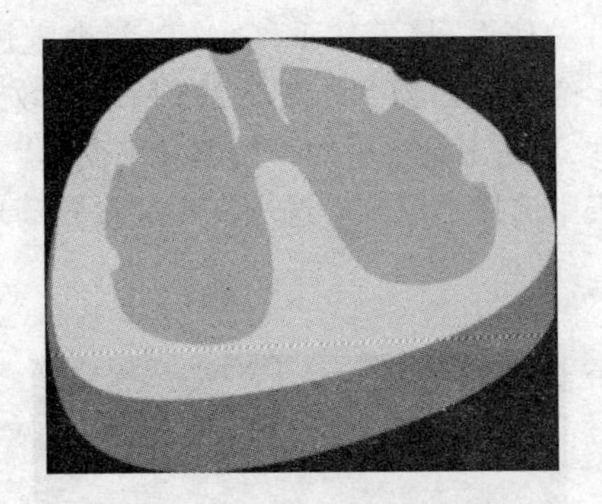

图8-290 绘制烟卡

❽ 选择“涂抹”工具，在工具栏中将“强度”设置为“70%”，在“图层4”中涂抹出气管的形状，如图8-291所示。

❾ 使用“加深”工具处理图像的“中间调”和“高光”部分，得到如图8-292所示的效果。

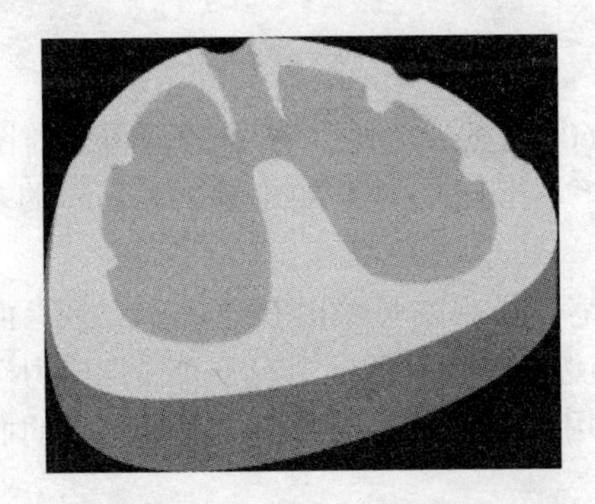

图8-291 绘制气管的形状

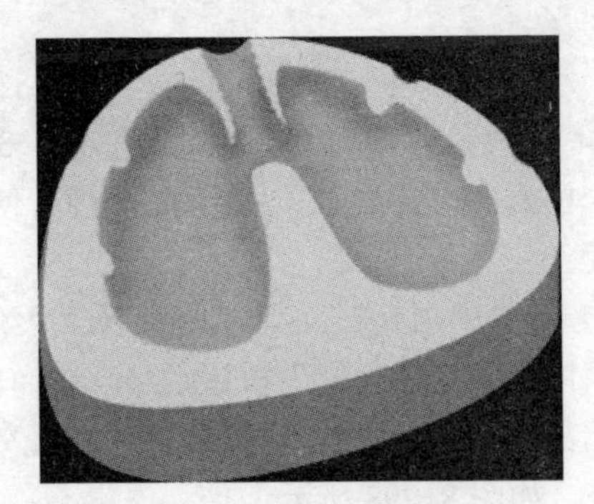

图8-292 加深图像

❿ 使用“加深”工具对烟灰缸的内部做更深入的刻画，如图8-293所示。

⓫ 分别使用“加深”工具和“减淡”工具处理作为烟灰缸顶面和侧面的图层，做出立体效果，如图8-294所示。

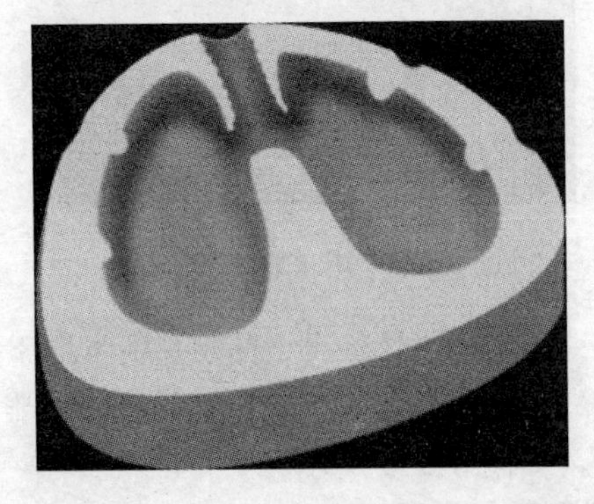

图8-293 使用“加深”工具做细部刻画

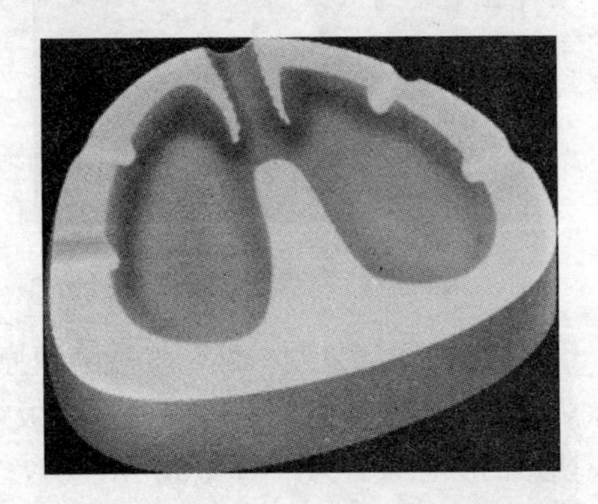

图8-294 “加深”和“减淡”图像

⑫ 使用“横排文字工具” 输入文字“吸烟有害健康”，将字体设置为“方正黄草简体”，字体大小设置为 15 点，字体颜色设置为“K：100”，然后将文本层的混合模式设置为“正片叠底”。接着按下<Ctrl+T>组合键进入自由变换状态，对文字进行适当旋转后按下<Enter>键确认，得到如图 8-295 所示的效果。

⑬ 单击工具栏中的“创建文字变形”按钮 打开“变形文字”对话框，在“样式”下拉列表中选择“扇形”选项，完成设置后单击 确定 按钮对文字进行变形，如图 8-296 所示。

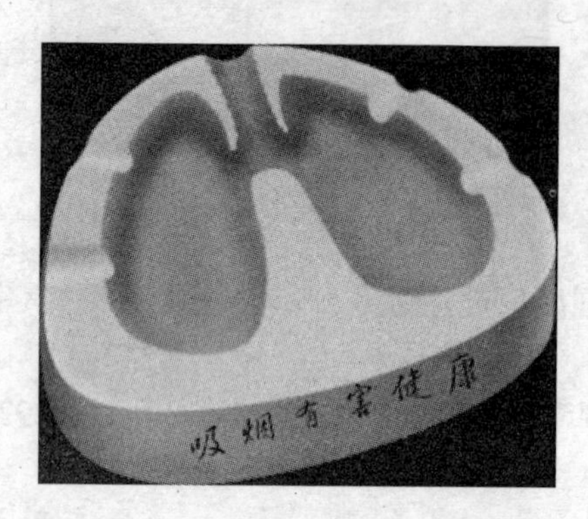

图 8-295 输入“吸烟有害健康

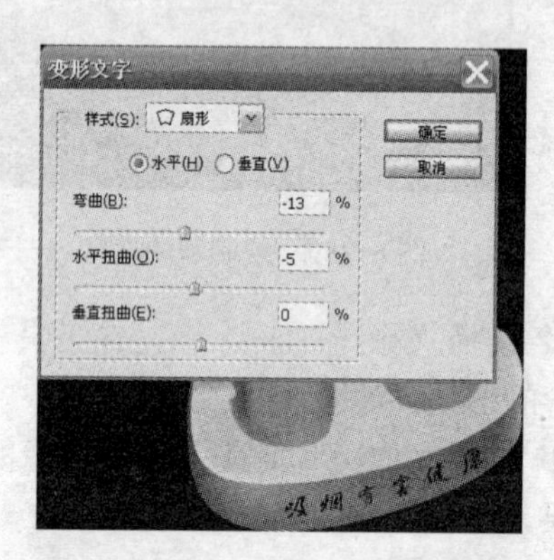

图 8-296 对文字进行变形

⑭ 将前景色修改为“M：38，Y：39，K：60”，然后新建“图层 5”，将当前图层的“混合模式”设置为“颜色加深”，接着使用“钢笔”工具 创建如图 8-297 所示的多条开放路径。

⑮ 选中“画笔”工具 ，选择“柔角 5”画笔，然后按下<Alt>键单击“路径”面板下方的“用画笔描边路径”按钮 ，在弹出的“描边路径”对话框中选中“模拟压力”复选框并单击 确定 按钮，得到描边路径效果。使用“画笔”工具 对没有衔接好的血管进行补充，如图 8-298 所示。

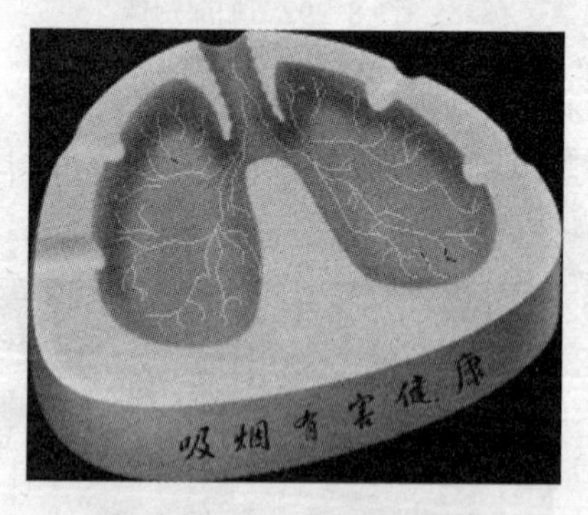

图 8-297 绘制多条开放路径

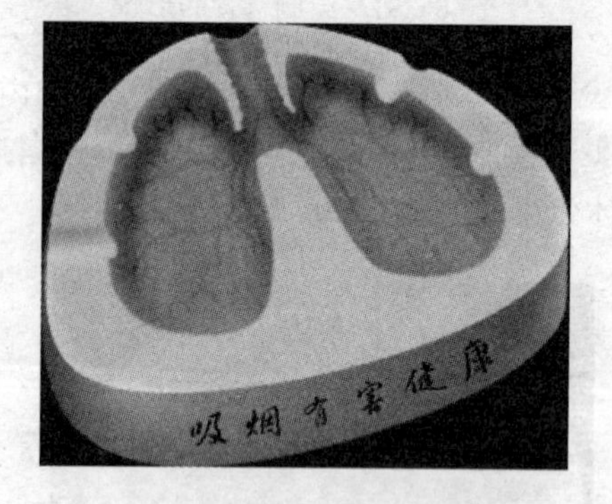

图 8-298 用画笔对路径描边

⑯ 将当前图层复制一份，然后隐藏原始图层——“图层 5”，为“图层 5 副本”添加图层蒙版并使用“橡皮擦”工具 处理蒙版中的图像。接着为当前图层添加“斜面和浮雕”效果，阴影的颜色设置为“C：36，M：87，Y：100”，如图 8-299 所示。

⑰ 将“图层 5 副本”复制多份，然后分别调整各个图层副本的位置和角度，再使用“橡皮擦”工具 擦除多余的像素，得到如图 8-300 所示的效果。

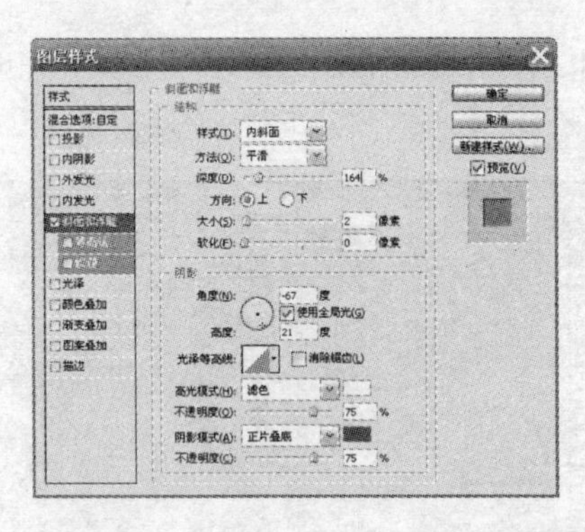

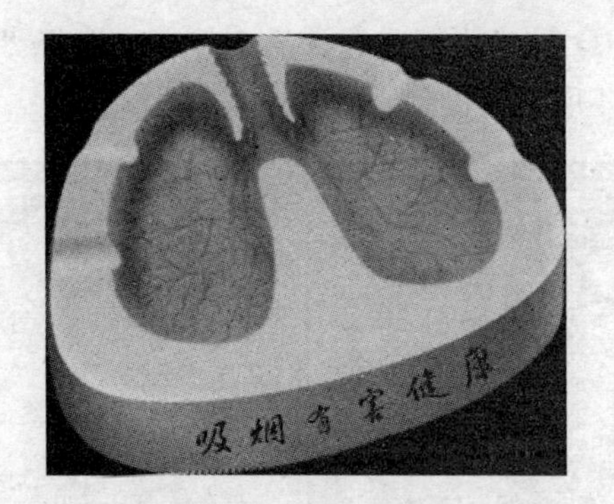

图 8-299 添加“斜面和浮雕”样式　　　　图 8-300 绘制多条血管

⑱ 选中“图层 5”并将其显示，按下<Ctrl+Shift+]>组合键将其置为最上层，然后将该图层的“不透明度”设置为“30%”，得到如图 8-301 所示的效果。

⑲ 使用“钢笔”工具沿气管的褶皱处绘制多条开放路径，然后选择“画笔”工具并将画笔大小调整为 10 像素，新建“图层 6”，按下<Alt>键单击“路径”面板下方的“用画笔描边路径”按钮打开“描边路径”对话框，取消“模拟压力”复选框的选中状态并单击 确定 按钮对路径进行描边。将当前图层的混合模式设置为“颜色加深”，“不透明度”设置为“80%”，如图 8-302 所示。

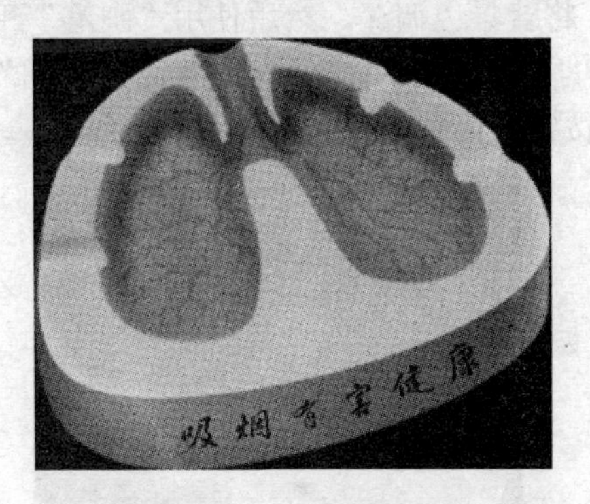

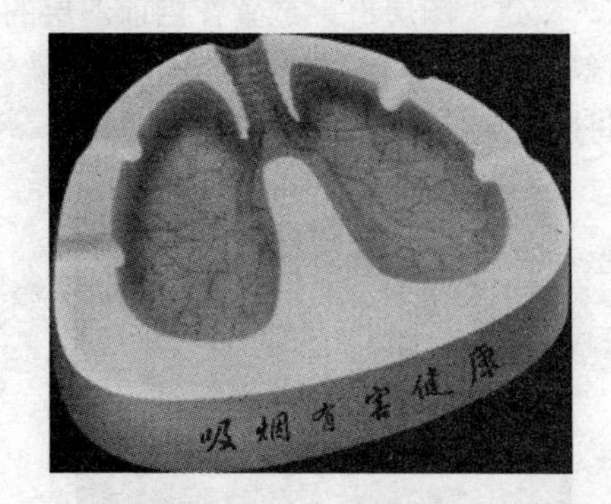

图 8-301 增强血管效果　　　　图 8-302 制作气管效果

2）绘制香烟

⑳ 新建一个大小为 50×40 像素，分辨率为 300dpi，背景内容为白色的图像文件。使用“套索”工具创建一个选区，然后在选区中填充黑色，接着选择“编辑”→“定义画笔预设”菜单项打开“画笔名称”对话框，在“名称”文本框中输入“烟灰”并单击 确定 按钮定义新画笔，如图 8-303 所示。

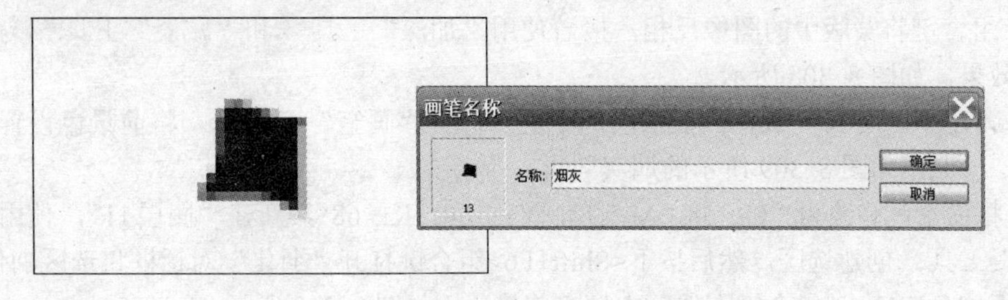

图 8-303 自定义画笔

㉑ 切换到正在设计的文件中，选择“画笔”工具，然后在“画笔”面板中完成如图8-304所示的设置。

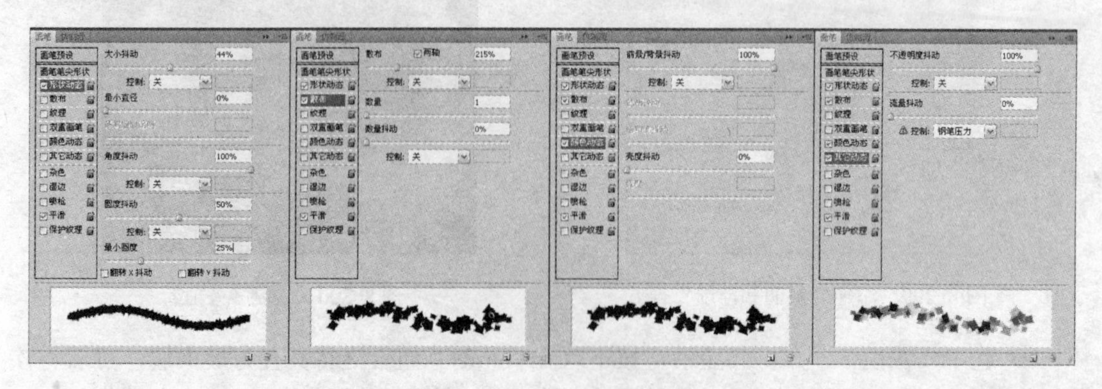

图8-304　进行画笔设置

㉒ 选中“香烟”图层组，然后新建“图层 7”，将前景色设置为“C：90，M：85，Y：88，K：78”，背景色设置为“C：36，M：30，Y：40”，使用“画笔”工具在图像中绘制，再将前景色修改为“C：75，M：75，Y：90，K：50”，然后使用“画笔”工具在图像中绘制，如图8-305所示。

㉓ 新建“图层8”，放置在当前图层的下层，将背景色调深，然后使用“画笔”工具在图像中绘制。单击“滤镜”→“模糊”→“高斯模糊”菜单命令弹出“高斯模糊”对话框，将模糊半径设置为0.5像素，单击 确定 按钮，得到如图8-306所示的效果。

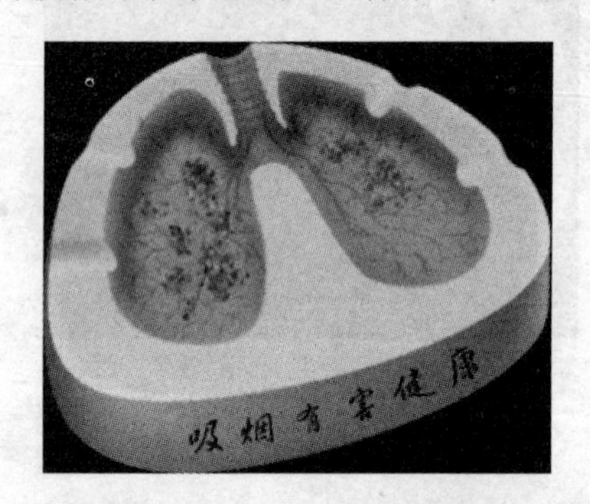

图8-305　绘制浅色的烟灰

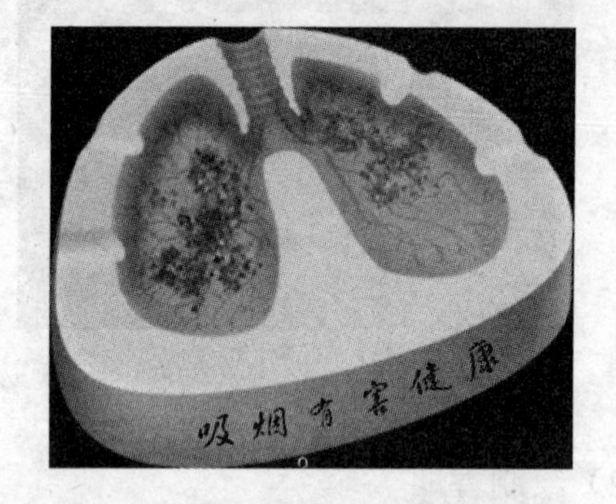

图8-306　绘制深色的烟灰

㉔ 导入光盘文件夹中的“香烟.psd”文件，得到“图层9”，对其进行旋转和缩放，放置在烟灰缸右侧的烟卡上，如图8-307所示。

㉕ 为当前图层添加图层蒙版，然后使用“套索”工具圈选多余的图像部分并按下<Ctrl+I>组合键将蒙版中的图像反相，接着使用“加深”工具和“减淡”工具为香烟制作立体效果，如图8-308所示。

㉖ 新建“图层10”放在当前图层的下层，选择“画笔”工具，将前景色设置为较浅的灰色，绘制出如图8-309所示的烟灰效果。

㉗ 将前景色修改为“C：58，M：78，Y：100，K：68”，新建“图层11”，使用“多边形套索”工具创建选区，然后按下<Shift+F6>组合键打开“羽化”对话框将选区羽化2像素，按下<Alt+Delete>组合键在选区中填充前景色，如图8-310所示。

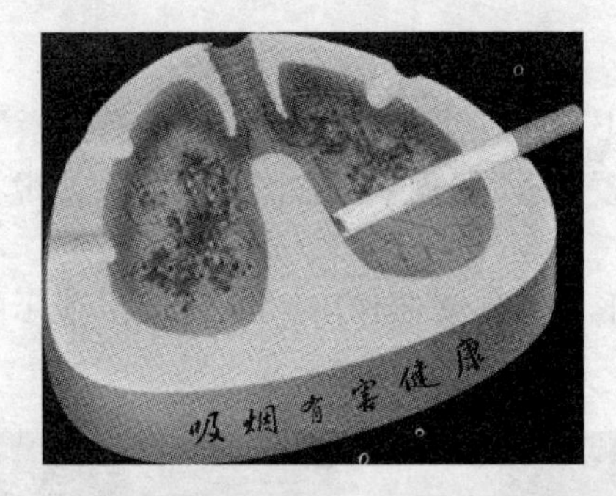

图 8-307　导入素材图像

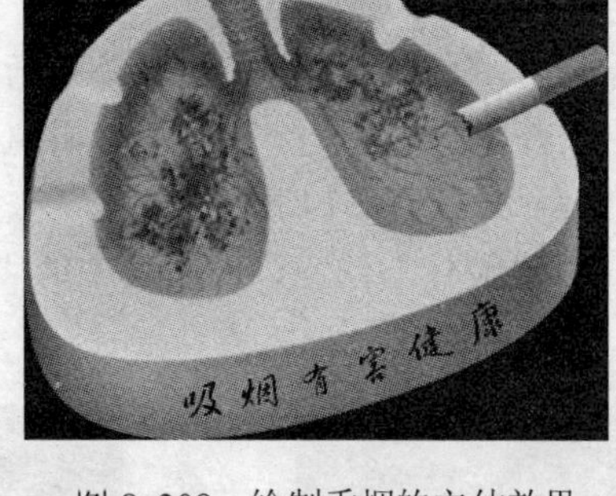

图 8-308　绘制香烟的立体效果

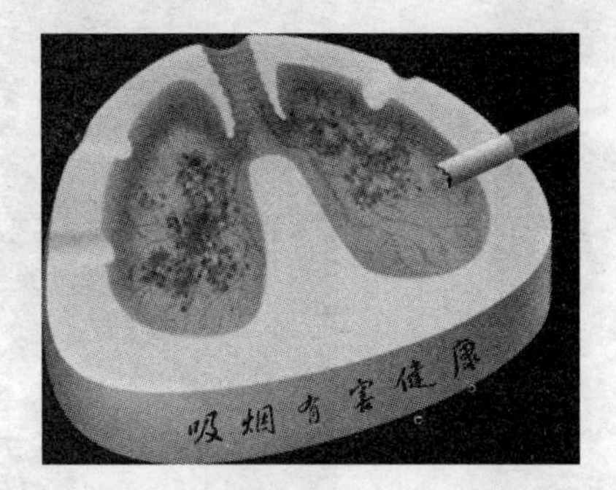

图 8-309　绘制烟头的烟灰

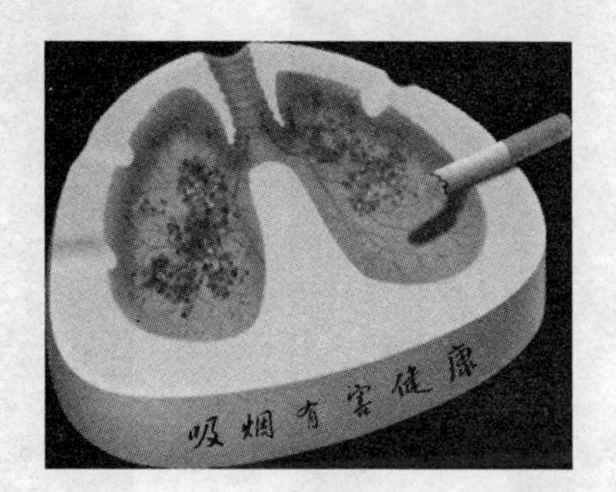

图 8-310　绘制烟灰绘制香烟的影子

3）绘制烟雾

28 将前景色修改为“C：13，M：”，选中“骷髅”图层组，然后在该图层组中新建“图层12”，选择“画笔”工具，选择圆角画笔，将“不透明度”设置为“30%”，在图像中绘制如图 8-311 所示的光点。

29 选择“滤镜”→“液化”菜单项打开如图所示的“液化”对话框，在对话框的右下方选中“显示背景”复选框，然后在“使用”下拉列表中选择“背景”选项，接着使用“向前变形”工具在预览框中作用，做出烟雾的效果，如图 8-312 所示。

图 8-311　绘制白色的光点

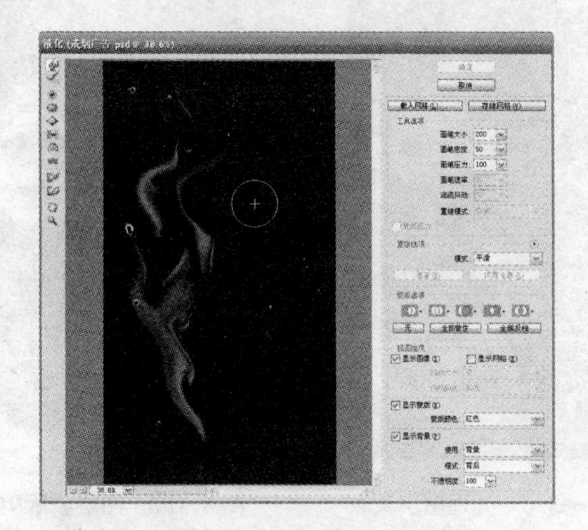

图 8-312　“液化”对话框

30 单击 确定 按钮执行“液化”滤镜，然后使用“移动”工具将当前图层移动到合适位置，如图 8-313 所示。

㉛ 新建“图层 13”，然后选择“椭圆”工具，在工具栏中选中“填充像素”按钮，在图像右上方绘制一个椭圆，接着执行“滤镜”→“模糊”→“高斯模糊”滤镜将图像模糊 10 像素，如图 8-314 所示。

㉜ 执行“液化”滤镜，使用其中的“向前变形”工具制作出如图 8-315 所示的图像效果。

图 8-313 移动液化后的图像

图 8-314 执行“高斯模糊”滤镜

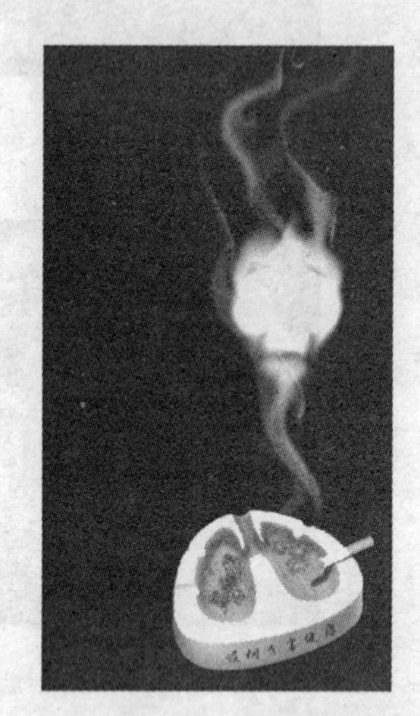

图 8-315 执行“液化”滤镜

㉝ 为当前图层添加图层蒙版，然后使用“橡皮擦”工具和“涂抹”工具处理蒙版中的图像，得到如图 8-316 所示的效果。图层蒙版中的状态如图 8-317 所示。

㉞ 新建“图层14”，然后选择“画笔”工具，调整画笔“硬度”和“不透明度”，绘制出骷髅的上牙，如图 8-318 所示。

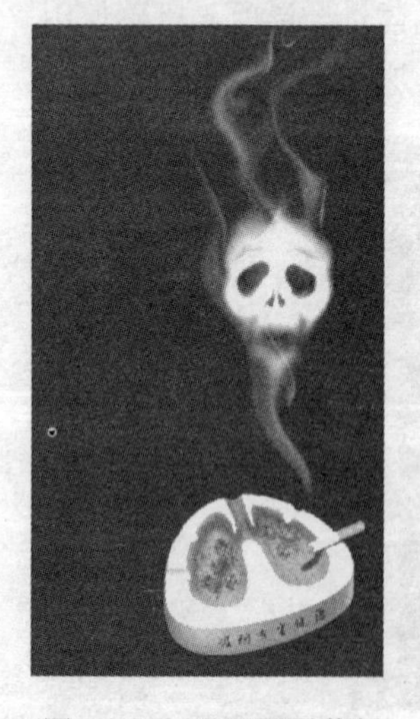

图 8-316 处理图层蒙版

图 8-317 图层蒙版中的状态

图 8-318 绘制骷髅的上牙

㉟ 将当前图层复制一份，然后将副本图层垂直翻转，接着对该图层进行适当角度的旋转，得到如图 8-319 所示的效果。

㊱ 选择“横排文字”工具T，在图像的中间输入文字“每一次的点燃与熄灭”，字体设置为“方正黄草简体”，字体大小设置为 15 点（“点燃”与“熄灭”设置为 30 点），字体颜色设置为白色，如图 8-320 所示。

㊲ 输入文字“都是对自己的”和“巨大伤害”，字体分别设置为“文鼎 CS 中黑”和“文鼎 CS 大黑”，字体大小分别设置为 12 点和 15 点，字体颜色分别设置为白色和“M：100，Y：100，K：20”，得到如图 8-321 所示的最终效果。

图 8-319　绘制骷髅的下牙

图 8-320　输入白色文字

图 8-321　最终图像效果

8.9　练习题

填空题

① 房地产广告的诉求点有________、________、________和________等，8.2.2 小节中的广告案例以________为主要诉求点。

② 化妆品广告的表现类型主要有________、________、________和________等，8.3.2 小节中的广告案例的表现类型是________。

③ 酒类广告的诉求点有________、________、________和________等，8.4.2 小节中的广告案例以________为主要诉求点.。

④ 汽车广告的诉求点有________、________、________和________等，8.5.2 小节中的广告案例以________为主要诉求点。

⑤ 手机广告的表现类型主要有________、________、________和________等，8.6.2 小节中的广告案例是________表现类型。

⑥ 影视广告的表现类型主要有________、________、________和________等，8.7.2 小节中的广告案例的表现类型是________。

⑦ 公益广告的表现类型主要有________、________和________等，8.8.2 小节中的广告案例的表现类型是________。

第 9 章　精彩案例与技法总结

09

学习要点：

- 自定义图案
- 报纸广告设计
- 杂志广告设计
- 招贴广告设计
- 直邮广告设计
- POP 广告设计
- 企业宣传册设计

案例数量：

- 2 个行动实例，6 个精彩案例

内容总览：

大家都知道平面广告可以选用不同的媒体来展示，不同的媒体对于平面广告设计作品的设计要求也有所不同。本章将根据实际案例介绍最为常见的报纸广告、杂志广告、招贴广告、直邮广告、POP 广告和企业宣传册的设计方法。

9.1　技能充电——图案的使用

在平面广告设计中，特别是制作规则的花纹或者图像背景时，常常会用到 Photoshop 的图案填充，特别是填充无缝拼接的图案。下面就来学习一下 Photoshop CS4 中图案的使用和自定义方法。

9.1.1　行动实例——图案的自定义

范例文件：光盘→实例素材文件→第 9 章→9.1.1

在 Photoshop CS4 中，用户可以将任意矩形区域内的图像保存为自定义图案，并且可以使用自定义的图案在图层或者选区内填充。

❶ 打开光盘文件夹中的“灯笼.png”文件，这是一张透明背景的图像，如图 9-1 所示。

❷ 选择“编辑”→“定义图案”菜单项打开如图 9-2 所示的“图案名称”对话框，在该对话框中的“名称”文本框中输入自定义图案的名称，然后单击 确定 按钮即可将整个图像定义为一个图案。

图 9-1 素材图像

图 9-2 “图案名称”对话框

❸ 按下<Ctrl+N>组合键打开“新建”对话框，新建一个 800×600 像素，RGB 颜色模式，背景内容为透明的图像文件，如图 9-3 所示。

❹ 选择“编辑”→“填充”菜单项或者按下<Shift+F5>组合键打开“填充”对话框，在该对话框中的“使用”下拉列表中选择“图案”选项，再在“自定图案”下拉列表中选择新定义的“灯笼”图案并单击 确定 按钮，如图 9-4 所示。

图 9-3 新建图像文件

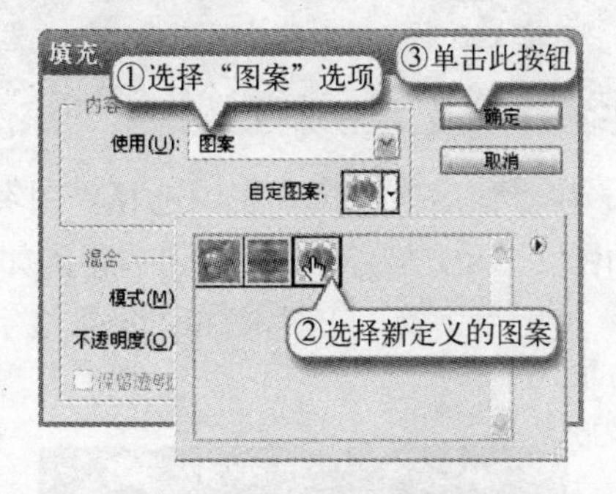

图 9-4 “填充”对话框

❺ 此时将会得到如图 9-5 所示的填充效果。可以看到自定义的“灯笼”图案保留了原图像中的透明度信息。

❻ 下面再来定义一个常用的条纹图案。新建一个大小为 1×12 像素，分辨率为 254dpi（与需要得到填充效果的图像分辨率相同），透明背景的图像文件。将前景色设置为“C：20，M：95，Y：70，K：15”，然后放大显示图像，使用“铅笔”工具将图像的上半部分绘制成深红色，如图 9-6 所示。

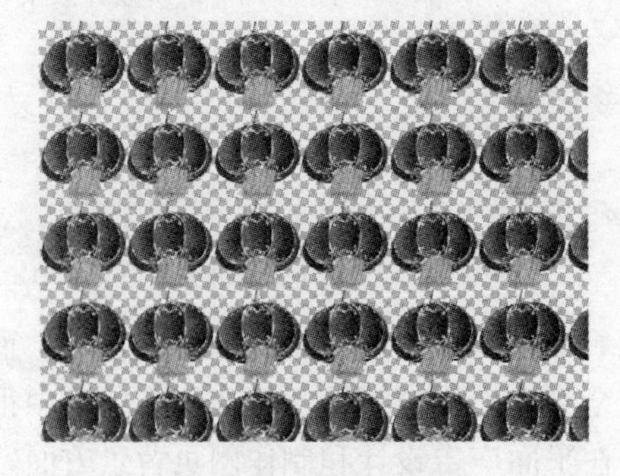

图 9-5 填充图案效果

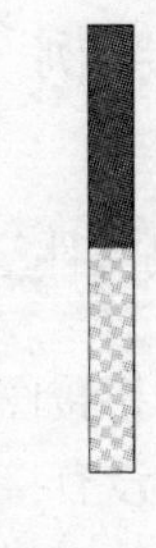

图 9-6 制作图案

❼ 选择“编辑”→“定义图案”菜单项打开“图案名称”对话框，输入名称后单击 确定 按钮，如图 9-7 所示。

❽ 打开第 7 章 7.3.1 小节中保存的“三妹.psd”文件，新建“图层3”，排列在“图层2”的上层，然后选择“编辑”→“填充”菜单项打开如图 9-8 所示的“填充”对话框。

图 9-7 “图案名称”对话框

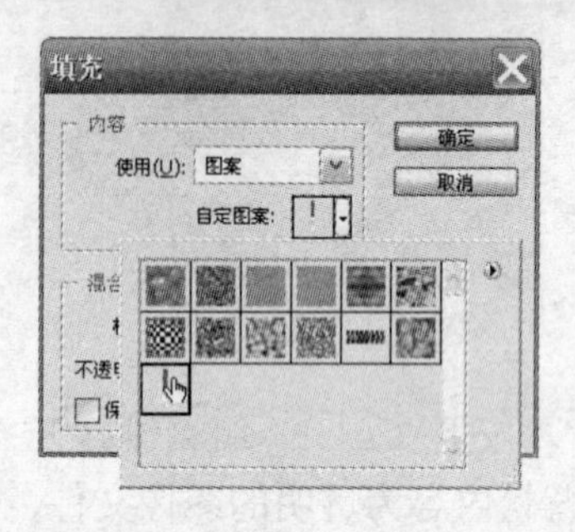

图 9-8 “填充”对话框

练一练：

新建大小为 1×12 像素的图像文件，然后使用“铅笔”工具在图像中绘制，接着将图像自定义为多种不同的图案，再在一个较大的图像文件中填充这些图案并比较填充效果。

❾ 在“使用”下拉列表中选择“图案”选项，接着在“自定图案”下拉列表中选中新定义的图案，单击 确定 按钮后得到如图 9-9 所示的填充效果。

❿ 使用“钢笔”工具和“横排文字”工具完成其他设计，得到如图 9-10 所示的最终效果。

图 9-9 填充图案后的条纹效果

图 9-10 最终设计效果

9.1.2 行动实例——无缝拼接图像

范例文件：光盘→实例素材文件→第 9 章→9.1.2

所谓无缝拼接图像，即整幅图像可以看成由若干个矩形小图像拼接而成，而且各个矩形小图像的边缘没有接缝的痕迹，图案也完全吻合。无缝拼接图像在日常生活中很常见，例如花样墙纸、花纹布料以及礼品包装纸等，在平面广告设计和制作网页背景方面，应用也比较广泛。

图 9-11 中所示的图像即为一幅无缝拼接图像，左侧显示的图案即为组成无缝拼接图像的矩形小图像单元。

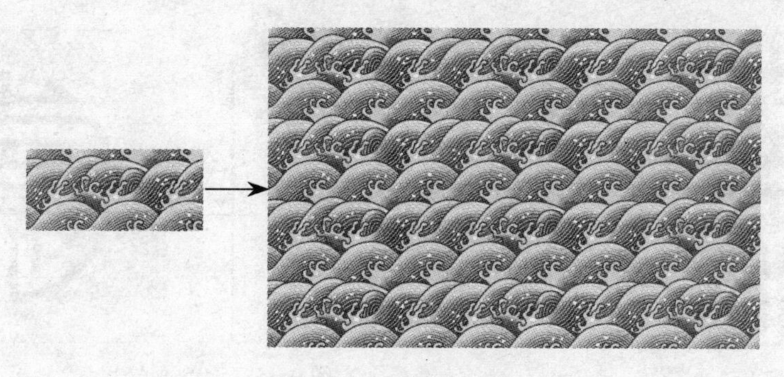

图 9-11 无缝拼接图像

❶ 打开光盘文件夹中的“寿字图案.jpg”文件，按住<Alt>键双击背景层缩览图，将背景层转换为普通层，得到“图层 0”，如图 9-12 所示。

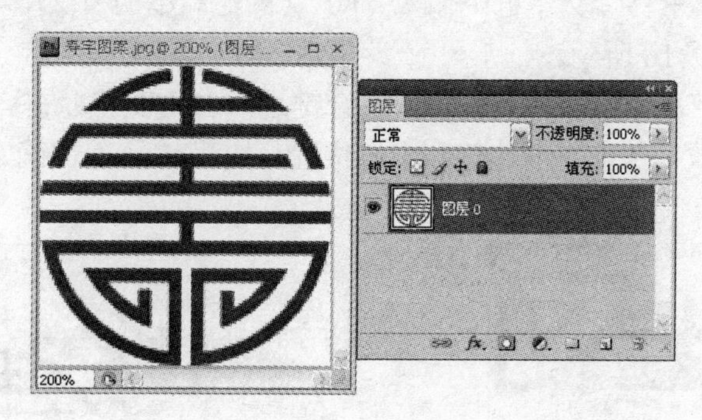

图 9-12 打开素材图像

❷ 选择“选择”→“色彩范围”菜单项打开“色彩范围”对话框，使用吸管在图像中取样背景中的白色并调整“颜色容差”数值，单击 确定 按钮得到选区，如图 9-13 所示。

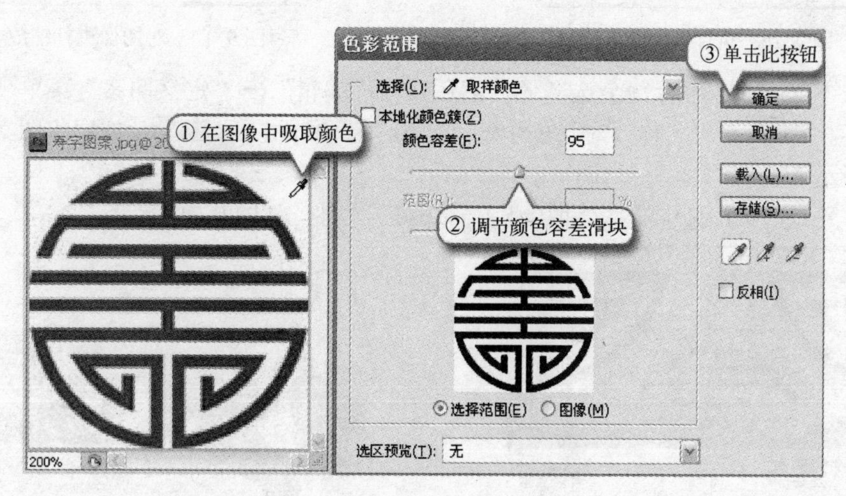

图 9-13 在图像中选取颜色

❸ 按下<Delete>键删除选区图像，得到透明背景的黑色图像，如图 9-14 所示。

❹ 按下<Ctrl+D>组合键取消选区，然后按下<Ctrl+Alt+C>组合键打开“画布大小”对话框，将图像的画布大小修改为 160×160 像素，如图 9-15 所示。

图 9-14　删除选区图像

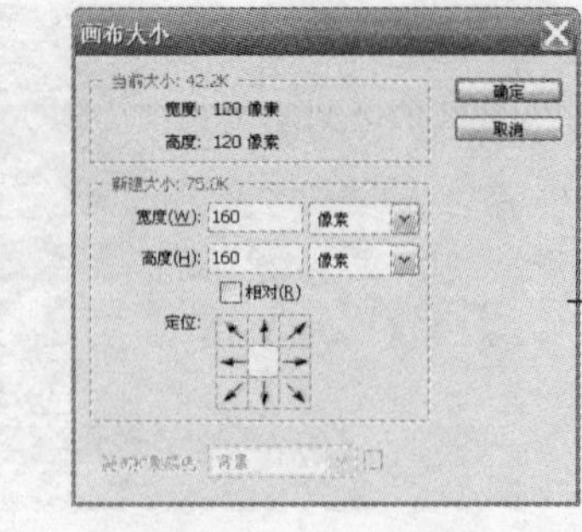

图 9-15　调整画布大小

❺ 将“图层 0”复制一份，得到“图层 0 副本”，然后选择“滤镜”→“其他”→“位移”菜单项打开“位移”对话框，在“水平…像素右移”文本框中输入“80”（图像宽度的 1/2），在“垂直…像素下移”文本框中输入“80”（图像高度的 1/2），接着单击 确定 按钮执行该滤镜，如图 9-16 所示。

❻ 选中“图层 0”，然后按下<Ctrl+T>组合键进入自由变换状态，按住<Shift+Alt>组合键不放对图像进行缩放，保持宽高比例和中心位置，按下<Enter>键确定后得到如图 9-17 所示的效果。

图 9-16　执行“位移”滤镜

图 9-17　对图像进行缩放

❼ 按下<Ctrl+A>组合键全选图像，然后选择“编辑”→“定义图案”菜单项打开“图案名称”对话框，在“名称”对话框中输入“寿字”并单击 确定 按钮将图案保存，如图 9-18 所示。

❽ 打开光盘文件夹中的“盛世唐装广告.psd”文件，如图 9-19 所示。

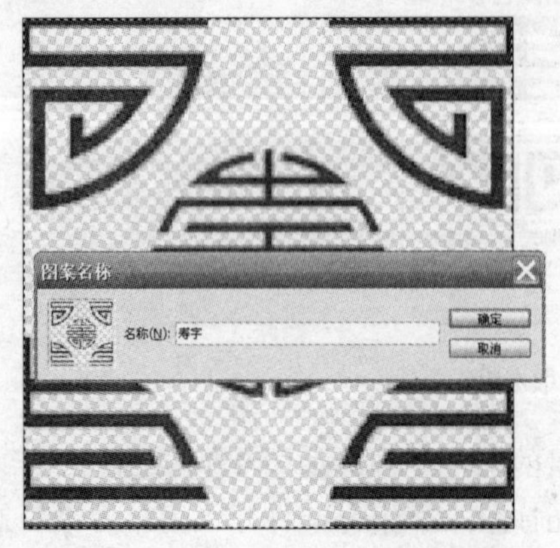

图 9-18　将选区内容定义为图案

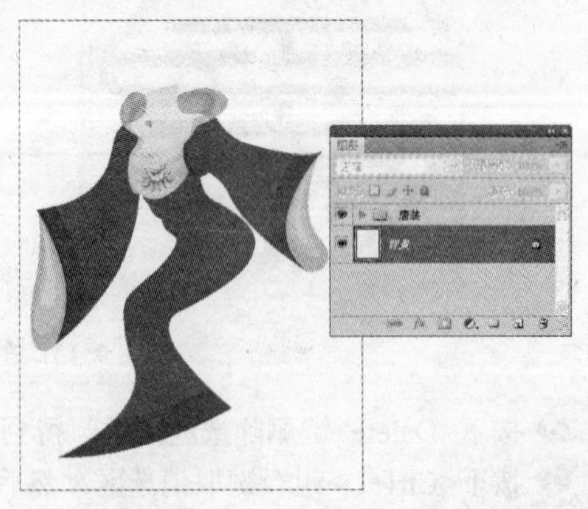

图 9-19　打开素材文件

⑨ 按下<Ctrl+Shift+Alt+N>组合键新建一个图层，排列在最上层，然后按下<Shift+F5>组合键打开“填充”对话框，在“使用”下拉列表中选中“图案”选项，然后在“自定图案”下拉列表中选择自定义的“寿字”图案，如图 9-20 所示。

⑩ 单击 确定 按钮后得到如图 9-21 所示的填充效果。

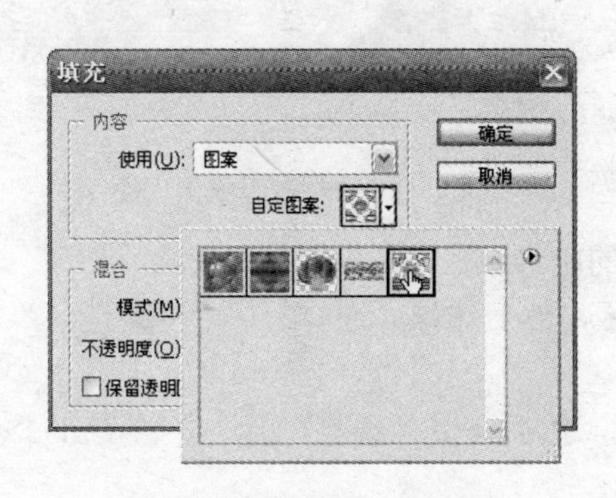

图 9-20 “填充”对话框

图 9-21 填充图案

⑪ 按下<Ctrl+T>组合键对当前图层进行自由变换，得到如图 9-22 所示的效果。

⑫ 按下<Ctrl+U>组合键打开“色相/饱和度”对话框，选中“着色”复选框并调整各滑块，然后按下 确定 按钮关闭对话框，如图 9-23 所示。

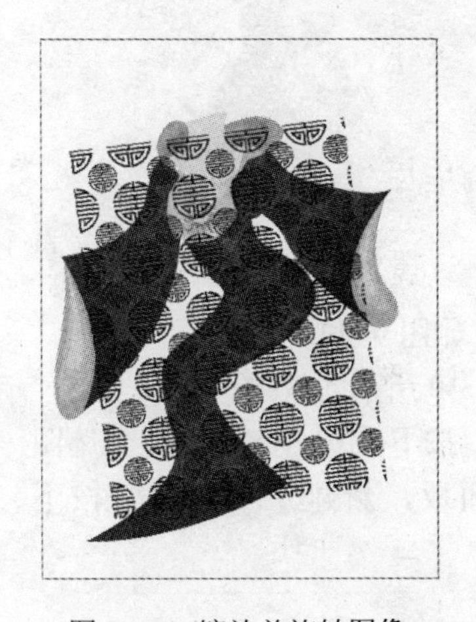

图 9-22 缩放并旋转图像

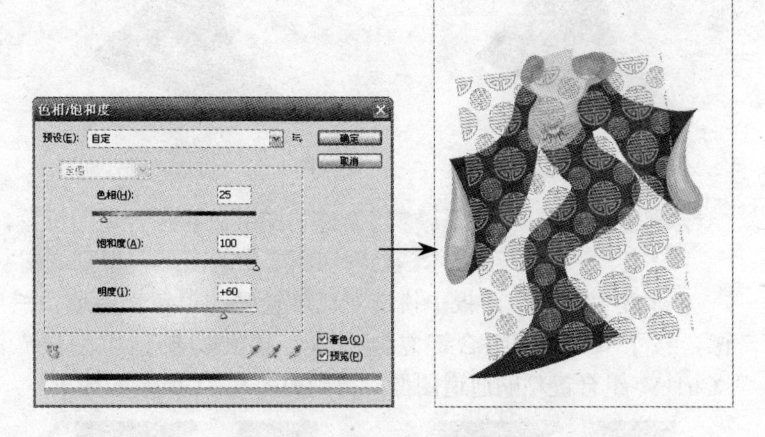

图 9-23 调整“色相/饱和度”

⑬ 按下<Ctrl>键单击“通道”面板中的“Alpha1”，将其载入选区，然后单击“图层”面板下方的“添加图层蒙版”按钮 为当前图层添加图层蒙版，如图 9-24 所示。

⑭ 选中最上层和“唐装”图层组，按下<Ctrl+Alt+E>组合键合并复制所有选中图层，得到一个新图层，将该图层命名为“身躯”，将该图层复制一份，得到“身躯副本”，使用“加深”工具 和“减淡”工具 在该图层中作用，做出立体效果，如图 9-25 所示。

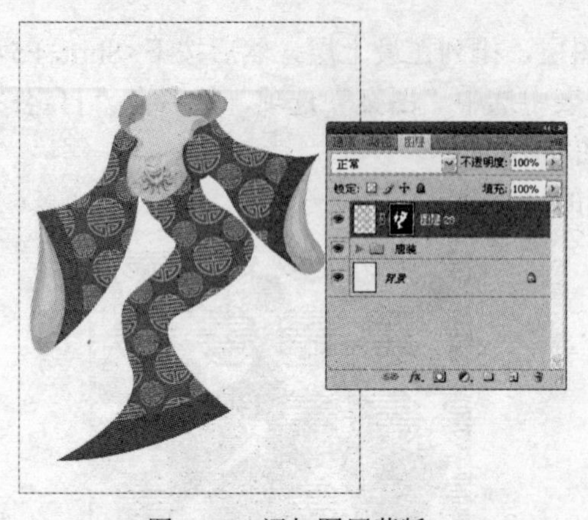

图 9-24　添加图层蒙版

图 9-25　合并选中图层

⑮ 使用“钢笔”工具绘制如图 9-26 所示的闭合路径，做出裙褶的形状。

⑯ 按下<Ctrl+Enter>组合键将路径转换为选区，然后选择“选择”→“变换选区”菜单项进入选区变换状态，如图 9-27 所示。

⑰ 对选区进行旋转变形后，放在合适的位置，然后选中“身躯”层，按下<Ctrl+J>组合键通过复制新建图层，如图 9-28 所示。

图 9-26　创建闭合路径

图 9-27　对选区进行旋转

图 9-28　通过复制创建图层

⑱ 使用“移动”工具将新建的图层放置在合适的位置，如图 9-29 所示。

⑲ 使用“加深”工具处理该图层中的图像，得到如图 9-30 所示的效果。

⑳ 在“通道”面板中挑选对比度较强的“黄”通道，然后按下<Ctrl+A>组合键全选图像，按下<Ctrl+C>组合键复制图像，接着切换到“图层”面板，新建一个图层并按下<Ctrl+V>组合键粘贴通道图像，得到如图 9-31 所示的效果。

图 9-29　移动并旋转图像

图 9-30　加深图像

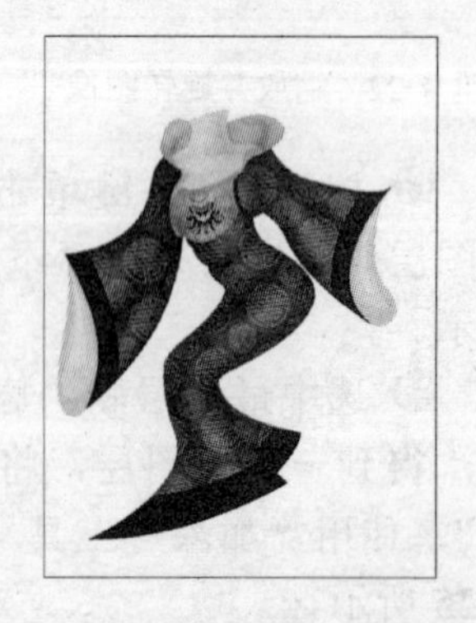

图 9-31　复制“黄”通道

㉑ 将当前图层的混合模式设置为“柔光”，然后为该图层添加图层蒙版，使用“画笔”工具处理蒙版中的图像，得到如图 9-32 所示的效果。此时，图层蒙版中的状态如图 9-33 所示。

㉒ 将前景色修改为“C：50，M：100，Y：100”，然后选择“钢笔”工具，选中工具栏中的“形状图层”按钮，在图像中绘制人物头部的形状，如图 9-34 所示。

图 9-32 设置“柔光”混合模式

图 9-33 图层蒙版状态

图 9-34 绘制人物头部

㉓ 使用“横排文字”工具输入文字——“唐”和“装”，字体设置为“方正黄草简体”，字体大小分别设置为 95 点和 75 点，字体颜色分别设置为白色和“C：50，M：100，Y：100”，如图 9-35 所示。

㉔ 使用“钢笔”工具在图像中创建一条开放路径，沿路径放置文本——“穿出不一样的气质”，字体设置为“华文隶书”，字体大小设置为 28 点，字体颜色设置为“C：50，M：100，Y：100”，如图 9-36 所示。

㉕ 使用同样的方法绘制另外一条开放路径并沿路径放置文本——“不一样的品质”，然后输入其他文字，得到 9-37 所示的最终效果。

图 9-35 输入文字

图 9-36 沿路径放置文本

图 9-37 最终图像效果

9.2 报纸广告设计——富景花园

报纸广告主要是配合报纸的风格和版面来完成的，主要锻炼平面广告设计人的排版技巧和文字图像的掌控能力。

9.2.1　报纸广告的分类

如图 9-38 所示，不同的报纸使用不同质地和规格的纸张，有着不同的广告位设置，具体的报纸广告的尺寸要以媒体的广告刊例为准。一般来说，报纸广告按照尺寸版式可以分为以下几类。

图 9-38　报纸广告示例

1）版面广告

版面广告是指在报纸同一个版面上刊登的广告，一般根据占有版面的面积分为整版、半版、1/4 版、1/8 版和 1/16 版等形式。其中以整版广告和半版广告的效果最为理想，它们具有广阔的表现空间，可以创造出理想的广告效果。

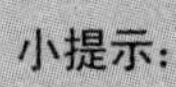

小提示：

整版广告占有整整一个版面，常见的尺寸有 480mm × 350mm（高度 × 宽度）和 340 × 235mm 两种，半版为整版的一半，1/4 版为整版的 1/4，……依此类推。

2）跨版广告

跨版广告即一个广告作品刊登在两个或者两个以上的报纸版面上，一般有整版跨版、半版跨版和 1/4 版跨版等形式。跨版广告能够体现企业的雄伟气魄和雄厚的经济势力。

3）通栏广告

通栏广告是指横排版报纸中的长条形的广告，一般分为双通栏、单通栏、半通栏和 1/4 通栏等形式。其中，单通栏广告是报纸广告中最常见的一般类型，符合人们的正常视觉要求，具有一定说服力。

小提示：

单通栏广告常见的尺寸有 100mm × 350mm 和 65mm × 235mm 两种。双通栏的高度为单通栏高度的 2 倍，半通栏的宽度为单通栏宽度的 1/2，……依此类推。

4）报花广告

报花广告也叫栏花或者刊花广告，是版面中的小豆腐块，位置不固定，尺寸有 30mm×

50mm、25mm×40mm 等，面积在 1000mm^2 左右。报花广告版面小，价格低，不具备广阔的创意空间，一般以突出品牌、企业信息内容为主。

5）报眼广告

报眼广告为横排版报纸报头一侧的版面，面积不大但是位置十分显著。报眼广告能够体现广告的权威性、新闻性、时效性和可信度。

6）报眉广告

报眉是指横排版报纸上下的横条，高度一般在 30mm 左右。

7）报缝广告

报缝广告是指位于报纸对折的中间位置的广告，宽度一般在 40mm 左右。

一般来说，不同的版面、不同的广告位、不同的印刷工艺所对应的广告价格也是各不相同的。究竟选择哪种版面作广告，要根据企业的经济实力、产品生命周期和广告宣传情况而定。首次登广告，新闻式、告知式宜选用较大版面，以引起读者注意；后续广告，提醒式、日常式，可逐渐缩小版面，以强化消费者记忆。节日广告宜用大版面，平时广告可用较小版面。

9.2.2 报纸广告设计需要注意的问题

1）注意文字的精炼

由于报纸广告的使用面积较小，更要注意广告文字的精炼和准确。

2）注意图片的色彩

由于报纸广告的印刷纸张质量较差，所以要根据输出的需要对图片采取不同的预处理。

- 对于黑白印刷的报纸来说，层次较为丰富细腻的摄影照片可以通过复印机进行多次复印，以减少中间的灰阶。
- 对于彩色印刷的报纸来说，为了让色彩在灰色纸张上达到较佳的效果，必须提高色彩的饱和度，增加色彩的鲜亮程度。

小提示：

现在有些报纸使用铜版纸印刷，色彩的表现力要比新闻纸强很多，图片的预处理工作也要简单很多。

3）要有针对和突出

根据刊登的广告内容确定读者群体和报纸，根据商品的销售旺季或者活动的开展日期决定广告的刊登日期，结合报纸的版面，将广告和报纸中的其他内容结合在一起。

选择报纸头版的“报眼”或者刊登在读者关心的栏目边都会引起读者的关注。利用对比、烘托等方法突出主体形象（商标、明星和广告语等），争得更多的关注。

9.2.3 案例思路分析

1）客户要求

“富景花园”想要在报纸上做一个通栏广告，要求该广告能够展示楼盘的地理位置、外观、价格以及开发商的相关信息等。

2）执行步骤

- 了解刊登报纸的印刷方式和使用纸张，确定广告尺寸。

- 收集客户标志、标识及广告文字资料。使用数码相机进行实景拍摄，收集其他图片资料。
- 设计广告并将文件保存为 Tiff（Tif）格式，交于排版。

3）广告策划

本广告设计的特点——朴实而丰富，如图 9-39 所示。

图 9-39　报纸广告最终设计效果

- 使用“富景花园”所在地点的地铁路线图形成半包围结构，既增加了画面的美感，又道出了到达“富景花园”的行车路线，给人以体贴和温馨的感觉。
- 因为广告中的文字和图片信息都比较多，所以使用了椭圆形框架和矩形框架将图片与广告画面分割开来，避免了混乱。
- 鉴于报纸使用较为常用的新闻纸，彩色印刷，整个广告色彩鲜艳却不显得俗气，颜色缤纷却不显得凌乱，增加了人们咨询和购买的欲望。

9.2.4　实例过程演示

范例文件：光盘→实例素材文件→第 9 章→9.2.4

❶ 将背景色设置为“M：15，Y：15”，然后新建一个大小为 350mm×100mm，分辨率为 300dpi，CMYK 颜色模式，背景内容为背景色的图像文件，如图 9-40 所示。

图 9-40　新建图像文件

❷ 选择“矩形”工具，单击工具栏中的“形状图层”按钮，在图像的右侧和下方绘制两个细长的矩形，然后将它们的填充颜色设置为黑色，如图 9-41 所示。

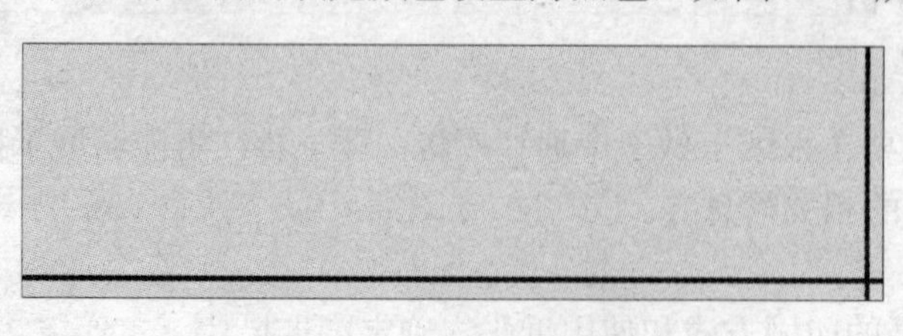

图 9-41　绘制黑色的矩形

❸ 将前景色设置为“C：50，M：100”，然后绘制多个矩形，制作出如图 9-42 所示的地铁标识。

图 9-42 绘制多个橘色的矩形

❹ 使用“椭圆”工具结合“钢笔”工具绘制出如图 9-43 所示的形状，然后将它的填充颜色设置为“M：100，Y：100”。

图 9-43 绘制地铁标志

❺ 将绘制好的形状缩放至合适大小，放在地铁的上面，然后为其添加 5 像素白色的“描边”图层样式，将形状复制多份并调整副本图层的位置，得到如图 9-44 所示的效果。

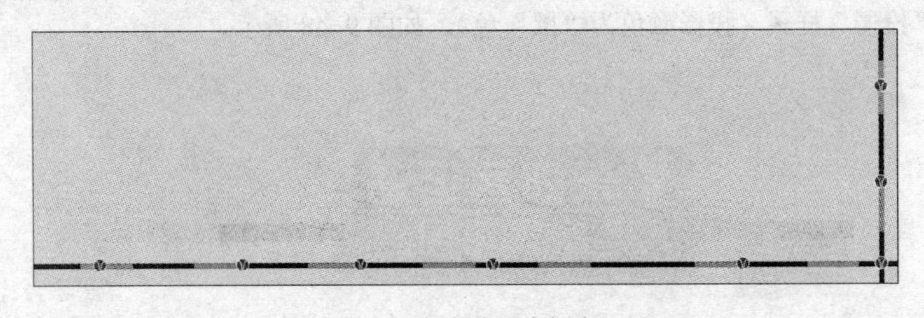

图 9-44 制作多个标志

❻ 使用“矩形”工具创建两个形状图层，将填充颜色设置为“Y：60”，然后将它们排列在背景层的上层，如图 9-45 所示。

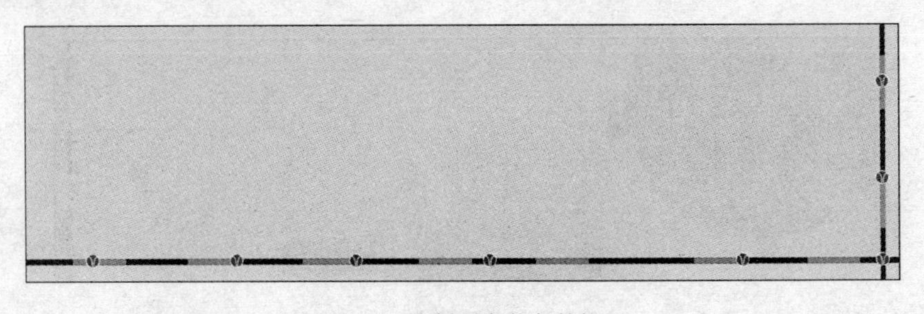

图 9-45 绘制两个黄色的矩形

❼ 使用“矩形”工具创建 3 个形状图层，将填充颜色设置为“C：70，M：20”，然后将它们分别排列在合适的位置，如图 9-46 所示。

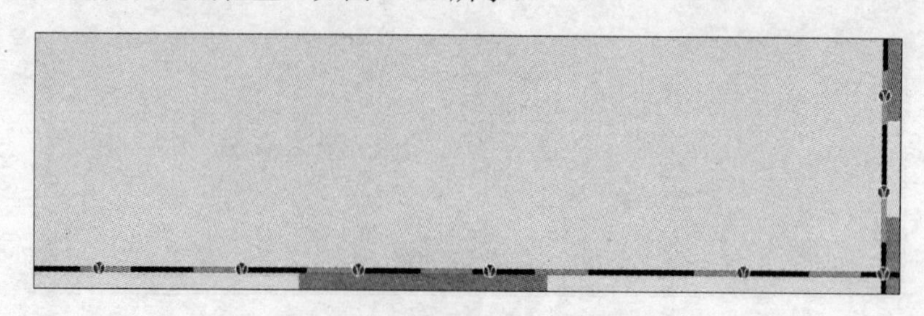

图 9-46 绘制两个蓝色的矩形

❽ 使用“圆角矩形”工具绘制一个圆角矩形（圆角“半径”为“25”像素），将填充颜色设置为“C：60，Y：100”，然后为其添加 10 像素的“描边”样式（描边颜色为“Y：100”）和投影颜色为“黑”色的“投影”样式，如图 9-47 所示。

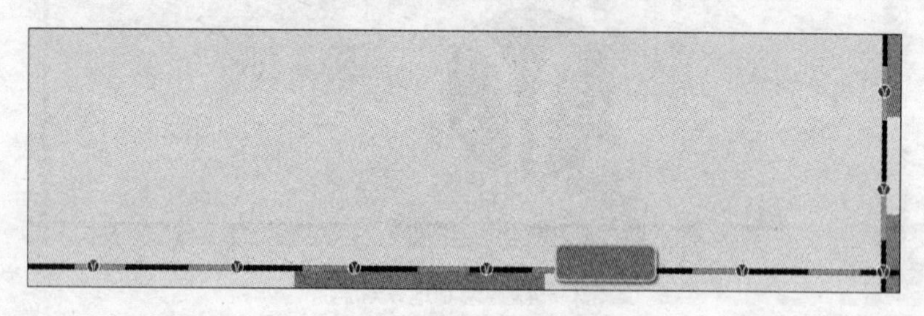

图 9-47 添加图层样式

❾ 使用“横排文字”工具输入白色的文字——“东郊客运站”和“富景花园”，并为它们添加“投影”样式（投影颜色为“黑”色），如图 9-48 所示。

图 9-48 输入文字并添加投影样式

❿ 使用“椭圆”工具绘制如图 9-49 所示的椭圆，将填充颜色设置为“C：70，M：20”。

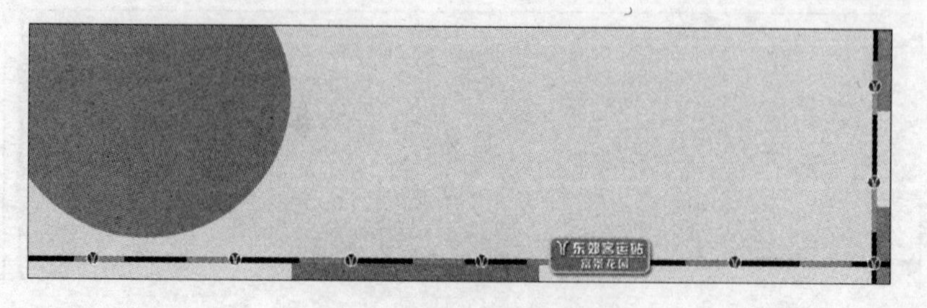

图 9-49 绘制蓝色的椭圆

⑪ 使用“椭圆”工具绘制互相遮掩的 3 个椭圆，从下层到上层的填充颜色依次为“M：50，Y：100”、“Y：100”和“M：100，Y：100”，如图 9-50 所示。

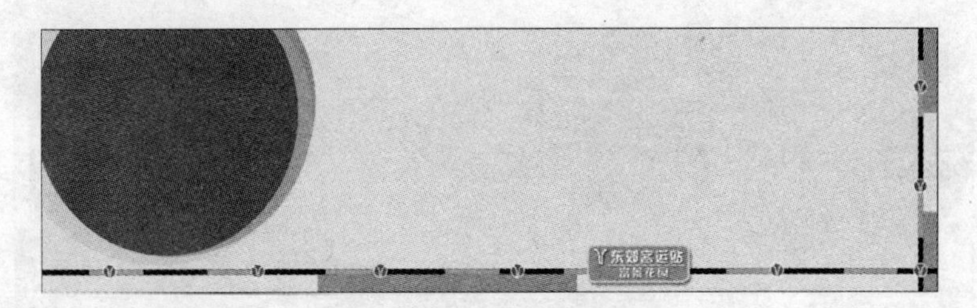

图 9-50 绘制 3 个椭圆

⑫ 打开光盘文件夹中的“楼房 1.jpg”文件，使用“移动”工具将其复制到设计文件中，放置在合适的位置，按下<Ctrl+Alt+G>组合键将该图像与红色的椭圆创建剪贴组，如图 9-51 所示。

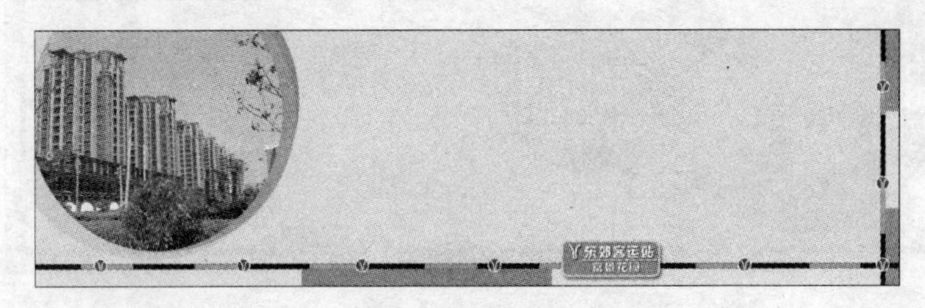

图 9-51 创建剪贴组蒙版

⑬ 使用同样的方法绘制 3 个椭圆，然后导入光盘文件夹中的“楼房 2.jpg”文件，并与下层图层创建剪贴组，如图 9-52 所示。

图 9-52 制作另一个椭圆形框架

⑭ 在图像右上方使用“圆角矩形”工具绘制一个圆角矩形（“圆角半径”设置为“10”像素），然后为其添加 10 像素白色的“描边”样式和投影颜色为黑色的“投影”样式，如图 9-53 所示。

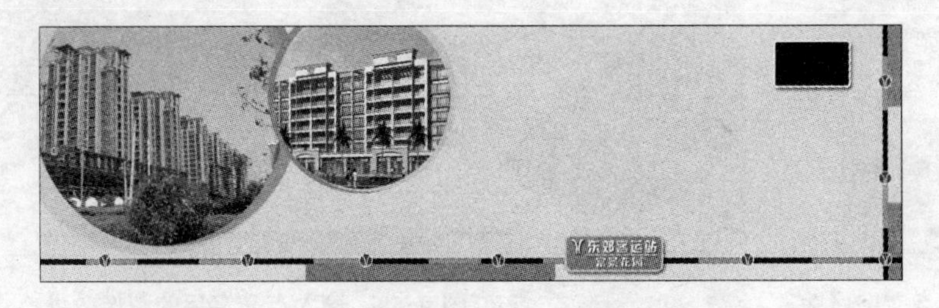

图 9-53 绘制圆角矩形并为其添加图层样式

⑮ 导入光盘文件夹中的“楼房 3.jpg”文件，然后调整图像的大小和位置，与绘制好的圆角矩形创建剪贴组蒙版，如图 9-54 所示。

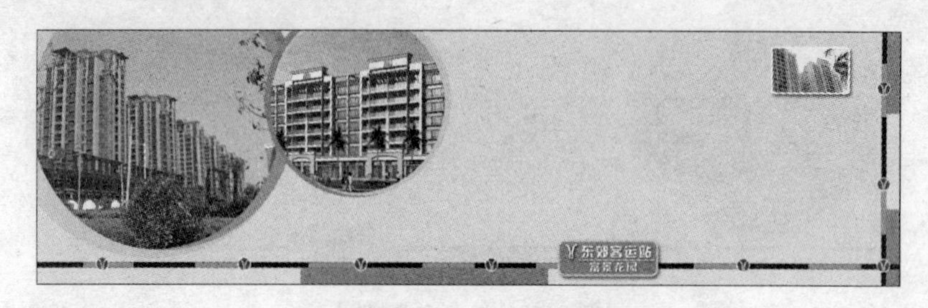

图 9-54 制作圆角矩形框架

⑯ 将圆角矩形复制两份，然后导入“楼房 4.jpg”和“楼房 5.jpg”文件，将它们分别和两个圆角矩形创建剪贴蒙版，如图 9-55 所示。

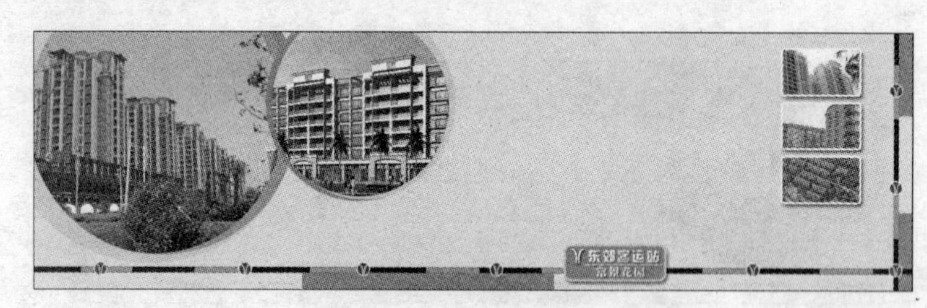

图 9-55 制作另外两个圆角矩形

⑰ 导入光盘文件夹中的“标志.psd”文件，调整其大小及位置，如图 9-56 所示。

图 9-56 导入标志

⑱ 使用“横排文字”工具 T 输入点文字——“华顺大街经典白领社区”，然后按照图 9-57 中所示完成字体设置（字体颜色设置为“C：50，M：90，Y：20”），得到如图 9-58 所示的效果。

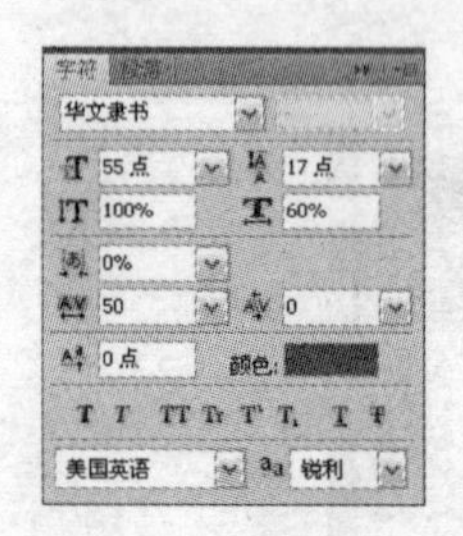

图 9-57 修改点文字属性

图 9-58 输入点文字后的图像效果

⑲ 使用“横排文字”工具 T 和“直排文字”工具 IT 输入地铁站点的名称，从左到右到上依次为“大台站”、“二台站”、“三台东站”、“市委新站”、“红星西站”、“凤凰山站”、“崇文站”和“浣笔泉站”。然后按照图 9-59 中所示完成字体设置（字体颜色设置为“K：100”，图层混合模式设置为“正片叠底”）

⑳ 在图像的左下方输入“光河池地铁”，然后在图像的右上方输入“红星地铁”（字体颜色均设置为“M：90，Y：80，K：30”），如图 9-60 所示。

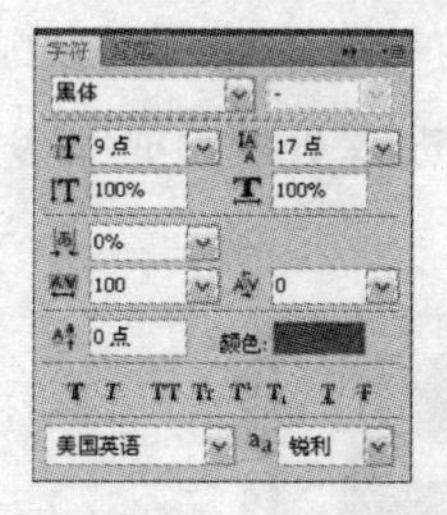

图 9-59　修改地铁站名文字属性

图 9-60　输入地铁站名后的图像效果

㉑ 在图像左下方的矩形条上输入“开发商：济宁市浩楠房地产开发公司”和“策划营销：财富宝贝一级代理商”，然后按照图 9-61 中所示完成字体设置（字体颜色分别设置为“M：90，Y：80，K：30”和白色），得到如图 9-62 所示的效果。

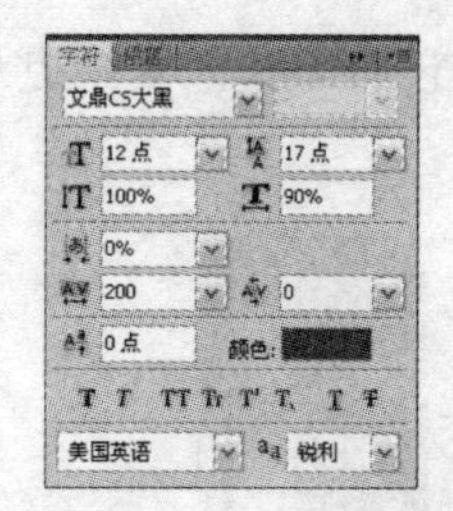

图 9-61 修改广告主信息文字属性

图 9-62　输入广告主相关信息后的图像效果

㉒ 在图像右下方的矩形条上输入“销售热线：”和“234567890　298765432”，字体颜色设置为“M：90，Y：80，K：30”，得到如图 9-63 所示的效果。

图 9-63　输入联系方式

㉓ 输入其他文字内容，其中作为小标题的字体颜色设置为“M：90，Y：80，K：30”，正文字体的颜色设置为“K：100”，文本层混合模式设置为“正片叠底”。导入光盘文件夹中的“地图.jpg”文件，然后将图层混合模式设置为“变暗”，去除素材图像背景的白色，如图 9-64 所示。

图 9-64　输入其他的文字

㉔ 使用“加深”工具对背景层上半部分的“中间调”像素进行加深处理，如图 9-65 所示。

图 9-65　加深背景层

㉕ 调整左侧圆形框架中图像和右侧圆形框架中图像的色阶，使它们的颜色变得更加鲜艳，得到如图 9-66 所示的效果。

图 9-66　调整图像色阶

㉖ 新建一个图层，加入右侧圆形框架的剪贴组中，接着将该图层的混合模式设置为“柔光”。将前景色设置为“Y：100，M：100”，然后使用“画笔”工具将天空的颜色变成淡紫色，得到如图 9-67 所示的最终效果。

图 9-67　最终图像效果

㉗ 将图像文件保存为 PSD 格式，然后合再将图像另存为 Tiff 格式。

9.3 杂志广告设计——1908 精品 XO

杂志广告一般都是单面的，图片素材在整个作品中所占的比例较大，文字少而精炼。杂志广告最适合平面广告人小试牛刀。

9.3.1 杂志广告设计需要注意的问题

1）杂志的选择

杂志广告的受众更为明确，可以相互传阅，性价比较高。选择业内比较有名的杂志刊登广告能够有目的地针对市场目标和消费阶层，减少无目的性广告费的浪费。

2）表现手法的使用

杂志广告设计的制约较少，表现力丰富，设计者可以运用更多的设计技巧。可以直接利用杂志封面形象和标题、广告语、目录为杂志自身做广告；可以独居一页、跨页、使用半页做广告，也可以连载，还可以附上艺术性较高的插页、书签、明信片、贺年卡、年历和光盘等内容，使读者在领略艺术魅力的同时，感受到深深的情意，潜移默化地接受了广告信息。

3）图像的质量

杂志广告设计对于图像质量的要求比其他广告形式的要高一些，艺术性要求也要高一些，设计者应该认真考虑广告的形式和内容，将读者深深地吸引到广告中去。

9.3.2 杂志广告的规格

杂志的尺寸各有不同，但是杂志广告不外乎以下几种规格。

1）拉页：拉页有封面拉页、封底拉页、内页拉页几种类型，尺寸一般为整版的 2 倍、3 倍或者 2 倍多一些，多于整版的部分需要折叠起来，如图 9-68 所示。

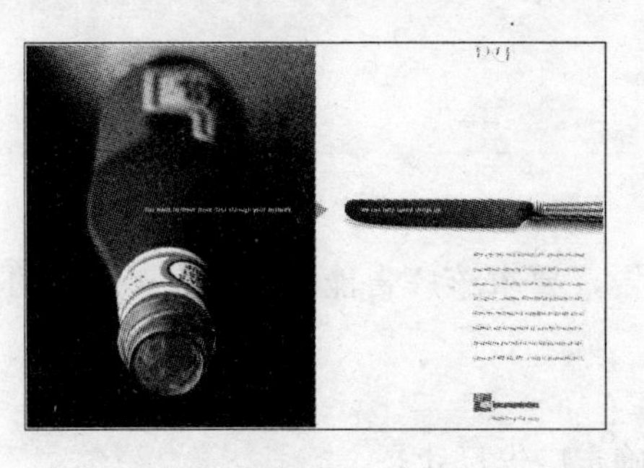

图 9-68 拉页广告

2）跨页：跨页广告一般为整版的 2 倍，出现在杂志一些特定的位置，例如封面、内页之前、中心和封底等，如图 9-69 所示。

3）整页：整页广告可以在封面和封底的位置，也可以作为目录、版权和社评的旁页，还可以为杂志的内页，尺寸为一个整版。

4）1/N 页：内页的 1/2、1/3 页，有时还会出现 2/3 页，有横版和竖版两种形式。

5）自由规格：杂志中常常会夹带一些卡片，例如书签、年历和征订卡等，这些广告的尺寸不固定，但是面积一般都很小。

图 9-69　跨页广告

大家有没有见过如图 9-70 和图 9-71 所示的折页杂志广告？

折页广告其实也是一种跨页广告，它在两个广告页面垂直中线的位置处有语言提示和标识，沿着虚线向后将页面折叠起来即可组合成一个页面，得到了最终的广告效果。折页广告可以算做是一种互动型的广告，通过和读者的沟通来给读者深刻的印象。

图 9-70　折页广告直观效果

图 9-71　折页广告最终效果

杂志常用的印刷纸张有铜版纸、青涂纸及胶版纸等类型。杂志尺寸也各有不同，常见有 221mm×281mm、260mm×375mm、210mm×285mm、203mm×265mm、230mm×305mm 等类型。

9.3.3　案例思路分析

1）客户要求

“精品 XO”想要在杂志上做一个跨页广告，要求该广告能够展示精品 XO 的高档气质，介绍 XO 的悠久历史等。

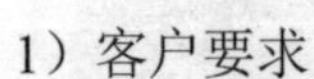

2）执行步骤

- 了解刊登杂志的印刷方式和使用纸张，确定广告尺寸。
- 收集客户标志、标识及广告文字资料，收集产品图片资料，准备其他素材图片。
- 设计广告并将文件保存为 Tiff（Tif）格式，交于排版。

3）广告策划

本广告设计的特点——魅力十足，如图 9-72 和图 9-73 所示。

- 使用深红色的背景，与产品图片的色调保持一致并能更好地衬托主题图片。文字基本使用金黄色和红色来表现。
- 制作酒瓶和模特的倒影，利用观众视觉上的误差将两个大小相差很大的事物协调地放在一起，突出主题。
- 绘制一些亮光和亮线中和作品的严肃气氛，增加灵动的气息。

图 9-72 杂志广告最终效果

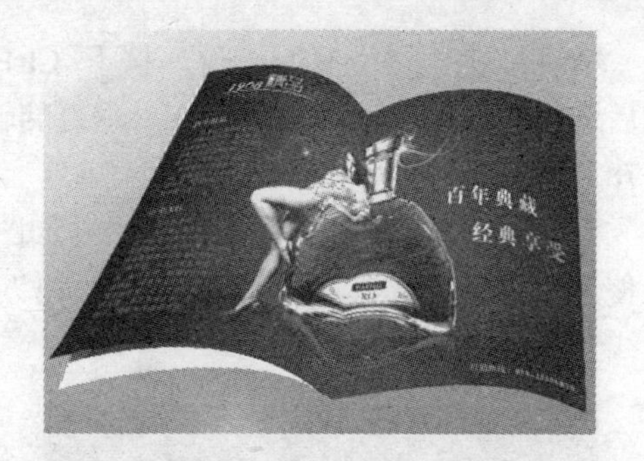

图 9-73 杂志跨页效果

9.3.4 实例过程演示

范例文件：光盘→实例素材文件→第 9 章→9.3.4

❶ 将前景色设置为“C：15，M：100，Y：100”，背景色设置为黑色，然后新建一个 496mm×291mm，CMYK 颜色模式，分辨率为 300dpi，背景内容为背景色的图像文件。按下<Ctrl+R>组合键显示标尺，然后放大显示图像，在距离图像边界 3mm 处拖出参考线（标出出血的位置），接着在图像正中拖出垂直参考线，如图 9-74 所示。

❷ 按下<Ctrl+Shift+Alt+N>组合键新建“图层 1”，选择“渐变”工具，在工具栏中单击渐变条，打开“渐变编辑器”对话框，选择“前景色到透明渐变”，如图 9-75 所示。

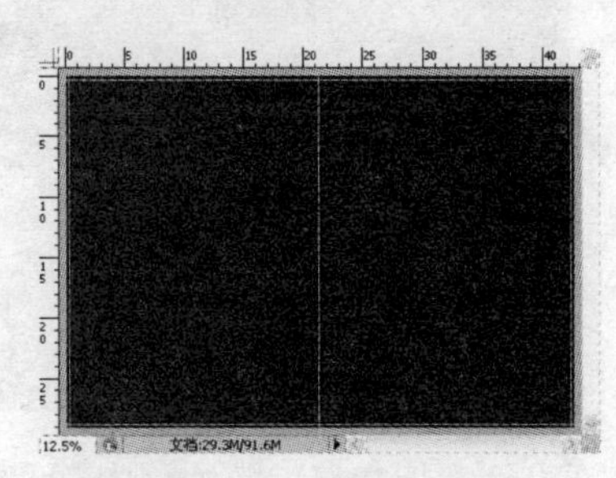

图 9-74 新建图像文件

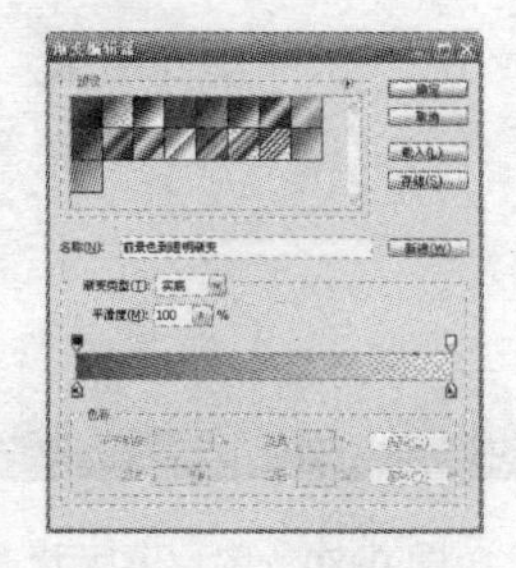

图 9-75 “渐变编辑器”对话框

❸ 在图像的正中偏下的位置单击并向左拖动鼠标，拉出径向渐变，如图 9-76 所示。

❹ 导入光盘文件夹中的“XO.psd”文件，放置在合适的位置，得到“图层 2”，如图 9-77 所示。

图 9-76 拉出径向渐变

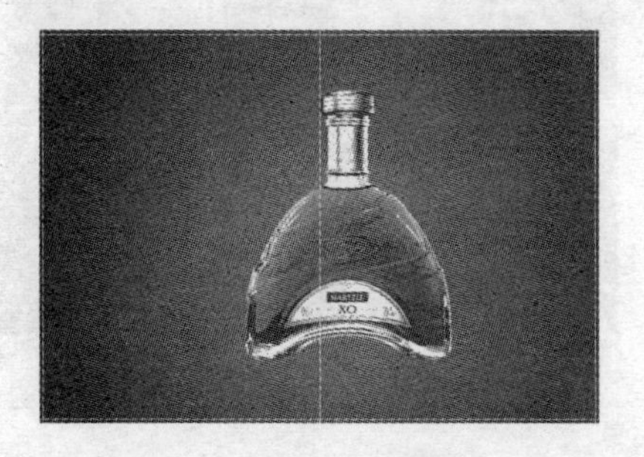

图 9-77 导入素材图片

❺ 将“图层 2”复制一份，按下<Ctrl+[>组合键将得到的“图层 2 副本”放置在下层，然后选择“编辑”→“变换”→“垂直翻转”菜单项将图像翻转，并放置在合适位置，如图 9-78 所示。

❻ 单击“图层”面板下方的“添加图层蒙版”按钮 为当前图层添加图层蒙版，然后使用“渐变”工具，选择“黑、白”渐变，在蒙版内自图像的下方向上至酒瓶下沿拉出线性渐变，如图 9-79 所示。

图 9-78　复制素材图像

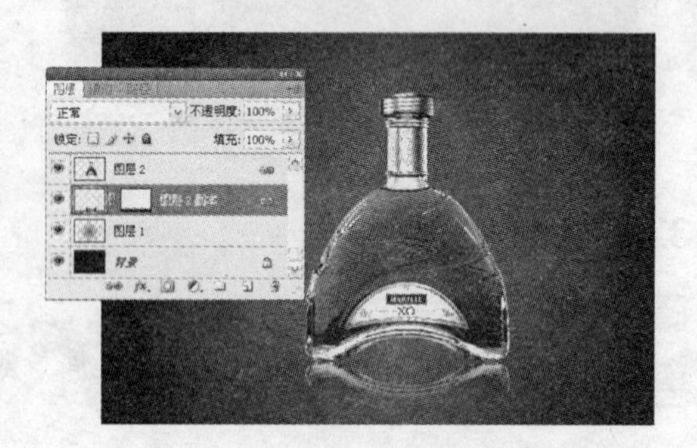

图 9-79　制作倒影效果

❼ 此时图层蒙版的状态如图 9-80 所示。

❽ 导入光盘文件夹中的“女郎.psd”文件，放置在合适位置，得到“图层 3”，如图 9-81 所示。

图 9-80　图层蒙版状态

图 9-81　导入素材图像

❾ 使用步骤❺和步骤❻中介绍的方法，为模特的手臂和脚制作投影效果，注意根据需要调整蒙版中黑白渐变的方向，如图 9-82 所示。

图 9-82　制作投影效果

❿ 新建“图层 4”，排列在“图层 2”和“图层 3”之间，使用“矩形选框”工具在

图像的下方贴紧酒瓶的下沿创建矩形选区，如图 9-83 所示。

⑪ 将前景色设置为黑色，使用“渐变”工具 在选区内拉出“前景色到透明”线性渐变，制作出地板的效果，增强图像的空间感，如图 9-84 所示。

图 9-83　创建矩形选区

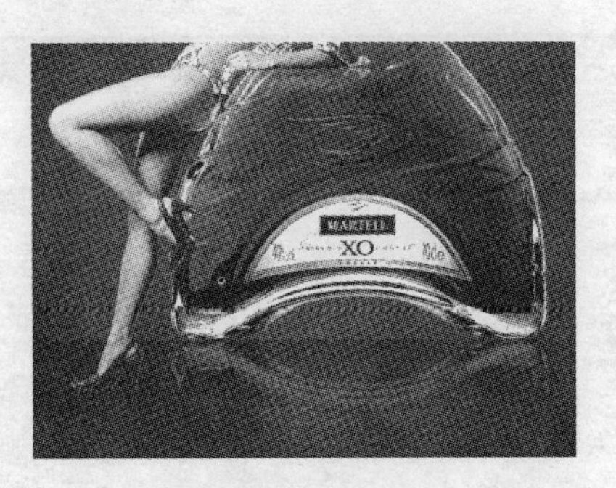

图 9-84　绘制地板

⑫ 选择“钢笔”工具 ，在工具栏中按下“路径”按钮 ，然后在图像左上方绘制一条开放路径，如图 9-85 所示。

⑬ 将前景色设置为白色，然后新建“图层5”，接着选中“画笔”工具 ，选择“柔角5”画笔，按住<Alt>键不放，单击“路径”面板下方的“用画笔描边路径”按钮 打开“描边路径”对话框，选中“模拟压力”复选框并单击 确定 按钮，如图 9-86 所示。

图 9-85　绘制开放路径

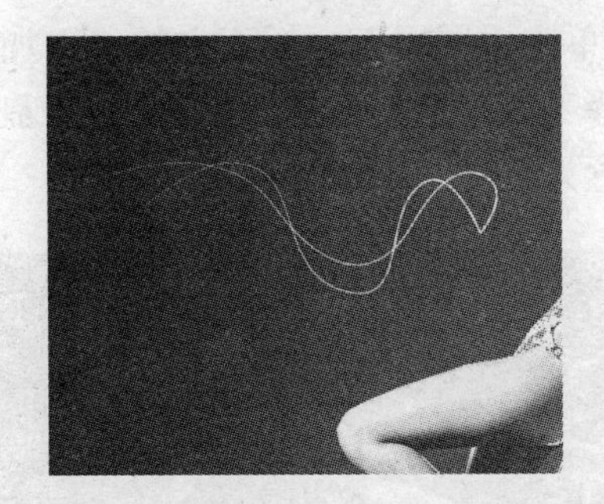

图 9-86　对路径描边

⑭ 选择“画笔”工具 ，使用“尖角20”画笔，在两条亮线的交界处单击绘制一个白点，如图 9-87 所示。

⑮ 选择“涂抹”工具 ，在工具栏中选择“柔角5”画笔，然后将“强度”设置为“93%”，在白点上向外多次涂抹，如图 9-88 所示。

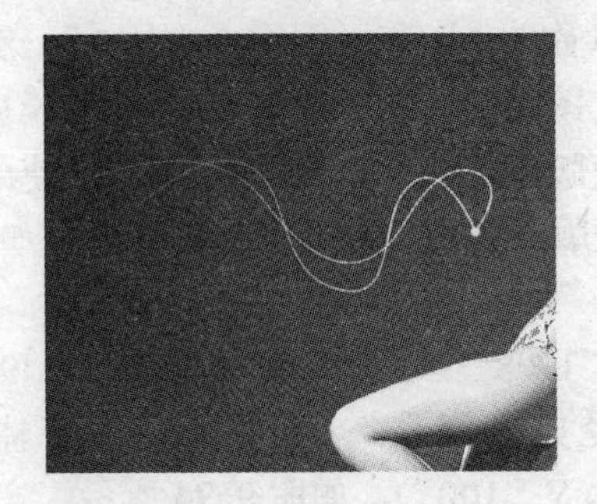

图 9-87　绘制白点

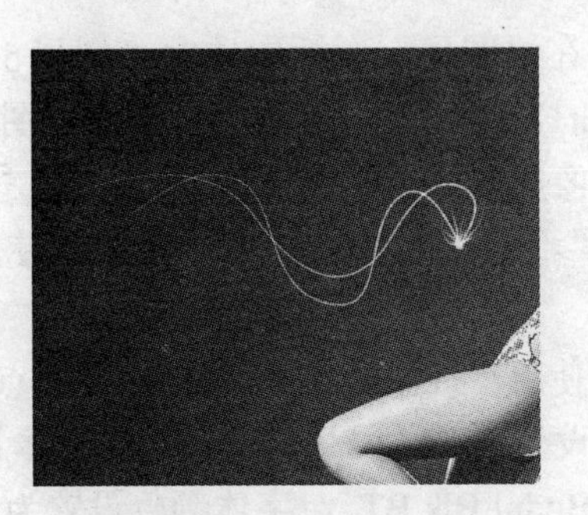

图 9-88　对白点进行涂抹

⑯ 再次选择“画笔”工具，选择“柔角 9”画笔，然后在“画笔”面板中完成如图 9-89 所示的设置。

⑰ 在白点周围拖动鼠标，得到如图 9-90 所示的效果。

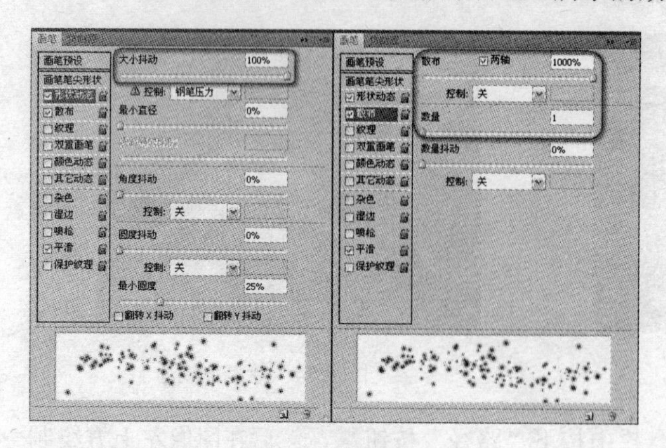

图 9-89　设置画笔

图 9-90　绘制白色的亮点

⑱ 将“图层 5”复制两份，然后移动“图层 5 副本 1”的位置，接着选中“图层 5 副本 2”，按下<Ctrl+U>组合键进入自由变换状态，对其进行位置调整，旋转和缩放，得到如图 9-91 所示的效果。

⑲ 单击“图层”面板下方的“添加图层样式”按钮，打开一个菜单，然后在该菜单中选择“外发光”选项，为“图层 5 副本 2”添加如图 9-92 所示的“外发光”样式，发光颜色设置为“M：100，Y：100”。

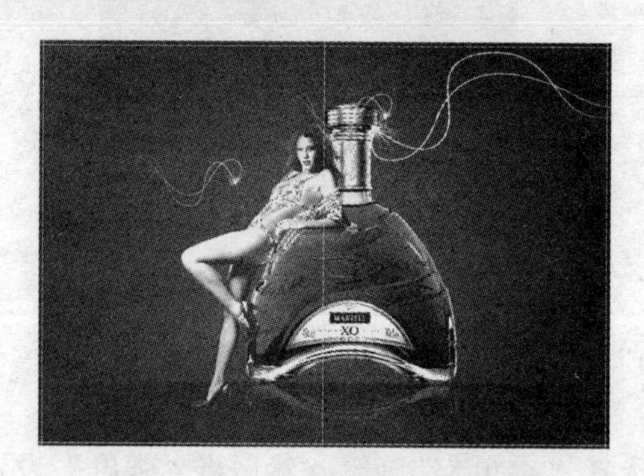

图 9-91　对副本图层进行编辑

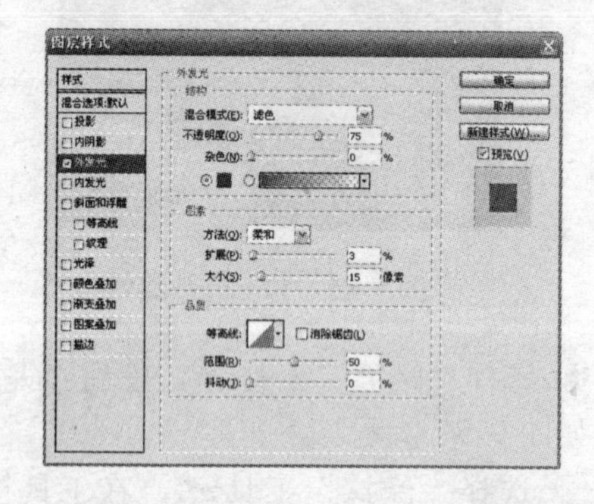

图 9-92　设置“外发光”样式

⑳ 在“图层”面板中选中“图层 5”、“图层 5 副本 1”和“图层 5 副本 2”，然后按下<Ctrl+Alt+E>组合键将它们合并为一个图层，得到“图层 5 副本 2 合并”，使用“模糊”工具对图像局部进行处理，然后为该图层添加图层蒙版，选择“画笔”工具，使用柔角画笔，将“不透明度”设置为“30%”，使用黑色在蒙版中作用，隐藏多余的像素，如图 9-93 所示。

㉑ 使用“横排文字”工具输入点文本——“1908”（字体设置为“156-CAI978”，字体颜色设置为白色）、“精品”（字体设置为“经典繁印篆”）和“XO”（字体设置为“BauerBodni Blk BT”，字体颜色设置为“M：100，Y：100”），如图 9-94 所示。

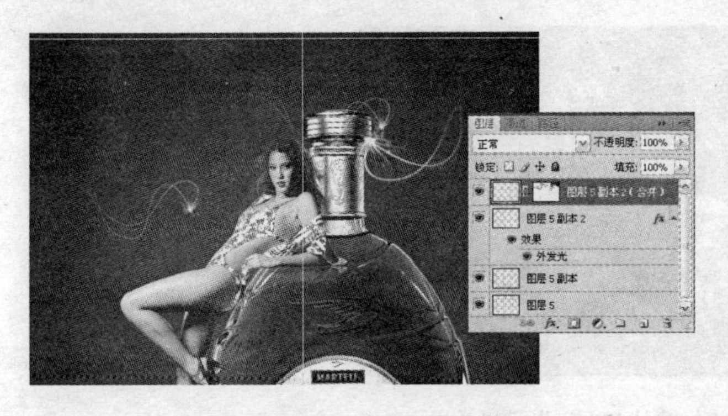

图 9-93 处理蒙版图像

图 9-94 输入文字

㉒ 为“精品”文本层添加如图 9-95 所示的“渐变叠加”样式，使用如图 9-96 所示的渐变色，得到如图 9-96 所示的效果。

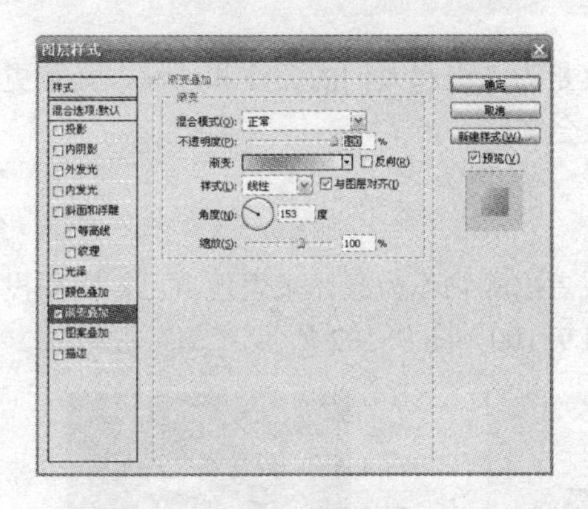

图 9-95 添加“渐变叠加”样式

图 9-96 添加样式后的文字

㉓ 将“1908”文本层复制一份，然后对副本图层进行垂直翻转，调整副本图层的位置，最后将该图层的“不透明度”设置为“30%”，如图 9-97 所示。

㉔ 将前景色设置为白色，然后选择“直线”工具，在工具栏中按下“形状图层”按钮，在文字下方绘制一条白色的直线，如图 9-98 所示。

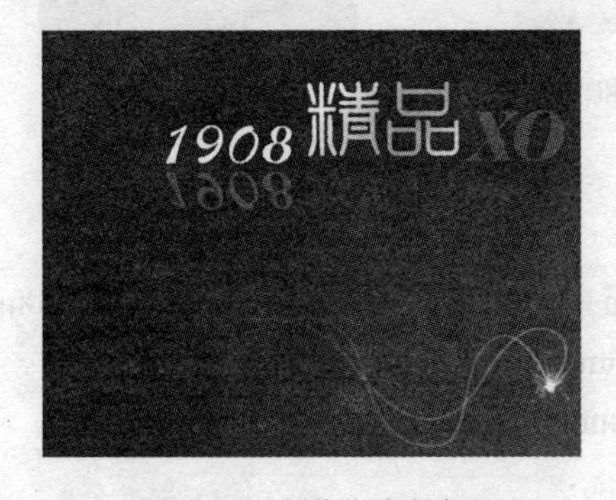

图 9-97 制作文字的倒影

图 9-98 绘制直线

㉕ 输入其他文字，并为“百年典藏 经典享受”文本层添加于“精品”文本层同样的“渐变叠加”样式，得到如图 9-99 所示的最终效果。

㉖ 将图像文件保存为 PSD 格式，然后再将图像另存为 Tiff 格式。

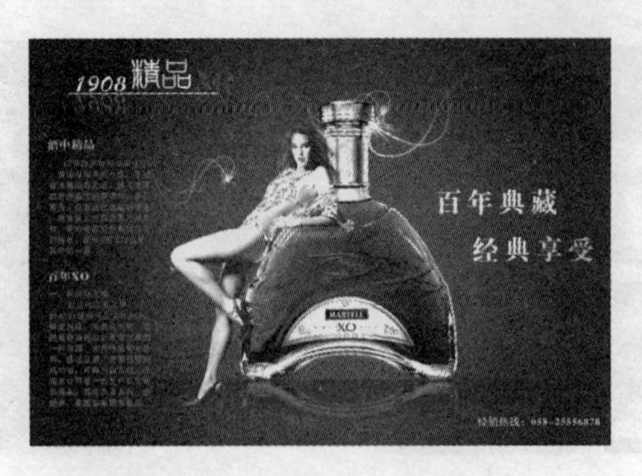

图 9-99　精品 XO 广告最终效果

9.4　海报设计——金派儿琴行

德国设计大师皮尔• 门德尔认为——海报不仅是为了引起人们的关注和理解，而且更是一种美的语言，它映射出一个国家的民族传统与社会文化。

9.4.1　海报的尺寸

海报不像报纸广告和杂志广告，需要发行物或者出版物作为载体来表现自己，海报没有任何的载体，它本身就是一个完整的艺术品。如图 9-100～图 9-102 所示。

图 9-100　汽车海报

图 9-101　手机海报

图 9-102　电影海报

海报的尺寸比较自由，常见的有以下几种。

1）标准尺寸

海报的标准尺寸有 130mm×180mm、190mm×250mm、300mm×420mm、420mm×570mm、500mm×700mm、600mm×900mm 和 700mm×1000mm 几种类型。

最为常见的有 420mm×570mm、500mm×700mm 和 600mm×900mm 几种类型。

2）A3 海报

近几年出现了海报打印机，专门用来打印 A3 幅面的海报。如果设计的海报是为了交作业或者打印输出的话，可以使用 A3 大小（297mm×420mm）

3）4 开海报

常见的招贴画的尺寸是 540mm×380mm，也就是正度 4 开的成品尺寸。

标准正度纸张的大小为 1092mm×787mm，每边切掉 2mm 的毛边（平板铜板纸的毛边一般每边切 2mm）后变成 1088mm×783mm。正度 4 开的大小为 544mm×391.5mm，每边减去 2mm 的毛边和 8mm 的咬口位（4 开机的咬口位一般都是 8mm）以后，得到的最大可印刷面积为 540mm×380mm。

9.4.2　案例思路分析

1）客户要求

金派儿琴行，主要经营各类管弦乐器，老板有自己的乐队，在当地小有名气。希望设计一张比较艺术的海报，做一下宣传。

2）执行步骤

- 确定海报尺寸、纸张类型和分辨率要求。
- 收集几张关于蓝天白云和蝴蝶兰的图片。
- 组织语言，设计广告并将文件保存为 Tiff（Tif）格式。

3）广告策划

本广告设计的特点——优美、巧妙，如图 9-103 所示。

- 整个设计主要使用鼠绘的手法完成，艺术气氛浓厚。
- 将竖琴与女子的侧脸巧妙地融合在一起，“竖琴女子”以蓝天为容，云朵为鬓，琴弦为发，充满了梦幻和神秘色彩。
- 根据竖琴的外轮廓安排文字，利用色块作为背景铺垫。

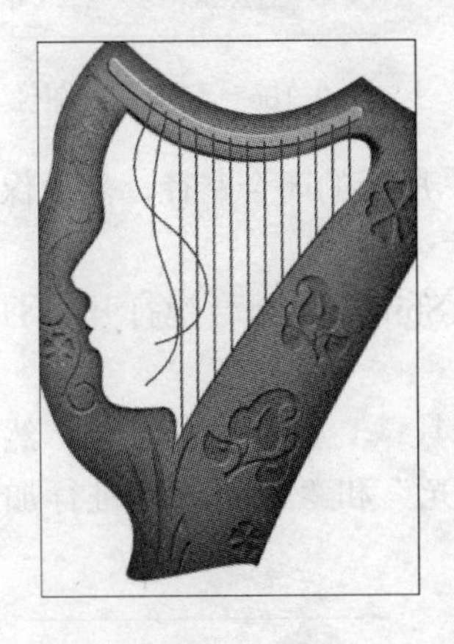

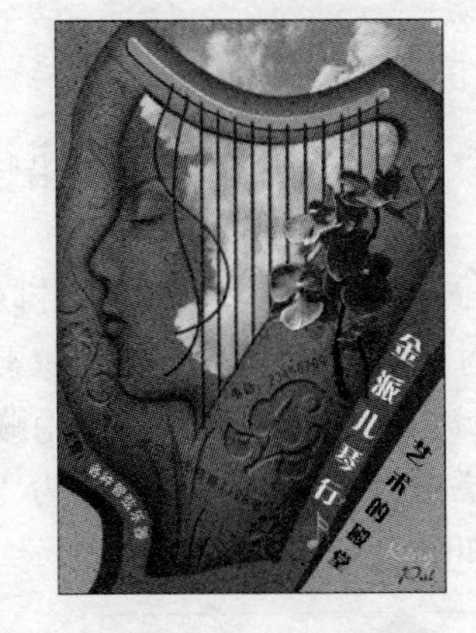

图 9-103　琴行海报设计效果

9.4.3　实例过程演示

范例文件：光盘→实例素材文件→第 9 章→9.4.3

1）竖琴的绘制

❶ 将海报的尺寸定为正度 4 开。新建一个大小为 386mm×546mm（每边留 3mm 出血），分辨率为 200dpi，RGB 颜色模式，背景内容为白色的图像文件，然后将文件保存为“琴行海报.psd”。将前景色设置为“C：20，M：75，Y：100”。

练一练：

这里为什么要将设计文件设置为RGB颜色模式而不是CMYK颜色模式呢？

❷ 在“图层”面板中单击“创建新图层”按钮 新建“图层1”，然后使用“钢笔”工具 创建两条闭合路径，然后在“路径”面板中将得到的工作路径拖动到面板下方的“创建新路径”按钮 上将路径保存。分别勾出竖琴的内轮廓和外轮廓线，如图9-104所示。

❸ 使用“路径选择”工具 选中外轮廓线，接着单击“路径”面板下方的“用前景色填充路径”按钮 ，得到如图9-105所示的效果。

❹ 选中竖琴的内轮廓线，然后单击“将路径作为选区载入”按钮 ，接着按下<Delete>键删除选区内图像，如图9-106所示。

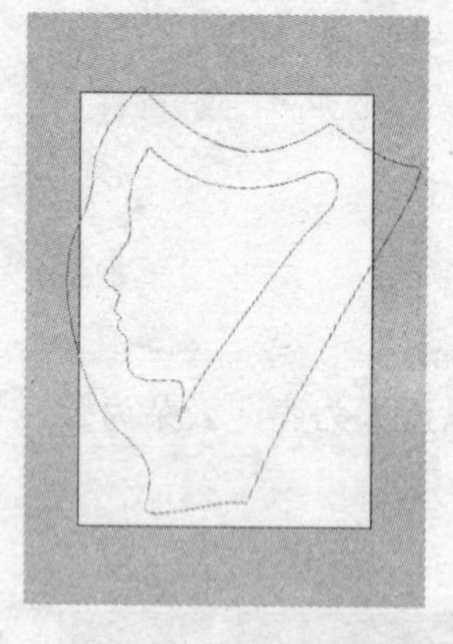

图9-104 创建闭合路径

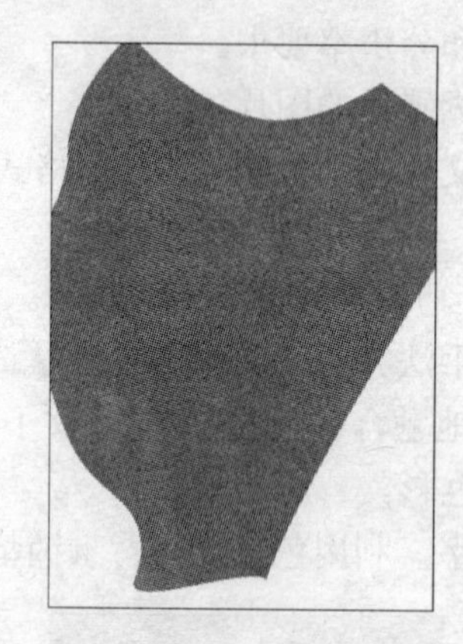

图9-105 填充选区

图9-106 删除选区图像

❺ 使用“钢笔”工具 沿竖琴的内轮廓绘制如图9-107所示的闭合路径，然后保存该路径。

❻ 按下<Ctrl+Enter>组合键将路径载入选区，然后按下<Shift+F6>组合键打开“羽化选区”对话框，将选区羽化50像素，如图9-108所示。

❼ 按下<Ctrl+H>组合键隐藏选区，然后选择“加深”工具 ，选择柔角画笔，然后在工具栏中将“曝光度”设置为“30%”，分别对选区的“高光”和“中间调”进行加深处理，如图9-109所示。

图9-107 绘制闭合路径

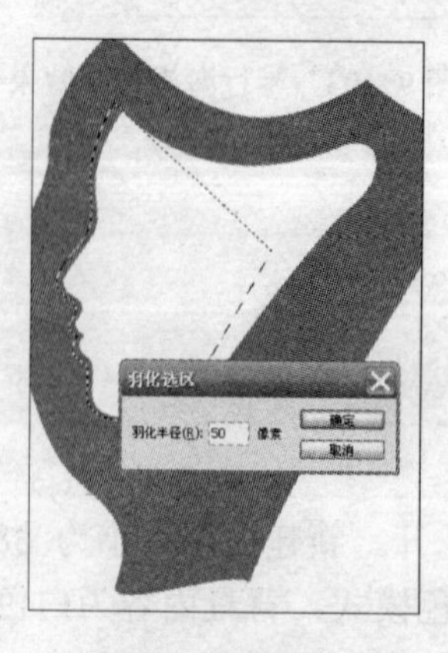

图9-108 羽化选区

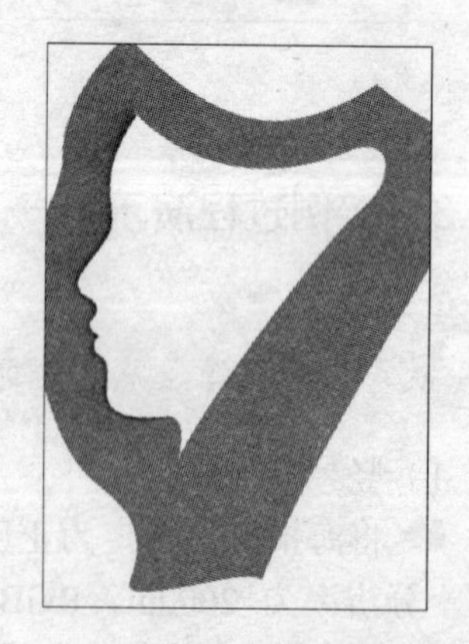

图9-109 加深选区图像

小提示：

隐藏选区不同于取消选区，执行“隐藏选区”操作的目的是为了去除选区外的蚂蚁线，方便观察图像的变化。

❽ 按下<Ctrl+D>组合键取消选区，然后新建一个路径，接着使用“钢笔”工具绘制如图 9-110 所示的闭合路径。

❾ 将路径转换为选区，然后隐藏选区，再使用“加深”工具对选区图像进行加深操作，如图 9-111 所示。

❿ 取消选区，然后新建一个路径，接着使用“钢笔”工具绘制如图 9-112 所示的闭合路径。

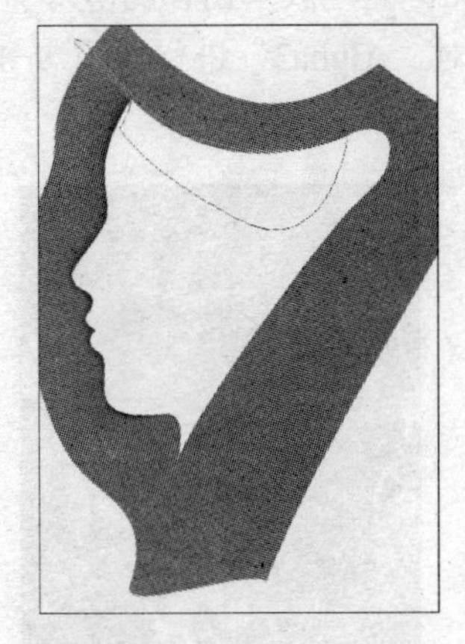

图 9-110　绘制闭合路径

图 9-111　加深选区图像

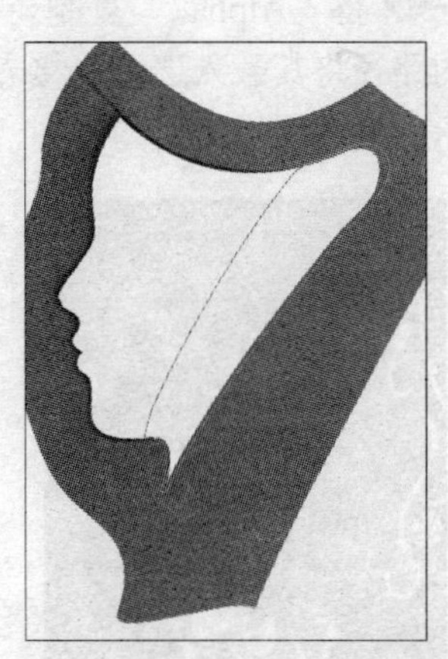

图 9-112　绘制闭合路径

⓫ 将路径转换为选区并将其羽化 20 像素，然后使用“加深”工具对选区右上方的图像进行加深处理，接着使用“减淡”工具对选区右侧的“高光”部分进行处理，如图 9-113 所示。

⓬ 取消选区，使用“加深”工具对图像的周围进行加深操作，如图 9-114 所示。

⓭ 新建一个路径，然后使用“自定形状”工具和“钢笔”工具创建多个图形的轮廓路径，如图 9-115 所示。

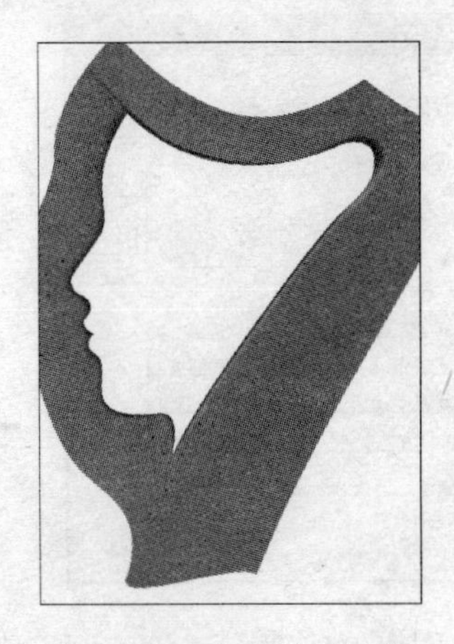

图 9-113　加深选区图像

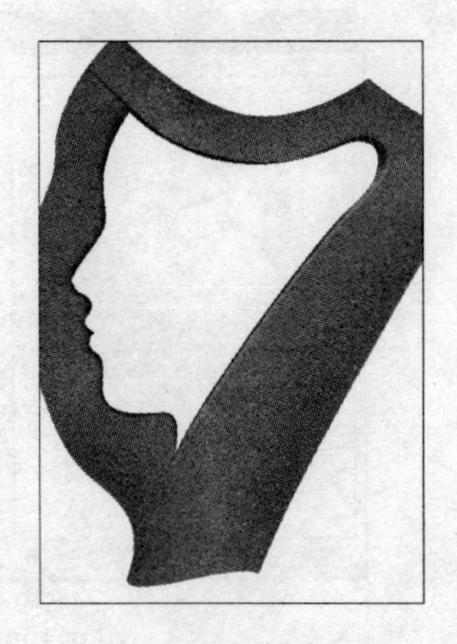

图 9-114　加深图像

图 9-115　绘制多个图形

小提示：

在绘制竖琴的时候，不要忘记在关键步骤时复制“图层1”。养成备份的好习惯，避免出现在执行错误操作时效果无法恢复的尴尬局面。在执行到重要步骤时还可以及时在“历史记录”面板中创建快照图像。

⑭ 按下<Ctrl+Enter>组合键将路径载入选区，然后切换到“通道”面板，按下“将选区保存为通道”按钮，得到如图 9-116 所示的 Alpha 通道。

⑮ 将“Alpha1”复制一份，得到“Alpha2”，对该通道执行“滤镜”→“模糊”→“高斯模糊”滤镜将选区图像模糊 13 像素，如图 9-117 所示。

⑯ 将“Alpha2”复制一份，得到“Alpha3”，然后按住<Ctrl>键不放单击作为竖琴外轮廓的路径将其载入选区，接着选择“画笔”工具，使用白色对“Alpha3”进行如图 9-118 所示的处理。

图 9-116　将选区保存为通道

图 9-117　执行“高斯模糊”滤镜

图 9-118　在选区边缘绘制

⑰ 按下<Ctrl+I>组合键对通道进行反相操作，如图 9-119 所示。

⑱ 取消选区，然后选中“RGB”复合通道，接着选中最上层的图层，再选择“滤镜”→“渲染”→“光照效果”菜单项打开如图 9-120 所示的“光照”对话框。

图 9-119　将通道反相

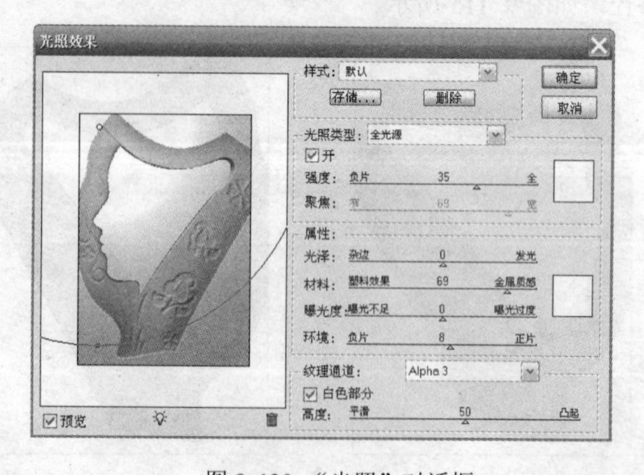

图 9-120　“光照”对话框

⑲ 完成相关设置后单击 确定 按钮得到如图 9-121 所示的图像效果。

⑳ 使用“调整”面板为图像添加“色阶”调整层和“曲线”调整层，调整图像的色阶和曲线，使光照效果稍微黯淡一些，如图 9-122 所示。

㉑ 使用“加深”工具对图像的周围进行加深操作，然后使用“减淡”工具对左侧的花朵和藤蔓进行减淡操作，如图 9-123 所示。

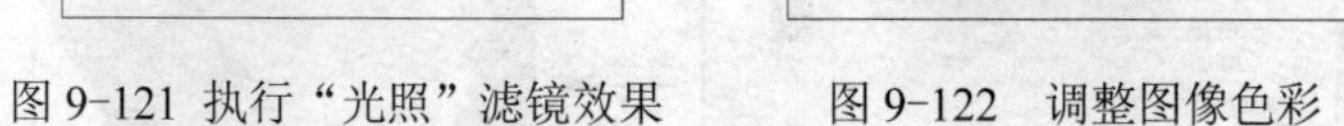

图 9-121 执行“光照”滤镜效果　　图 9-122 调整图像色彩　　图 9-123 加深和减淡图像

㉒ 为当前图层添加“投影”样式和“内发光”样式（发光颜色为“R：135，G：40，B：20”），如图 9-124 和图 9-125 所示。

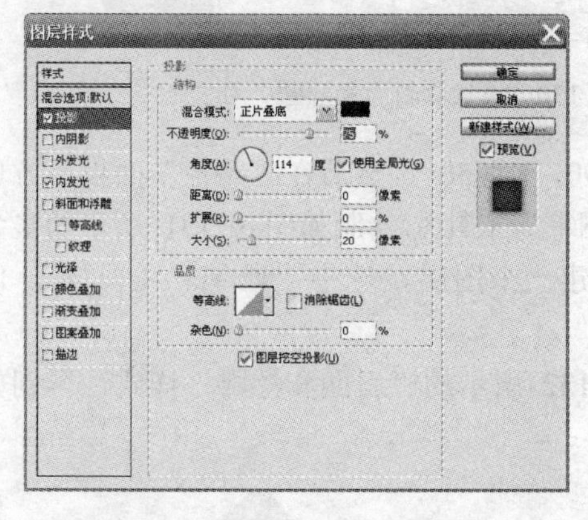

图 9-124 添加“投影”样式

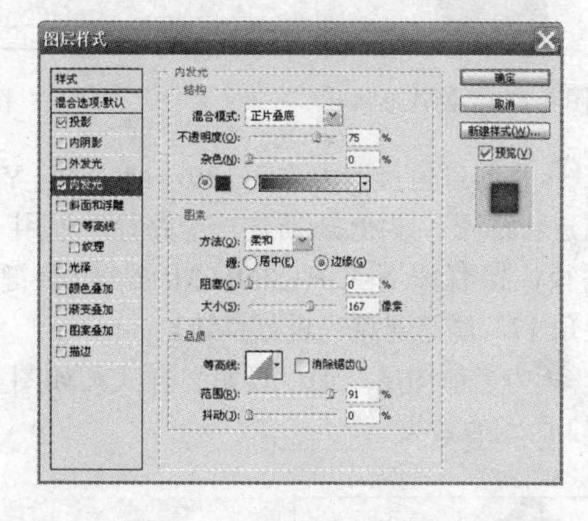

图 9-125 添加“内发光”样式

㉓ 将前景色设置为“C：0，M：30，Y：70”，然后新建一个图层，接着将“Alpha3”通道载入选区，按下<Alt+Delete>组合键填充前景色，如图 9-126 所示。

㉔ 将当前图层的“混合模式”设置为“正片叠底”，如图 9-127 所示。

㉕ 将“图层 1”载入选区，然后单击“图层”面板下方的“新建调整或者填充图层”按钮为该选区创建一个“亮度/对比度”调整层，如图 9-128 所示。

㉖ 将前景色修改为“M：40，Y：80”，使用“钢笔”工具创建如图 9-129 所示的形状图层。

㉗ 为当前图层添加“斜面和浮雕”样式，如图 9-130 所示。

图 9-126　填充前景色

图 9-127　设置混合模式

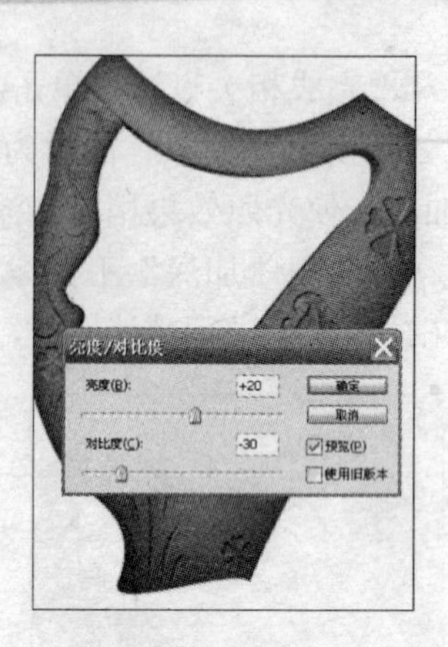

图 9-128　新建调整层

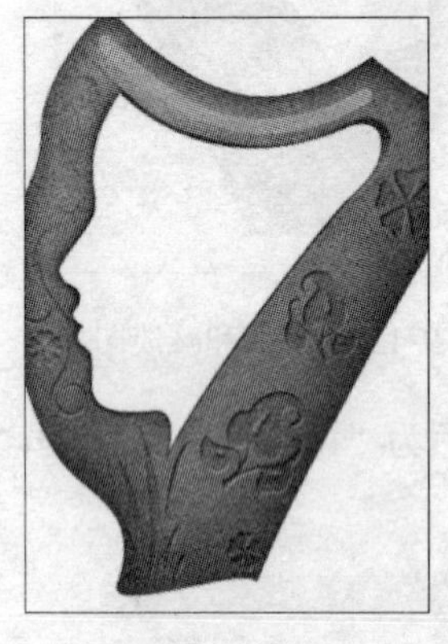

图 9-129　创建形状

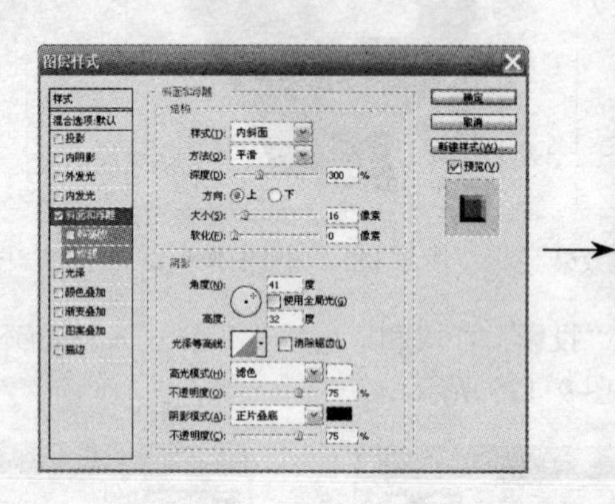

图 9-130　添加“斜面和浮雕”样式

㉘ 将前景色修改为“C：30，M：60，Y：90，K：50”，然后在“路径”面板下方单击“创建新路径”按钮新建一个路径，使用“钢笔”工具绘制如图 9-131 所示的多条开放路径，接着按下<Ctrl+Shift+Alt+N>组合键新建一个图层，选中“画笔”工具，使用“尖角 17”画笔对路径进行描边。

㉙ 为当前图层添加“投影”样式和如图 9-132 所示的“斜面和浮雕”样式，得到如图 9-133 所示的效果。

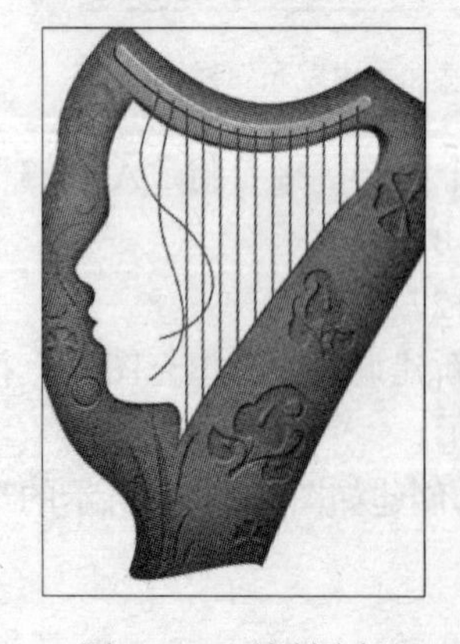

图 9-131　绘制路径

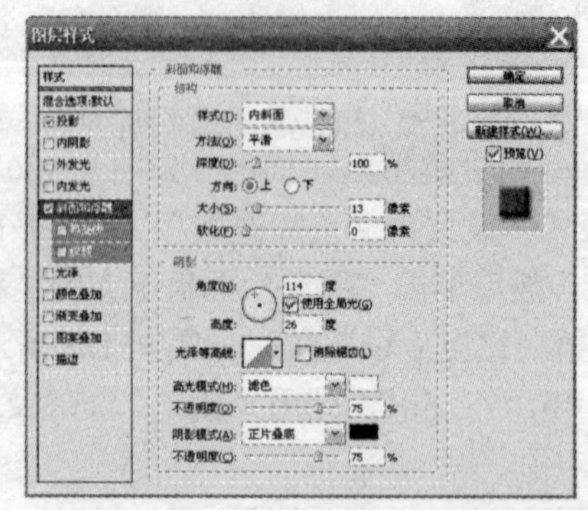

图 9-132　“图层样式“对话框

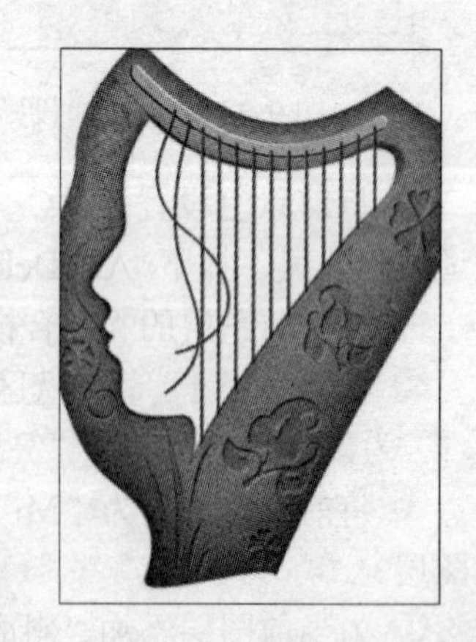

图 9-133　添加图层样式后的效果

2）侧脸的绘制

㉚ 打开光盘文件夹中的“蓝天白云.jpg”文件，如图 9-134 所示。按下<Ctrl+U>组合键打开如图 9-135 所示的“色相/饱和度”对话框，完成设置后单击 确定 按钮。

图 9-134 打开素材文件

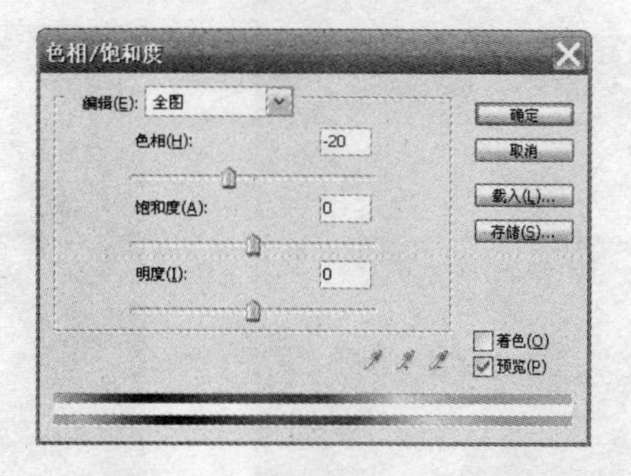

图 9-135 “色相/饱和度”对话框

㉛ 新建一个大小为 386mm×546mm，分辨率为 200dpi，背景内容为透明的图像文件。然后将调整好的素材图像复制到该文件中，放置在合适的位置并缩放至合适大小，得到“图层 1”，如图 9-136 所示。

㉜ 使用“仿制图章”工具对图像中的云朵进行处理，然后选择“图像”→“调整”→“色相/对比度”菜单项打开“亮度/对比度”对话框，完成设置后单击 确定 按钮得到如图 9-137 所示的效果。

㉝ 切换到“琴行海报.psd”文件，然后打开“路径“面板，使用“路径选择”工具选中并按下<Ctrl+C>组合键复制竖琴内轮廓的路径，接着切换到新建的图像文件中，单击“创建新路径”按钮 新建一个路径，得到“路径 1”，再按下<Ctrl+V>组合键将路径粘贴进来，如图 9-138 所示。

图 9-136 导入素材文件

图 9-137 调整“亮度/对比度”

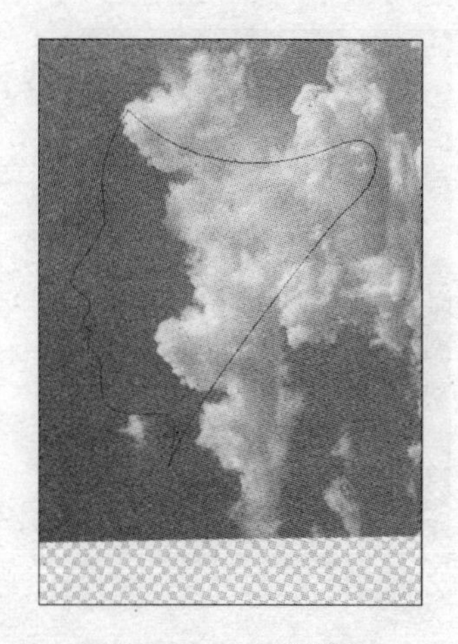

图 9-138 复制路径

㉞ 按下<Ctrl+Enter>组合键载入路径选区，然后按下<Ctrl+Shift+Alt+N>组合键新建一个图层，接着在选区内填充“Y：100”色并将该图层的混合模式设置为“正片叠底”，如图 9-139 所示。

㉟ 新建“图层 2”，然后选择“画笔”工具，使用较深的颜色勾画人物五官的大体位

置，如图 9-140 所示。

㊱ 新建“路径 2”，然后使用“钢笔”工具创建闭合路径，分别确定眉毛、眼窝、眼睑、睫毛、鼻翼、鼻孔和嘴唇的轮廓，如图 9-141 所示。

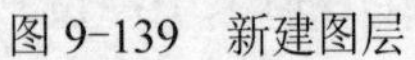

图 9-139 新建图层

图 9-140 绘制五官的轮廓

图 9-141 创建多个闭合路径

㊲ 在“路径”面板中选中“路径 1”，然后单击面板下方的“将路径作为选区载入”按钮得到选区，然后按下<Ctrl+H>组合键隐藏选区，如图 9-142 所示。

㊳ 选择“加深”工具，使用圆角画笔，将“曝光度”设置为“10%”，对图像的“中间调”进行加深操作，如图 9-143 所示。

㊴ 使用“路径选择”工具选中眉毛的路径，然后单击“路径”面板下方的“将路径作为选区载入”按钮得到选区，接着按下<Ctrl+Alt+E>组合键将选区羽化 20 像素，如图 9-144 所示。

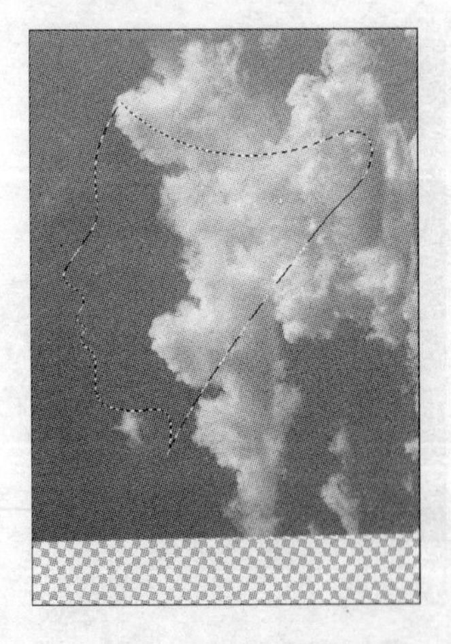

图 9-142 将路径载入选区

图 9-143 对图像进行加深操作

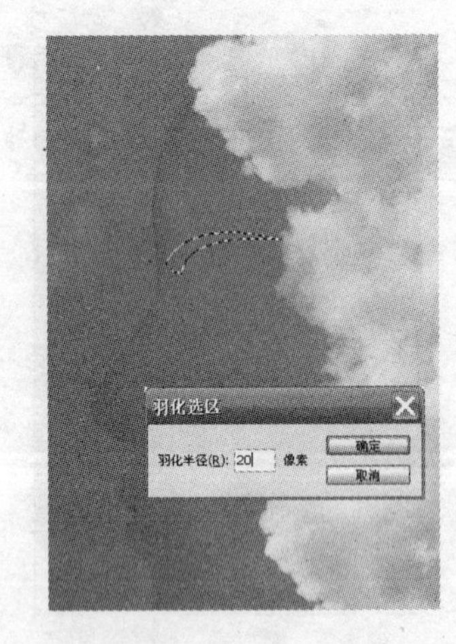

图 9-144 羽化选区

㊵ 按下<Ctrl+H>组合键隐藏选区，然后使用“加深”工具对图像的“中间调”和“高光”部分进行加深处理，接着将选区向上和向下移动几个像素，再使用“减淡”工具对眉毛周围的“中间调”部分进行处理，如图 9-145 所示。

㊶ 使用同样的方法将作为眼睑左侧的路径载入选区，然后将选区羽化 20 像素，接着使

用“加深”工具对图像的“中间调”部分进行加深处理，如图9-146所示。

㊷ 使用同样的方法将作为眼睑右侧的路径载入选区，然后将选区羽化15像素，接着使用“加深”工具对图像的“中间调”部分进行加深处理，如图9-147所示。

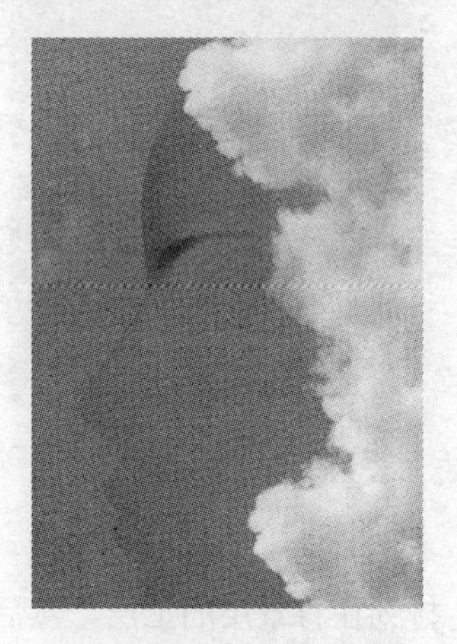

图9-145　绘制眉毛

图9-146　绘制眼睑左侧

图9-147　绘制眼睑右侧

㊸ 使用同样的方法载入睫毛路径的选区，然后将选区羽化“10”像素，接着使用“加深”工具对图像的“高光”部分进行加深处理，并且使用“涂抹”工具将睫毛向左扩展一些，如图9-148所示。

㊹ 使用“加深”工具，将“曝光度”调大，“画笔”调小，绘制出双眼皮的折痕。使用“加深”工具和“减淡”工具对人物的眉毛和眼睛进行深入刻画，如图9-149所示。

㊺ 使用同样的方法绘制人物的鼻子，并且对人物的面部进行初步的处理，如图9-150所示。

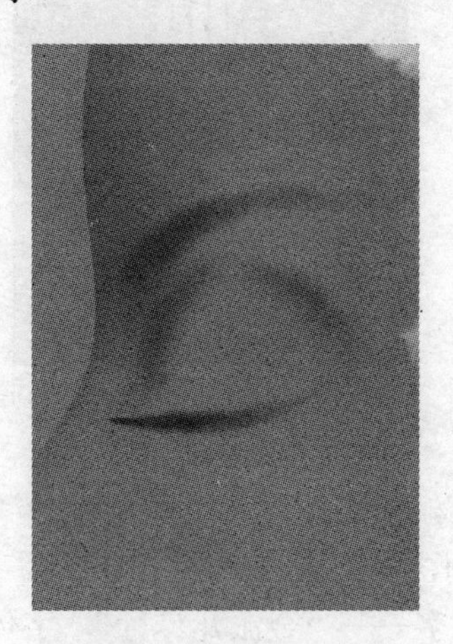

图9-148　绘制睫毛

图9-149　深入刻画眉毛和眼睛

图9-150　绘制鼻子

㊻ 使用“加深”工具绘制出人物的上嘴唇和下嘴唇，如图9-151所示。

㊼ 使用“减淡”工具对人物的唇部进行深入刻画，如图9-152所示。

㊽ 使用“加深”工具绘制人物的下巴，并且使用“加深”工具和“减淡”工具对人物的面部进行深入刻画，如图9-153所示。

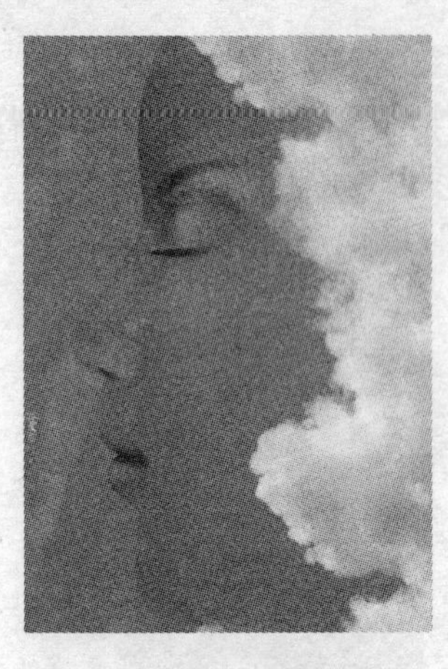

图 9-151 绘制嘴唇

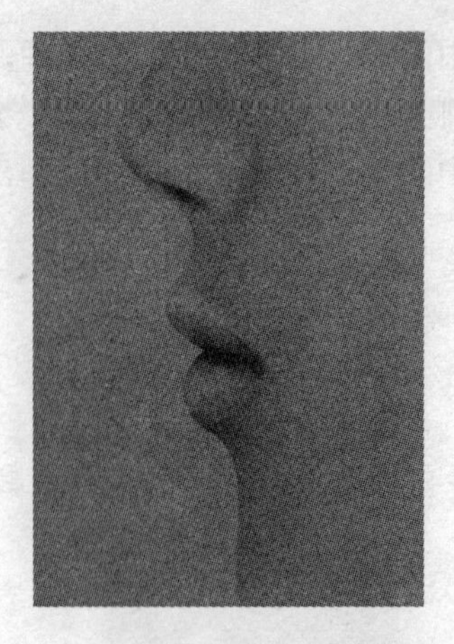

图 9-152 深入刻画嘴唇

图 9-153 绘制下巴

3）最后的合成

㊾ 将绘制好的人物侧脸复制到“琴行海报.psd”文件中，排列在背景层的上层，然后选择“视图”→“校样颜色”菜单项进入印刷效果预览状态，如图 9-154 所示。

㊿ 将前景色设置为“K：35”色，然后新建一个图层，使用“套索”工具选定图像的下部，接着在选区内填充前景色，如图 9-155 所示。

51 将前景色设置为“C：70，M：40，Y：55，K：60”，然后新建一个图层，使用“钢笔”工具创建选区并在选区内填充前景色，如图 9-156 所示。

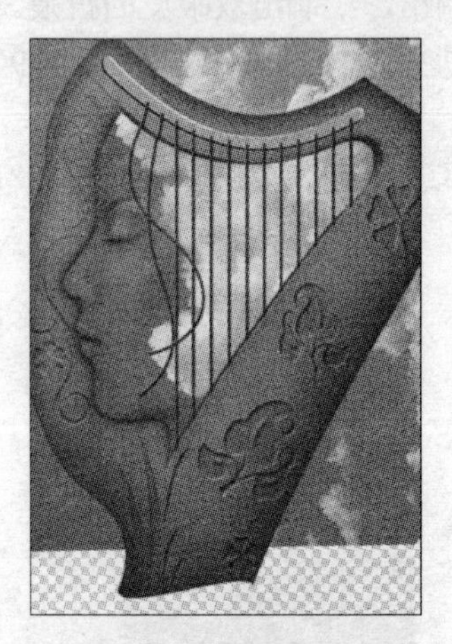

图 9-154 复制人物侧脸图像

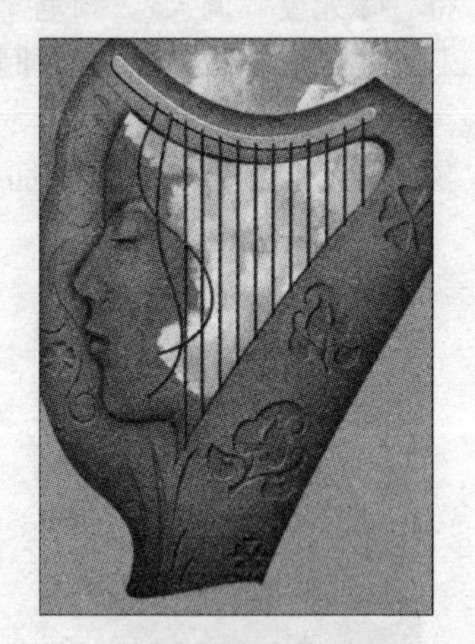

图 9-155 填充灰色

图 9-156 填充墨绿色

52 将前景色修改为“C：80，M：20，Y：60，K：15”，然后新建一个图层，使“钢笔”工具创建选区并在选区内填充前景色，如图 9-157 所示。

53 选择“直排文字”工具，然后在图像右侧输入点文字——“金派儿琴行”，字体颜色为白色，字体大小分别为 80 点、76 点、73 点、70 点和 67 点，接着按下<Ctrl+T>组合键进入自由变换状态，将文字顺时针方向旋转一定角度。使用同样的方法输入稍小一些的文字——“艺术的殿堂”（字体颜色设置为“K：100”，文本层混合模式设置为“正片叠底”），如图 9-158 所示。

54 使用“横排文字”工具输入金派儿的英文名字——“King（字体颜色设置为

“C：10，Y：85”） Pal（字体颜色设置为“C：25，M：100，Y：100”）”，然后选择“自定形状”工具绘制音符形状（填充颜色设置为“C：10，Y：85”），如图 9-159 所示。

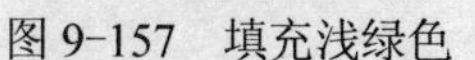
图 9-157 填充浅绿色

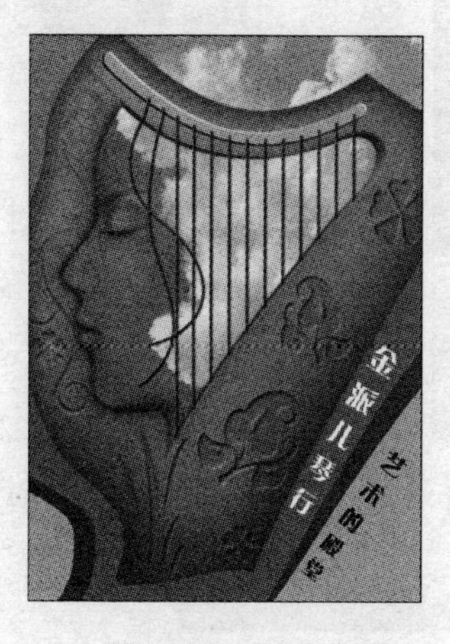

图 9-158 输入文字

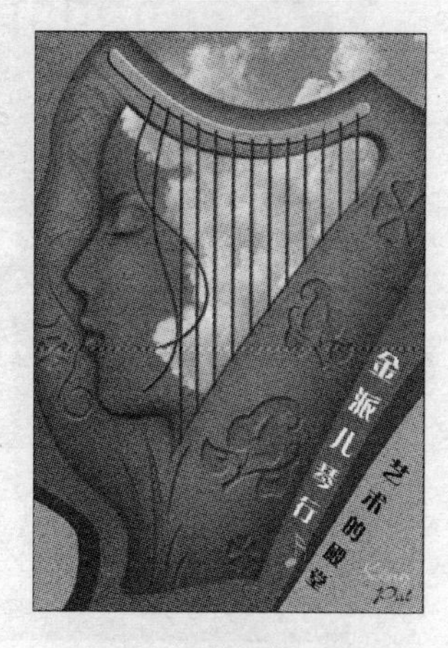

图 9-159 绘制音符形状

55 输入“电话：23456789”和“地址：济宁市大熊路 1108 号”，然后对得到的文本层进行一定角度的旋转，再将它们的混合模式设置为“正片叠底”，如图 9-160 所示。

56 然后使用“钢笔”工具绘制一条开放路径，然后选择“横排文字”工具沿路径放置文本——“主营：各种管弦乐器”，其中“主营：”两字为黑色，“各种管弦乐器”为白色，如图 9-161 所示。

57 打开光盘文件夹中的“蝴蝶兰.psd”文件，如图 9-162 所示。

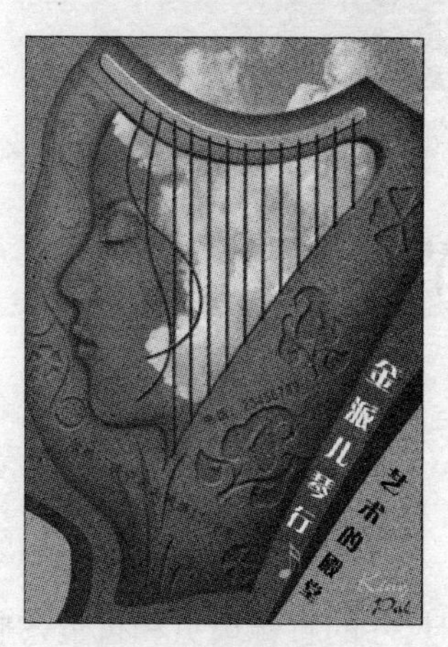

图 9-160 绘制路径

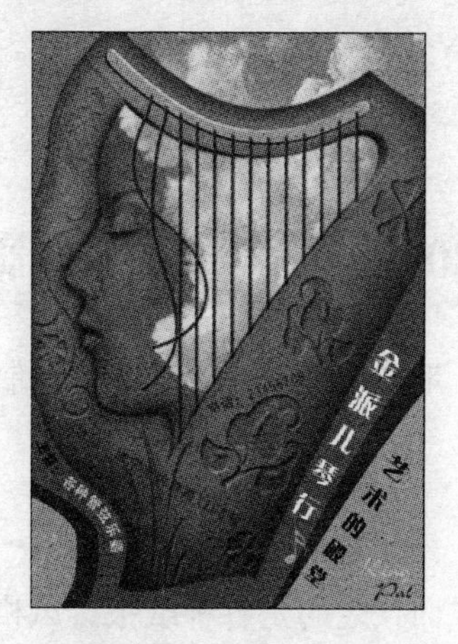

图 9-161 沿路径放置文本

图 9-162 打开素材文件

58 将该文件复制到“琴行海报.psd”文件中，缩放至合适大小并放置在合适的位置，如图 9-163 所示。

59 调整当前图层的色相使其与整个设计的颜色搭配起来，然后为该图层添加如图 9-164 所示的“投影”样式和如图 9-165 所示的“内发光”样式（发光颜色为“R：250，G：175，B：125”）。

60 图像的最终效果如图 9-166 所示。选择“图像”→“调整”→“CMYK 模式”菜单项将图像转换为 CMYK 颜色模式，保存图像，删除路径并将图像另存为 Tiff 格式。

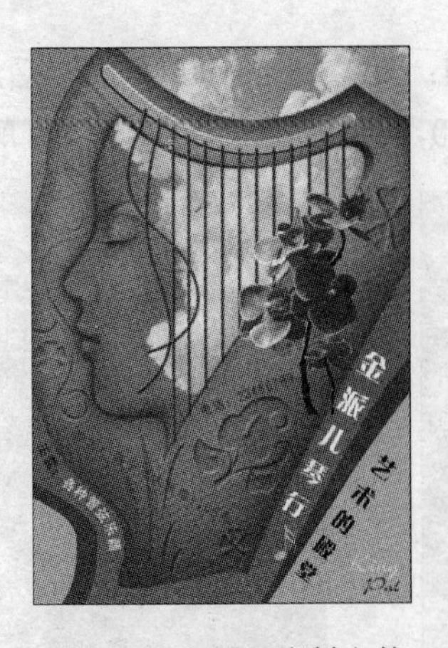

图 9-163 导入素材文件

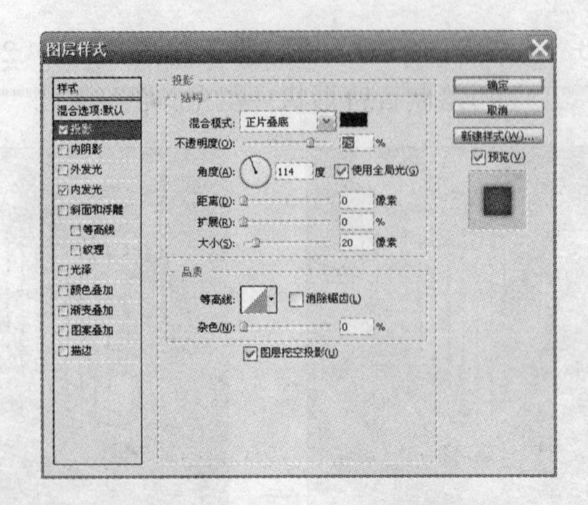

图 9-164 添加“投影”样式

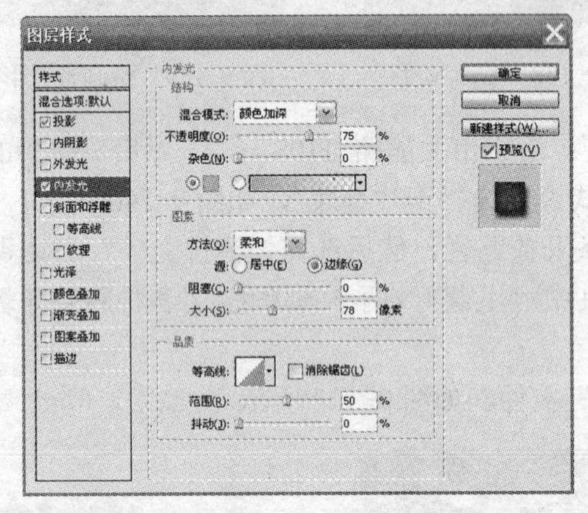

图 9-165 添加“内发光”样式

图 9-166 最终图像效果

9.5 宣传页设计——2010 中华大学生电影节

宣传页通常采用双面印刷，形式多样，内容丰富。在制作宣传页的时候，平面广告人就可以大展拳脚了。

9.5.1 宣传页的相关知识

当油印的传单落伍以后，取而代之的是各种纸张、风格和尺寸的宣传单页和折页，它们在公共场合四处散播，它们在节假日铺天盖地，没有需要的看似纷扰，有需要的看着方便。

1）宣传页的常用纸张

宣传彩页是一种高档印刷品，最为常用的纸张为 80g（指每平方米纸张的克数）和 157g 铜板纸，另外还有 105g、128g、200g 和 250g 的亚粉纸和铜版纸也是比较常用的类型。

2）宣传页的常见尺寸

- 大度尺寸：最为常见的宣传页的大小为大度 16 开，也就是裁切后的净尺寸为 210mm×285mm。另外还有能够拼版成大度 8 开或者 16 开，然后再进行裁切的各类尺寸，一般高度都为 210mm，例如 95mm×210mm，140mm×210mm，180mm×210mm 等。

- 正度尺寸：正度 8 开和正度 16 开的宣传页也是比较常见的类型，裁切后的净尺寸分别为 260mm×370mm 和 185mm×260mm。也有能够拼版成正度 8 开或者 16 开，然后再进行裁切的各类尺寸，一般高度都为 185mm，例如 86mm×185mm，130mm×185mm 等。

3）宣传页的分辨率要求

宣传页的分辨率一般要求在 300dpi 或者 350dpi。

9.5.2 案例思路分析

1）客户要求

使用大度 16 开、128g 双光铜版纸，设计大学生电影节的双面宣传页，设计中应包括活动的时间、地点、内容、联系方式和承办方。

2）执行步骤

- 确定宣传页的设计大小和分辨率要求，确定正面和反面分别应包含的信息内容。
- 收集参赛的部分电影海报。
- 确定文案，组织语言，设计广告并将文件保存为 Tiff（Tif）格式。

3）广告策划

本广告设计的特点——时尚、精彩、个性，如图 9-167 和图 9-168 所示。

图 9-167 宣传页正面效果

图 9-168 宣传页背面效果

- 正反面的设计要协调并且略有不同。背景都采用同样的渐变色，标题保持一致。
- 正面的主题部分是一段胶片构成的“2”字，使用立体效果；反面文字较多，使用一段平铺的胶片。
- 大部分的文字内容都安排在宣传单背面，正面简单介绍一下活动内容的大体情况。

9.5.3 实例过程演示

范例文件：光盘→实例素材文件→第 9 章→9.5.3

1）设计宣传页正面

❶ 新建一个大小为 216mm×291mm，分辨率 300dpi，CMYK 颜色模式，背景内容为白

色的图像文件，然后将图像保存为“宣传页正面.psd”。

❷ 将前景色设置为“M：40，Y：70”，然后选择“渐变”工具，单击工具栏中的“渐变编辑条”打开“渐变编辑器”对话框，创建从“M：30，Y：50，K：100”到“M：60，Y：100”的渐变，如图 9-169 所示。

❸ 在图像的正上方单击并拖动鼠标指针至图像的下方（按住<Shift>键保持垂直），得到如图 9-170 所示的线性渐变填充颜色。

❹ 选中“钢笔”工具，按下工具栏中的“路径”按钮，在图像中创建 3 条闭合路径，做出一个飘带形的“2”字，如图 9-171 所示。

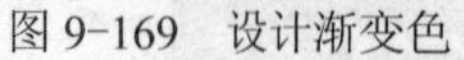

图 9-169 设计渐变色

图 9-170 拉出线性渐变

图 9-171 绘制 3 条闭合路径

❺ 将工作路径保存为“路径 1”，新建“路径 2”，然后使用“钢笔”工具沿飘带边缘绘制 2 条闭合路径（为了制作胶片边缘的方孔），如图 9-172 所示。

❻ 新建“路径 3”，然后使用“钢笔”工具沿飘带边缘绘制 2 条闭合路径，如图 9-173 所示。

❼ 使用“路径选择”工具选中组成“2”字中部的路径，然后单击“路径”面板下方的“将路径作为选区载入”按钮得到一个选区，接着按下<Ctrl+Shift+Alt+N>组合键新建“中间”层，按下<Alt+Delete>组合键在该层选区中填充前景色，如图 9-174 所示。

图 9-172 绘制闭合路径

图 9-173 绘制闭合路径

图 9-174 填充“2”字中部

❽ 按下<Ctrl+D>组合键取消选区，然后选中组成“2”字上部的路径，接着将其载入选

区，再新建“上部”层，并在该层选区中填充前景色，如图 9-175 所示。

❾ 取消选区，然后选中组成“2”字下部的路径并将其载入选区，接着新建“下部”层，再在该层选区中填充前景色，如图 9-176 所示。

❿ 取消选区，然后切换到“路径”面板，使用选中❺中创建的上方的两个闭合路径并将它们载入选区，接着选中“上部”层，按下<Alt>键单击“图层”面板下方的“添加图层蒙版”按钮 为其添加反相的图层蒙版，如图 9-177 所示。

图 9-175 填充“2”字上部

图 9-176 填充“2”字下方的部分

图 9-177 创建图层蒙版

⓫ 切换到“路径”面板，选中步骤❻中创建的两个闭合路径并将它们载入选区，接着选中“下部”层，按下<Alt>键单击“图层”面板下方的“添加图层蒙版”按钮 为其添加反相的图层蒙版，如图 9-178 所示。

⓬ 选中“上部”层的图层蒙版，然后将背景色设置为白色，接着使用“多边形套索”工具 创建多个四边形的选区，再按下<Delete>键删除选区图像，得到如图 9-179 所示的效果。

⓭ 使用同样的方法处理“下部”层的图层蒙版，如图 9-180 所示。

图 9-178 创建图层蒙版

图 9-179 制作上方的胶片

图 9-180 制作下方的胶片

⓮ 使用“加深”工具 和“减淡”工具 处理“上部”层、“下部”层和“中部”层的图像，得到如图 9-181 所示的效果。

⓯ 使用“多边形套索”工具 创建选区，然后按下<Shift+F6>组合键打开“羽化”对

话框，将选区羽化 50 像素。新建一个图层，在图像中吸取深色，然后使用“画笔”工具在选区中绘制，制作出“2”字上部的阴影，再将该图层排列在“图层2”的下层，如图9-182所示。

⑯ 新建一个图层，将“上部”层、“中部”层和“下部”层载入选区，然后使用“画笔”工具在选区中绘制，制作出“2”字的阴影，再将该图层排列在背景层的上层并向下向右移动适当的距离，如图9-183所示。

图9-181 加深和减淡图像

图9-182 制作“2”字上部的阴影

图9-183 制作“2”字的阴影

⑰ 使用“钢笔”工具创建如图9-184所示的形状层，制作出胶片中图像的框架。

⑱ 使用同样的方法制作“2”字上部和“2”字下部的图像框架，如图9-185所示。

⑲ 打开光盘文件夹中的“a1.jpg”，然后将图像导入到“宣传页正面.psd”文件中，接着对图像进行自由变换，将该图层排列在步骤⑰中所创形状层的上层，如图9-186所示。

图9-184 制作第一张胶片

图9-185 制作其他的胶片

图9-186 对图片进行自由变换

⑳ 按下<Ctrl+Alt+G>组合键将变换好的图像与其下方的框架创建剪贴组，如图 9-187所示。

㉑ 导入光盘文件夹中的“a2.jpg”、“a3.jpg”文件、“a4.jpg”、“a5.jpg”、“a6.jpg”和“a7.jpg”文件，制作其他的胶片，如图9-188所示。

㉒ 选择“横排文字”工具，输入点文字——“评出你心目中的”，字体设置为“文

鼎 CS 大黑”，字体大小设置为 90 点，字体颜色设置为“M：90，Y：100”，如图 9-189 所示。

图 9-187 创建剪贴组

图 9-188 处理其他图片

图 9-189 输入红色文字

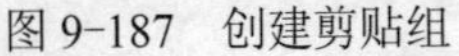

㉓ 选择“图层”→“文本”→“转换为形状”菜单项将文本转换为形状，然后进行自由变换，得到如图 9-190 所示的效果。

㉔ 输入点文字——“经典”，将字体设置为“方正行楷简体”，字体大小设置为 98 点，字体颜色设置为白色，如图 9-191 所示。

㉕ 输入点文字——“0”、“1”和“0”，字体设置为“Kaptain Kurk”，字体颜色分别为“M：70，Y：80，K：70”、“M：70，Y：80，K：70”和白色，字体大小各有不同，如图 9-192 所示。

图 9-190 对文字进行自由变换

图 9-191 输入白色的文字

图 9-192 输入三个文字

㉖ 使用“直排文字”工具 IT 输入点文字——“中华大学生电影节”，字体设置为“方正行楷简体”，字体颜色设置为“Y：30”，字体大小设置为 45 点（“节”字为 68 点），如图 9-193 所示。

㉗ 在图像的左上方分两行输入活动举办的时间和地点，字体颜色设置为“Y：30”，如图 9-194 所示。

㉘ 在图像的左下方输入活动内容和赞助热线等信息内容，字体颜色设置为“K：100”，混合模式设置为“正片叠底”，得到如图 9-195 所示的最终效果。

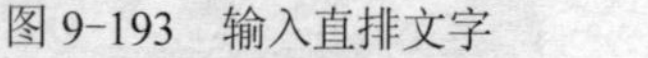
图 9-193　输入直排文字

图 9-194　输入活动时间和地点

图 9-195　最终图像效果

㉙ 保存图像文件，然后将图像文件另存为不保留图层的 Tiff 格式。

2）设计宣传页背面

㉚ 在“宣传页正面.psd”文件中的背景层选项上单击鼠标右键打开一个快捷菜单，然后选择“复制图层”菜单项打开如图 9-196 所示的“复制图层”对话框，在“文档”下拉列表中选择“新建”选项并单击 确定 按钮，将背景层复制到新建的图像文件中。将文件保存为“宣传页反面.psd”。

㉛ 使用“横排文字”工具 T 输入点文字——“2010”（字体设置为“Kaptain Kurk”，字体大小设置为 75 点，字体颜色设置为“M：90，Y：100”）和“中华大学生电影节”（字体设置为“方正行楷简体”，字体大小设置为 60 点，字体颜色设置为白色），如图 9-197 所示。

㉜ 将文本转换为形状，然后分别对它们进行自由变换，得到如图 9-198 所示的效果。

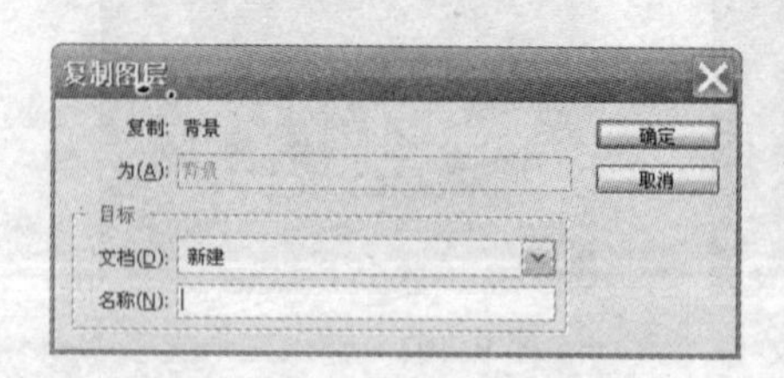

图 9-196 “复制图层”对话框

图 9-197　输入文字

图 9-198　对文字进行自由变换

㉝ 使用“横排文字”工具 T 输入点文字——“本活动由天琪雅手机买场与神童大学联合承办”（字体设置为“方正粗倩简体”，字体大小设置为 23 点，字体颜色设置为“Y：30”）和“天琪雅手机，放心又满意！”（字体设置为“华文隶书”，字体大小设置为 38 点，字体颜色设置为“M：90，Y：100”），如图 9-199 所示。

㉞ 将前景色设置为“M：40，Y：70”，然后选择“矩形”工具，选中工具栏中的“形状图层”按钮，绘制如图 9-200 所示的矩形，得到“形状 1”。

㉟ 选中工具栏中“从形状区域减去”按钮，接着在大矩形的左上方绘制一个小矩形，如图 9-201 所示。

图 9-199 输入横排文字

图 9-200 绘制矩形

图 9-201 在大矩形中减去小矩形

㊱ 使用“路径选择”工具选中刚绘制的矩形，然后按下<Ctrl+Alt+T>组合键进入复制变换状态，使用<→>键将副本矩形向右移动一定的像素，接着按下多次<Ctrl+Shift+Alt+T>组合键以上次自由变换的设置变换图像，得到如图 9-202 所示的效果。

㊲ 将大矩形上方的小矩形复制到下方，如图 9-203 所示。

㊳ 单击“图层”面板下方的“添加图层蒙版”按钮为当前图层添加蒙版，接着使用“画笔”工具，选择“粗边圆形钢笔”画笔，处理图层蒙版，如图 9-204 所示。

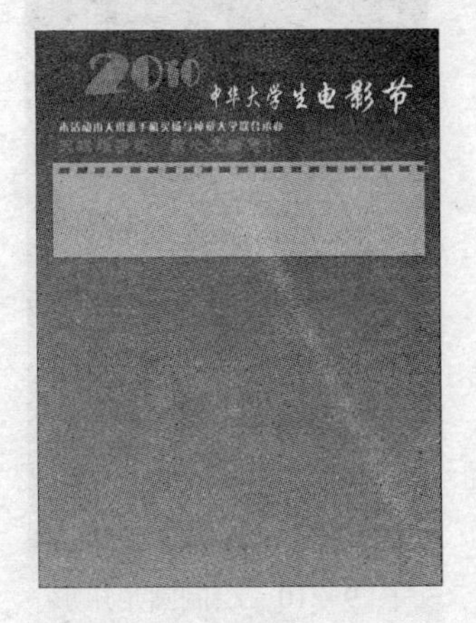

图 9-202 得到多个小矩形

图 9-203 复制矩形

图 9-204 处理图层蒙版

㊴ 新建一个图层，然后将该图层的混合模式设置为“颜色加深”，接着将该矩形与形状层创建剪贴组蒙版，如图 9-205 所示。

㊵ 使用“矩形”工具绘制一个矩形，得到“形状 2”，将该层复制 3 份，如图 9-206 所示。

㊶ 选中最右侧的矩形，然后按住<Ctrl>键单击“形状 1”图层蒙版的缩览图，将其载入选区，接着按住<Ctrl+Shift+Alt>组合键单击当前图层矢量蒙版的缩览图，得到相交的选区，再单击“图层”面板下方的“添加图层蒙版”按钮为该图层添加蒙版，如图 9-207 所示。

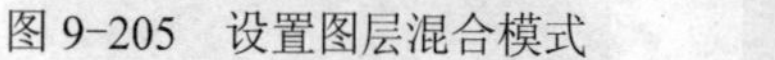

图 9-205　设置图层混合模式　　图 9-206　绘制 4 个矩形　　图 9-207　处理矩形的边界

㊷ 打开光盘文件夹中的电影海报素材——“b1.jpg”，“b2.jpg”，“b3.jpg”以及“b4.jpg”文件，将它们导入到“宣传页反面.psd”文件中，分别与 4 个形状图层创建剪贴组，如图 9-208 所示。

㊸ 使用“横排文字”工具 T 输入点文字——“评选”、“竞猜”和“模仿秀”，字体设置为“文鼎习字体”，字体大小设置为 30 点，字体颜色设置为白色，如图 9-209 所示。

㊹ 选择“圆角矩形”工具，在工具栏中将“半径”设置为 50 像素，在图像中绘制一个圆角矩形，然后为该图层添加大小为 15 像素的“描边”样式，接着将该图层的“填充”设置为“40%”，如图 9-210 所示。

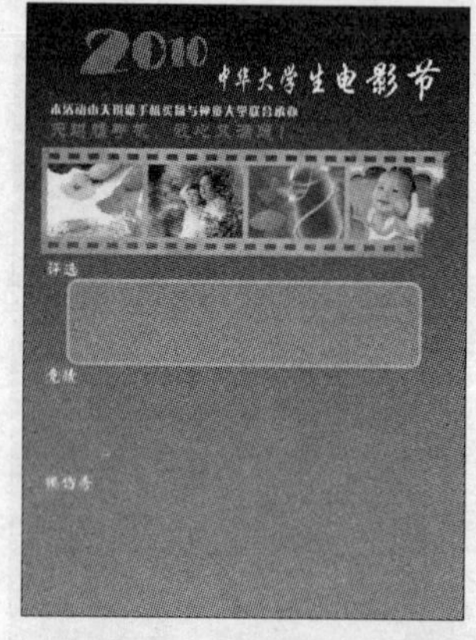

图 9-208　导入素材图像　　图 9-209　输入文字　　图 9-210　绘制圆角矩形

㊺ 将圆角矩形复制 2 份，然后分别将两个副本图层的“填充”设置为“35%”和“30%”，如图 9-211 所示。

㊻ 在圆角矩形中合适的位置处输入段落文字（字体颜色设置为“K：100”，文本层混合模式设置为“正片叠底”），描述“评选”、“竞猜”和“模仿秀”活动的相关内容，如图 9-212 所示。

㊼ 在第 3 个圆角矩形的下方输入活动的奖项设置（字体颜色设置为“M：90，Y：100”），然后在页面的下方输入活动热线（字体颜色设置为“K：100”，文本层混合模式设置为“正片叠底”），得到如图 9-213 所示的最终效果。

㊽ 保存图像文件，删除所有路径，然后将图像另存为 Tiff 格式。

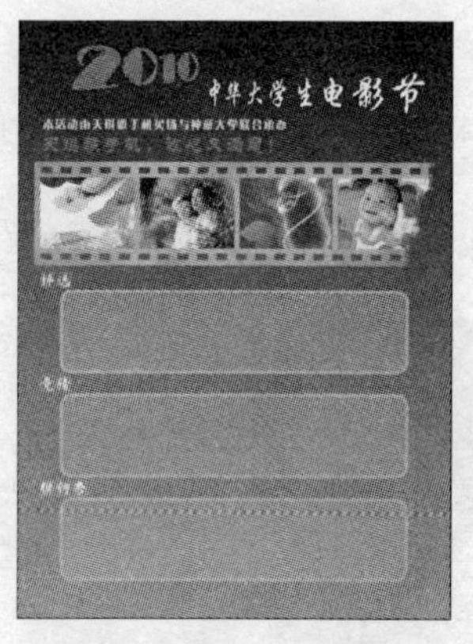

图 9-211 导入素材图像

图 9-212 输入文字

图 9-213 绘制圆角矩形

9.6 POP 广告设计——“红娘子”美甲中心

POP 广告也叫“售点广告”，设计内容丰富，形式多样，是近年来非常流行的平面广告形式。

POP 广告起源于美国的超级市场和自助商店里的店头广告，20 世纪 30 年代后期，POP 广告在超级市场、连锁店等自助式商店频繁出观，并逐渐为商界所重视，到了 20 世纪 60 年代以后，超级市场这种自助式销售方式由美国逐渐扩展到世界各地，所以 POP 广告也随之走向世界各地。

在我国古代，酒店外面挂的酒葫芦、酒旗，饭店外面挂的幌子，客栈外面悬挂的幡帜或者药店门口挂的药葫芦、膏药或仁丹的画图，以及逢年过节和遇有喜庆之事的张灯结彩等，从一定意义上来说，可以称作 POP 广告的鼻祖。

9.6.1 POP 广告的设计制作方式

分析国内 POP 广告的主要设计方式，主要有以下几种类型。

1）手绘 POP

手绘 POP 是 POP 广告最早期的形式之一，它的缺点是不利于大批量的生产。主要有喜讯告示、价目卡、促销 POP 和商品显示卡等形式。手绘 POP 的制作方法比较简单，主要使用铅笔、马克笔（Marker）和广告颜料等工具绘制，引人注目，便于阅读，用于介绍最新资讯，表明商品的具体特征，显示促销品价格，介绍商品使用方法等。如图 9-214 所示。

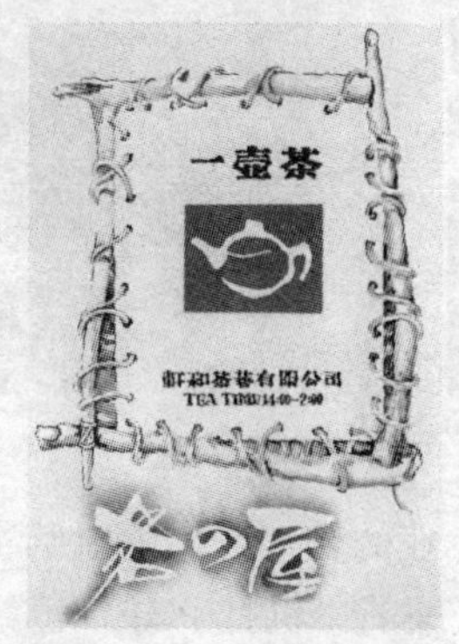

图 9-214 手绘 POP 广告

2）丝印 POP

使用简单的丝网印刷技术，可以在不同材质上印刷一些简单的图案内容，制作出各色气球、条幅、彩旗和灯笼等，如图 9-215 所示。

图 9-215　丝印 POP 广告

3）印刷 POP

对于一些大品牌的商品或者连锁形式的商家，多数都会有厂家统一制作的 POP 广告，由于制作量大，可以统一标准进行印刷，制作成各种标志 POP、包装 POP、吊旗、广告牌、展示台、宣传单页、卡片和包装盒等，如图 9-216 所示。

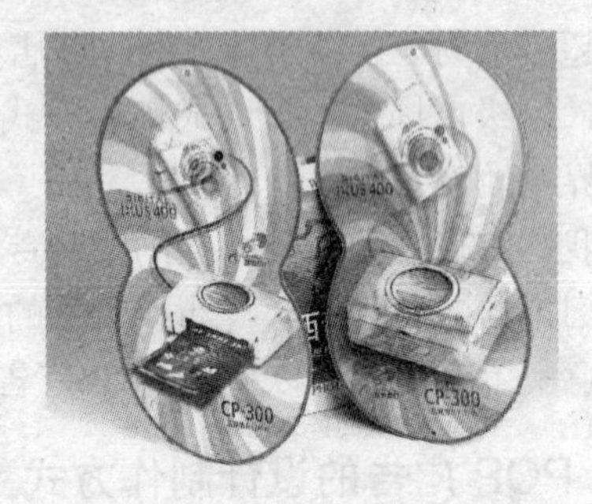

图 9-216　印刷 POP 广告

4）喷绘写真 POP

广告公司可以将喷绘、写真和不干胶刻绘作品制作成各种广告板、吊板、展架、玻璃展框和灯箱等大型的 POP 广告，如图 9-217 和图 9-218 所示。

图 9-217　喷绘 POP 广告　　图 9-218　写真 POP 广告

还有一种 POP 广告叫做“机打 POP”，它可以说是通过专业的软件产品由电脑实现的手绘 POP。在欧美等零售业发达的国家，这种方面快捷、成本低廉的“机打 POP”已经成为零售行业的标准规范。

9.6.2 POP广告的作用

1）引发购买兴趣

POP 广告凭借其新颖的图案，绚丽的色彩，独特的构思引起消费者的注意，使他们驻足停留进而对广告中的商品产生兴趣，唤起消费者潜在的购买意识。巧做 POP 广告，就会使产品销售得到不同程度的提升。

2）塑造企业形象

POP 广告是企业视觉识别系统中的一项重要内容，各种销售企业可以将它们的标识、标准字、标准色、象征着企业形象的图案、宣传标语和口号等制作成各种形式的 POP 广告，塑造富有特色的企业形象。POP 广告同其他广告一样，在销售环境中可以起到树立和提升企业形象，进而保持与消费者的良好关系的作用。

3）传达商品信息

在超市商场的货架上、墙壁上以及楼梯口处，都可以将有关商品的信息通过音乐、色彩、文字、图案和造型等手段展示给消费者，向消费者强调商品的特征和优点。超市商场里的各种 POP 广告取代了促销员，起到了传达商品信息，刻画商品个性的作用。

4）营造销售气氛

利用 POP 广告强烈的色彩、美丽的图案、突出的造型和准确而生动的广告语言，可以创造强烈的销售气氛，吸引消费者的视线，使他们有购买的冲动。如果 POP 广告配合季节、节假日进行促销，还可以营造一种欢乐的气氛，刺激消费者进行消费。

9.6.3 案例思路分析

1）客户要求

“红娘子”美甲中心需要设计一排悬挂在买场过道上方的双面写真吊牌广告，大小为110cm×65cm，正反两面图案不同。

2）执行步骤

- 确定吊板广告的设计大小和分辨率，确定吊板正面和背面分别应包含的信息内容。
- 收集一幅漂亮的人物及其手臂的素材图像。
- 设计广告并将文件保存为 jpg 格式。

3）广告策划

本广告设计的特点——古典、柔美、简约，如图 9-219～图 9-221 所示。

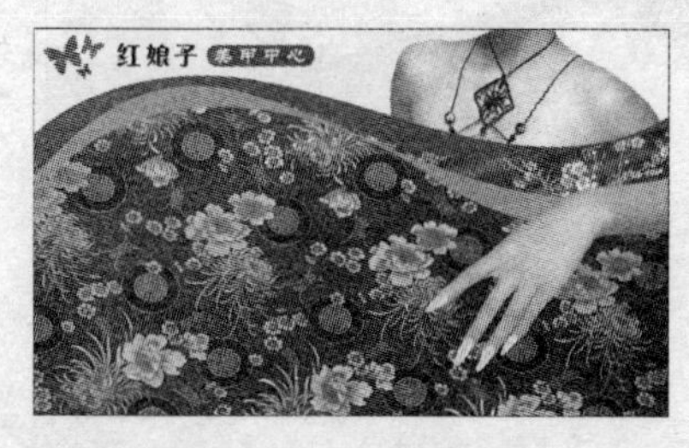

图 9-219 吊板正面效果

图 9-220 吊板背面效果

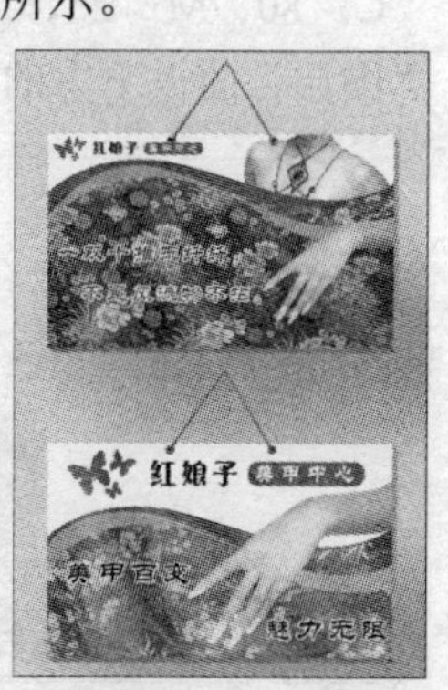

图 9-221 吊板立体效果

- 使用波浪线的图形框架，彰显女性的柔美。
- 正面的设计忽略了人物的面部，突出人物的纤纤玉手，使用古典的丝绸背景和一首古诗来配合人物的优雅姿态。
- 背面主要强调企业的标志和人物的手臂部分，打出广告语。

9.6.4 实例过程演示

范例文件：光盘→实例素材文件→第 9 章→9.6.4

1）设计吊板正面

❶ 新建一个大小为 110cm×65cm，分辨率为 80dpi，RGB 颜色模式，背景内容为白色的图像文件，将文件保存为“POP 广告正面.psd”。然后打开光盘文件夹中的“玉手.jpg”文件，将该文件导入并放置在合适的位置，得到“图层 1”，如图 9-222 所示。

❷ 新建一个路径，使用“钢笔”工具沿着人物手臂的线条创建如图 9-223 所示的闭合路径，接着按下<Ctrl+Enter>组合键将其转换为选区，再按下<Ctrl+J>组合键通过复制新建“图层 2”。

图 9-222 导入素材图像

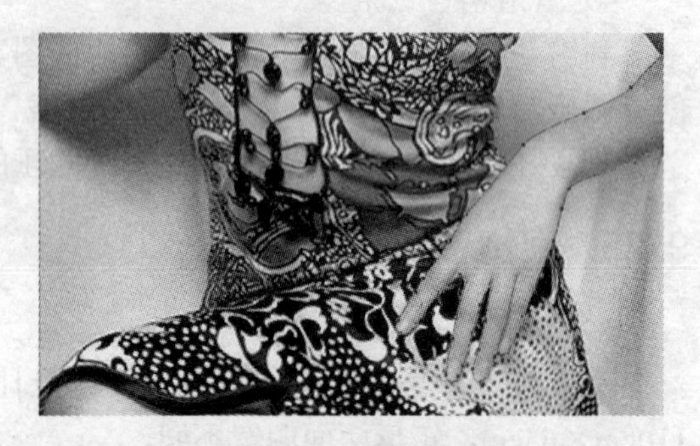

图 9-223 创建闭合路径

❸ 选择“钢笔”工具，然后选择工具栏中的“形状图层”按钮，接着在图像中绘制如图 9-224 所示的形状，再将形状的填充颜色设置为“C：35，M：15，Y：90”，得到“形状 1”。

❹ 使用“钢笔”工具绘制如图 9-225 所示的形状，然后将形状的填充颜色设置为“C：80、M：25、Y：70、K：30”，得到“形状 2”。接着选中两个形状层，将它们拖动到“图层”面板下方的“创建新组”按钮上，得到“组 1”。

图 9-224 绘制一条彩色的飘带

图 9-225 绘制另一条彩色飘带

❺ 导入光盘文件夹中的“丝绸1.jpg”文件，得到“图层3”，然后将“图层3”排列在“图层2”和“组1”之间，接着使用“橡皮擦”工具擦去该图层中多余的像素，如图9-226所示。

❻ 单击“调整”面板中的“创建新的亮度/对比度调整图层”按钮添加“亮度/对比度”调整层，得到“亮度/对比度1”如图9-227所示。

图9-226　导入素材图像

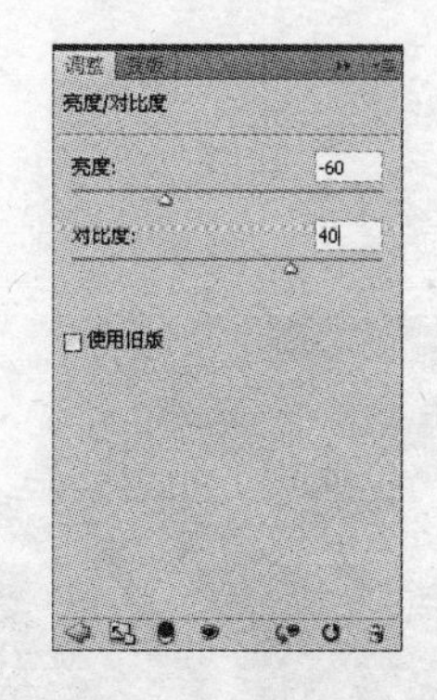

图9-227　调整“亮度/对比度”

❼ 使用“橡皮擦”工具在图层蒙版中作用，隐藏部分像素，得到如图9-228所示的效果，其中图层蒙版中的状态如图9-229所示。

图9-228　添加并处理图层蒙版

图9-229　图层蒙版中的图像

❽ 导入光盘文件夹中的“丝绸2.jpg”文件，得到“图层4”，将其放置在合适的位置并排列在“图层3”下层，接着使用“橡皮擦”工具擦除多余像素，得到如图9-230所示的效果。

❾ 选中“图层2”，然后按下<Ctrl+Shift+]>组合键将其置为最上层，接着按下<Ctrl+T>组合键对其进行自由变换，得到如图9-231所示的效果。

图9-230　导入素材图像

图9-231　对人物手臂进行变换

❿ 选择“钢笔”工具，在工具栏中按下“形状图层”按钮，绘制如图 9-232 所示的 4 个形状，作为模特的指甲。

⓫ 选择“渐变”工具，然后单击工具栏中的渐变编辑条打开如图 9-233 所示的“渐变编辑器”对话框，在该对话框中设置“白”-“M：20，Y：15”-“白”的渐变颜色，接着单击 新建(W) 按钮保存该渐变色，再单击 确定 按钮完成设置。

图 9-232　绘制指甲形状

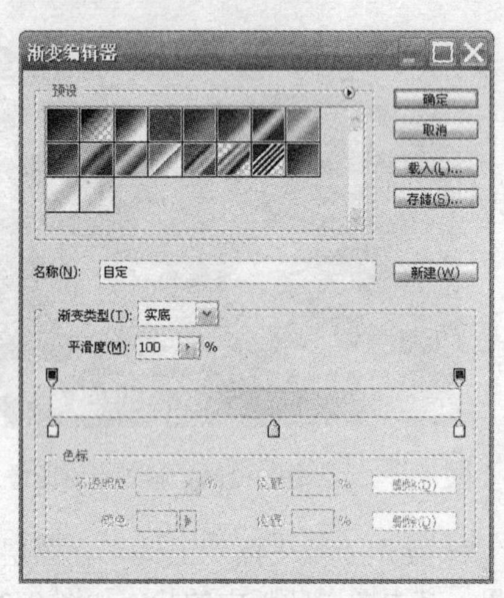

图 9-233　“渐变编辑器”对话框

⓬ 单击“图层”面板下方的“添加图层样式”按钮 打开一个菜单，然后在该菜单中选择“渐变叠加”选项，为当前图层添加“渐变叠加”样式，完成设置并在“渐变”下拉列表中选择新建的渐变色，单击 确定 按钮得到如图 9-234 所示的效果。

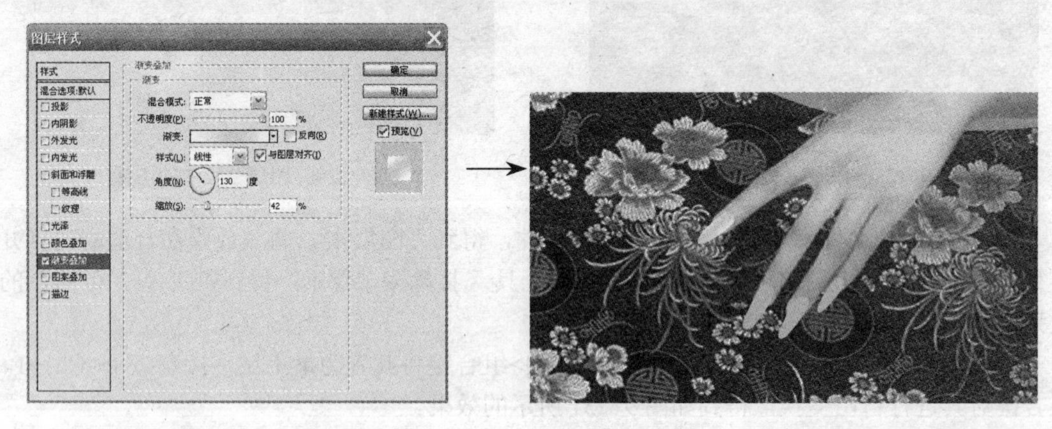

图 9-234　添加“渐变叠加”样式

⓭ 使用同样的方法为其他的指甲形状添加“渐变叠加”图层样式（渐变“角度”略有变化），然后选中“图层 2”和作为模特指甲的所有图层，将它们编组，得到“组 2”，如图 9-235 所示。

⓮ 将前景色设置为“M：95，Y：100”，然后选择“自定形状”工具，在工具栏中的“形状”下拉列表中选择“蝴蝶”形状，在图像的左上方绘制 3 个大小不同的蝴蝶，如图 9-236 所示。

图 9-235 添加“渐变叠加”样式

图 9-236 绘制多个蝴蝶形状

⑮ 选择“圆角矩形”工具，在工具栏中将“半径”设置为 50 像素，然后在图像中绘制一个圆角矩形。接着使用“横排文字”工具在图像的左上方输入点文本——“红娘子”（字体颜色设置为“K：100”），字体设置如图 9-237 所示。将文本层的混合模式设置为“正片叠底”，得到如图 9-238 的效果。

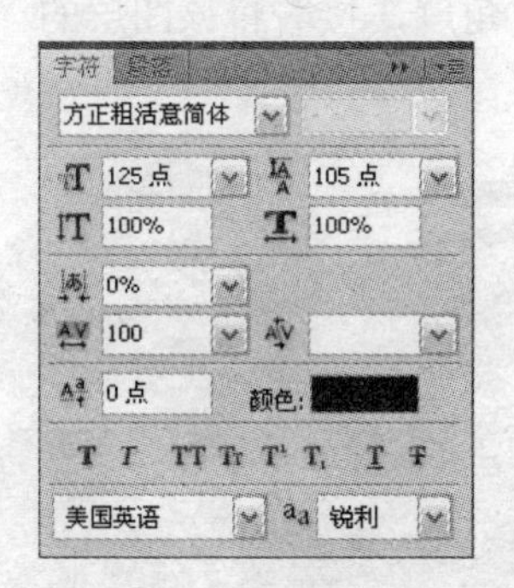

图 9-237 “红娘子”字体设置

图 9-238 输入“红娘子”

⑯ 使用“横排文字”工具在圆角矩形上方输入白色的点文本——“美甲中心”（字体设置如图 9-239 所示），然后将所有作为企业标识的图层编组，得到“组 3”，如图 9-240 所示。

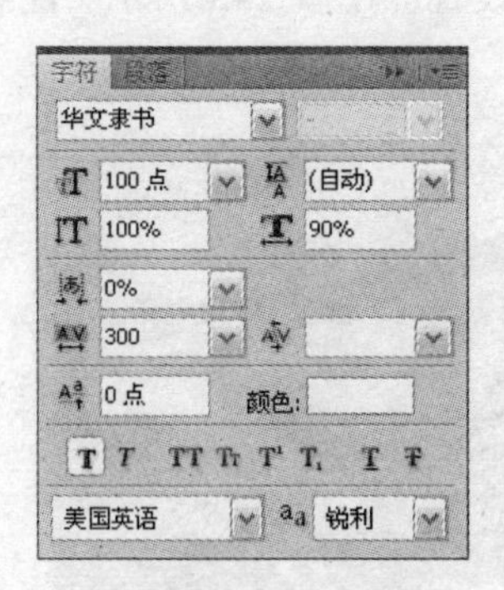

图 9-239 输入“美甲中心”

图 9-240 “美甲中心”字体设置

⑰ 使用“多边形套索”工具创建多个四边形的选区，然后将选区保存为通道，如图 9-241 所示。

⑱ 执行“滤镜”→“模糊”→“高斯模糊”滤镜将选区图像模糊 120 像素，接着按下

<Ctrl+D>组合键取消选择，得到如图 9-242 所示的效果。

图 9-241　将选区保存为通道

图 9-242　对通道执行“高斯模糊”滤镜

⑲ 将当前通道作为选区载入，然后新建“图层 5”，在选区内填充白色，然后按下<Ctrl+D>组合键取消选区，如图 9-243 所示。

⑳ 将当前图层的“不透明度”设置为“10%”，然后将该图层复制一份，得到“图层 5 副本”。对该图层进行自由变换，缩放并顺时针方向旋转一定角度，接着将该图层的“不透明度”设置为“30%”，得到如图 9-244 所示的效果。

图 9-243　在选区内填充白色

图 9-244　调整图层的“不透明度”

㉑ 使用“横排文字”工具 T 在图像的左下方输入段落文本——“一双十指玉纤纤，不是风流物不拈。”（字体颜色设置为“M：95，Y：100”），字体设置如图 9-245 所示。注意换行和空格，如图 9-246 所示。

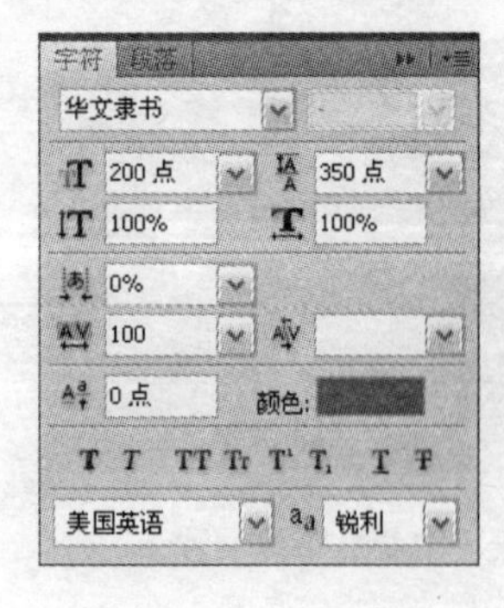

图 9-245　字体设置

图 9-246　输入点文字

㉒ 为当前图层添加如图 9-247 所示的“描边”样式（描边颜色设置为白色），得到如图 9-248 所示的最终效果。

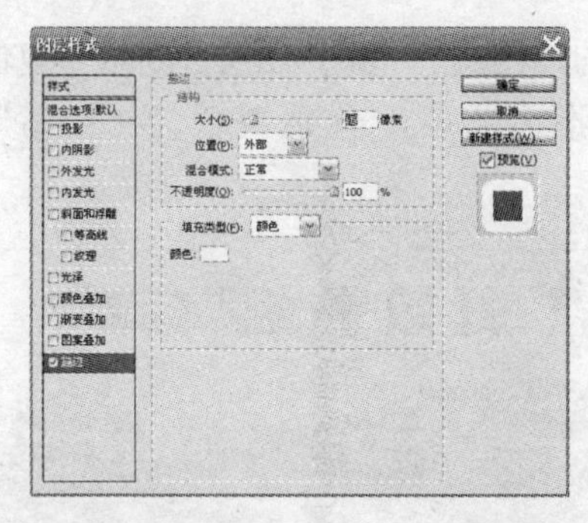

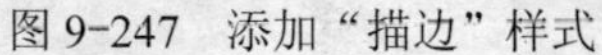

图 9-247 添加“描边”样式　　图 9-248 POP 广告正面设计效果

㉓ 保存图像文件，然后将文件另存为 JPG 格式（压缩品质设置为最佳）。

2）设计吊板背面

㉔ 选中“POP 广告正面.psd”文件中的“组 1”，然后选择“图层”→“复制组”菜单项打开“复制组”对话框，将该组复制到新建的图像文件中，再将该图像文件保存为“POP 广告背面.psd”，如图 9-249 所示。

㉕ 在新建的图像文件中按下<Ctrl+Shift+Alt+N>组合键新建一个图层，然后选择“图层”→“新建”→“图层背景”菜单项，新建背景层。按下<Ctrl+I>组合键将背景层的颜色反相，得到白色的背景。选中“组 1 副本”，使用“移动”工具将其移动到合适的位置，如图 9-250 所示。

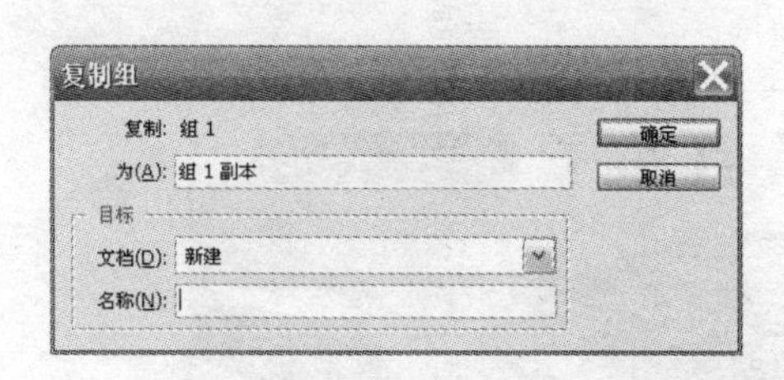

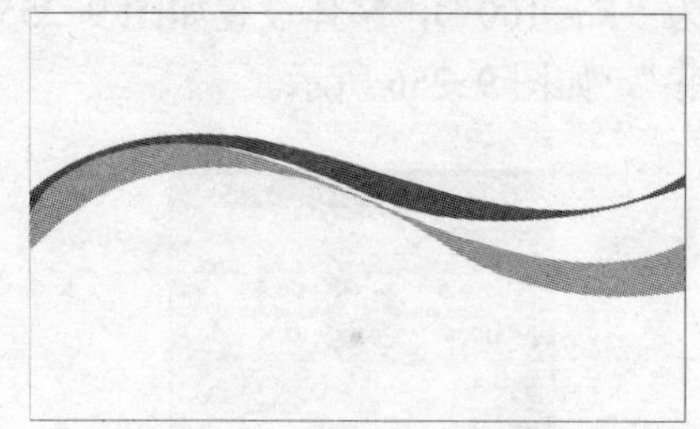

图 9-249 “复制组”对话框　　图 9-250 移动图层组

㉖ 导入光盘文件夹中的“丝绸 2.jpg”文件，得到“图层 1”，然后将该图层排列在背景层和“组 1 副本”之间，接着使用“橡皮擦”工具擦去图像中多余的像素，如图 9-251 所示。

㉗ 使用步骤㉕中的方法将“POP 广告正面.psd”文件中的“组 2”复制到“POP 广告背面.psd”文件中来，缩放至合适大小，如图 9-252 所示。

图 9-251 导入素材图像　　图 9-252 对图层组进行缩放

㉘ 同样的方法，再将“POP 广告正面.psd”文件中的“组 3”复制到“POP 广告背面.psd”文件中，缩放至合适大小并放置在合适的位置，如图 9-253 所示。

㉙ 另外，还需要将“POP 广告正面.psd”文件中的“图层 5”和“图层 5 副本”复制到“POP 广告背面.psd”文件中来，然后将它们的“不透明度”分别调整为“25%”和“40%”，如图 9-254 所示。

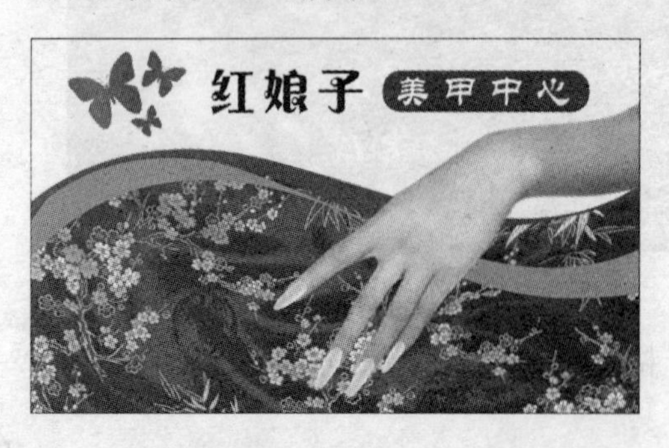

图 9-253　对图层组进行缩放

图 9-254　调整图层的不透明度

小提示：

将 POP 广告正面的图像元素进行一定的放大放置在 POP 广告背面的图像中，强调了广告主的相关信息，拉近了与观众的距离，不但没有重复感，而且让观众有一种身临其境的感觉。

㉚ 使用“横排文字”工具 T 输入点文本——“美甲百变”和“魅力无限”（字体颜色设置为“K：100”），字体设置如图 9-255 所示，然后将两个文本层的混合模式都设置为“正片叠底”，如图 9-256 所示。

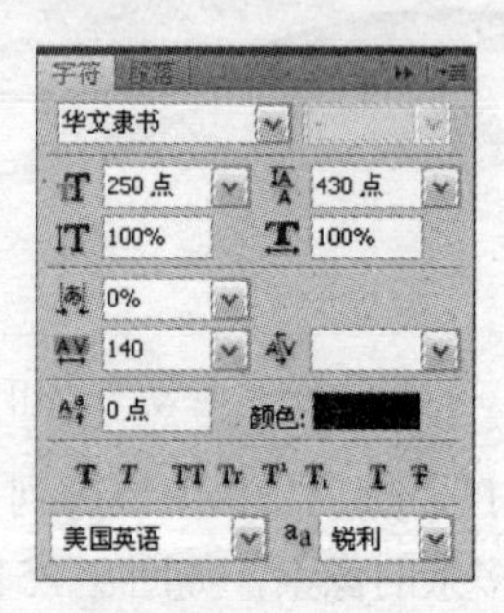

图 9-255　“字符”面板

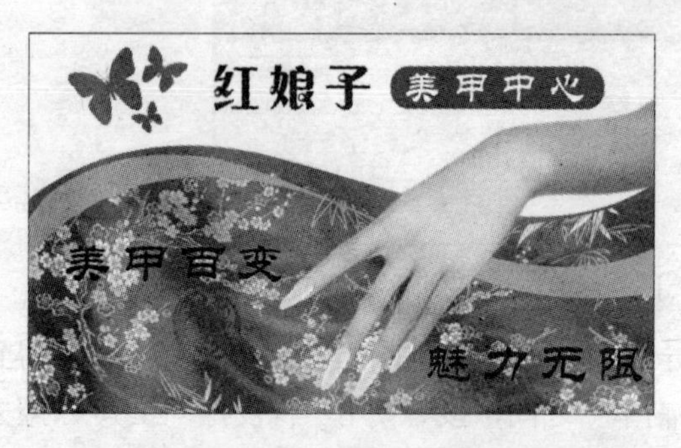

图 9-256　输入点文字

㉛ 为当前图层添加如图 9-257 所示的“描边”样式（描边颜色设置为白色），得到如图 9-258 所示的最终效果。

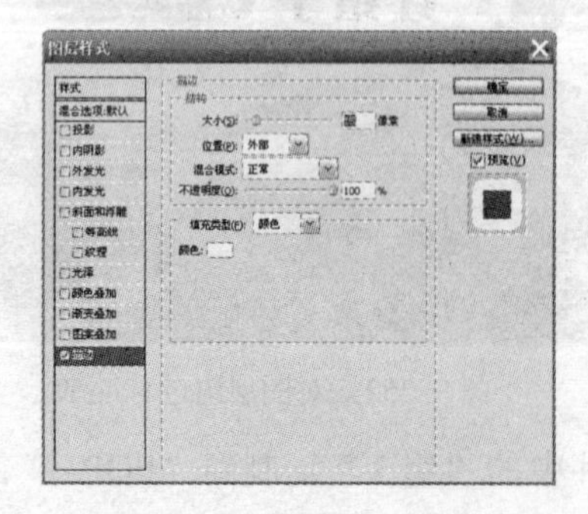

图 9-257　添加“描边”样式

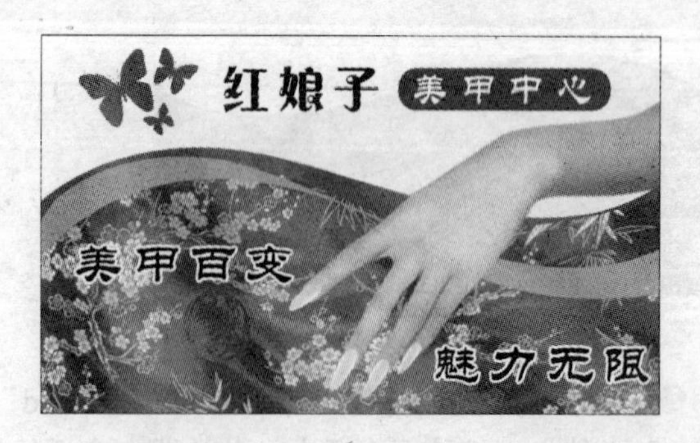

图 9-258　POP 广告背面设计效果

㉜ 保存图像文件，然后将文件另存为 JPG 格式（压缩品质设置为最佳）。

9.7 企业画册设计——金鼎玉器

随着当今社会各行业的竞争日趋激烈，企业为增强企业市场竞争力，巩固品牌实力，会运用不同的形式来扩大公司的对外宣传。企业画册就是最重要的表现形式之一。

9.7.1 企业画册的分类

企业画册按照设计目的的不同可以分为企业形象画册和企业产品画册两种类型。

1）企业形象画册的设计通常要体现企业的企业精神，企业文化，企业发展定位，企业性质等。重点是以形象为住，产品为辅。首先确定创意定位，设计风格及行业定位等，再进行版面设计，图片选取，摄影等手段来塑造企业的整体想象。

2）企业产品画册的设计重点要体现产品的功能、特性、用途以及服务等，从企业的行业定位和产品的特点出发进行设计，来确定产品的风格定位，比如简洁、大方、厚重、时尚等。

9.7.2 企业画册设计需要注意的问题

1）企业画册设计原则

- 视觉效果符合阅读者的身份（社会地位、知识层次、性别和年龄等）。
- 整本画册的构成须具有紧密的逻辑性，所要表达的各主题要清晰、明确。
- 画册整体风格要统一、协调，要有共性的元素（比如某种标准或者共用形象等），局部或各页的具体版式设计要有变化，不能千笔一律；要做到统一中有变化，变化中求统一，达到和谐、完美的视觉效果。
- 制作方面的规划。要注意印刷的颜色、工艺以及材料（纸张、木质、金属、塑料和特殊材料等）的选择。

2）企业画册设计技巧

- 首先要确定创作思路，根据预算情况确定开本及页数。
- 依照规范版式将图文内容按比例缩小排列在一起，以便全面观察比较，合理调整。
- 外观尽量显得高档、华丽；封面设计要美观大方，引人注目。
- 企业画册一般都是彩印，因此色彩要协调、纯正；图片要清晰、简约；文字要简单、明了。

3）企业画册的常见尺寸

- 大度尺寸：大度 16 开（210×285mm）、大度 32 开（140mm×203mm）。
- 正度尺寸：正度 16 开（185mm×260mm）、正度 32 开（130mm×185mm）。
- 其他尺寸：210mm×210mm、185mm×185mm 的方形画册也比较流行。

4）企业画册的分辨率要求

宣传页的分辨率一般要求在 300dpi 或者 350dpi。

9.7.3 案例思路分析

1）客户要求

设计制作金鼎玉器公司的产品画册，对该公司的产品和中国的玉文化加以宣传。

2）执行步骤

- 确定画册的分辨率要求，然后确定内页的设计大小，再确定画册的页数和厚度，从而确定画册封面封底的设计大小，确定每一页画册应包含的信息内容。
- 拍摄产品图片，收集设计中所使用的其他图片素材。要求广告主提供广告文字，企业相关信息等。
- 确定文案，组织语言，设计广告并将文件保存为 Tiff（Tif）格式。

3）广告策划

本广告设计的特点——庄重、高雅、清新，如图 9-259～图 9-263 所示。

图 9-259　宣传画册封面和封底效果

图 9-260　宣传画册内页 1～2 效果

图 9-261　宣传画册内页 3～4 效果

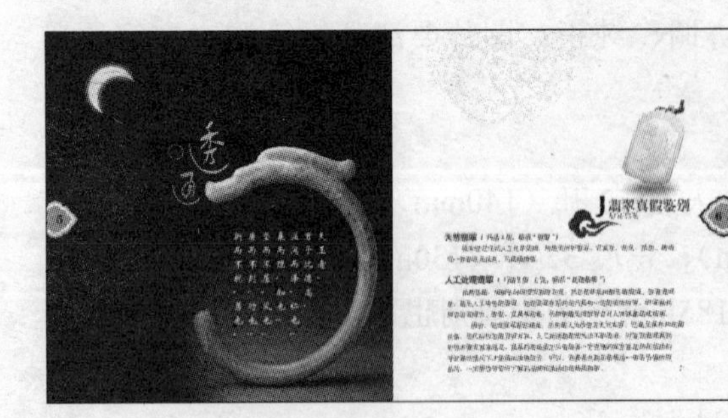

图 9-262　宣传画册内页 5～6 效果

图 9-263　宣传画册内页 7～8 效果

- 封面和封底使用翠绿色的色调，和玉器的颜色协调一致，设计风格简约、清晰。
- 内页的色调根据产品图片的主色调确定，基本上以左侧图片，右侧文字的版式安排广告内容。

● 每一页都保持内容的独立和信息的完整性，使画册既能提供给读者知识，又能激起潜在顾客的行动，还能作参考资料，永久保存。

9.7.4 实例过程演示

范例文件：光盘→实例素材文件→第 9 章→9.7.4

1）设计画册内页

❶ 确定画册的大小为 21cm×21cm，将背景色设置为“Y：20”，前景色设置为“M：100，Y：100，K：40”，然后按下<Ctrl+N>组合键打开新建对话框，按照图 9-264 中所示的设置新建一个图像文件，并保存为 PSD 格式。

❷ 按下<Ctrl+R>组合键显示标尺，然后拖出参考线，分别确定出血的位置，文字边界和中线，如图 9-265 所示。

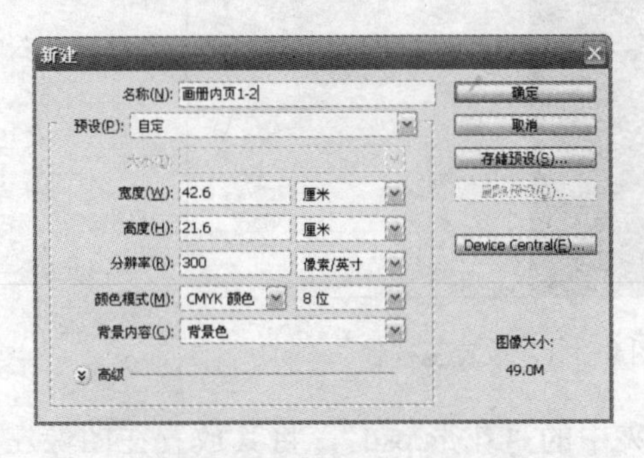

图 9-264 新建图像文件

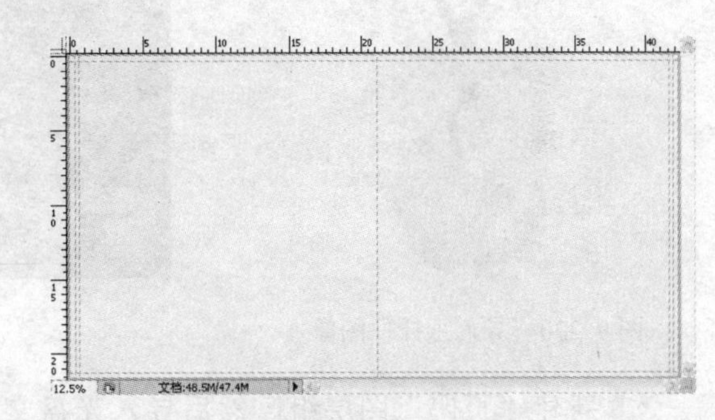

图 9-265 拖出参考线

❸ 导入光盘文件夹中的“玉麒麟.jpg”文件，使用“移动”工具将其贴紧参考线放置，得到“图层 1”，如图 9-266 所示。

❹ 新建“图层 2”，使用“矩形选框”工具在图像左侧创建选区，然后按下<Alt+Delete>组合键在选区内填充前景色，接着将该图层的混合模式设置为“正片叠底”，不透明度设置为“80%”，如图 9-267 所示。

图 9-266 导入玉麒麟图像

图 9-267 填充矩形区域

❺ 打开光盘文件夹中的“梅花.psd”文件，如图 9-268 所示。

❻ 使用“移动”工具将“梅花.psd”文件复制到设计文件中，放置在图像的右上角，得到“图层 3”，如图 9-269 所示。

图 9-268 打开素材图像

图 9-269 导入梅花图像

❼ 打开光盘文件夹中的“玉挂件.psd”文件，如图 9-270 所示。

❽ 使用“移动”工具将其复制到设计文件中，放置在图像右上方的梅花树枝上，得到“图层 4”，如图 9-271 所示。

图 9-270 导入玉挂件图像

图 9-271 放置玉挂件

❾ 新建“页码”图层组，然后导入光盘文件夹中的“花形.psd”，将其放置在图像左侧中间的位置，得到“图层 5”。使用“横排文字”工具输入“1”，字体设置为“方正粗活意简体”，字体颜色设置为“K：100”，文本层混合模式设置为“正片叠底”，如图 9-272 所示。

❿ 将“图层 5”和文本层各复制一份，移动至图像的右侧中部，将“1”字修改为“2”字，如图 9-273 所示。

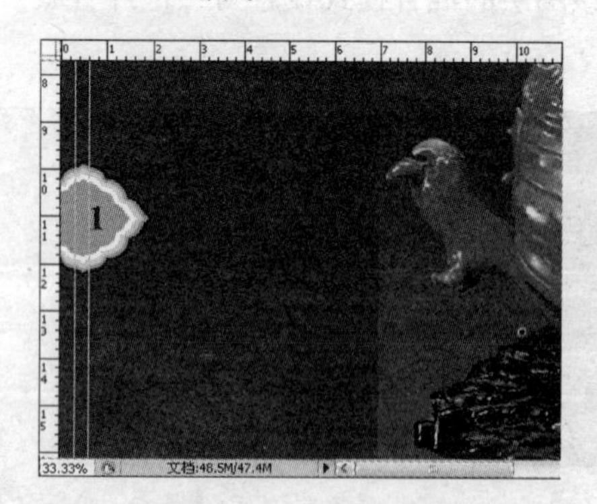

图 9-272 制作左侧页码

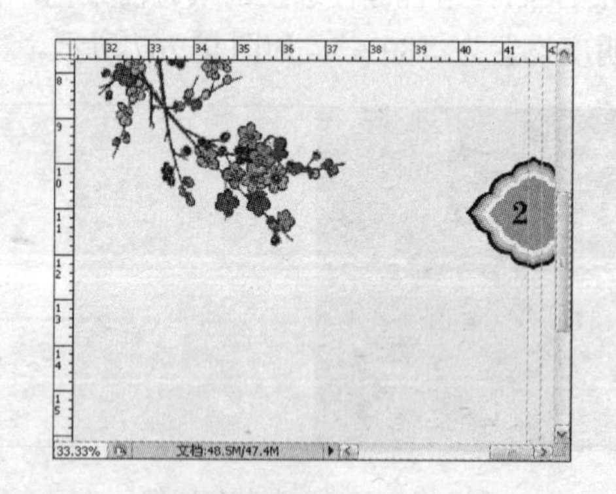

图 9-273 制作右侧页码

⓫ 打开光盘文件夹中的“标志.psd”文件，将其中的“标志”图层组复制到设计文件中，放置在合适的位置，如图 9-274 所示。

⓬ 在图像右侧使用“横排文字”工具输入段落文本，字体设置为“黑体”，字体大小

设置为 13 点，字体颜色设置为“K：100”，混合模式设置为“正片叠底”，文字中间留出书写公司名称的距离，如图 9-275 所示。

图 9-274　导入素材图像

图 9-275　输入广告文字

⑬ 输入多个点文本——“金鼎玉器”，字体设置为“超世纪粗毛楷”，字体大小设置为 16 点，字体颜色设置为“K：100”，混合模式设置为“正片叠底”，如图 9-276 所示。

⑭ 在图像左侧输入段落文本——“玉不能言，蕴涵着无穷的神秘力量，为人们祈福纳祥 玉可传情，她是积淀了千载厚重文明的精神载体”，字体设置为“文鼎 CS 楷体”，字体大小设置为 16 点，字体颜色设置为白色，如图 9-277 所示。

⑮ 在图像左上方输入“神秘”，字体设置为“迷你繁赵楷”，字体大小分别为 125 点和 70 点，如图 9-278 所示。

图 9-276　输入“金鼎玉器”

图 9-277　输入段落文本

图 9-278　输入“神秘”

⑯ 将文本的颜色修改为“R：40”，然后将文本层的混合模式设置为“滤色”，然后按下<Shift+T>组合键切换到“直排文字”工具，在图像的右侧输入“翡翠之光，东方之霞！美玉吐瑞，一生吉祥！”，字体设置为“方正黄草简体”，字体大小设置为 25 点，字体颜色设置为“M：100，Y：100，K：60”，得到如图 9-279 所示的最终效果。

图 9-279　画册内页 1-2 设计效果

⑰ 保存设计文件，然后按下<Ctrl+N>组合键打开新建对话框，按照图 9-280 所示的设置新建图像文件，并保存为 PSD 格式。

小提示：

只有当图像文件在 Photoshop 程序中打开时，才会在“预设”下拉列表中出现相关选项。

⑱ 导入光盘文件夹中的“山峰云海.jpg”文件，放置在图像的左侧，贴紧中间的垂直参考线放置，得到“图层 1”，如图 9-281 所示。.

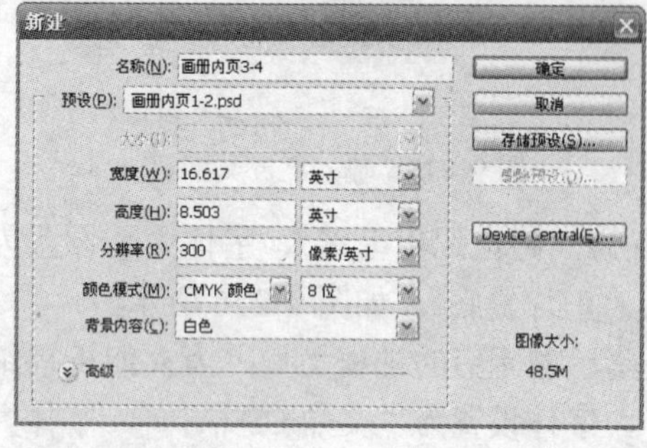

图 9-280 “新建”对话框

图 9-281 导入山峰云海图像

⑲ 新建“图层 2”，排列在“图层 1”的下层，然后选择“仿制图章”工具，按下<Alt>键在云海上单击取样，接着绘制出如图 9-282 所示的图像。

⑳ 打开光盘文件夹中的“水波.psd”文件，如图 9-283 所示。

图 9-282 使用“仿制图章”工具绘制

图 9-283 打开水波素材文件

㉑ 使用“移动”工具将该图像复制到设计文件中，放置在图像的下方，得到“图层 3”，然后将该图层的不透明度设置为“8%”，如图 9-284 所示。

㉒ 打开光盘文件夹中的“玉佛 1.psd”文件，如图 9-285 所示。

图 9-284 设置图层选项

图 9-285 打开玉佛素材文件

㉓ 将素材文件导入到设计文件中，放置在水波图像的上方，得到“图层4”，如图 9-286 所示。

㉔ 将“图层4”复制一份，然后将副本图层放置在“图层4”的下层，将该图层的不透明度设置为“18%”，如图 9-287 所示。

图 9-286　导入素材图像

图 9-287　制作投影效果

㉕ 使用同样的方法导入光盘文件夹中的“玉佛 2.psd”文件，然后为玉佛制作投影效果，得到“图层 5”和“图层 5 副本”（不透明度为 8%），如图 9-288 所示。

㉖ 导入光盘文件夹中的“念珠.psd”文件，放置在图像的右上方，得到“图层6”，如图 9-289 所示。

图 9-288　导入另一张玉佛图像

图 9-289　导入念珠图像

㉗ 为“图层 6”添加“投影”样式，如图 9-290 所示。

㉘ 导入光盘文件夹中的“星星.psd”文件，得到“图层7”，将其复制多份并调整副本图层图像的大小和位置，得到如图 9-291 所示的效果。

图 9-290　添加“投影”样式

图 9-291　制作白色的光点

㉙ 将“画册内页 1-2.psd”文件中的“页码”图层组复制到设计文件中，然后将“1”修改为“3”，“2”修改为“4”。再将“画册内页 1-2.psd”文件中的“标志”图层组复制到设计文件中，缩放并放置在合适的位置，使用“横排文字”工具 T 将“品牌制胜”文本修

改为“翡翠的境界”，连同字母“ADEITE”的颜色均修改为“C：75，Y：100，K：60”，然后调整云纹图层的“色相/饱和度”，得到约为“M：50，Y：100，K：60”的颜色，如图 9-292 所示。

30 在图像的右下方输入“缘”字，字体设置为“方正黄草简体”，字体颜色设置为“K：30”，不透明度设置为“25%”，如图 9-293 所示。

图 9-292　导入图层组

图 9-293　输入“缘”字

31 使用“直排文字”工具 T 输入段落文字，字体设置为“方正黄草简体”，字体大小为 13 点，字体颜色设置为“K：100”，文本层混合模式设置为“正片叠底”，注意在合适的位置空格和换行，得到如图 9-294 所示的效果。

32 输入“佛”字，字体设置为“方正黄草简体”，字体大小为 38 点；输入“金鼎玉器”，字体设置为“超世纪粗毛楷”，字体大小为 13 点，字体颜色均设置为“K：100”，文本层混合模式均设置为“正片叠底”，得到如图 9-295 所示的最终效果。

图 9-294　输入直排段落文本

图 9-295　画册内页 3-4 设计效果

33 保存设计文件，然后按下<Ctrl+N>组合键打开新建对话框，按照图 9-296 所示的设置新建图像文件，并保存为 PSD 格式。

34 按下<D>键使用默认的前景和背景色，然后使用“矩形选框”工具 沿参考线创建矩形选区，按下<Alt+Delete>组合键在选区内填充前景色，如图 9-297 所示。

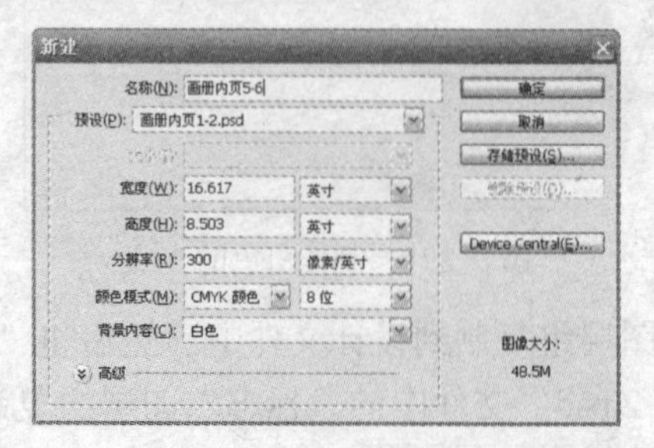

图 9-296　新建图像文件

图 9-297　在选区内填充黑色

小技巧：

这里也可以现在背景层中填充黑色或者白色，再沿着参考线创建选区并按下<Ctrl+I>组合键将选区图像反相，得到与图 9-297 中同样的效果。

35 导入光盘文件夹中的“月亮.jpg”文件和“玉龙.jpg”文件，放置在合适的位置，得到“图层 1”和“图层 2”，如图 9-298 所示。

36 单击“图层”面板下方的“添加图层蒙版”按钮 为“图层 2”添加图层蒙版，然后使用“画笔”工具 在蒙版中作用，使该图层图像与背景能够融合得更好，如图 9-299 所示。

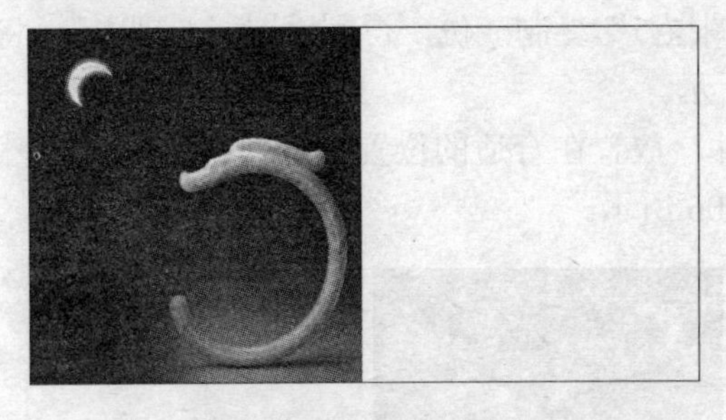

图 9-298　导入素材图像

图 9-299　图层蒙版的状态

37 打开光盘文件夹中的“玉挂件 2.psd”文件，如图 9-300 所示。

38 使用“移动”工具 将其复制到设计文件中，得到“图层3”，按下<Ctrl+T>组合键对其进行自由变换，得到如图 9-301 所示的效果。

图 9-300　玉挂件素材图像

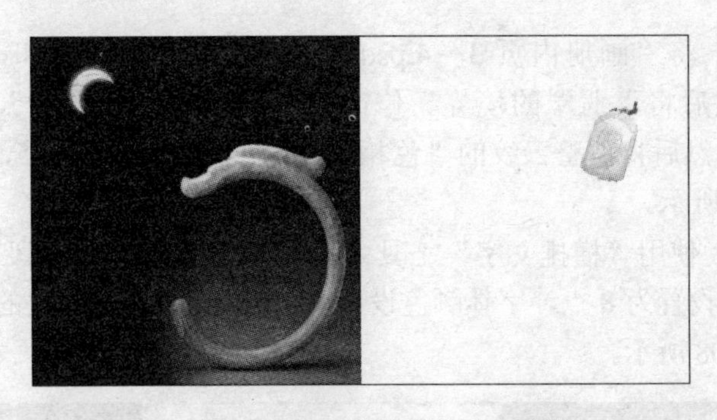

图 9-301　对图像进行自由变换

39 将“图层 3”复制一份，得到“图层3副本”，选择“编辑”→“变换”→“垂直翻转”菜单项，然后使用键盘上的方向键将“图层3副本”向下移动几个像素，将该图层的不透明度设置为“40%”，如图 9-302 所示。

40 为当前图层添加图层蒙版，然后使用“渐变”工具 在蒙版中自下而上拉出线性的黑白渐变，得到如图 9-303 所示的效果。

41 新建“图层 4”，然后将前景色修改为灰色，选择“画笔”工具 ，使用柔角画笔绘制一个圆点，接着对该图层执行自由变换，得到如图 9-304 所示的效果。

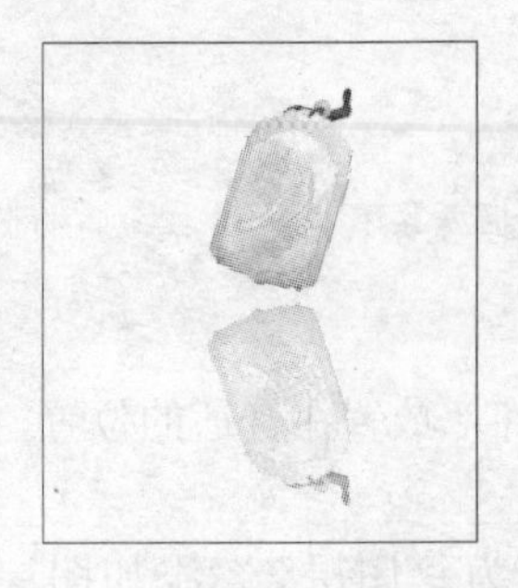
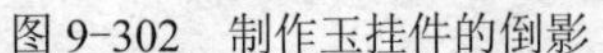

图 9-302 制作玉挂件的倒影

图 9-303 处理图层蒙版

图 9-304 制作玉挂件的投影

㊷ 导入光盘文件夹中的“龙纹.psd”文件，放置在图像的左侧，得到“图层 5”，然后将该图层的混合模式修改为“差值”。接着将“图层 5”复制一份，得到“图层 5 副本”，将该图层的不透明度修改为“50%”，如图 9-305 所示。

㊸ 导入光盘文件夹中的“艺术字.psd”文件，放置在合适的位置，得到“图层 6”，然后将该图层的不透明度设置为“80%”，如图 9-306 所示。

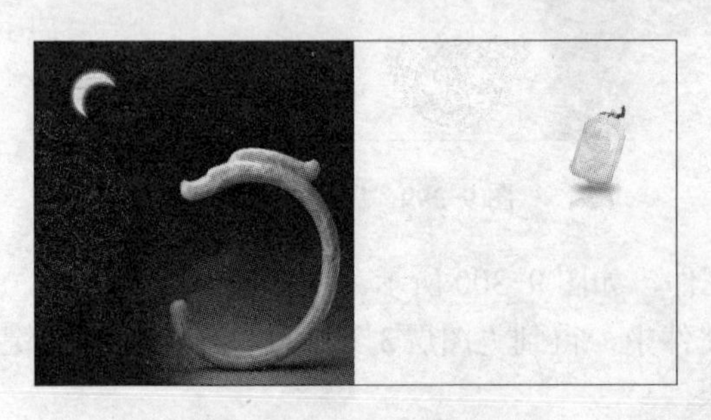

图 9-305 复制龙纹图层

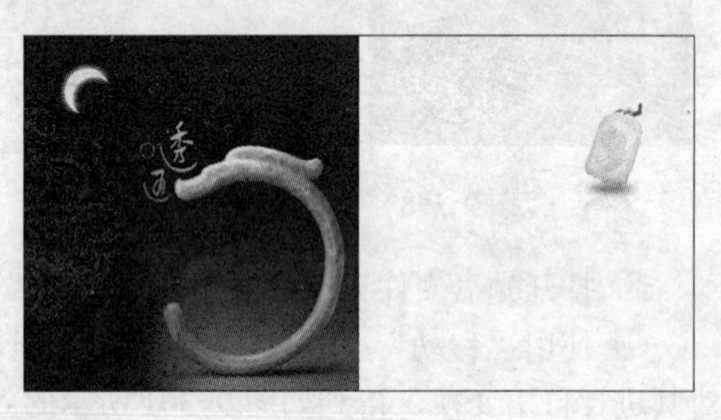

图 9-306 导入素材文件

㊹ 将“画册内页 3～4.psd”文件中的“页码”和“标志”图层组复制到设计文件中，然后将“翡翠的境界”修改为“翡翠的真假鉴别”，“3”修改为“5”，“4”修改为“6”，然后将调整云纹的“色相/饱和度”，得到“C：75，Y：100，K：60”的颜色，如图 9-307 所示。

㊺ 使用“横排文字”工具 T 在图像的右下方输入段落文本，字体设置为“黑体”，字体大小设置为 8 点，字体颜色设置为“K：100”，文本层的混合模式设置为“正片叠底”，如图 9-308 所示。

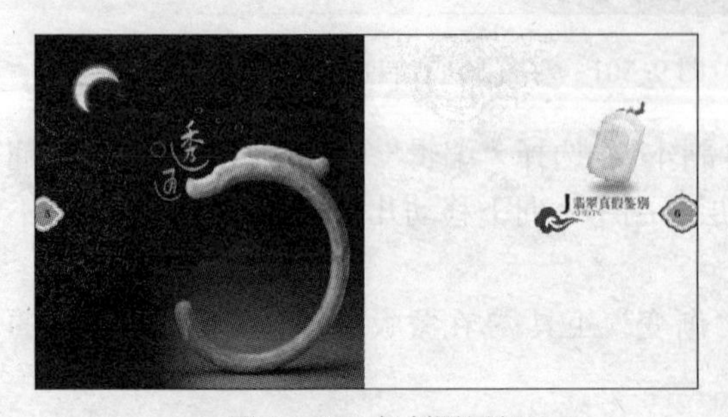

图 9-307 复制图层组

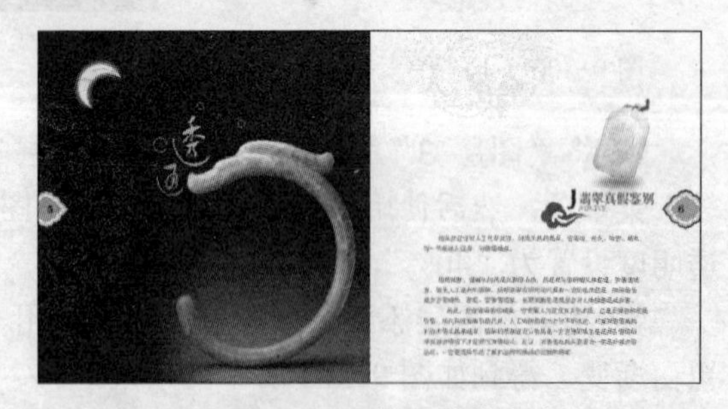

图 9-308 输入段落文本

㊻ 输入“天然翡翠”和“人工处理翡翠”，字体设置为“文鼎 CS 大黑”，字体大小设置为 10 点，然后输入“(行话 A 货，标识“翡翠”)”和“(行话 B 货、C 货，标识“处理翡

翠”)”，字体设置为“文鼎 CS 中黑”，字体大小设置为 8 点，字体颜色均设置为“C：75，Y：100，K：60”，如图 9-309 所示。

47 使用“直排文字”工具 T 输入“夫玉者，君子比德高，润而泽，仁也；而理，知也；坚而不屈，义也；廉而不刿，行也；折而不挠，勇也。”，字体设置为“文鼎 CS 魏碑”，字体大小设置为 11 点，字体颜色设置为白色，注意换行，得到如图 9-310 所示的最终效果。

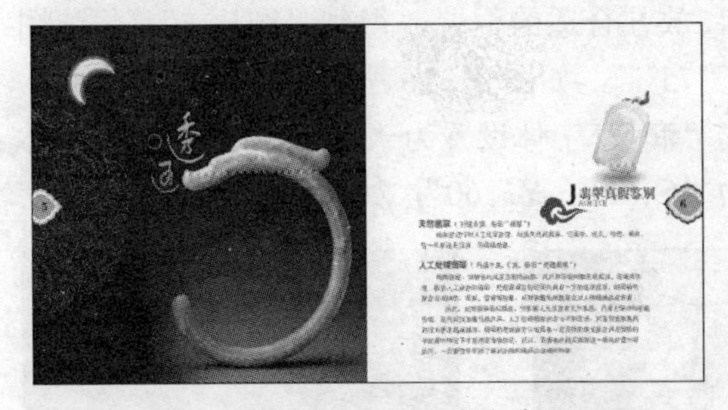

图 9-309 输入点文本

图 9-310 画册内页 5-6 设计效果

48 按下<Ctrl+N>组合键打开新建对话框，按照图 9-311 所示的设置新建图像文件，并保存为 PSD 格式。

49 导入光盘文件夹中的“青草.jpg”文件，放置在图像的左侧，对齐参考线，得到“图层 1”，如图 9-312 所示。

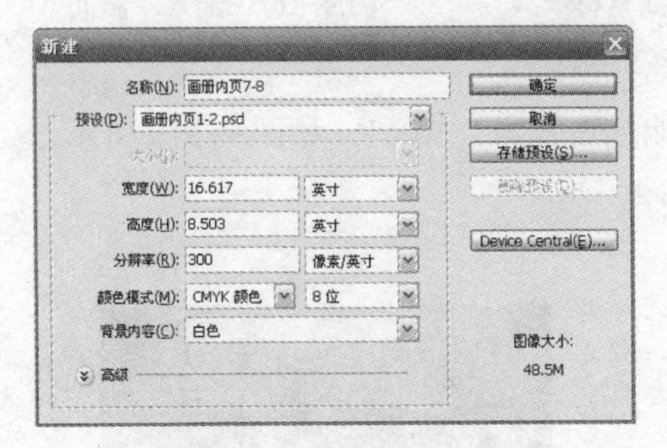

图 9-311 新建图像文件

图 9-312 导入青草素材

50 导入光盘文件夹中的“花纹 3.psd”文件，放置在图像的右侧，得到“图层 2”，如图 9-313 所示。

51 导入光盘文件夹中的“玉挂件 4.psd”和“玉挂件 5.psd”文件，放在合适的位置，得到“图层 3”和“图层 4”，然后对“图层 3”进行一定角度的旋转，得到如图 9-314 所示的效果。

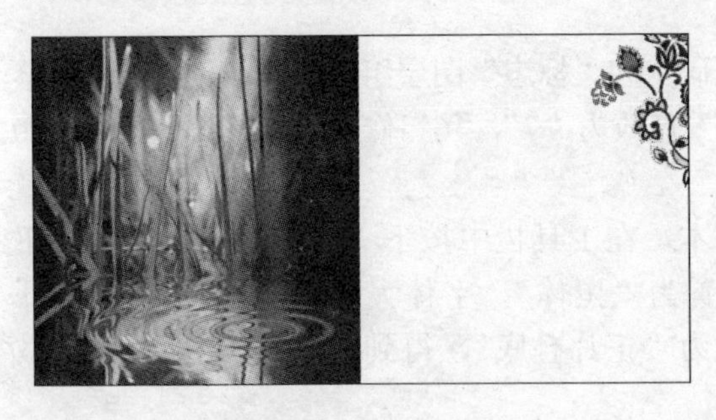

图 9-313 导入花纹素材

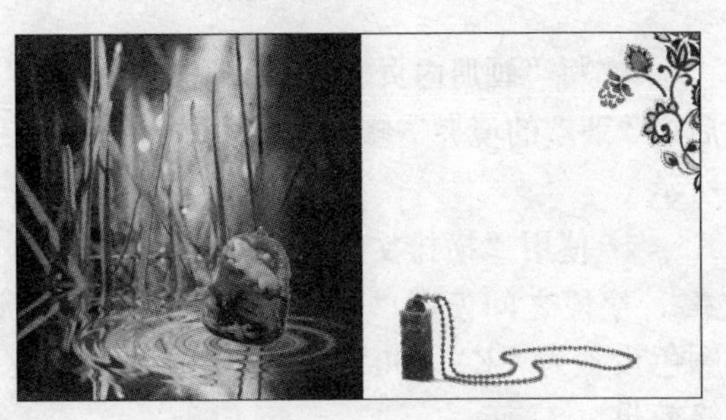

图 9-314 导入玉挂件素材

小提示：

将玉挂件倾斜放置在水波纹上，巧妙地制造出一种“蜻蜓点水”的效果。

52 使用步骤37～步骤39中的方法为左侧的玉挂件制作投影和倒影，得到如图 9-315 所示的效果。

53 导入光盘文件夹中的“光圈.psd”文件，放在合适的位置，得到“图层 5”，将该图层的混合模式设置为“叠加”，不透明度设置为“75%”，如图 9-316 所示。

54 使用“横排文字”工具T输入“温”和“润”，字体设置为“方正行楷简体”，字体大小分别设置为 62 点和 45 点，字体颜色设置为“C：20，Y：60”，如图 9-317 所示。

图 9-315　制作投影和倒影

图 9-316　导入光圈素材

图 9-317　输入“温润”

55 为文本层添加如图 9-318 所示的“投影”样式。

56 将文本层的混合模式设置为“点光”，不透明度设置为“60%”，如图 9-319 所示。

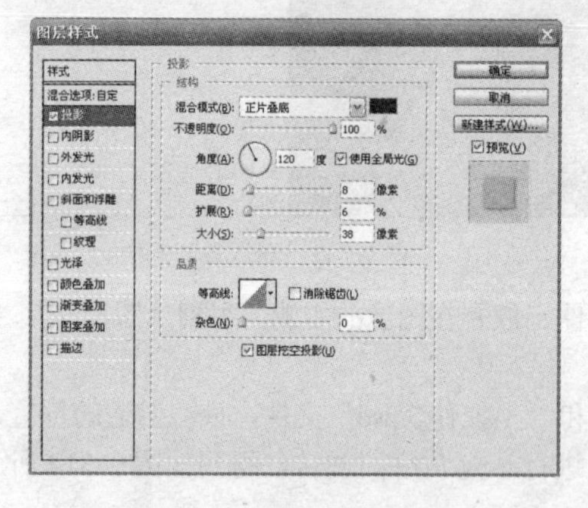

图 9-318　添加“投影”样式

图 9-319　设置文本层图层选项

57 将“画册内页 5～6.psd”文件中的“页码”和“标志”图层组复制到设计文件中，然后将“翡翠的境界”修改为“翡翠的保养”，“5”修改为“7”，“6”修改为“8”，如图 9-320 所示。

58 使用“横排文字”工具T输入段落文本，在工具栏中按下“居中对齐文本”按钮，字段之间使用“◇”符号隔开。字体设置为“黑体”，字体大小设置为 8 点，字体颜色设置为“K：100”，文本层混合模式设置为“正片叠底”，得到如图 9-321 所示的最终效果。

图 9-320 导入图层组

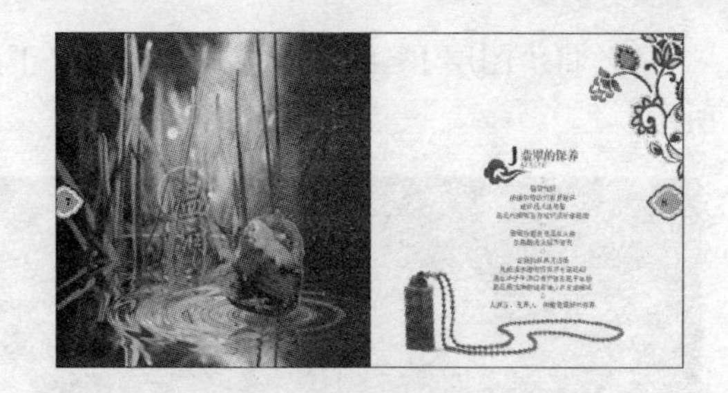

图 9-321 画册内页 7-8 设计效果

2）设计画册封面和封底

59 完成其他画册内页设计，确定画册的厚度约为 6mm。将背景色设置为“C：100，Y：100，K：80”，前景色设置为“C：50，Y：50”，然后按下<Ctrl+N>组合键打开“新建”对话框，按照图 9-322 中所示的设置新建一个图像文件并保存为 PSD 格式。

60 按下<Ctrl+R>显示标尺，然后拖出如图 9-323 所示的多条参考线。分别用来确定出血边界，中线，书背的位置，装饰花纹的位置，浅色底色的位置等。

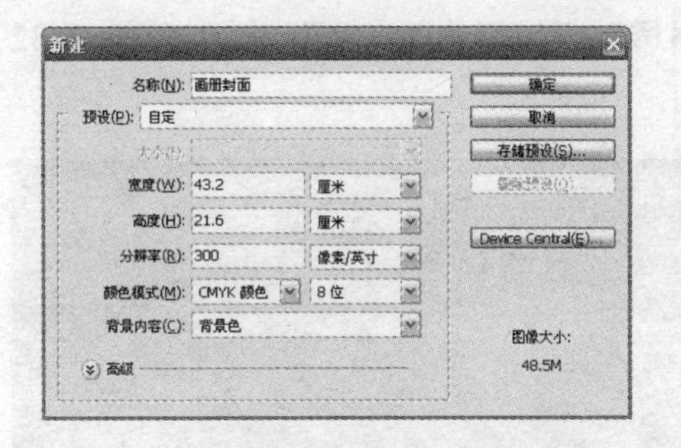

图 9-322 新建图像文件

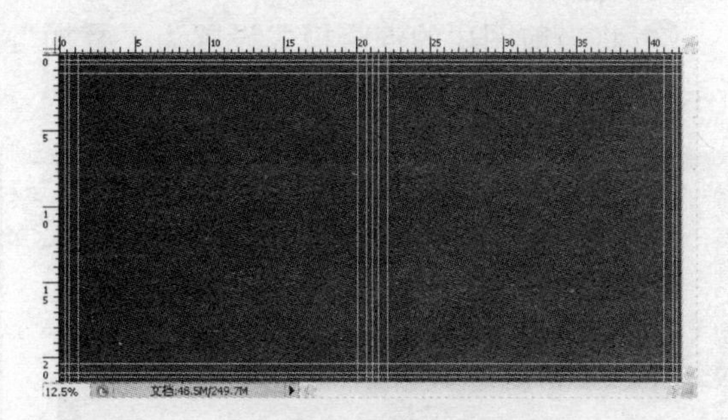

图 9-323 拖出多条参考线

61 按下<Ctrl+Shift+Alt+N>组合键新建“图层 1”，然后打开光盘文件夹中的“花纹 1.psd”文件，该图像是一个制作好的无缝拼接图案，如图 9-324 所示。选择“编辑”→“定义图案”菜单项打开“图案名称”对话框，单击 确定 按钮将图案保存。

62 返回到设计文件中，按下<Shift+F5>组合键打开“填充”对话框，在“使用”下拉列表中选中“图案”选项，然后在“自定图案”下拉列表中选择自定义的图案，如图 9-325 所示。

图 9-324 打开素材文件

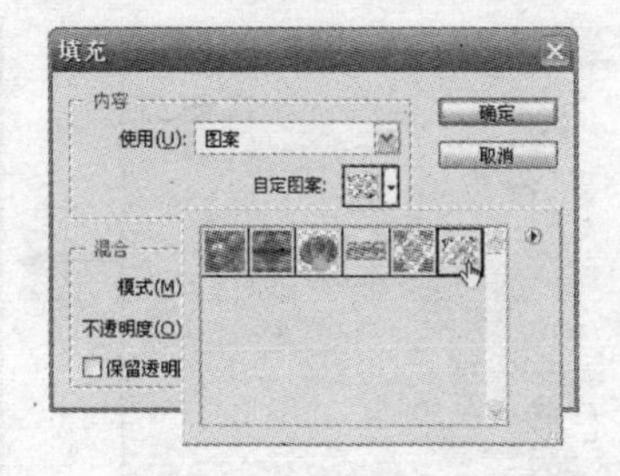

图 9-325 “填充”对话框

63 单击 确定 按钮得到填充图样，按下<Ctrl+U>组合键打开“色相/饱和度”对话框，选中“着色”复选框，然后调节各个滑块，使填充图案的颜色约为“C：75，M：40，Y：80”，成为比背景稍浅的绿色，如图 9-326 所示。

64 将“图层1”的混合模式设置为“正片叠底”，不透明度设置为“70%”，如图 9-327 所示。

图 9-326 调整“色相/饱和度”

图 9-327 设置混合模式和不透明度

65 新建“图层2”，使用“矩形选框”工具沿着最内侧的参考线创建两个矩形选区（创建一个选区以后按下<Shift>键加选另一个选区），然后按下<Alt+Delete>组合键在选区内填充前景色，如图 9-328 所示。

66 将当前图层的混合模式设置为“叠加”，不透明度设置为“40%”，得到如图 9-329 所示的效果。

图 9-328 在选区内填充颜色

图 9-329 设置混合模式和不透明度

67 新建“图层3”，选择“编辑”→“描边”菜单项打开“描边”对话框，在该对话框中完成设置（描边颜色设置为“C：50，Y：80)”，然后单击 确定 按钮对选区进行描边，如图 9-330 所示。

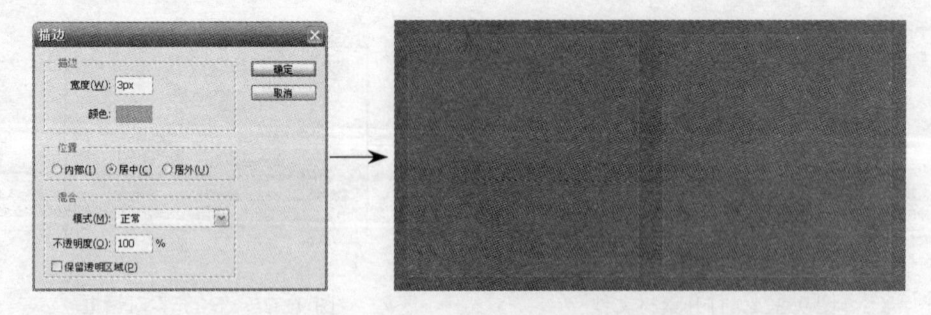

图 9-330 对选区进行描边

68 按下<Ctrl+D>组合键取消选区。将前景色修改为“C：90，Y：90，K：30”，然后新建“图层 4”，使用“渐变”工具在图像左侧创建“前景到透明”的径向渐变，如图 9-331 所示。

69 将当前图层的混合模式设置为“滤色”，不透明度设置为“80%”，然后将“图层4”复制一份，得到“图层4副本”，使用“移动”工具移动该层图像到右侧，如图 9-332 所示。

图 9-331　拉出径向渐变

图 9-332　复制并移动图像

70 打开光盘文件夹中的“花纹2.psd”文件，如图 9-333 所示。将图像复制到设计文件中，得到“图层5”，然后按下<Ctrl+U>组合键调整图像的“色相/饱和度”，为图像着色，得到约为“C：45，Y：40，Y：95”的黄色。

71 按下<Ctrl+T>组合键对花纹进行缩放，并移动到图像的左侧，对齐参考线，如图 9-334 所示。

图 9-333　打开素材图像

图 9-334　对图像进行自由变换

72 为“图层5”添加如图 9-335 所示的“描边”样式（描边颜色使用“C：45，M：80，Y：100”和“C：15，Y：65”交替的渐变色）。

73 将“图层5”复制3份，使用“编辑”→“变换”子菜单中的菜单项分别对副本图层进行水平翻转、垂直翻转和旋转 180 度，然后使用“移动”工具将它们放置在图像的四角，对齐参考线，如图 9-336 所示。

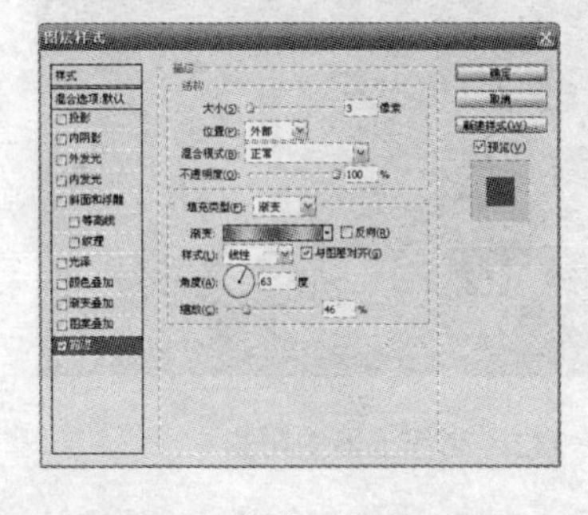

图 9-335　添加“描边”样式

图 9-336　制作四角的花纹

74 打开光盘文件夹中的“玉器1.psd”文件和“玉器2.psd”文件，如图 9-337 和图

9-338 所示。

图 9-337 打开“玉器 1.psd”文件

图 9-338 打开“玉器 2.psd”文件

75 将素材图像拖动到设计文件中，放置在合适的位置并缩放至合适大小，得到“图层 6”和“图层 7”，如图 9-339 所示。

76 将前景色修改为黑色，然后将“图层 6”和“图层 7”的混合模式设置为“滤色”，如图 9-340 所示。

图 9-339 导入素材图像

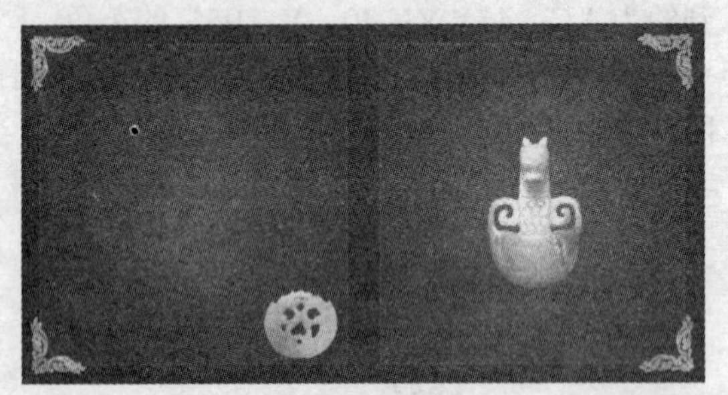

图 9-340 设置“滤色”混合模式

77 为“图层 6”添加如图 9-341 所示的“外发光”样式，发光颜色设置为“C：60，Y：70”。

78 按下<Ctrl>键单击“图层 6”缩览图调出选区，新建“图层 8”，在选区内填充前景色，然后按下<Ctrl+D>组合键取消选区，接着选择“滤镜”→“模糊”→“高斯模糊”菜单项将图像模糊像素，再将“图层 8”的混合模式设置为“正片叠底”，不透明度设置为“70%”，如图 9-342 所示。

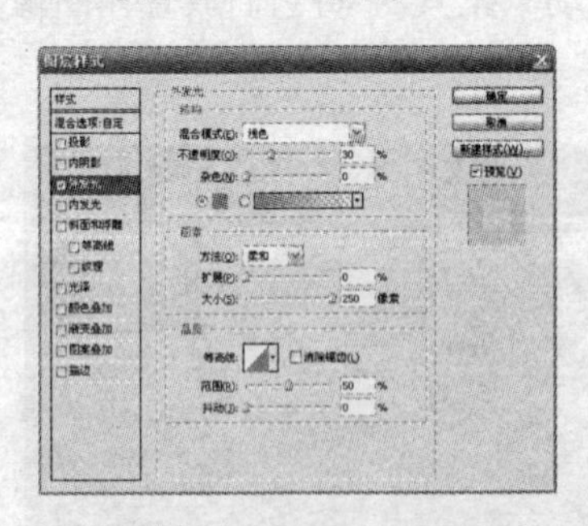

图 9-341 添加“外发光”样式

图 9-342 制作玉器的阴影

79 使用同样的方法为“图层 7”的玉器制作阴影，得到“图层 9”，在“图层”面板中将“图层 7”和“图层 9”选中并复制，将副本图层缩放至合适大小，放置在图像的左上方，如图 9-343 所示。

图 9-343 制作玉器的阴影

80 打开光盘文件夹中的“翅膀.psd”文件，如图 9-344 所示。将其复制到设计文件中，放置在合适位置并缩放至合适大小，得到“图层 10”.

图 9-344 打开翅膀素材文件

81 将“图层 10”的混合模式设置为“明度”，不透明度设置为“80%”，按下<Ctrl>键单击“图层 6”缩览图调出选区，然后按下<Alt>键单击“图层”面板下方的“添加图层蒙版”按钮 为当前图层添加反相的图层蒙版，如图 9-345 所示。

图 9-345 制作玉器的“翅膀”

82 使用“横排文字”工具 输入“鱼台金鼎玉器有限公司”，字体设置为“文鼎 CS 大宋”，字体颜色设置为“Y：100”，如图 9-346 所示。

图 9-346 输入企业名称

83 新建“图层11”，按下<Ctrl+Alt+G>组合键将该图层与下层创建剪贴组，然后选择“画笔”工具，使用橙色和咖啡色在文字上自右上方向左下方绘制，得到如图 9-347 所示的金色文字效果。

图 9-347　制作金色文字

84 在图像的左上方输入点文本——“玉的内涵”，在图像的右下方输入点文本——“金鼎玉器——开创中国玉器发展新纪元”，在图像的左侧输入有关玉的内涵的段落文字，得到如图 9-348 所示的最终图像效果。

图 9-348　画册封面封底设计效果

85 保存设计文件，并将文件另存为不保留图层的 Tiff 格式。企业画册立体效果如图 9-349 所示。

图 9-349　画册立体效果

9.8　练习题

1. 填空题

① 在自定义无缝拼接图案的时候，需要使用到________滤镜组中的________滤镜。

② 杂志广告的常见规格有________、________、________、________和________等。

③ 最为常见的印刷海报尺寸为________、________、________等类型。A3 幅面海报的尺寸为________。

④ 常见的招贴画为正度 4 开，成品尺寸为________。如果每边留 3mm 出血，则设计尺寸应为________。

⑤ 常见的超市、商场等发放的宣传彩页是一种高档印刷品，最为常用的纸张为 80g（指每平方米纸张的克数）和 157g________纸，另外还有 105g、128g、200g 和 250g 的________纸和________纸也是比较常用的类型。

⑥ 宣传页的分辨率一般要求在________dpi 或者________dpi。

⑦ 目前国内 POP 广告的主要设计方式，主要有________、________、________、________等类型。

⑧ POP 广告的作用主要有________、________、________、________等。

⑨ 报纸广告按照尺寸版式可以分为________、________、________、________、________、________、________等类型。

⑩ 企业画册按照设计目的的不同可以分为________和________两种类型。

2．简答题

① 什么叫无缝拼接图像？

② 报纸广告需要留出血吗？

③ 什么叫单通栏广告、半通栏广告和双通栏广告？

④ 企业画册的设计原则主要有哪些？

第4篇

设计作品的输出

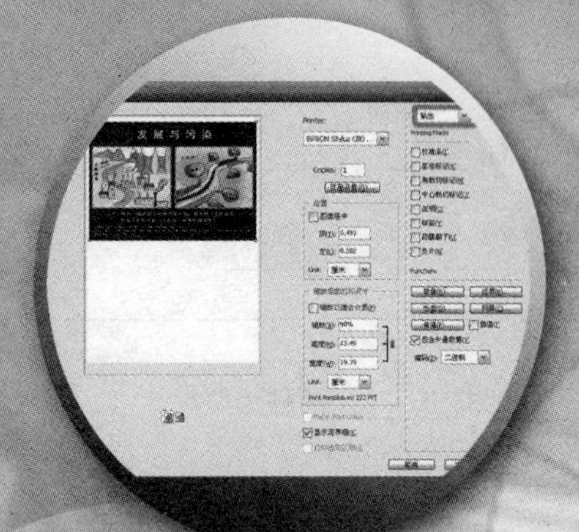
发展与污染
Printer:
Copies: 1

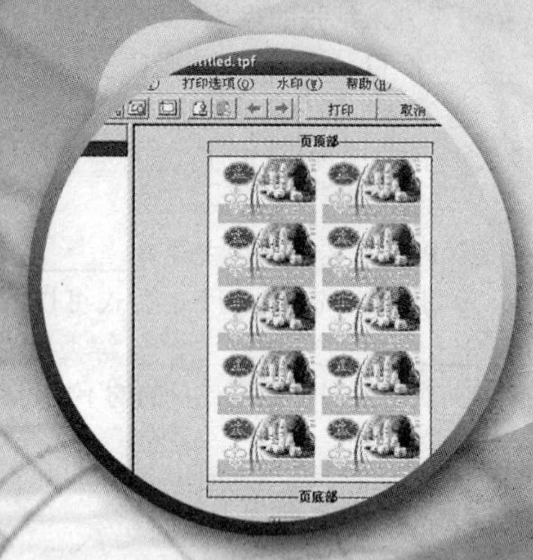
打印选项(O)
水印(W)
帮助(H)
打印
取消
页顶部
页底部

新年快乐
福
迎春接福

MAY 20th-27th
JAPAN FESTIVAL

糖尿病人的理想食品
《杰康诺》啤酒酵母蛋白粉
海杰诺生物科技有限公司
SEDGE

第 10 章　打印输出

10

学习要点：

- 打印机设置
- 文件页面设置
- 打印输出
- 名片的拼版

案例数量：

- 1 个行动实例

内容总览：

打印是平面广告设计作品最基本的输出方式，很多名片、宣传单都是打印输出的。对于印刷和喷绘写真输出的作品还可以通过打印输出小样，以供校对。本章就会介绍有关打印输出方面的知识。

10.1　输出设置

打印输出的基本设备是电脑和打印机，不同的打印机的输出设置方法是各不相同的，但是它们有很多的相通之处。下面就介绍一下 EPSON C80 这款机器的输出设置方法。

❶ 首先打开打印机，安装好打印机驱动，确定打印机能够正常工作。

❷ 在控制面板中选择“打印机和传真”选项打开“EPSON C80 打印首选项”对话框，如图 10-1 所示。

❸ 在“介质类型”下拉列表中选择合适的选项，如图 10-2 所示。

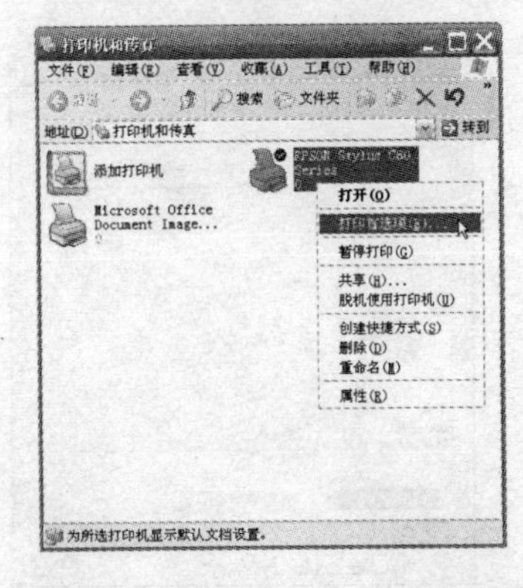

图 10-1　打开“打印机首选项”

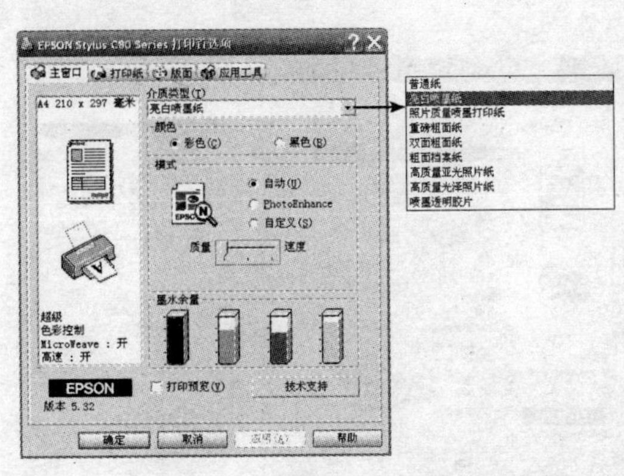

图 10-2　设置打印“介质类型”

小提示：

如果是普通的喷墨打印纸或者白卡、布纹名片纸，可以选择“亮白喷墨纸”选项；如果是高光相纸，可以选择“高质量光泽照片纸”选项；如果是制作 PVC 免层压卡片（例如贵宾卡会员卡等），可以将打印料的打印面向上，选择“喷墨透明胶片”选项。

❹ 如果不是打印相片，在“模式”选项组中将滑块移至“质量”一端即可。如果是打印相片，需要在“模式”选项组中选择“自定义”单选按钮，然后单击 高级(N)... 按钮打开“高级”对话框，再在该对话框中完成相关设置（如取消“高速”复选框的选中状态，再完成“色彩管理”设置等），如图 10-3 和图 10-4 所示。

图 10-3　选择“自定义”单选按钮

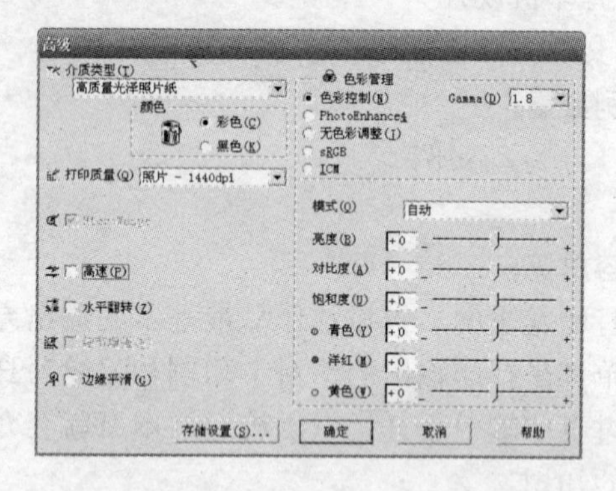

图 10-4　设置“高级”选项

❺ 设置完成以后，单击按钮返回“EPSON C80 打印首选项”对话框，切换到“打印纸”选项卡，在“打印纸尺寸”下拉列表中选择输出的纸张大小，然后在“可打印区域”选项组中选择“最大”单选按钮，否则可能会使打印画面不完整，如图 10-5 所示。

小提示：

虽然选中了“最大”单选按钮，但是打印机也会有一定的咬口位，一般为 3mm，不可能在整张纸上都扑满墨水，因此打印输出的文件四周都会有至少 3mm 的白边。

❻ 切换到“纸面”选项卡中，完成“多页”或者“双面打印”等选项设置，如图 10-6 所示。

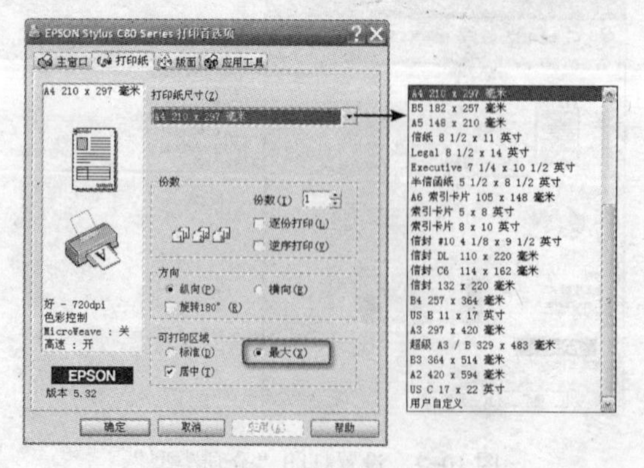

图 10-5　设置“打印纸”

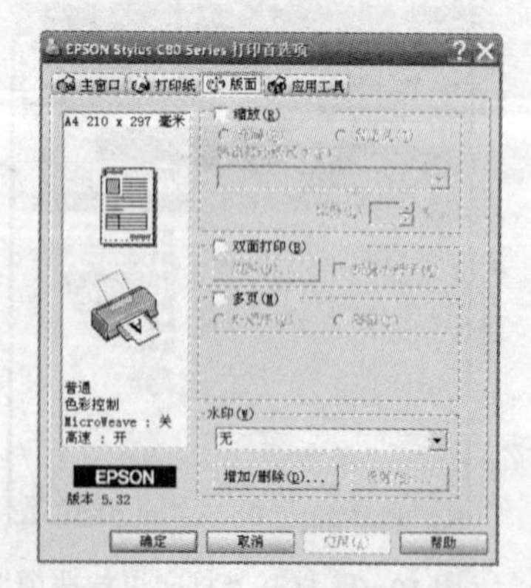

图 10-6　设置“纸面”

❼ 如果打印机闲置一段时间，喷嘴就容易堵塞（如同钢笔笔尖一样），这时候就需要清洗打印头。切换到“应用工具”选项卡中，单击按钮对打印头进行清洗。在打印输出之前，也应该先单击按钮打开“喷嘴检查”对话框，放入打印纸并单击 打印 按钮对喷嘴进行检查，以免由部分喷嘴堵塞造成的打印效果不理想，浪费纸张、墨水和时间，如图 10-7 和图 10-8 所示。

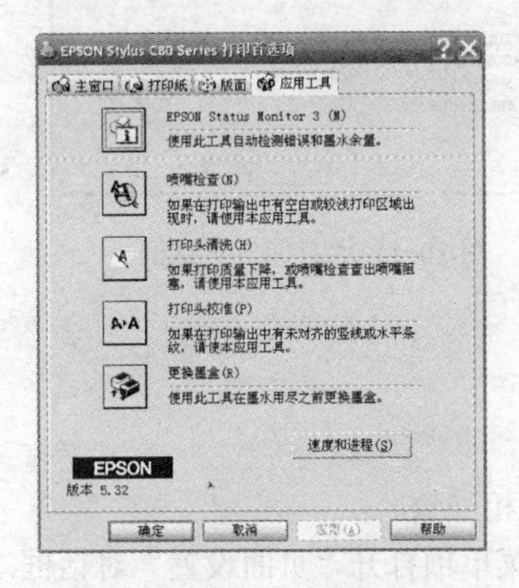

图 10-7 设置“应用工具”

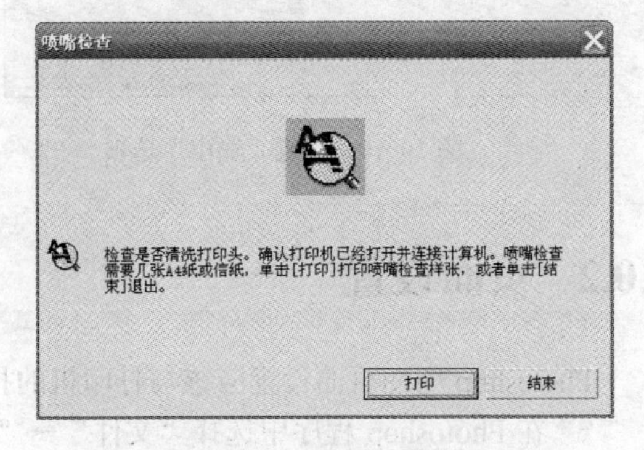

图 10-8 “喷嘴检查”对话框

❽ 完成上述设置后，单击 结束 和各级 确定 按钮关闭“EPSON C80 打印首选项”对话框，然后进入 Photoshop 应用程序。打开一副作品，然后选择“文件”→“打印”菜单项打开如图 10-9 所示的“打印”对话框。

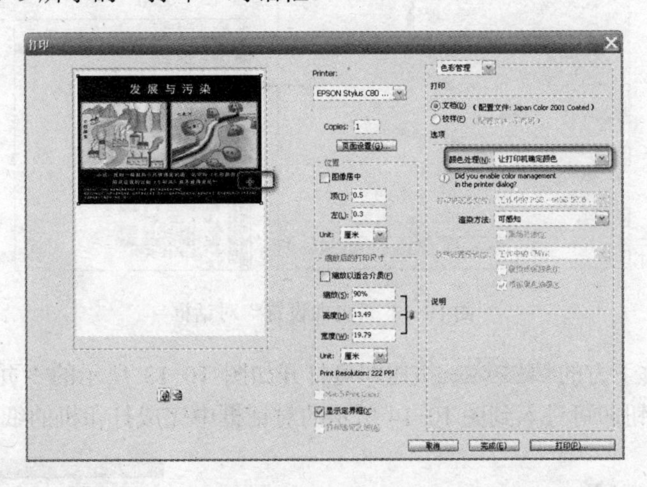

图 10-9 “打印”对话框

❾ 在“缩放”文本框中设置缩放比例，然后取消“图像居中”复选框的选中状态，接着在预览框中拖动打印图像在纸张中的位置或者在“顶”和“左”文本框中输入图像距纸张边界的距离，再在“颜色处理”下拉列表中选择“让打印机确定颜色”，在对话框右上方的下拉列表中选择“输出”选项，进入如图 10-10 所示的状态。

❿ 在对话框右侧完成输出设置并单击 打印(P)... 按钮打开如图 10-11 所示的“打印”对话框，设置好“页面范围”和打印“份数”，单击 打印(P) 按钮就可以进行打印输出了。

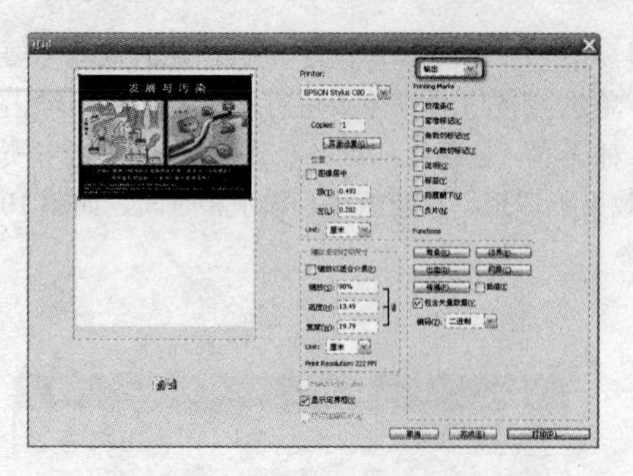

图 10-10 设置“输出”选项

图 10-11 “打印”对话框

10.2 页面设置

Photoshop 中的页面设置应该与打印机的打印页面设置相一致。

❶ 在 Photoshop 程序中选择“文件”→“页面设置”菜单项打开“页面设置”对话框，然后在纸张“大小”下拉列表中选择输出纸张的大小，如图 10-12 所示。

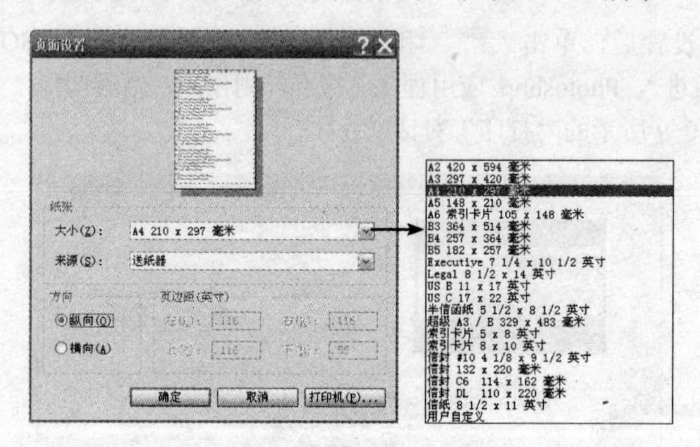

图 10-12 “页面设置”对话框

❷ 单击对话框下方的 打印机(P)... 按钮即可打开如图 10-13 所示的“页面设计”对话框，单击 属性(P)... 按钮即可进入到图 10-14 所示的对话框中完成打印机的纸张页面设置。

图 10-13 “页面设置”对话框

图 10-14 “EPSON C80 属性”对话框

❸ 完成设置后单击各级 确定 按钮关闭对话框即可。

10.3 行动实例——名片的打印输出

范例文件：光盘→实例素材文件→第 10 章→10.3

使用彩色喷墨打印机可以制作普通的数码名片（贵宾卡、会员卡），设计制作数码名片一般都是使用 Photoshop 做底图，蒙泰软件进行文字排版。

下面就来学习一下数码名片的打印输出方法。

❶ 打开如图 10-15 所示的蒙泰软件应用程序，选择“文件”→“建立新文件”菜单项打开如图 10-16 所示的“建立新文件”对话框，在“出版物类型”下拉列表中选择“名片”选项，单击 确认 按钮创建一个新文件。

图 10-15 蒙泰程序窗口

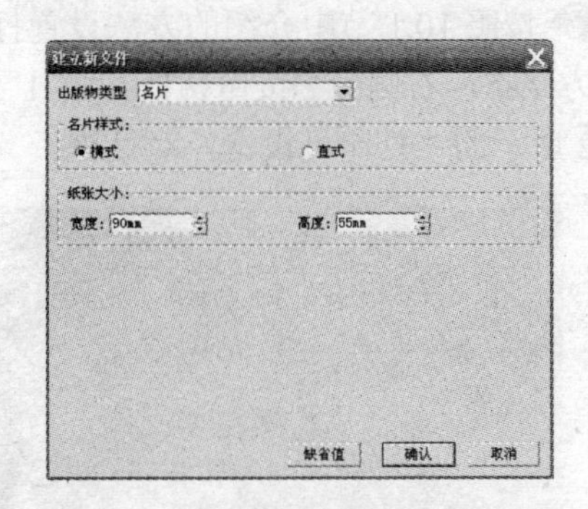

图 10-16 “建立新文件”对话框

❷ 选择“文件”→“载入图片”菜单项打开如图 10-17 所示的“取图片文件”对话框，选中设计并保存好名片正面的图像文件，然后单击 打开(O) 按钮将该文件导入。

❸ 使用“图形编辑”工具选中导入的图像文件，然后单击工具栏中的按钮打开“靠齐与分布”面板，接着单击面板右侧的“水平居中”按钮和“垂直居中”按钮，将图像文件居中，如图 10-18 所示。

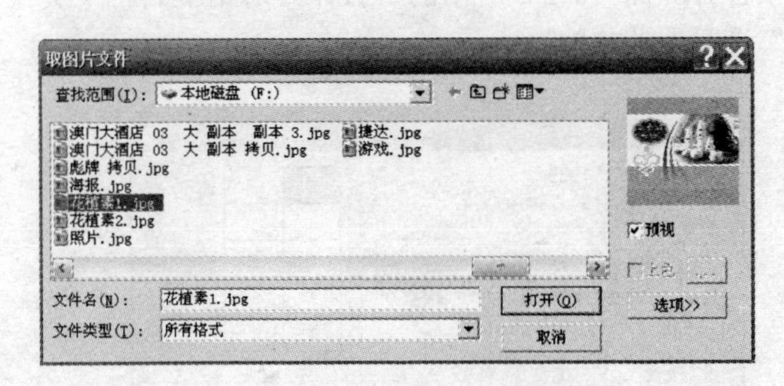

图 10-17 “取图片文件”对话框

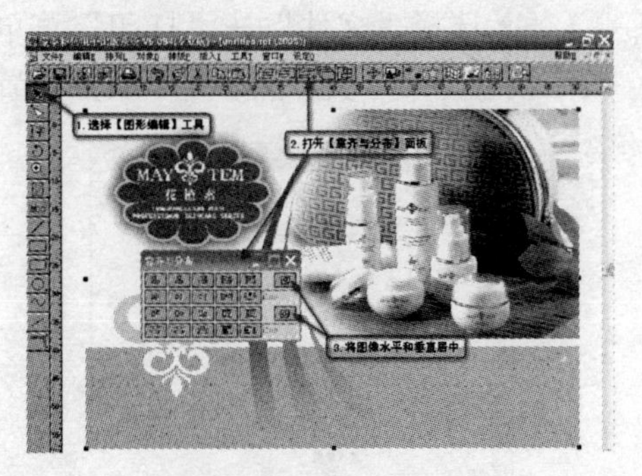

图 10-18 将图像文件居中

❹ 输入文字并设置文字描边，如图 10-19 所示。

❺ 单击工具栏中的按钮，只显示图像的框架，预览文字与边界的关系并做适当调

整，如图 10-20 所示。

图 10-19 输入文字

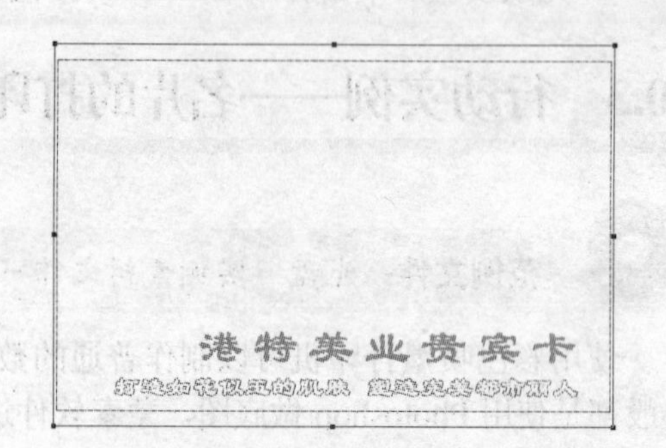

图 10-20 只显示图像的框架

❻ 完成卡片正片设计后单击程序下方状态栏右侧的按钮在排版文件中新建一个页面，然后在新的页面中完成设计，如图 10-21 所示。

❼ 按照 10.1 节中介绍的方法设置打印机的首选项，将纸张大小设置为 A4，然后单击程序下方状态栏右侧的按钮切换到第 1 页，选择“文件”→“打印机设定”菜单项打开如图 10-22 所示的“打印机设定”对话框。

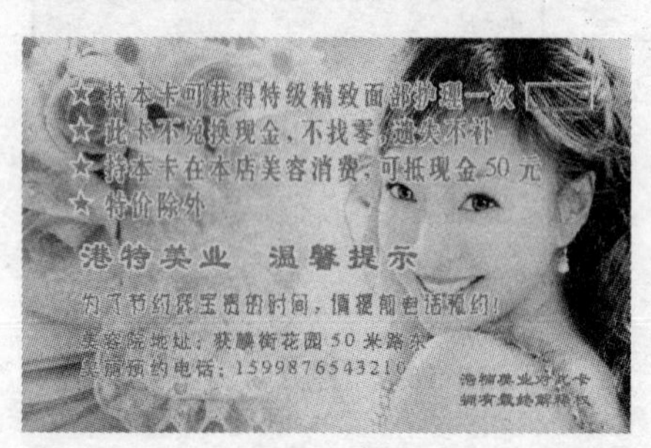

图 10-21 第 2 页中的内容

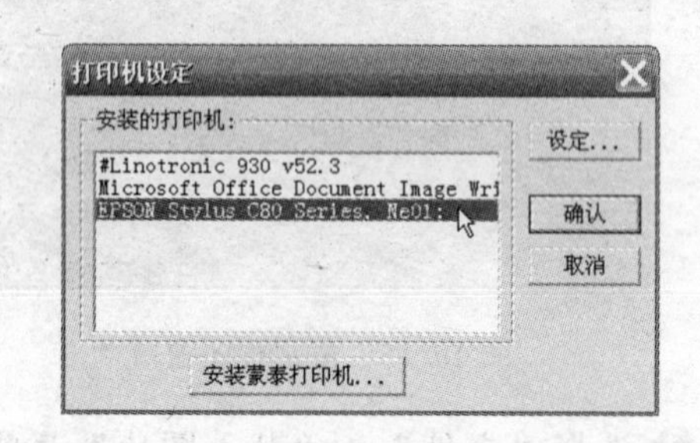

图 10-22 “打印机设定”对话框

❽ 选中彩色喷墨打印机，然后单击 设定... 按钮打开“EPSON C80 属性”对话框检查打印机属性设置，选中“打印预览”复选框，然后完成其他设置并单击 确定 按钮和 确认 按钮关闭对话框，如图 10-23 所示。

❾ 选择“文件”→“打印”菜单项打开如图 10-24 所示的“打印”对话框。将“页码”设置为第一页，然后将“页面位置”设置为“中心”。

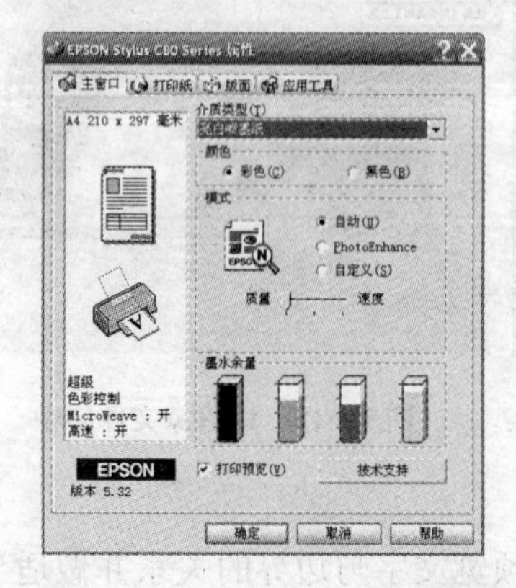

图 10-23 “EPSON C80 属性”对话框

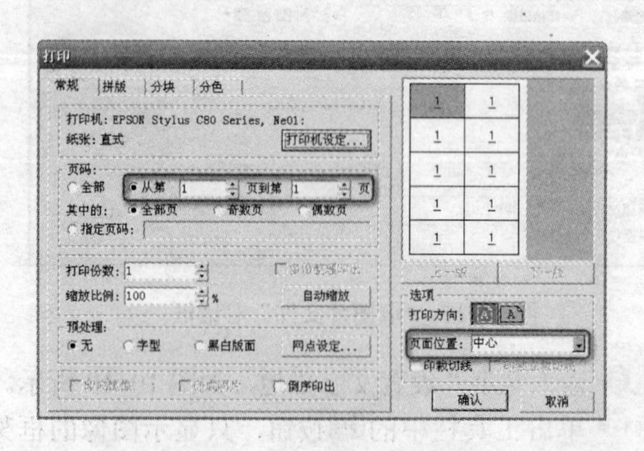

图 10-24 “打印”对话框

小技巧：

打印彩喷名片需要将“介质类型”设置为“亮白喷墨纸”，将“模式”选项组中的滑块移至“质量”一端，“打印纸尺寸”设置为“A4”，“可打印区域”设置为“最大”。

⑩ 切换到“拼版”选项卡，选中“简单拼版”单选按钮，然后选中“印相同内容”单选按钮，设置每版5行，每行2列，然后设置卡片间的留空，如图10-25所示。

⑪ 将名片纸放入打印机，然后单击 确认 按钮进入打印状态，此时出现如图10-26所示的“EPSON 打印预览”对话框，预览打印效果无误后单击 打印 按钮等待打印机开始打印。

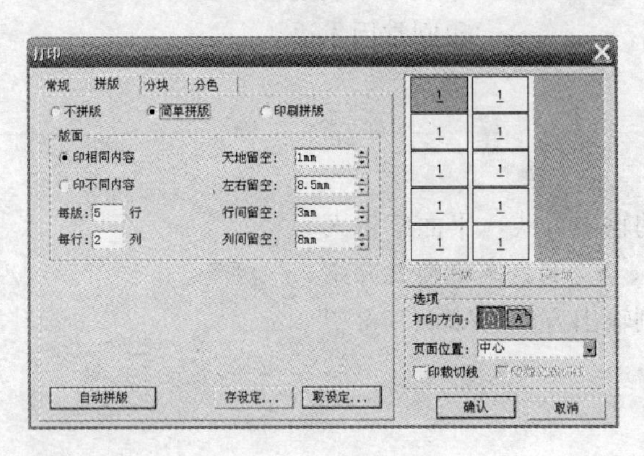

图10-25 设置拼版

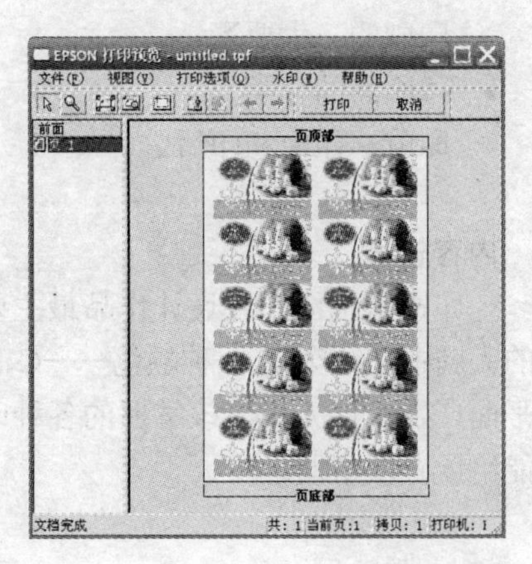

图10-26 打印预览

10.4 练习题

填空题

如果想要使用彩喷机，使用A4大小的彩色喷墨打印纸打印一张A3大小的海报作品，需要进行如下打印设置。

① 在控制面板中选择“打印机和传真”选项打开“……打印首选项”对话框，在“介质类型”下拉列表中选中“________”选项。

② 在“打印纸”选项卡中的“打印纸尺寸”下拉列表中选择“________”选项，然后将“模式”选项组中的滑块移至“________”一端，再在“可打印区域”选项组中选择“________”单选按钮，接着单击 确定 按钮关闭该对话框。

③ 在Photoshop程序中打开需要打印的文件，选择“文件”→“打印”菜单项打开“打印”对话框。在“位置”选项组中选中“图像居中”复选框，然后在“缩放后的打印尺寸”选项组中选中“________”复选框使图像居中并适合A4大小的打印纸。

④ 单击 打印(P)... 按钮打开“打印”对话框，设置好“页面范围”和打印“份数”，接着单击 打印(P) 按钮就可以进行打印输出了。打印的图像边界会有3mm左右的白边，这是打印机的________。

第 11 章 印刷输出

11

学习要点：

- 印刷的三大要素
- 印刷品的分类
- 印前、印中和印后
- 印版、印刷设备和油墨
- 印刷常用术语

内容总览：

印刷是平面广告设计作品最主要的输出方式，平面广告人的大脑中必须牢记 4 种颜色——C、M、Y、K。本章将要介绍平面广告设计人员应该掌握的各种印刷输出方面的知识，希望能给读者以帮助。

11.1 印刷要素

学习印刷知识，首先要了解印刷的三个要素——印刷材料、印刷颜色和印刷后期加工。

11.1.1 印刷材料

印刷材料指的是印刷输出的载体，如纸张、塑料、金属、玻璃和木材等，纸张是最为普通和常见的印刷材料。

1．纸张的单位

1）克：衡量纸张厚度的重要指标，指每平方米纸的重量，以克（g）为单位。

2）令：衡量纸张数量的单位，500 张为一令。

3）吨：计算纸张重量的单位，用于计算纸价。

2．纸张的分类

根据印刷用途的不同可以将纸张分为平板纸和卷筒纸两种类型，平板纸适用于一般印刷机，卷筒纸一般用于高速轮转印刷机。

根据纸张的性能和特点可以将印刷纸张分为以下几种类型。

1）拷贝纸：17～20g，一般是纯白色，主要用于增值税票、礼品内包装等。

2）打字纸：28～32g，有白色、红色、黄色、蓝色、绿色、淡绿色和紫色等 7 种颜色，主要用于传单、联单和表格的制作。

3）有光纸：35～40g，一面有光，可用于联单、表格和便签制作，为低档的印刷纸张。

4）复印纸：64～80g，有粉红、浅黄、浅蓝、浅绿、柠檬、深蓝、翠绿、桔红和深红等多种颜色，主要用于日常打印、复印和印刷各类传单、价目表及商业广告等。

5）书写纸：28～100g，主要用于印刷练习本、日记本、表格和账簿等低档印刷品。

6）凸版纸：49～60g，主要适用于凸版印刷书刊、杂志等。

7）胶版纸：50～180g，表面没有涂布层，主要用于胶印印刷机或其他印刷机的中档印刷，如印刷彩色画报、画册、宣传画、彩印商标及一些高级书籍封面、插图等。

小提示：

胶版纸伸缩性小，平滑度好，质地紧密不透明，白度好，抗水性能强。应选用结膜型胶印油墨和质量较好的铅印油墨，油墨的粘度也不宜过高，还要采用防脏剂、喷粉或者夹衬纸。

8）新闻纸：50～66g，也叫白报纸，适合于高速轮转机印刷。主要用于报纸、期刊、课本、儿童彩色图书和商业表格等正文印刷。新闻纸的消费量约占世界纸及纸板总消费量的15%。

小提示：

新闻纸纸质松轻、具有较好的弹性，吸墨性能好，压光后两面平滑，不起毛，从而使两面印迹比较清晰而饱满，有一定的机械强度，不透明性能好。

9）无碳纸：40～150g，有直接复写功能，分上、中、下纸，上、中、下纸不能调换或者翻用，常用于制作账簿、联单和表格。

10）青涂纸：64～70g，这种纸很薄，易碎，常用于制作促销宣传单页，例如各大超市和商场的特价商品宣传单、促销册子等，另外还常用于印刷杂志和期刊的彩插。

11）铜版纸：80～400g，有双铜和单铜两种类型，适用于网线铜版印刷。双铜版纸主要用于印刷高级书刊的插图、封面、直邮广告、画册、明信片以及彩色商标等高档印刷品；单铜版纸主要用于印刷纸盒、纸箱、手提袋和药盒等中、高档印刷品。

小提示：

铜版纸表面光滑，白度较高，纸质纤维分布均匀，厚薄一致，有较好的弹性，较强的抗水性和抗脏性，对油墨的吸收性与接收状态良好。

12）亚粉纸：105～400g，也叫无光铜，表面涂布层经过哑光处理。亚粉纸也可以用于制作宣传页、画册和高档杂志等印刷品，和双铜版纸的用途差不多，虽然亚粉纸的光泽度没有双铜版纸高，但是它的挺度要比铜版纸更好一些。

13）灰底白板纸：200g 以上，主要用于印刷烟盒、化妆品、药品、食品以及文具用品等商品的商标和包装纸盒，具有良好的印刷性能和耐折强度。

14）名片纸：180～250g，适合激光打印机和彩色喷墨打印机使用，还可以做中档的包装。常见的名片纸有白卡、黄卡和各种布纹、压纹纸等。

15）牛皮纸：60～200g，主要用于文件袋、档案袋、信封、包装和纸箱等的印刷。

3．纸张的规格

根据国际标准，纸张有 A 和 B 两种规格，在国内还有正度和大度两种常见的纸张规格划分，4 种规格的尺寸如表 11-1 所示。

表 11-1　常见纸张规格

正度纸张	全开	787mm×1092mm	2 开	540mm×740mm
	4 开	370mm×540mm	8 开	260mm×370mm
	16 开	185mm×260mm	32 开	130mm×185mm
大度纸张	全开	889mm×1194mm	2 开	570mm×840mm
	4 开	420mm×570mm	8 开	285mm×420mm
	16 开	210mm×285mm	32 开	140mm×203mm
A 尺寸	A0	841mm×1189mm	A1	594mm×841mm
	A2	420mm×594mm	A3	297mm×420mm
	A4	210mm×297mm	A5	148mm×210mm
	A6	105mm×148mm	A7	74mm×105mm
	A8	52mm×74mm		
B 尺寸	B0	1000mm×1414mm	B1	707mm×1000mm
	B2	500mm×707mm	B3	353mm×500mm
	B4	250mm×353mm	B5	176mm×250mm
	B6	125mm×176mm	B7	88mm×125mm
	B8	62mm×88mm		

A 尺寸是从德国引进的国际规格，B 尺寸是江户时代将军家所使用“美浓纸”的日本规格。A 尺寸的计算方法是——A0 纸的面积为 $1m^2$，宽度和长度的比例为 $1:\sqrt{2}$，A1 为 A0 的一半，其他依次类推，如图 11-1 所示。而 B 尺寸的计算方法是——B0 纸的面积为 $1.5m^2$，宽度和长度的比例为 $1:\sqrt{2}$，B1 为 B0 的一半，其他依次类推，如图 11-2 所示。

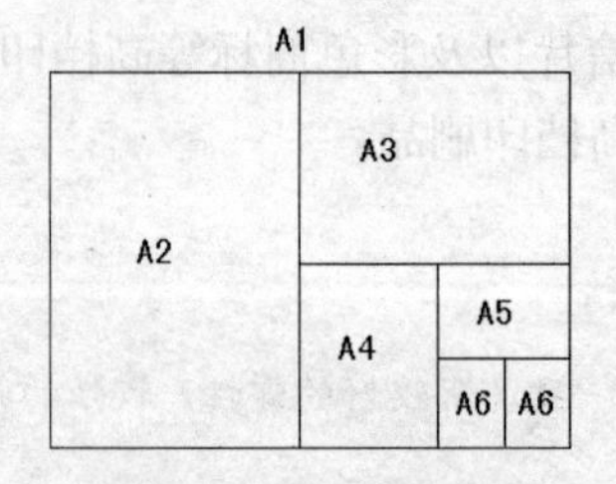

图 11-1　A 规格

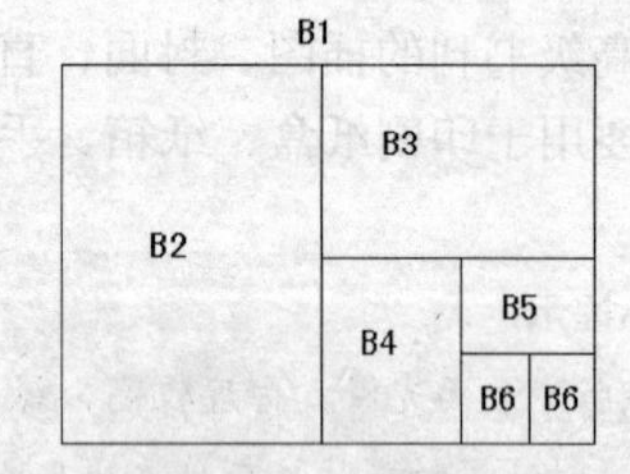

图 11-2　B 规格

11.1.2　印刷颜色

印刷颜色主要有 C、M、Y、K 四色印刷色、专色、金色和银色等。

1. 印刷色

印刷色通常是指由不同的 C（青）、M（洋红）、Y（黄）、K（黑）的百分比合成的颜色。在印刷原色时，4 种颜色分别有自己的色版，在色版上记录了该颜色的网点（由半色调网屏生成的），将 4 种色版组合到一起就形成了所定义的原色。四色印刷时需要 4 个色版，每一个色版出一张菲林（胶片）。

2. 专色

专色是指不是由 C、M、Y、K 四色合成的颜色，而是专门使用一种特定的油墨来印刷该颜色。专色油墨是印刷厂预先混合好或者由专业油墨厂生产的。印刷品中的每一种专色都有一个专门的色版与之对应，单独出一张菲林片。虽然计算机显示器上的颜色和专色印刷的颜色有一定的差别，但是通过标准颜色匹配系统的预印色样卡就能够看到该颜色在纸张上的准确颜色了。

小提示：

使用专色可以使颜色更准确，但是没有特殊的需求，设计师是不可以轻易使用自定义专色的。

专色印刷主要适用于设计作品中颜色均匀或者变化规律的渐变色块和文字。这些本来需要4色套印的颜色只需要一个色版就可以完成了，提高了印刷质量也节省了套印次数。

单色和双色印刷实际上就是使用一种或者两种专色进行印刷的。

1）专色的使用

❶ 在“通道”面板菜单中选择“新建专色通道”菜单项即可打开“新建专色通道”对话框，如图11-3和图11-4所示。

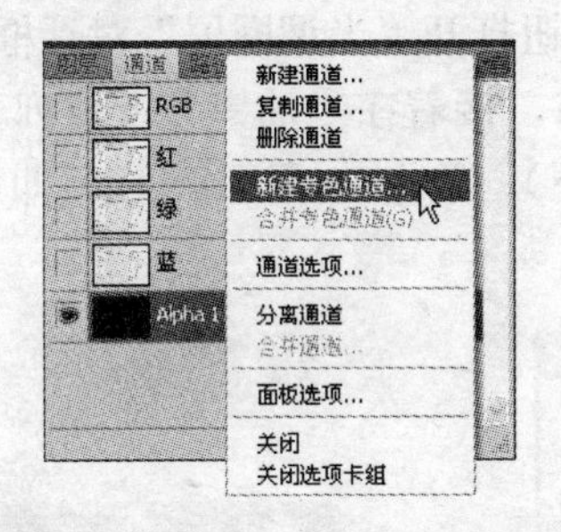

图11-3　“新建专色通道”菜单项

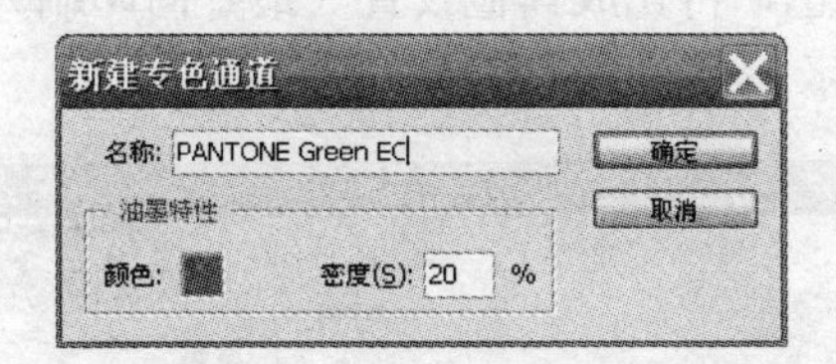

图11-4　“新建专色通道”对话框

❷ 在“密度”文本框中设置专色的密度值，然后单击“颜色”颜色框打开拾色器对话框，单击该对话框右下方的 颜色库 按钮打开“颜色库”对话框，在“色库”下拉列表中选择专色油墨，然后在下方的列表框中选择需要的颜色，如图11-5和图11-6所示。

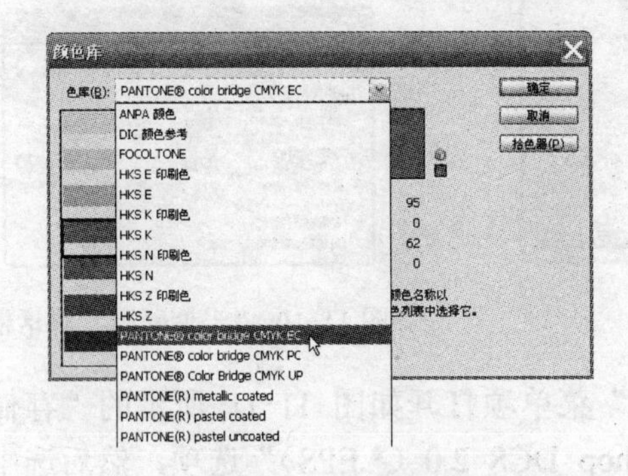

图11-5　选择专色油墨

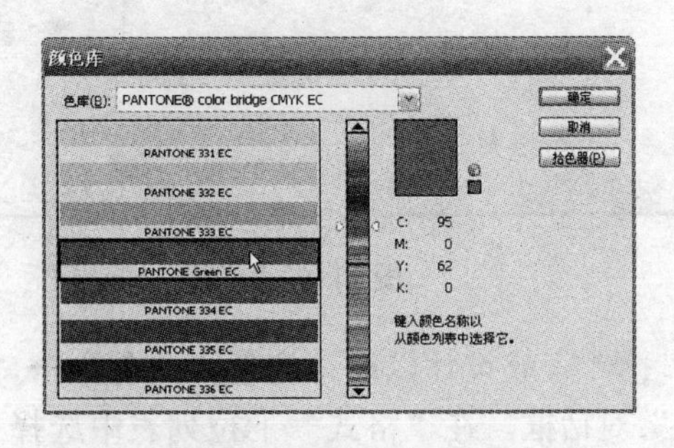

图11-6　选择需要的颜色

小提示：

如果是印刷厂自己调配的专色，可以单击“颜色库”对话框右侧的 拾色器(P) 按钮打开如图11-7所示的“拾色器”对话框，设置调配好的专色。

❸ 单击两次 确定 按钮得到一个专色通道，使用黑色在通道中绘制，得到如图11-8

所示的效果。

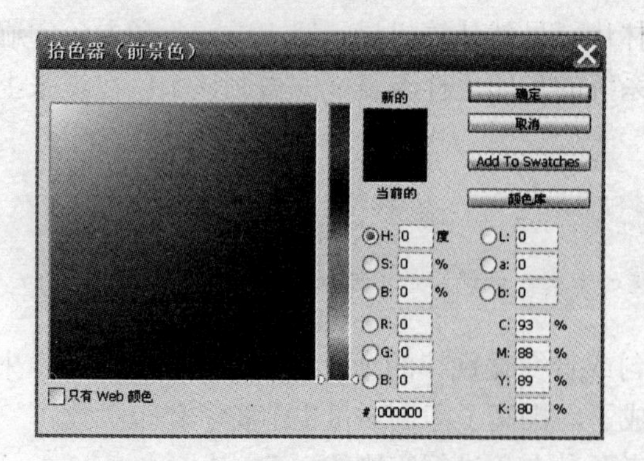

图 11-7 “拾色器”对话框

图 11-8 “通道”面板

2）专色的保存

❶ 选择“文件”→“打印”菜单项打开如图 11-9 所示的“打印”对话框，在右上角的下拉列表中选择“输出”选项，然后单击 网屏(C)... 按钮打开“半调网屏”对话框。

❷ 取消“使用打印机默认网屏”复选框的选中状态，接着在“油墨”下拉列表中选择设置的专色，再完成其他设置（最好向印刷人员咨询一下），单击 确定 按钮即可，如图 11-10 所示。

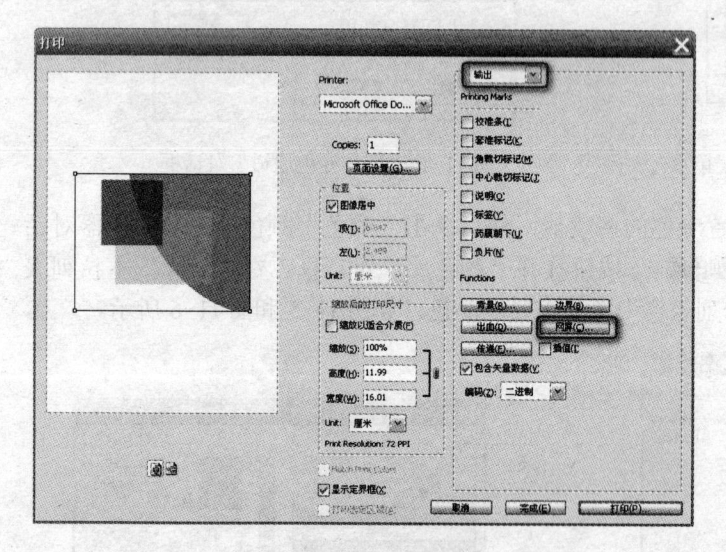

图 11-9 “打印”对话框

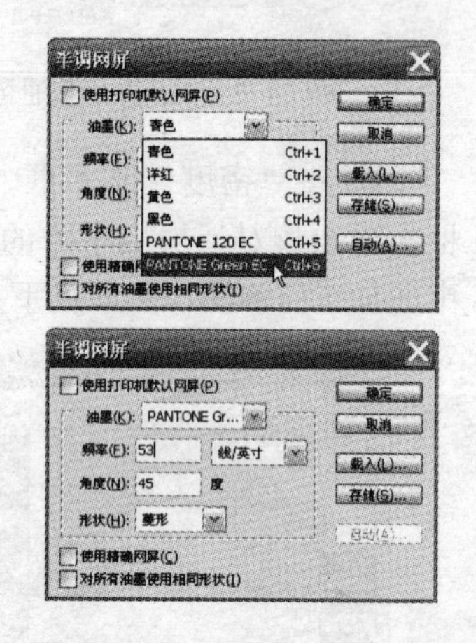

图 11-10 “半调网屏”对话框

❸ 完成设计以后，选择“文件”→“存储为”菜单项打开如图 11-11 所示的“存储为”对话框，在“格式”下拉列表中选择“Photoshop DCS 2.0（*.EPS）”选项，然后选中“专色”复选框。

❹ 单击 保存(S) 按钮进入如图 11-12 所示的“DCS 2.0 格式”对话框，在“预览”下拉列表中选择“TIFF（8 位/像素）”选项，然后在“DCS”下拉列表中选择“具有彩色复合（72 像素/英寸）的多文件”，再在“编码”下拉列表中选择“ASCII”选项，单击 确定 按钮即可将专色保存。

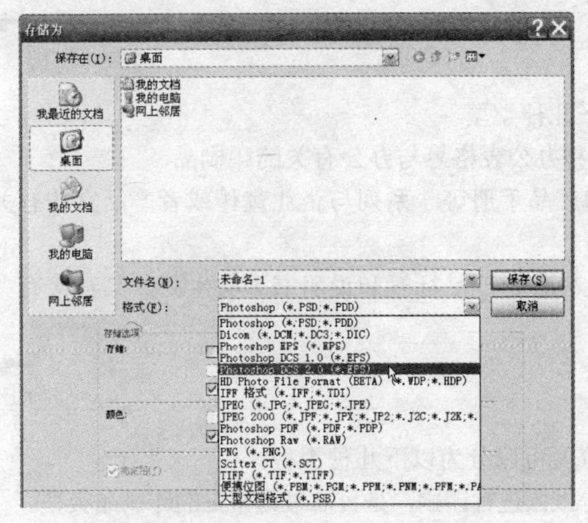

图 11-11 “存储为”对话框

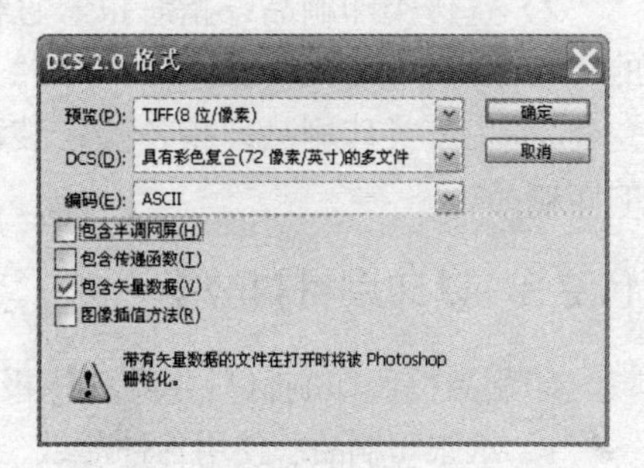

图 11-12 “DCS 2.0 格式”对话框

3. 特种颜色

在名片、宣传册或者包装设计中，客户常常会要求使用金色或者银色印刷。金色和银色分别是由金墨和银墨印刷的，可以算作是特殊的专色，也需要单独出一张菲林片，并单独晒版印刷。在电脑设计时，应定义一种专色来表示金色和银色，“密度”设为“100%”。

另外，还有珠光色以及各种仿金属蚀刻油墨颜色，用于各种高档包装品印刷。

11.1.3 印刷后期加工

印刷品印完后，可根据要求进行压油、上亮、覆膜、烫金、模切和糊盒等操作，这些操作被称作“印刷后期加工”。

11.2 印刷品的分类

印刷品有多种分类方法，下面介绍几种常见的分类方法。

11.2.1 以印刷机分类

印刷品以印刷使用的机器种类划分，可以分为以下几种类型。

1）胶版印刷：指使用平版（一般指橡胶版）印刷，多用于四色纸张印刷。

2）凹版印刷：指用凹版（一般指钢板或者铜版）印刷，多用于数量较大的纸张印刷和塑料印刷。

3）凸版印刷：俗称铅印。指用凸版进行印刷，多用于书籍和杂志的印刷。凡是印刷品的纸背有轻微印痕凸起，线条或网点边缘部份整齐，并且印墨在中心部分显得浅淡的都是凸版印刷品。

4）柔性版印刷：指用柔性材料版（例如树脂版等）印刷，多用于不干胶（也就是背胶纸）的印刷。

5）丝网印刷：可以在各种材料上印刷，广泛地应用于软硬塑胶印刷，多用于印制广告条幅、气球、灯笼和礼品等。

6）特种印刷：主要包括喷墨印刷和静电印刷和全息照相印刷等。

11.2.2 以终极产品分类

印刷品按照终极产品分类可以分为以下几种类型。

1）办公类印刷品：信纸、信封、便签和办公表格等与办公有关的印刷品。

2）宣传类印刷品：指海报、宣传页和产品手册等一系列与企业宣传或者产品宣传有关的印刷品。

3）生产类印刷品：指各种包装盒、包装袋、产品标签和说明书等与生产产品直接有关的印刷品。

11.2.3 以印刷材料分类

印刷品按照印刷材料分类，终极产品分类可以分为以下几种类型。

1）纸张印刷品：使用各种薄纸、卡纸等纸张进行印刷，是目前最为常见的印刷品类型。

2）塑料印刷品：使用各种塑料薄膜、PVC 等进行印刷，多用于制作包装袋。

3）特种材料印刷品：使用玻璃、金属、木材、陶瓷和皮革等特殊材料进行印刷。

11.3 印刷过程

印刷可以分为印前、印中和印后三个过程来实现。

11.3.1 印前

印前指的是印刷前期的工作、包括摄影、策划文案、设计、制作、排版、出菲林片等。

1. 印前设计的工作流程

1）明确设计及印刷要求，接受客户资料、收集素材、策划文案。

2）完成作品设计。

3）打印黑白或者彩色校稿，让客户修改。

4）按照校稿修改作品。

5）再次出校稿，让客户修改，直到定稿。

6）让客户签字后输出菲林。

7）印前打样。

8）将打样送交客户，通过后客户签字（如有问题，修改后重新输出菲林）。

菲林输出以后需要进行晒版，晒版完成以后就可以上机印刷了。

2. 印前设计的注意事项

1）文件

- 以不压缩的 PSD 格式、TIFF 格式或者 EPS 格式存储图像文件。
- 在存储最后的图片之前去除额外的路径和通道以简化文件。

2）尺寸

确定设计尺寸，确保电子文件的页面尺寸与印刷品的页面尺寸能够匹配，按照要求留足出血（如果没有特殊要求的话，每边应留 3mm 出血）。

3）分辨率

印刷设计作品的分辨率由印刷材料、印刷尺寸、印刷品的视觉距离以及印刷厂要求等因素决定。对于广告设计作品来说，图像分辨率大于等于 300dpi 比较保险，因为一副设计作品可能会以不同的输出方式和尺寸出现，可以是小张的宣传单，可以是大幅面的海报，还可以是挂在楼上大型广告，为了满足设计作品这一多变的需要而不损失图像数据，保留一个大分辨率的原稿是最为保险的做法。

小提示：

对于大幅面的广告作品，分辨率可以酌情减小。因为图像的尺寸大，分辨率再大的话，容量就会高达几百 MB 甚至几 GB，处理这样的文件会直接影响到电脑的运行速度。这样大的文件不仅对于设计者来说是一个负担，对于输出人员也会是一件大麻烦。

4）颜色

- 图像的色彩模式必须是“CMYK”或者“灰度”模式。
- 彩图中大面积的纯黑色底，建议使用“C：30，K：100”，有时候也会根据周围的颜色加以调整，比如“C：30，Y：30，K：100”或者“C：80，K：100”等，主要是为了形成舒服的颜色过渡和较亮较纯的黑色。
- 透明渐变填充颜色适用于网络输出或者制作灰度图，不是和彩色印刷输出。纯色到黑色的渐变注意留有过渡，例如从“青”到“黑”的渐变不应该设置成从“C：100”到“K：100”，而是应该设置成从“C：100”到“C：100，K：100”，如图 11-13 所示。又如从“纯橘黄”到“黑”的渐变不应该设置成从“M：50，Y：100”到“K：100”，而是应该设置成从“M：50，Y：100”到“M：50，Y：100，K：100”，如图 11-14 所示。

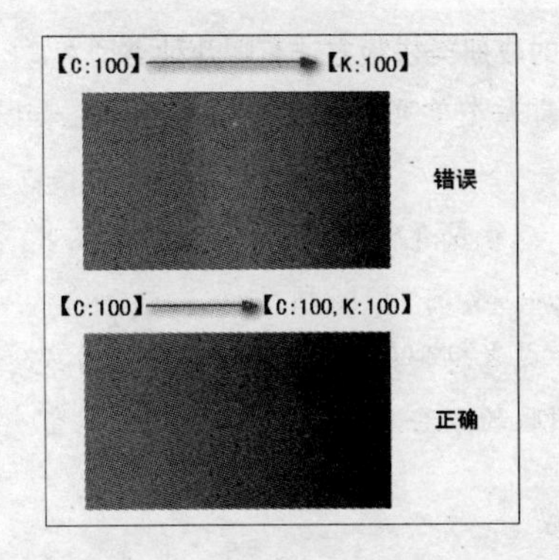

图 11-13 从“青”到“黑”的渐变

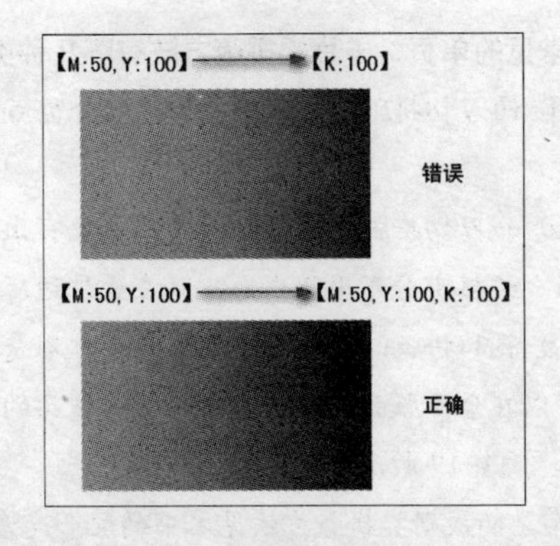

图 11-14 从“纯橘黄”到“黑”的渐变

- 新闻纸和胶版纸都比较吃墨，除了出胶片时注意网目数以外，还要在制作的时候相应降低色度，比如做报纸稿，设计作品中的“K：24”印在有些发灰的新闻纸上就相当于“K：30”的效果。双胶纸比新闻纸略白一些，调整色度可以比正常铜版印刷设计稿低些，比报纸稿高一些。

5）字体

- 字体距离裁切边缘必须大于 3mm（也就是说如果出血 3mm 的话，字体应距离设计边缘 6mm），以免被切到。
- 黑色字体不要使用系统默认的黑色（“C：93，M：88，Y：89，K：80”），可以使用“K：100”，最好将文本层的“混合模式”设置为“正片叠底”。

- 对于印刷输出的平面广告设计作品来说，要尽量避免使用细圆、细等线和仿宋等较细的字体（尤其是反白字体更不能细），也应避免使用粗黑、特粗宋等笔画过于拥挤的字体。大片的正文常用黑体系列或者中宋、大宋字体。
- 正文字体一般不要小于 9 点，否则最终的印刷品中文字边缘会感觉起毛边，影响视觉效果。

6）图像

- 尽可能根据最后输出尺寸和合适的分辨率（并不是越大越好）扫描或获取图像。

Ⅰ 报纸主要使用新闻纸，所以报纸采用图像的扫描分辨率应为 125-170ppi。

Ⅱ 杂志和宣传册使用双胶纸，所以杂志和宣传册采用图像的扫描分辨率为 300ppi。

Ⅲ 高品质书籍使用铜版纸或者高档铜版纸，所以高品质书籍采用图像的扫描分辨应率为 350～400ppi。

Ⅳ 宽幅面打印产品（例如海报）采用图像的扫描分辨率使用 75～150ppi 就可以了，因为对于远看的大幅面图像，低的分辨率可以接受，低的尺度主要取决于看的距离。

- 尽量在设计软件中完成图片的旋转、移动、镜像和缩放，不要在排版软件中执行图像的变换操作。

7）拼版与合开

尽量使用符合标准开度的设计尺寸，这样既节省了纸张也节省了后期加工的工序。但是工作中不会总是做 16K 和 8K 等正规开度的印刷品，特别是包装盒、小卡片等常常是不合开的，这时候就需要大家在拼版的时候注意尽可能把成品放在合适的纸张开度范围内，以节约成本。

常见的单页、卡片类拼版方法有哪几种类型？常见的成册类拼版方法有哪几种类型？

① 两刀切拼版：垂直中线拼接部分留 6mm 出血，即每个单页四边均留 3mm 出血，如图 11-15 所示。

② 一刀切拼版：如果设计作品中没有出血的图片、底纹或者底纹、背景一致的情况下，可以直接拼版，拼接部分不用留出血，只在最外边缘留 3mm 出血，如图 11-16 所示。

③ 混和拼版：如果设计作品的尺寸不是标准开度，或者想要利用纸张的边角做名片或者卡片的话，可以在合开版面内进行混拼，根据作品的尺寸决定拼版的方法，每一个页面的周围均留 3mm 出血，如图 11-17 所示。

常见的成册类拼版方法见本书的配套光盘。

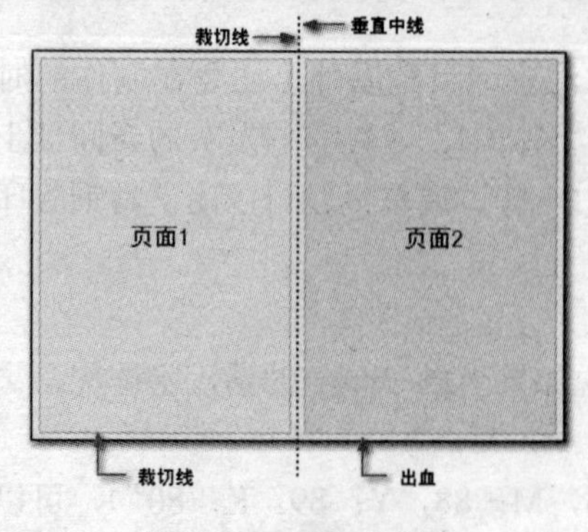

图 11-15　两刀切拼版

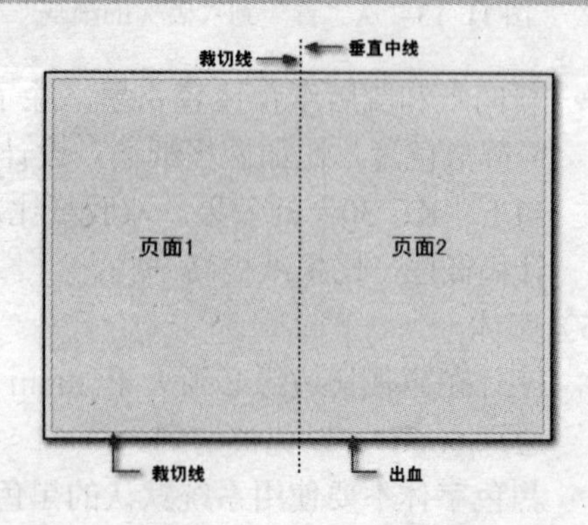

图 11-16　一刀切拼版

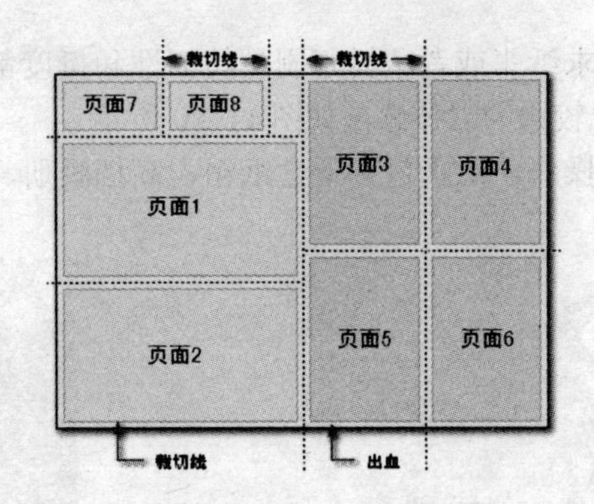

图 11-17 混合拼版

印前设计需要注意的环节还有很多，需要大家多观察多尝试，在实际操作中还有很多书本上学不来的知识，没有实践经验的话，有些技术和技巧是很难理解的。

11.3.2 印中

印中指的是印刷中期的工作，通过印刷机印刷成品的过程。这方面的知识需要平面广告设计人员了解的比较少，有专业的印刷人员来完成。

11.3.3 印后

印刷后加工包括很多工艺，常见的有以下几种。

1）装订：主要指书籍和杂志等的装订成册，包括胶装、精装、骑马订、平订、简订和粘面等工艺。

2）折页：主要指名片、直邮广告等的折叠工作，有对折、三折、四折、五折和手风琴折等多种手法。

3）覆膜、上光和过油：覆膜有覆亮膜和哑光膜两种形式；上光指的是整体 UV 和局部 UV 上光工艺；过油也有整体过油和局部过油之分。

4）烫金（银）：烫金（银）指的是使用电化铝烫印箔对金银墨的油墨印刷纸加热和加压的方法，将图案或文字转移到被烫印材料的表面。用于书籍封面烫金，商标及包装礼品盒烫金，贺卡、请柬、笔的烫金等，如图 11-18 所示。

5）模切和压痕：模切和压痕都需要制作一块模版，模切需用切力切断，压痕需压出痕迹以便折叠。主要用于制作包装盒、印刷工艺品（例如新式年画、宫灯和福字等）和不干胶的特殊处理，如图 11-19 所示。

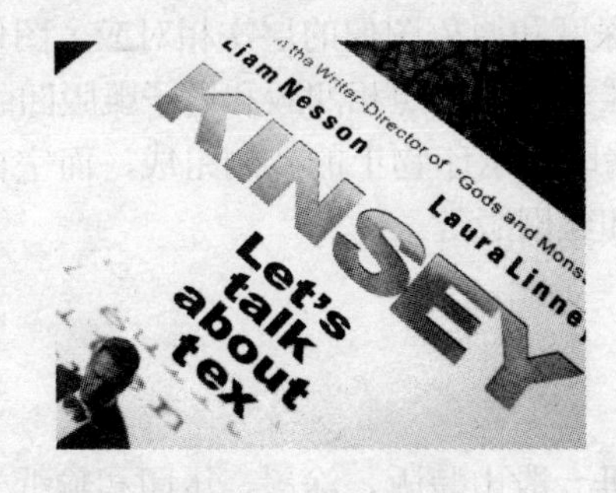

图 11-18 烫金工艺

图 11-19 模切工艺

6）起凸：起凸工艺要求纸张或者塑料印刷品的韧性和挺度都比较高，该工艺可以使印刷品中的文字或者图形呈现较强的立体感，如图 11-20 所示。

7）裱糊：一般是手工操作，用于包装纸盒纸箱、高档画册、书刊装帧以及锦盒的加工等，如图 11-21 所示。

图 11-20　起凸工艺

图 11-21　裱糊工艺

11.4　其他印刷知识

除了上述内容以外，平面广告设计人还必须了解下面的认识。

11.4.1　印版

印版是用于传递油墨至承印物上的印刷图文载体。原稿上的图文信息，传递到印版上，印版的表面就被分成着墨的图文部分和非着墨的空白部分。印刷时，图文部分粘附的油墨在压力的作用下，转移到承印物上。

印版按照图文部分和空白部分的相对位置、高度差别或传递油墨的方式，被分为凸版、平板、凹版和孔版等。用于制版的材料有金属和非金属两大类。

1）凸版：印版上的空白部分凹下，图文部分凸起并且在同一平面或同一半径的弧面上，图文部分和空白部分高低差别悬殊。常用的凸版印版有：铅活字版、铅版、锌版以及橡胶凸版和感光树脂版等柔性版。

2）平版：印版上的图文部分和空白部分，没有明显的高低之差，几乎处于同一平面上。图文部分亲油疏水，空白部分亲水疏油。常用的平版印版有用金属为版基的 PS 版、平凹版、多层金属版和蛋白版以及用纸张和聚酯薄膜为版基的平版。

3）凹版：印版上图文部分凹下，空白部分凸起并在同一平面或同一半径的弧面上，版面的结构形式和凸版相反。版面图文部分凹陷的深度和原稿图像的层次相对应，图像愈暗，凹陷的深度愈大。常用的凹版印版有手工或机械雕刻凹版、照相凹版和电子雕版凹版等。

4）孔版：印版上的图文部分由可以将油墨漏印至承印物上的孔洞组成，而空白部分则不能透过油墨。常用的印版有：誊写版、镂空版和丝网版等。

11.4.2　印刷设备

1）印刷机

印刷机是印刷文字和图像的机器。现代印刷机一般由装版、涂墨、压印和输纸（包括折叠）等机构组成。它的工作原理是：先将要印刷的文字和图像制成印版，装在印刷机上，然后由人工或印刷机把墨涂敷于印版上有文字和图像的地方，再直接或间接地转印到纸或其他承印物（如纺织品、金属板、塑胶、皮革、木板、玻璃和陶瓷）上，从而复制出与印版相同的印刷品。

印刷机的类型繁多，主要的分类方法有以下几种。

- 按印刷过程施加压力的形式将印刷机分为平压平型印刷机、圆压平型印刷机和圆压圆型印刷机等。
- 按印版类型将印刷机分为凸版印刷机、平版印刷机、凹版印刷机和孔版印刷机等。
- 按印刷面数将印刷机分为单面印刷机、双面印刷机。
- 按印刷幅面的大小将印刷机分为微型八开印刷机、小型六开印刷机、小型四开印刷机、对开印刷机、全开印刷机和双全开印刷机。
- 按印刷纸张的形式将印刷机分为单张纸印刷机、卷筒纸印刷机。
- 按印刷色数将印刷机分为单色印刷机、多色（双色、四色、五色、六色和八色等）印刷机。

2）印前设备

印前设备主要有激光扫描仪、苹果电脑、彩喷机、胶版发排机、激光照排机和打样机等。

3）印后设备

印后设备主要有啤板机、拆页机、切纸机、烫金机、压纹机、凸凹机、打码机、捡联机、过塑机、打孔机和装订机等。

4）其他印刷设备

不干胶印刷专业机、电脑专用联单印刷机、名片专用机、速印机、复印机和包装纸箱印刷机等。

11.4.3 油墨

油墨是指在印刷过程中，被转移到承印物上的成像物质。

1）油墨的组成

油墨的主要由油墨主剂和助剂组成，其中助剂包括颜料和连结料，助剂包括流动性调整剂、干燥性调整剂和色调调整剂等。

2）油墨的分类

随着印刷技术的发展，油墨的品种不断增加，分类的方法也很多。如果按照印刷方式来分类，可以将油墨分为以下几种。

- 凸版印刷油墨：包括书刊黑墨，轮转黑墨，彩色凸版油墨等。
- 平版印刷油墨：包括胶印亮光树脂油墨，胶印轮转油墨等。
- 凹版印刷油墨：包括照相凹版油墨，雕刻凹版油墨等。
- 孔版印刷油墨：包括誊写版油墨，丝网版油墨等。
- 特种印刷油墨：包括发泡油墨，磁性油墨，荧光油墨，导电性油墨等。

11.4.4 印刷常用术语

除了上述内容以外，平面广告设计师还必须了解下面一些印刷术语。

1. 点数和号数

我国的活字采用以点数制为辅、号数制为主的混合制来计量。如表 11-2 所示为号数与点数制对照表。

1）点数制又叫磅数制（1 点＝0.35mm），是英文 Point 的音译，缩写为 P，既不是公制也不是英制，是印刷中专用的尺度。我国大都使用英美点数制。

2）号数制是以互不成倍数的几种活字为标准，加倍或减半自成体系。

表 11-2　号数、点数制对照表

号　数	点　数	毫　米　数	号　数	点　数	毫　米　数
大特号	63	22.1mm	小三号	15	5.3mm
特号	54	19.0mm	四号	14	4.9mm
初号	42	14.8mm	小四号	12	4.2mm
小初号	36	12.7mm	五号	10.5	3.7mm
一号	26	9.2mm	小五号	9	3.2mm
小一号	24	8.5mm	六号	7.5	2.7mm
二号	22	7.8mm	小六号	6.5	2.3mm
小二号	18	6.4mm	七号	5.5	1.9mm
三号	16	5.7mm	八号	5	1.8mm

2. 排版方面的术语

- 点：1 点为 1 英寸的 1/72（1 英寸为 25.4mm），约等于 0.35mm，是字体排版的度量单位。
- 字体：是一系列字号、样式和磅值相同的字符。
- 行距：相邻两行的基线之间的距离。
- 字距：单词中每个字母或者字与字之间的距离。
- 对齐：将栏或页中的文本各行向左、向右或者居中对齐。
- 缩进：通过在每段之前加空格的方法，表示新段落的开始。
- 伸出：表示首行首字母伸出左边界，其他行左边界对齐。
- P 数：指 16 开纸张的一面。
- 文字排版：将文字原稿依照设计要求组成规定版式的工艺。
- 开本：用以表示书刊幅面大小的名称。开本的计算，是以标准幅面的纸定为全张纸，把全张纸裁切成 1/2，1/4，1/8，1/16，1/32 等，分别称它们为对开、4 开、8 开、16 开、32 开等。
- 印张：一本书刊所用纸张数量的计算单位，以单张对开纸印刷两面为一个印张。
- 印数：一本书刊或其他印刷品出版所印的数量。
- 封面：又叫书皮或封一，是一本书的表层，起着保护和装饰书籍的作用。有软、硬两种，硬封面，又称书壳。封面上印有书名、作、译者姓名和出版单位的名称。
- 封里：又叫封二，指封面的里面。一般是空白页，也有印图片、目录的。
- 封底里：又叫封三。一般是空白页，也有印图片或目录、正文的。
- 封底：又叫封四或底封，是书的最后一页，它与封面相连，除印有统一书号和定价、条形码外，一般是空白，有的也印有和封面相连的图案。
- 扉页：又称内中副封面。在封二或衬页之后，印的文字和封面相似，但内容更为详细一些。

- 版权页：附印在扉页背面的下部，是一本书刊诞生以来的历史介绍，供读者了解这本书的出版情况。内容有书名、作者、出版单位名称、印刷厂、发地者、开本、版次、印张、印数、字数、日期、定价和书号等。
- 版面：是指印刷成品幅面中图文和空白部分的总和。
- 版心：指印版或印刷成品幅面中规定的印刷面积，也就是版面上除去周围的白边，剩下的文字和图片的部分。
- 书芯：将折好的书帖按其顺序经配、订后的半成品。
- 书背：也叫后背，是指书帖配岫后需粘联的平其部分，一般印有书名、作者姓名、出版单位名称等。
- 书脊：指书芯表面与书背的连接处，也就是与书背相连的两个棱角。。
- 飘口：封面比书芯多出来的边叫飘口。
- 天头：指书刊版面上部的空白区域。
- 地脚：指书刊版面下部的空白区域。
- 页：书刊的每一小张为一页。每页有两个页码的版面。
- 页码：一本书各个版面的顺序记号。
- 订口：指书页装订部位的一侧。从版边到书脊的白边。
- 切口：是指书页（线装书除外）除订口边外的其它三边。

3．印刷输出方面的术语

- 网目调：用网点大小表现的画面阶调。
- 挂网：也叫加网，就是把连续色调的图像分解成网点的过程。
- 网点：构成连续调图像的基本印刷单元，印刷品上由这种图像单元与空白的对比，达到再现连续调的效果。按照加网的方法，分为调幅网点和调频网点。
- 调幅网点：以点的大小来表现图像的层次，点间距固定，点大小改变。
- 调频网点：以点的疏密而不是点的大小来表现图像的层次。
- 网角：相邻网点中心连线与基准线的夹角叫做网线角度。
- 网点线数：单位长度内，所容纳的相邻网点中心连线的数目叫做网点线数。
- dpi：每英寸网点数，用于衡量印刷图像和文字的精度。

小提示：

针对印刷品图像，设置分辨率网点数（dpi）应为印刷分辨率网线数（lpi）的 1.5 ~ 2 倍。输入计算机的照片、扫描图像和其他点阵图片应当使用合适的分辨率，以确保输出文件的质量。

- ppi：每英寸像素数，扫描图像时使用的单位，用以衡量取得图像细节的多寡。
- lpi：每英寸线数与每英寸点数 dpi 一起使用，以确定半色调图像的精度。lpi 计量了半色调网格中每的网线数。

小提示：

不同的承印物需要设定不同的 lpi，lpi 太高就可能出现印刷品网点的缺失，lpi 太低则会导致印刷品的精美度不够。一般铜版纸为 175lpi，高档铜版为 200lpi，双胶纸为 133 ~ 150lpi，书写纸为 90 ~ 133lpi，新闻纸则为 65 ~ 85lpi。

- 网点增溢：当油墨被纸张吸收后。半色调网点的增大量。

- 实地：印版上未加网的，全部均匀受墨的平面。
- 阳图：在黑白和彩色复制中，色调和灰调与被复制对象相一致的图像。
- 阴图：在黑白和彩色复制中，色调和灰调与被复制对象相反的图像。
- 色样：指所要印刷颜色的标准。
- 色谱：使用标准的 C、M、Y、K 四色油墨，按不同网点百分比叠印成各种色彩的色块的总和。
- 色令：平版印刷计量单位，以对开纸 1000 张印一色为一色令。
- 专色：使用专色油墨印刷的颜色，有别于四色油墨相加形成的颜色。
- 分色：将彩色原稿分解成各单色版的过程。在扫描过程中，指扫描仪将图片转化为可浏览与印刷的颜色；在制作过程中指将图片的色彩模式转换为 CMYK 颜色模式；在输出菲林时指由 RIP 将文件打印为印刷用的 CMYK 四色菲林。
- 叼口：也叫咬口，指单张纸印刷时，在印版和纸张等承载物前端留出的白边。
- 出血：延伸至页面裁切边的图像或色块，是为了裁切印刷品而保留的页面位置。
- 菲林片：指通过照排机转移印刷品电子文件的透明胶片，用于印刷晒版。
- 出片：出片和发排、菲林输出是一个意思，指用电子文件输出菲林片的过程。
- 打样：将晒制好的印版安装在打样机上，印出少量分色印样或合成色印样，以供校对、审验用。
- 套印：多色印刷时，各色版图文能达到和保持位置准确的套合。
- 套红：指在黑白印刷上套印一种颜色，一般是指使用黑色和红色两种油墨印刷，使用黑色与其他颜色油墨（例如蓝色）印刷时也可统称为套红。

小提示：

套红可以做两色的挂网，做版时可以使用“M: 100”的红和“K: 100”的黑，出片时只需要出红、黑两套菲林片，而最终的红色是由报社的红色油墨决定的，一般是“M: 100，Y: 100”。

- 压印（叠印）：指一个色块叠印在另一个色块上。印刷黑色文字在彩色图像上的叠印时，不要将黑色文字下的图像镂空，不然印刷套印不准时黑色文字会露出白边。

小提示：

Photoshop 中的黑色文字叠印是将黑色文字层（颜色为“K: 100”）的“混合模式”设置为“正片叠底”，这样在其他色版中黑色文字的部分就不是镂空的。

- 陷印：指一个色块与另一色块衔接处要有一定的交错叠加，以避免印刷时露出白边，所以也叫补露白；两种颜色交接的地方在不做陷印的时候可能会在印刷中有偏移，产生白边或颜色混叠，陷印就是在交接的地方用这交接的两种颜色互相渗透一点，就不会产生白边。
- 露白（漏白）：印刷或制版时，该连接的色不密合，露出白纸底色。
- 补漏白：分色制版时有意使颜色交接位增加曝光，减少套印不准的影响。
- 糊版：由于印版图文部分溢墨，造成承印物上的印迹不清晰。如过印刷作品中出现大面积四色分量颜色的文字或者图片时，就有可能出现糊版现象。

11.5 练习题

1．填空题

① 纸张的常见单位有________、________、________3 种类型，分别用来表示和计算纸张的厚度、纸张的数量和纸张的总重量。

② 根据国际标准，纸张有________和________两种规格，在国内还有________和________两种常见的纸张规格划分。

③ 印刷色是指 C、M、Y、K4 种颜色（分别是________色、________色、________色和________色）按照一定的百分比混合而成的颜色。

④ 印刷品以印刷使用的机器种类划分，可以分为________、________、________、________、________、和________等类型。

⑤ 印刷可以分为________、________、________3 个过程来实现。

⑥ 用于印刷输出的文件一般以不压缩的________格式、________格式或者________格式存储，印刷拼版的方式虽然有所不同，但是各页面拼版外边缘的出血一般为________。

2．名词解释

① 出血：

② 菲林输出：

③ 专色：

④ 套红：

⑤ 打样：

第 12 章　喷绘和写真输出

12

学习要点：

- 喷绘机
- 喷绘材料
- 喷绘设计
- 写真材料
- 写真设计

内容总览：

亚克力和霓虹灯替代了古老的木质招牌，喷绘和写真替代了古老的油漆手绘牌，不管是平面广告还是立体装饰都朝着更新、更强、更简单的方向发展。本章将要介绍的是平面广告设计作品的喷绘和写真输出。

12.1　喷绘

喷绘一般是指使用喷绘机输出的户外广告画面，如高速公路旁的广告牌，店面招牌等的画面都是喷绘。

喷绘质量的好坏，主要取决于喷绘设备的性能。描述喷绘机性能的参数有幅宽、单/双面、分辨率、速度以及颜色还原性能等。

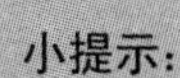

小提示：

“单/双面”是指能够同时完成双面图像的喷绘制作。国内常见喷绘机的输出幅宽有 2.5m、3.2m 和 5m 等类型。

12.1.1　喷绘机

根据喷绘机的工作原理划分，可将目前国内使用的喷绘机分为点状喷绘机和雾状喷绘机两种类型。

1）点状喷绘机：制作出的画面颜色点比较生硬，不柔和，但是远距离观察时色彩鲜明有立体感，适合制作大幅面的广告。

2）雾状喷绘机：制作出的画面轮廓清晰，线条和文字柔和而美观，但是远距离时，画面却显得模糊和灰暗，效果欠佳，适合制作较小幅面的广告。

12.1.2　喷绘材料

常见的喷绘材料有网格布、纤维布、灯片、灯布、车帖、旗帜布和条幅布等。

1）户外外光灯布：色彩精度高，抗紫外线性能好，抗拉力强，灯光可以从外面射向喷布，适于做户外大型展示性广告、大型单立柱广告等，如图 12-1 所示。

2）户外内光灯布：吸墨性好，图像解析度高、色彩鲜艳、抗拉力强。灯光可以从里面射向喷布，适于做高精度户内外广告灯箱、门头灯箱等，如图 12-2 所示。

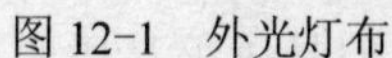

图 12-1　外光灯布

图 12-2　内光灯布

3）网格布：具有良好的透风和采光效果，色彩表现力较强，可以体现出一种特殊的格调，如图 12-3 所示。

4）纤维布：防水性能强、色彩鲜艳、抗紫外线性能强，垂感好，适于做高档场所舞台背景、工艺装饰旗幔等。

5）旗帜布：表面平整、布感舒适、易悬挂易拼接，适于做 POP 彩旗、条幅、标志旗和挂画等，如图 12-4 所示。

6） 灯片：透光度好兼容性强、图像解析度高、色彩鲜艳、抗紫外线性能强保存时间长，适用于高档场所的灯箱和工艺美术片广告灯箱等，如图 12-5 所示。

图 12-3　网格布

图 12-4　旗帜布

图 12-5　灯片

7）车贴：背胶粘性好，抗阳光性好，主要用于车体广告。如图 12-6 和图 12-7 所示为单透贴，为车帖的一种，具有单透性，车内可以看见外面的景物。

图 12-6　车帖

图 12-7　单透帖

12.1.3　喷绘设计制作

用于喷绘输出的设计作品有着特殊的制作要求，主要体现在尺寸、分辨率、图像和存储格式等方面。

1. 文件尺寸

喷绘图像的设计尺寸和实际要求的画面大小一致，不需要留出出血的部分。

喷绘公司会在输出画面后留有一定的白边（如果没有特殊要求，一般留 10cm 的白边）。如果需要打扣眼，可以与喷绘公司商定好留多少厘米白边和打多少扣眼。

喷绘图像最好储存为 TIFF 格式，也可以使用 JPG 格式，但是压缩品质要设为最佳。

2. 分辨率

喷绘画面往往都比较大，有几十平米甚至几百平米，这样大的图像如果使用印刷输出的分辨率进行绘制的话，可以想象一下计算机会有什么样的反应。

喷绘图像没有固定的分辨率要求，30m^2 以内的话，使用 30～45dpi 的分辨率就可以了；如果大一些，但是在 100m^2 以内的话，使用 15～30dpi 的分辨率也是没有问题的；要是 100m^2 以上的话，算是比较罕见的，可以酌情处理了，10～15dpi 都是可行的。

3. 颜色

喷绘图像统一使用 CMYK 模式，禁止使用 RGB 颜色模式。喷绘图像中禁止使用单色黑（“K：100”），而需使用混合黑（例如“C：50，M：50，Y：50，K：100”），否则画面上的黑色部分会出现横道，影响整体效果。

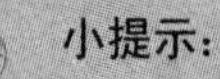

小提示：

印刷作品中尽量不要使用四色分量混合的颜色，如果有的话还要考虑覆膜以免颜色流失或扩散。喷绘就不同了，颜色分量越多，色彩就越显厚重而且不容易褪色。

喷绘颜色与彩色喷墨打印机打印的颜色还是有一定差别的，所以打印小样满意还不能保证喷绘效果就一定会好，这和喷绘机和打印机墨水的质量也有很大的关系。喷绘画面中尽量不要使用过于鲜嫩的颜色。

4. 检查

在 Photoshop 里将图像放大到 100%（实际的输出尺寸），检查字体和图形边缘是否有锯齿，如果有锯齿，建议使用同类字体替换或者使用矢量工具修复一下。然后，检查一下图像素材是否模糊，与背景融合是否良好。如果图像显得突兀，可以调整图层的混合模式或者为图像添加环境色的内发光样式；如果模糊，可以适当在素材上添加一些杂点（假如模糊的不尽人意，那就考虑使用其他素材吧）。

12.2 写真

写真一般是指使用写真机输出的户内广告画面，广泛适用于室内装饰、各种商业展示中，如超市商城的展示牌、展示架等的画面都是写真。

写真广告的画面清晰，但是如果长时间暴露在阳光下的话，画面就会发白脱色。

目前国内的写真机有很大部分还是来自于进口品牌，进口写真机的分辨率高、喷头寿命长、配件耐用，是广告公司的首选。

小提示：

国内常见写真机的输出幅面有 0.9m、1.2m 和 1.5m 等类型（大一些的写真都是拼接而成的）。

12.2.1 写真材料

常见的写真材料有背胶防水纸、背胶 PP、相纸、油画布和胶片等类型。

1）背胶防水纸：防水，图像逼真，使用方便，有自带胶面，适于制作各类大小招贴，短期广告，店堂布告和展板等，如图 12-8 所示。

2）背胶 PP：兼容性强、图像解析度高、色彩鲜艳，有自带胶面，适于制作室内外海报招贴，展板展架，室内装潢等，如图 12-9 所示。

图 12-8 背胶防水纸制作的展板

图 12-9 背胶 PP 制作的拉网展架

3）相纸：图像解析度高、挺度较好，没有自带的胶面，适于制作婚纱影集、照片质量的宣传册、工程园林效果图、海报招贴、户内展板和展架等。

4）油画布：油画布图像解析度高，抗光性能好，垂感好，质地柔滑，仅适用于室内个人影像写真、仿古油画和挂幅等。

5）胶片：PP 胶片精美胶质、精度高，没有自带胶面，适于制作海报招贴；易拉宝专用胶片超高光效果，韧度好，挺度好，不翘边，适于制作户内 X 展架、易拉宝等；金（银）砂胶片具有金（银）质光泽，材质硬挺有弹性，打印画面雍容、典雅，适用于制作高档场所的标识、标贴及家庭各类个性饰品等，如图 12-10 和图 12-11 所示。

图 12-10 相纸制作的 X 展架

图 12-11 胶片制作的易拉宝

6）KT 板：背胶防水纸或者背胶 PP 可以裱在 KT 板上，然后在四周加上边条，形成一副画框，供公司装饰、展览展会使用。

7）哑膜和亮膜：将背胶、相纸、胶片等覆哑膜或者亮膜，可以起到保护画面，增加画面强度的作用。哑膜为磨砂效果，亮膜为高光效果。

12.2.2 写真设计制作

用于喷绘输出的设计作品有着特殊的制作要求，主要体现在尺寸、分辨率、图像和存储格式等方面。

1. 文件尺寸

写真图像的设计尺寸需要和实际要求的画面大小一致，不需要留出出血的部分。如果写真图像的幅面宽度（最窄边的长度）大于最大输出幅面 1.5m 的话，就需要拆分为若干个宽度为 1.5m 的图像，待输出画面以后再进行拼接，每一副拼接画面的接缝处都要留出一定宽度的重合部分（3～5cm 即可），如图 12-12 所示。

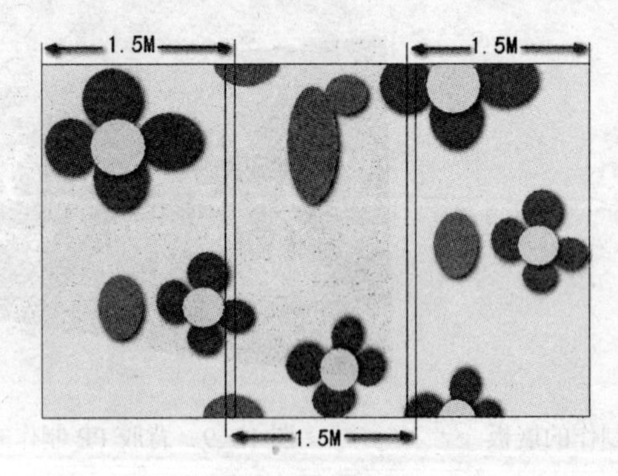

图 12-12 拼接处留出重合部分

写真图像最好储存为 TIFF 格式，也可以使用 JPG 格式，但是画面质量要调到最佳。

2. 分辨率

一般来说，将写真图像的分辨率设置为 72dpi 或者 80dpi 就可以了。如果拼接的图像达到几十个平米，可以适当调小图像的分辨率，但是最小不要低于 50dpi。

3. 颜色

写真图像可以使用 CMYK 模式也可以使用 RGB 模式，使用 RGB 模式可以表现出更加鲜嫩的颜色。写真图像中的黑色也需要使用混合黑（例如“C：50，M：50，Y：50，K：

100”），尽量不要使用单色黑。写真图像中的正红色最好使用“M：100，Y：100”，而不要使用“RGB 红”色。

写真图像也可以打印小样，但是打印机墨水是使用 C、M、Y、K 四种颜色，电子文档显示在屏幕上的效果倒是更接近写真广告的输出效果。写真广告的效果还和覆膜是哑膜或者亮膜有很大关系，哑膜的艺术感更强些，适合较为深沉、古朴的画面；亮膜可以增加图像的清晰度和光泽，适合较为鲜嫩和时尚的画面。

4．检查

在 Photoshop 里将图像放大到 100%（实际的输出尺寸），检查字体和图形边缘是否有锯齿，如果有锯齿，建议使用同类字体替换或者使用矢量工具修复一下。然后，检查一下图像素材是不是太模糊，与背景融合是不是很好。

12.3 练习题

填空题

① 国内常见喷绘机的输出幅宽有________m、________m、________m 等三种类型。

② 喷绘图像统一使用________颜色模式，最好存储为________格式，也可以使用 JPG 格式，但是压缩品质要设置为最佳。

③ 写真图像的分辨率一般都设置为________或者________dpi。

④ 国内常见写真机的输出幅宽有________m、________m、________m 等三种类型。

⑤ 户外大型单立柱广告使用的喷绘材料是________灯布。

⑥ 店面灯箱门头使用的喷绘材料是________灯布。

⑦ 写真画面在输出完成之后一般还会覆膜，覆膜的类型一般有________和________两种。

附录A Photoshop CS4 中文版快捷键列表

A

1．选择和切换工具的快捷键

快捷键	功能	使用星级
A	启动“路径选择”工具组（和）中的当前工具	★★★★
B	“画笔”工具组（、和）中的当前工具	★★★
C	“裁剪”工具组（、和）中的当前工具	★
D	使用默认前景色和背景色	★★★★★
E	“橡皮擦”工具组（、和）中的当前工具	★★
G	“填充”工具组（和）中的当前工具	★★★
H	“抓手”工具	★★★★★
I	“吸管”工具组（、、、和）中的当前工具	★
J	“修复”工具组（、、和）中的当前工具	★★
K	“3D”工具组（、、、和）中的当前工具	★★★
L	“套索”工具组（、和）中的当前工具	★★★
M	“选框”工具组（和）中的当前工具	★★
N	“3D视图”工具组（、、、和）中的当前工具	★★★
O	“减淡”工具组（、和）中的当前工具	★★★
P	“钢笔”工具组（和）中的当前工具	★★
Q	以快速蒙版模式编辑	★★★★
R	“旋转视图”工具	★★★
S	“图章”工具组（和）中的当前工具	★★
T	“文字”工具组（、、和）中的当前工具	★★★
U	“形状”工具组（、、、、和）中的当前工具	★★★★
W	“魔棒”工具组（和）中的当前工具	★★
X	切换前景色和背景色	★★★★★
Y	“历史记录画笔”工具组（和）中的当前工具	★★★
Z	“缩放”工具	★★★★
Shift＋A	在“路径选择”工具组中的和之间切换	★★★★★
Shift＋B	在“画笔”工具组中的、和之间切换	★★★★
Shift＋C	在“裁剪”工具组中的、和之间切换	★
Shift＋E	在“橡皮擦”工具组中的、和之间切换	★★
Shift＋G	在“填充”工具组中的和之间切换	★

（续）

快 捷 键	功 能	使用星级
Shift + I	在“吸管”工具组中的、、、和之间切换	★★
Shift + J	在“修复”工具组中的、、和之间切换	★★★
Shift + K	在“3D”工具组中的、、、和之间切换	★★
Shift + L	在“套索”工具组中的、和之间切换	★★★★
Shift + M	在“选框”工具组中的和之间切换	★★★
Shift + N	在“3D 视图”工具组中的、、、和之间切换	★★
Shift + O	在“减淡”工具组中的、和之间切换	★★★★★
Shift + P	在“钢笔”工具组中的和之间切换	★
Shift + S	在“图章”工具组中的和之间切换	★★
Shift + T	在“文字”工具组中的、、和之间切换	★★★★★
Shift + U	在“形状”工具组中的、、、、和之间切换	★★★★
Shift + W	在“魔棒”工具组中的和之间切换	★★★
Shift + Y	在“历史记录画笔”工具组中的和之间切换	★★

2. 常用操作的快捷键

快 捷 键	功 能	使用星级
Alt + F4 或者 Ctrl + Q	退出 Photoshop CS3 中文版应用程序	★★
Alt + Delete 或者 Alt + Backspace	在图像或者选区中填充前景色	★★★★★
Ctrl + A	全选整个图像（当前图层）	★★★★
Ctrl + Alt + A	选中所有的图层	★★★★
Ctrl + B	打开“色彩平衡”对话框	★★
Ctrl + Shift + B	相当于执行“自动颜色”菜单项	★★
Ctrl + Shift + Alt + B	打开“黑白”对话框	★★
Ctrl + C	复制图像	★★★★★
Ctrl + Shift + C	执行“合并拷贝”菜单项	★
Ctrl + Alt + C	打开“画布大小”对话框	★★★★★
Ctrl + Shift + Alt + C	进行内容识别比例变换	★★★
Ctrl + D	取消选择	★★★★
Ctrl + Shift + D	重复上一次建立的选区	★★
Ctrl + Delete 或者 Ctrl + Backspace	在图像或者选区中填充背景色	★★★★
Ctrl + E	向下合并（当前图层与下层合并）或者合并所有选中图层	★★★
Ctrl + Shift + E	合并所有可见图层	★★★★
Ctrl + Alt + E	合并复制所有选中图层	★★★★
Ctrl + Shift + Alt + E	合并复制所有可见图层	★★★★
Ctrl + F	重复上一次的滤镜操作	★★★★★
Ctrl + Alt + F	打开上一次执行的滤镜对话框	★★★★
Ctrl + Shift + F	打开“渐隐”对话框，对上一次执行的滤镜效果进行渐变效果设置	★★★
Ctrl + G	将选中的图层编组	★★★★
Ctrl + Shift + G	还原当前图层组的编组	★★★

（续）

快 捷 键	功 能	使用星级
Ctrl + Alt + G	将选中图层与下层创建或者释放剪贴组蒙版	★★★★
Ctrl + H	显示/隐藏额外内容（选区虚线框、网格线、参考线和切片等）	★★★
Ctrl + Shift + H	显示/隐藏目标路径	★★★★
Ctrl + I	将图像颜色反相	★★★
Ctrl + Shift +I	将选区反选	★★★★
Ctrl + Alt + I	打开“图像大小”对话框	★★★★
Ctrl + Shift + Alt + I	设置当前图像文件简介	★★★
Ctrl + J	将选区图像复制到新图层中，或者复制当前图层	★★★★
Ctrl + Shift +J	将图层中的选区图像剪切到新图层中	★★★
Ctrl + K	打开“首选项（常规）”对话框	★★
Ctrl + Shift + K	打开“颜色设置”对话框	★★
Ctrl + Shift + Alt + K	自定义 Photoshop 程序键盘快捷键	★★★
Ctrl + L	打开“色阶”对话框	★★★★
Ctrl + Shift + L	相当于执行“自动色调”菜单项	★★
Ctrl + Alt + Shift + L	相当于执行“自动对比度”菜单项	★★
Ctrl + M	打开“曲线”对话框	★★★★
Ctrl + Shift + M	记录测量，显示在“测量记录”面板中	
Ctrl + Alt + Shift + M	自定义 Photoshop 程序主菜单	★★★
Ctrl + N 或者 Ctrl + 双击工作区	打开“新建”对话框，新建图像文件	★★★★★
Ctrl + Shift + N	打开“新图层”对话框	★★★
Ctrl + O 或者 双击工作区	打开“打开”对话框，打开一个图像文件	★★★★★
Ctrl + Alt + O	打开“Adobe Bridge”程序窗口，浏览图像文件	★★
Ctrl + Shift + Alt + O	打开“打开为”对话框，使用指定格式打开文件	★★
Ctrl + P	打开“打印”对话框	★★★★
Ctrl + Shift + P	打开“页面设置”对话框	★★★
Ctrl + Alt + Shift + P	将当前图像打印一份	★
Ctrl + R	显示/隐藏标尺	★★★★
Ctrl + Alt + R	打开“调整边缘”对话框	★★★
Ctrl + S	保存当前图像文件	★★★★★
Ctrl + Shift + S	另存当前图像文件	★★★★★
Ctrl + Alt + Shift + S	存储为 Web 和设备所有格式	★★★
Ctrl + T	对图像（选区或者当前图层）进行自由变换	★★★★★
Ctrl + Shift + T	对图像（选区或者当前图层）再次进行自由变换	★★★
Ctrl + Alt + Shift + T	以上次自由变换的设置变换图像（选区或者当前图层）的副本	★★★
Ctrl +U	打开“色相/饱和度”对话框	★★★★
Ctrl + Shift + U	相当于执行“去色”菜单项	★★
Ctrl + V	粘贴图像	★★★★★
Ctrl + Shift + V	相当于执行“粘贴入”菜单项	★★★
Ctrl + W 或者 Ctrl + F4	关闭当前图像文件	★★★

（续）

快 捷 键	功 能	使用星级
Ctrl + Alt + W	关闭全部图像文件	★★
Ctrl + Shift + W	关闭并转到 Adobe Bridge 应用程序	★★
Ctrl + X	剪切图像	★★★
Ctrl + Y	（校样颜色）以 CMYK 模式预览当前图像	★★★★
Ctrl + Shift + Y	色域警告	★★★
Ctrl + Z	还原/重做上一次的编辑操作	★★★★★
Ctrl + Alt + Z	后退一步操作	★★★★★
Ctrl + Shift + Z	前进一步操作	★★★★
Ctrl + 0	以最合适的比例显示当前图像内容	★★★★
Ctrl +1	以 100%的比例显示当前图像内容	★★★★★
Ctrl + [	将当前图层下移一层	★★★★
Ctrl + Shift + [	将当前图层置为底层	★★★
Ctrl +]	将当前图层上移一层	★★★
Ctrl + Shift +]	将当前图层置顶	★★★★
Ctrl + ＋	放大当前图像显示比例	★★★★★
Ctrl + －	缩小当前图像显示比例	★★★★★
Shift + ＋	将当前图层的混合模式改为列表中的上一种	★★★
Shift + －	将当前图层的混合模式改为列表中的下一种	★★★
Ctrl + ；	显示参考线	★★
Ctrl + Shift + ；	对齐图像	★★★
Ctrl + Alt + ；	锁定参考线，使之不能移动	★
Ctrl + ‘	显示网格	★★

3．常用的功能快捷键

快 捷 键	功 能	使用星级
F1	打开 Adobe Photoshop 帮助	★★
F4	粘贴图像	★★
F5	显示或者关闭“画笔”面板	★★★★
Shift + F5	打开“填充”对话框	★★★
F6	显示或者关闭“颜色”面板	★★
Shift + F6	打开“羽化”对话框	★★★
F7	显示或者关闭“图层”面板	★★★★
F8	显示或者关闭“信息”面板	★★
Alt+ F9	显示或者关闭“动作”面板	★★
F12	恢复图像	★★★
Shift + Backspace	打开“填充”对话框	★★★
End	在图像窗口中显示图像的右下角	★★
Enter	在未显示工具栏时，按下此键可以显示工具栏	★★★★
Home	在图像窗口中显示图像的左上角	★★
Tab	显示或者关闭工具箱、工具栏和所有控制面板	★★★

（续）

快 捷 键	功 能	使用星级
Ctrl + Tab 或者 Ctrl + F6	切换至下一副图像	★★★★★
Ctrl + Shift + Tab 或者 Ctrl + Shift + F6	切换至上一副图像	★★★★
Shift + Tab	显示或者关闭所有控制面板，但不关闭工具箱	★★★★
Page Down/Page Up	当前图像向下或者向上滚动一屏	★★★
Shift + Page Down/Page Up	当前图像向下或者向上滚动 10 个像素	★★★
按住 Space 键不放	同选中抓手工具时的状态一样	★★★★
按住 Alt + Space 键不放	同选中缩放工具并按下<Alt>键时的状态一样	★★★
按住 Ctrl + Space 键不放	同选中缩放工具时的状态一样	★★★★
Ctrl + 拖动鼠标（除选中工具和路径绘制工具时）	移动图像窗口中显示的图像范围	★★★
Ctrl + Alt + 拖动鼠标（同上）	移动并复制图像	★★★★
Ctrl + Shift + 拖动鼠标（同上）	按照水平、垂直或者 45 度角的方向移动图像	★★★
Ctrl + Shift + Alt + 拖动鼠标（同上）	按照水平、垂直或者 45 度角的方向移动复制图像	★★★
Ctrl + 方向键	以 1 个像素为单位向上、下、左、右四个方向移动图像	★★★★★
Ctrl + Shift + 方向键	以 10 个像素为单位向上、下、左、右四个方向移动图像	★★★★★
双击工具	以 100%比例显示图像	★★★★
数字键	设置当前图层的不透明度	★★★

附录B 章后练习题答案

B

第1章 1.5练习题

1. 填空题 ① 视觉传达设计、产品设计、空间设计、视觉传达设计、产品设计、空间设计；② 概念元素、视觉元素、关系元素、实用元素；③ 商业广告、非商业广告；④ 商品销售广告、企业形象广告、企业观念广告；⑤ 消费者广告、工业用户广告、商业批发广告、媒介性广告；⑥ 理性诉求广告、感性诉求广告；⑦ 国际性广告、全国性广告、区域性广告、地方性广告；⑧ 报纸广告、杂志广告、直邮广告、电子广告、招贴广告、户外广告；⑨ 真实性原则、创新性原则、感情性原则、关联性原则、形象性原则；⑩ 经营者。

2. 选择题：① BC、D、A、F、E；② F、A、B、DE、C。

3. 简答题：

① 广告设计的主要任务在于有效地传递商品和服务信息，树立良好的品牌和企业形象，激发消费者的购买欲望，说服目标受众改变态度进行购买，并从精神上给人以美的享受，最后达到促销的目的。

② 广告设计的主要原则有：真实性原则、形象性原则、关联性原则、感情性原则和创新性原则。

第2章 2.5练习题

1. 填空题：① 报纸广告、杂志广告、招贴广告、壁纸广告、直邮广告、大幅面广告；② 调查、确定内容、构思、选择表现手法、进行创作、出彩、收工；③ 广泛性、快速性、连续性、经济性；④ 选择性、优质性、多样性；⑤ 画面面积大、内容广泛、艺术表现力丰富、远视效果强烈；⑥ 幅面大、样式多、有效期长、性价比高；⑦ 针对性、独立性、整体性。

2. 选择题：① AFJ、BDEG、CHI；② ABDE、BCEF、BE。

3. 简答题：

① 酒类广告是指含有酒类商品名称、商标、包装、制酒企业名称等内容的广告；

② 汽车广告是指汽车企业向广大消费者宣传其产品用途、产品质量，展示企业形象的广告；

③ 房地产广告是指房地产开发企业、房地产权利人、房地产中介机构发布的房地产项目预售、预租、出售、租赁、项目转让以及其他房地产项目介绍的广告；

④ 化妆品名称、制法、成分、效用和性能有虚假夸大的；使用他人名义保证或者以暗示方法使人误解其效用的；使用医疗作用或使用医疗术语的；有贬低同类产品内容的；使用“最新创造”、“最新发明”、“纯天然制品”、“无副作用”等绝对化的言辞的；有涉及化妆品

性能或者功能、销售等方面的数据的未表明出处的；化妆品广告有违反化妆品卫生许可，使用了医疗用语或者与药品混淆的用语的；违反其他法律、法规规定的。

第3章 3.7练习题

1. 填空题 ① 标题、广告词、商标、广告主VI基础项目、广告主相关信息、正文、插图、背景、点缀；② 图形符号、指示符号、象征符号；③ RGB；④ JPG 格式、GIF 格式、PNG 格式、索引颜色模式、RGB 颜色模式；⑤ 工笔、写意、白描、水墨、设色；⑥ 水波纹、浪花纹、如意云纹、祥云云纹。

2. 选择题：① A、D、D、C、D；② C、ADE、BE。

第4章 4.7练习题

1. 填空题 ① 像素；② PSD；③ 链接，编组；④ 10、投影、内阴影、外发光、内发光、斜面和浮雕、光泽、颜色叠加、渐变叠加、图案叠加、描边；⑤ 全局光。

2. 选择题：① F、E、D、B；② E、G、D。

第5章 5.9练习题

1. 填空题 ① 直线段、曲线段、锚点、方向线、方向点；② 平滑点、角点；③ "编辑"→"定义画笔预设"；④ 4、使用工具、使用快速蒙版、使用"色彩范围"、载入；⑤ 图层蒙版、矢量蒙版、剪贴蒙版；⑥ 线性渐变、径向渐变、角度渐变、对称渐变、菱形渐变；⑦ RGB 颜色、CMYK 颜色、Lab 颜色、灰度模式；⑧ 暗调、中间调、高光。

2. 选择题 ① C、A、B；② A、D。

第6章 6.7练习题

1. 填空题：① "编辑"→"变换"→"变形"、九分网格；② 书法、黑、圆、宋；③ <Enter>、<Ctrl+Enter>组合、<Esc>；④ 象形、会意、联想、延伸、衔接；⑤ 标题、广告词、广告正文、中外搭配、大小搭配、字体搭配、多色搭配；⑥ 可读性强、风格一致、位置协调。

第7章 7.5练习题

1. 填空题 ① 设计者拍摄、广告主提供、商业图库、网络下载、Photoshop 艺术合成、设计者绘制；② 需要加强曝光过度的影像浓度时、需要保留上层的暗色部分，而将白色部分舍弃时、需要将黑白线稿混合在图像上时；③ 当用户希望上层图像的亮部和暗部均匀地融合至下层时；④ 当用户希望上层的图像均匀、半透明地融合至下层时；⑤ 需要为单色或者黑白图像上色或者给彩色图像着色时。

2. 选择题 ① B、A、D；② CDF。

第8章 8.9练习题

填空题：① 地段、环境、户型、价格、环境；② 偶像型、性感型、产品展示型、创意型、偶像型；③ 品味、情感、气质、口感、品味；④ 品牌、性能、外形、情感、性能；⑤ 偶像型、产品展示型、情感型、创意型、创意型；⑥ 人物型、文字型、情感型、主题型、人物型；⑦ 劝说型、警示型、口号型、警示型。

第9章 9.8 练习题

1. 填空题：① 其他、位移；② 拉页、跨页、整页、1/N 页、自由规格；③ 420mm×570mm、500mm×700mm、600mm×900mm、297mm×420mm；④ 540mm×380mm、546mm×386mm；⑤ 铜版纸、铜版纸和亚粉纸；⑥ 300、350；⑦ 手绘 POP、丝印 POP、印刷 POP、喷绘写真 POP；⑧ 引发购买兴趣、塑造企业形象、传达商品信息、营造销售气氛；⑨ 版面广告、跨版广告、通栏广告、报花广告、报眼广告、报眉广告、报缝广告；⑩ 企业形象画册、企业产品画册。

2. 简答题：

① 所谓无缝拼接图像，即整幅图像可以看成由若干个矩形小图像拼接而成，而且各个矩形小图像的边缘没有接缝的痕迹，图案也完全吻合。

② 通栏广告是指横排版报纸中的长条形广告，单通栏广告横向跨越一个整版，半通栏广告跨越半个版面，双通栏广告跨越两个版面。

③ 报纸广告一般都需要进行再次排版，除了位于裁切边缘的版面广告以外，不需要留出血。

④ 首先，视觉效果应符合阅读者的身份；其次，整本画册的构成须具有紧密的逻辑性，所要表达的各主题要清晰、明确；而且画册整体风格要统一、协调，要有共性的元素，局部或各页的具体版式设计要有变化，不能千笔一律；另外，在制作方面要注意印刷的颜色、工艺以及材料的选择。

第10章 10.4 练习题

填空题：① 亮白喷墨纸；② A4、质量、最大；③ 缩放以适合介质；④ 咬口位。

第11章 11.5 练习题

1. 填空题：① 克、令、吨；② A、B、正度、大度；③ 青、洋红、黄、黑；④ 胶版印刷、凹版印刷、凸版印刷、柔性版印刷、丝网印刷、特种印刷；⑤ 印前、印中、印后；⑥ PSD、TIFF、EPS、3mm。

2. 简答题：

① 出血是指至页面裁切边的图像或色块，是为了裁切印刷品而保留的页面位置。

② 菲林输出与出片和发排时一个意思，指用电子文件输出菲林片的过程。

③ 专色是指使用专色油墨印刷的颜色，有别于四色油墨相加形成的颜色。

④ 指在黑白印刷上套印一种颜色，一般是指使用黑色和红色两种油墨印刷，使用黑色与其他颜色油墨（例如蓝色）印刷时也可统称为套红。

⑤ 将晒制好的印版安装在打样机上，印出少量分色印样或合成色印样，以供校对、审验用。

第12章 12.3 练习题

填空题：① 2.5、3.2、5；② CMYK、TIFF；③ 72、80；④ 0.9、1.2、1.5；⑤ 户外外光灯布；⑥ 户外内光灯布；⑦ 覆亮膜、覆哑膜。

附录 C　平面广告设计考试模拟试题

一、单项选择题（本大题共 20 小题，每小题 1 分，共 20 分）

在每小题列出的四个备选项中只有一个是符合题目要求的，请将其代码填写在题后的括号内。错选、多选或未选均无分。

1．中国古代的“幌子”按现代广告传播媒介分类属于是（　　）。

A．户外广告　B．直邮广告　C．招贴广告　D．农村广告

2．关于广告功能描述错误的是（　　）。

A．有助于产品销售　B．决定企业的发展

C．传递产品功能信息　D．有助于企业形象的铸造

3．印刷四色（CMYK）中的 K 是指（　　）。

A．蓝色　B．红色　C．黑色　D．黄色

4．广告创意必须注意:广告创意必须注意适时性；广告创意必须注意（　　）；广告创意必须注意适人性；广告创意必须注意适地性。

A．适类性　B．适合性　C．适行性　D．适应性

5．利用一种包装材料，经过广告印刷媒体的设计。既起着保护商品，便利购买者携带，又在无意中起着推销员作用的是（　　）。

A．POP 广告　B．报纸广告

C．产品包装　D．手提袋

6．下列不属于广告的主要功能的是（　　）。

A．传达产品功能、品质、优点的信息　B．稳定产品的市场价格

C．传达企业形象信息　D．传达企业社会保护方面的信息

7．印刷，实际上印前、印中、印后的总称，也可以说是（　　）、印刷、装订的总称。

A．设计　B．制版　C．装纸　D．编排

8．（　　）的设计要求时间性强，编排的插图都要有春、夏、秋、冬时令变化的直感，前后流畅、和谐一体。

A．直邮广告　B．报纸广告

C．年历　D．杂志广告

9．广告媒介中，有着发行量大、时间性强、简便灵活、享有声誉、费用相对较低等特点的媒介是（　　）。

A．报纸　B．电视　C．广播　D．杂志

10．不属于色彩构成基本要素的是（　　）。

A．明度　B．色彩情感

C．色相　D．纯度（饱和度）

11．以下不属于印刷中四色（CMYK）范围的是（ ）。

A．蓝色 B．红色 C．黑色 D．绿色

12．下列中不属于印刷字体的是（ ）。

A．黑体 B．宋体 C．书法体 D．魏碑体

13．关于现代广告的特点描述错误的是（ ）。

A．广告是以传递信息为根本功能 B．广告讲究设计师的个人个性

C．广告以追求广告效果为目的 D．广告要求诉求明确

14．印刷术是我国古代四大发明之一，它应该属于下列印刷分类中的哪一类？（ ）。

A．凸版印刷 B．凹版印刷

C．平版印刷 D．孔版印刷

15．广告分类中，以下不属于传播媒介的广告是（ ）。

A．杂志广告 B．直邮（DM）广告

C．售点（POP）广告 D．产品广告

16．关于广告定义描述错误的是（ ）。

A．有偿的信息传播活动 B．有责任的信息传播活动

C．传达一定信息的传播活动 D．广告就是印刷的推销术

17．进行广告创意要有正确的广告创意观念；正确的（ ）；正确的广告创意思维；正确的广告创意方法。

A．广告创意策略 B．广告创意程序

C．广告创意目的 D．广告创意主意

18．广告文案创作4F法则:________、有趣、诚实、自由。

A．创意 B．新鲜 C．冲击力 D．冲动

19．（ ）是招贴广告中传达信息的核心要素。

A．文字 B．图形 C．人物 D．色彩

20．直邮广告也称（ ）。

A．招贴 B．宣传册 C．杂志广告 D．DM

二、填空题（本大题共11小题，每空2分，共20分）

请在每小题的空格中填上正确答案。错填、不填均无分。

1．色光三原色（RGB），指的是：（1）________、（2）________、（3）________。

3．招贴的局限有文字限制，色彩限制，（4）________和张贴限制。

4．印刷中在规矩线外放出2～4mm版线称（5）________。

5．凸版印刷俗称（6）________，平版印刷俗称（7）________。

6．招贴画的特征主要有画面大，远视觉，（8）________，兼具性和（9）________。

7．系列广告的特点是（10）________、（11）________、（12）________。

8．广告传递的主要是商品信息，是沟通企业、（13）________和消费者三者之间的桥梁。

9．现代广告集科学、艺术、文化于一身，具有（14）________和审美的双重性，既是传播（15）________的工具，又是一种社会宣传形式，涉及思想、意识、信念、道德等内容，提倡什么反对什么，在现代精神文明建设中有不可低估的作用。

10．根据广告的最终目的，可以将广告分为（16）________和（17）________两种类型。

11．公益广告的表现类型主要有（18）________、（19）________和（20）________。

三、分析题（本大题共10小题，每题1分，共10分）

分析下列广告标语所运用的创意类型。

1．佳能打印机，一“部”到位。

2．紫竹花园是您梦想的世外桃源。

3．自然亲，繁华近。

4．“按捺不住，就快滚。”（鼠标广告）

5．160公众声讯服务：你要问的事我都知道。

6．微笑的可口可乐。

7．倾听你的心声，OPPO手机。

8．人类失去联想，世界将会怎样。

9．世界越来越需要电脑，电脑越来越依赖“斯切拉特斯”。（软件广告）

10．第一流产品，为足下争光。（鞋油广告）

四、招贴设计（本大题50分）

以“绿色与生活”为主题，创作一海报。

要求：

① 以彩色稿形式完成，尺寸为175mm×240mm。（横竖均可）

② 要求以图形表现为主。

③ 画面必须要有“绿色与生活”的字样。

④ 画面要形成较好的视觉流程。

⑤ 说明文字等其他广告元素按自己设计表现意愿而定。

参考答案

一、选择题

（1）A；（2）B；（3）C；（4）C；（5）D；（6）B；（7）A；（8）D；（9）A；（10）B；（11）D；（12）C；（13）B；（14）A；（15）D；（16）D；（17）A；（18）B；（19）B；（20）D。

二、填空题

（1）红色；（2）绿色；（3）蓝色；（4）形象限制；（5）出血；（6）铅印；（7）胶印；（8）主题明确；（9）艺术性；（10）内容密切相关；（11）风格和谐一致；（12）结构相近或相似；（13）经营者；（14）实用；（15）经济信息；（16）商业广告；（17）非商业广告；（18）劝说型；（19）警示型；（20）口号型。

三、分析题

（1）仿拟型；（2）比喻型；（3）韵律型；（4）幽默型；（5）同一型；（6）拟人型；（7）情感型；（8）双关型；（9）顶真型；（10）暗示型。

四、（略）